1001
Traktoren

1001 Traktoren

GESCHICHTE, MODELLE, TECHNIK
VON DEN ANFÄNGEN BIS HEUTE

Bildquellen
dpa, Frankfurt/M.: S. 10–17
Wir danken den Firmen Case IH, Challenger, JBC, John Deere,
Massey Ferguson, McCormick und New Holland für das uns zur
Verfügung gestellte Bildmaterial: S. 434–439, 445–450, 453–455, 459–471
Alle anderen Abbildungen stammen aus dem Archiv des Autors
und von Paulus Beuken

ISBN 978-3-625-12417-7

www.naumann-goebel.de

Inhalt

Einleitung

Ackerschlepper und Traktoren sind zur Bewältigung der vielfältigen Aufgaben in der Landwirtschaft unverzichtbar geworden. Betrachtet man die heute in fast unvorstellbar hohem Grad der Vollkommenheit mit Elektronik und Computertechnik geradezu vollgestopften, PS-strotzenden Maschinen, so kann man sich die Welt ohne moderne Traktoren kaum vorstellen. Das war aber nicht immer so, und die Zeit, wo der Bauer ohne dieses technische Hilfsmittel auskommen musste, liegt noch gar nicht einmal so lange zurück.

DER ACKERSCHLEPPER WAR IM GRUNDAUFBAU EIN AUF RÄDER GESETZTER MOTOR, der die tierische Zugkraft auf dem Acker ersetzen sollte. Am Anfang der Entwicklung stand die Erfindung der Dampfmaschine, die das zum Ende des 18. Jahrhunderts in Westeuropa beginnende Industriezeitalter erst ermöglichte. Bereits 1769 hatte der französische Artillerie-Offizier Nicholas Cugnot einen dreirädrigen, als Geschützschlepper vorgesehenen Dampfwagen konstruiert, dessen Dampfkessel vor dem lenkbaren Vorderrad angeordnet war. Dieses unförmige Fahrzeug kam zwar über eine erste Probefahrt nicht hinaus, ungeachtet dessen aber war mit ihm der erste selbstfahrende Dampfschlepper entstanden. Bereits wenige Jahre später war es dem Schotten James Watt um 1784 gelungen, die von ihm entwickelte Dampfmaschine so weit zu verbessern, dass sie nun als Kraftmaschine zu Aufgaben herangezogen werden konnte, die zuvor den Einsatz von Mensch oder Tier erforderten. Recht schnell entwickelte sich die zunächst im stationären Einsatz verwendete Dampfmaschine zu einer unentbehrlichen Kraftquelle für alle erdenklichen Zwecke, wie z. B. zum Antreiben von Wasserpumpen in Kohlebergwerken. Wenig später erfolgte auch der Einsatz einer Dampfmaschine als Schiffsantrieb, als im Jahre 1807 der erste Raddampfer den Hudson River bei New York befuhr. Die ersten Lokomotiven kamen aus England, dem Land, das in der industriellen Revolution die Vorreiterrolle spielte. 1830 dampfte zwischen Liverpool und Manchester zum ersten Mal eine Konstruktion von George Stephenson über schnell verlegte Eisenschienen daher.
Es blieb nicht aus, dass die Dampfkraft schon bald Einzug in die Landwirtschaft hielt, die damals für das Überleben eines Staates und seiner Bevölkerung eine viel bedeutendere Rolle spielte als heute im Zeitalter globaler Märkte. Ab 1811 wurden erstmals in

England bewegliche Lokomobile zum Antrieb von Getreidemühlen, Dreschmaschinen, Strohpressen und anderen landwirtschaftlichen Arbeitsgeräten eingesetzt. Durch das bereits beachtliche technische Knowhow schien die Mechanisierung der Landwirtschaft schon in kurzer Zeit möglich. Doch Dampfmaschinen waren aufwendig, teuer und nicht immer zuverlässig, was man von Pferd oder Ochse nicht behaupten konnte. Außerdem waren Tiere, ebenso wie auch die menschliche Arbeitskraft bei den damals sehr niedrigen Löhnen, immer noch kostengünstiger. Dies galt vor allem für die östlich der Oder gelegenen landwirtschaftlich bedeutenden Gebiete, für deren Bewirtschaftung vor allem billige polnische Arbeitskräfte in großer Zahl zur Verfügung standen.

Die Motorisierung der Landwirtschaft in den USA

GANZ ANDERS UND WESENTLICH GÜNSTIGER GESTALTETE SICH DIE SITUATION IN Nordamerika, wo es weite Flächen zu bestellen galt. Dort versuchte man mehrere Pflüge zu koppeln und durch am Feldrand aufgestellte Dampfmaschinen mithilfe von Seilen über die riesengroßen Felder zu ziehen. Diese Maschinen wurden aber nicht nur mit Pflügen, sondern auch mit anderen Bodenbearbeitungsgeräten bestückt. Es waren gewaltige Maschinen, deren größte Exemplare eine Leistung von 150 PS hervorbrachten und zu einer Tagespflugleistung von bis zu 14 Hektar in der Lage waren. Dabei verbrauchten die rund 20 t schweren Giganten etwa 80 Zentner Kohle täglich und mehr als 1200 Liter Wasser pro Betriebsstunde. Ihr Preis lag bei rund 5000,– US $ – ungefähr so viel, wie eine komplette Farm damals kostete!

In England ließ John Fowler 1856 seine Erfindung patentieren, mit der ein an Seilen befestigter Kipppflug abwechselnd von zwei an den gegenüberliegenden Feldrändern stehenden Dampflokomobilen hin und her gezogen werden konnte. Die Verbesserung dieses Verfahrens war dem deutschen Ingenieur und Techniker Max Eyth, einem früheren Mitarbeiter Fowlers, zu verdanken, der das System der Dampfseilpflüge optimierte, sodass es weltweite Verbreitung finden

**Dampf- ⌄
maschinen
auf Rädern**

Lokomobile wurden in der Landwirtschaft beispielsweise zum Antrieb von Getreidemühlen, Dreschmaschinen und anderen Landmaschinen eingesetzt. Hier ein 1862 von der Maschinenfabrik R. Wolf in Magdeburg-Buckau gebautes Lokomobil.

konnte. Max Eyth war es auch, der die Gründung der „Deutschen Landwirtschafts-Gesellschaft" (DLG) vorbereitete, die 1885 ins Leben gerufen wurde. Das System der stationären Dampfseilpflüge war allerdings sehr aufwendig und allein schon aufgrund der hohen Anschaffungskosten nur für Großbetriebe verwendbar. Außerdem mussten die zu bearbeitenden Felder weitgehend eben sein. Damals wurde errechnet, dass die Voraussetzung für einen ökonomischen Einsatz derartiger Maschinen eine jährlich zu pflügende Ackerfläche von mindestens 400 ha sei. Dies waren entscheidende Nachteile, die einer flächendeckenden Verbreitung in Deutschland – ganz im Gegensatz zu Nordamerika – im Wege standen.

Die Entwicklung der Motorentechnik

GANZ ANDERE MÖGLICHKEITEN ERÖFFNETEN sich mit der Erfindung des Verbrennungsmotors gegen Ende des 19. Jahrhunderts. Bereits 1862 hatte Nikolaus August Otto einen Gasmotor entwickelt. Dieser Motor war die Basis für den ersten Viertakt-Benzinmotor – nach ihm auch Ottomotor genannt –, den er 1876 erfand. Nahezu zeitgleich baute Gottlieb Daimler Viertakt-Benzinmotoren, die er später in seinen Kraftwagen verwendete. 1890 wurde von den Engländern Hornsby und Akroyd der Zweitakt-Glühkopfmotor erfunden, der den Vorteil besaß, dass er mit billigem Schweröl betrieben werden konnte. Er sollte später in den legendären Lanz-Bulldogs eine weltweite Verbreitung finden. Zum Abschluss dieser Betrachtung darf Rudolf Diesel nicht vergessen werden, der 1897 den nach ihm benannten, heute in allen Schleppern verwendeten Dieselmotor entwickelte.

Zu dieser Zeit war es in den Industriestaaten notwendiger denn je, die Kraft des Motors auch in der Landwirtschaft einzusetzen. Das mit der Industrialisierung einhergehende ständige Wachstum der Bevölkerung mit dem Zwang, immer mehr Menschen ernähren zu müssen, machte es dringend erforderlich, die Bodenerträge zu steigern. Dieses war mit den veralteten Methoden der Feldbestellung nicht zu erreichen. Der Vorreiter bei der Konstruktion selbstfahrender Bodenbearbeitungsgeräte war eindeutig Amerika. Im Jahr 1889 wurden erstmals Verbrennungsmotoren auf ein

∧ **Der Dampfpflug**

Eine interessante Erfindung für die Mechanisierung der Landwirtschaft ist zweifellos der Dampfpflug des Engländers John Fowler: Zwei Lokomobile stehen sich am Feldrand gegenüber und treiben einen Seilzug an, der einen Kipppflug hin und her zieht.

Dampfschlepper-Fahrgestell des Herstellers Rumely gesetzt. Wenige Jahre später begannen weitere Hersteller, Traktoren mit dieser Antriebsart zu produzieren, und überall in der Welt entstanden Unternehmen, die sich auf den Bau landwirtschaftlicher Geräte und Maschinen spezialisierten. Darunter auch Landini, Case, McCormick, Deere, Ford, Deering und andere, von denen später noch die Rede sein soll. Sie alle legten die Grundlagen für die später weltweit stattfindende Landwirtschaftsmechanisierung. Im Übrigen wurde die Bezeichnung „Traktor" erstmals im Jahr 1906 von der Firma Hart-Parr verwendet. Das Zentrum des Traktorenbaus vor dem Ersten Weltkrieg befand sich in den USA, da die dortige Landwirtschaft die besten Voraussetzungen für die schnelle Verbreitung dieser neuen, teilweise schon in Serien mit beachtlichen Stückzahlen gefertigten Benzintraktoren bot.

Von Pfluglokomotiven und Motortragpflügen

IN DEUTSCHLAND BESCHÄFTIGTE SICH DIE GASMOTORENFABRIK DEUTZ IN KÖLN MIT der Entwicklung einer sogenannten Pfluglokomotive mit Verbrennungsmotor, die 1907 vorgeführt werden konnte. Ihr Kraftstoffverbrauch nach zehnstündiger Pflugarbeit lag bei fast 200 Litern Benzin. Einen anderen Weg beschritt die Firma Lanz in Mannheim, die den Landbaumotor, eine von dem ungarischen Konstrukteur Köszegi entwickelte schwere Bodenfräse, mit der Moor- und Heideflächen urbar gemacht werden konnten, in Serie herstellte.

Dies war auch die große Zeit der Motortragpflüge, Maschinen mit starrem Tragrahmen und zwei großen Antriebsrädern. Vor diesen war der Motor angeordnet. Das Pflugteil mit den fest montierten Scharen befand sich am hinteren Fahrzeugteil, welches gleichzeitig über ein lenkbares Stützrad verfügte. Der erste Tragpflug wurde von dem Fabrikanten und Gutsbesitzer Robert Stock im Jahr 1908 auf die Räder gestellt. Da sich die Tragpflüge im Einsatz gut bewährten, befassten sich schon bald mehrere Firmen, darunter auch Hanomag aus Hannover, mit dem Bau solcher Geräte.

Die Flächenleistung dieser Maschinen übertraf die Möglichkeiten von Gespannpflügen bei Weitem. Der Nachteil war: Nur ein Großbetrieb konnte sich eine solche Maschine leisten oder mieten, nur für diesen rentierten sich die hohen Anschaffungskosten, konnte er doch dadurch auf die Gespannhaltung weitgehend verzichten und gleichzeitig die Zahl der Landarbeiter stark reduzieren. Vorteile machten sich auch durch die Einsparung von Futterkosten für die Tiere bemerkbar, denn Pferd und Ochse mussten auch dann ernährt werden, wenn sie nicht arbeiteten – die Maschine hingegen verbrauchte nur während der Arbeit Betriebsmittel. Mittlere und kleinere Bauernhöfe waren weiterhin auf die tierische Arbeitskraft angewiesen.

Henry Fords wegweisende Entwicklung des Ackerschleppers

Das Erfordernis, eine Kraftmaschine auch für diese Betriebe herzustellen, die zudem universell als Zug- und Antriebsmaschine eingesetzt werden konnte, wurde immer dringender. Viele Konstrukteure befassten sich mit dieser Aufgabe und brachten unterschiedliche Entwürfe und Fahrzeuge hervor – das revolutionärste Konzept aber kam aus den USA. Bereits 1906 hatte Henry Ford einen Kleinschlepper entwickelt, der vorn das Vorderteil eines Autos und hinten die Räder eines Bindemähers verwendete. Daraus entwickelte sich ein leichter Ackerschlepper, der erstmals die auch heute noch gültigen Grundsätze wie Blockkonstruktion und geringes Gewicht in sich vereinte. 1917 ging der mit einem Vergasermotor und einem Dreiganggetriebe mit Rückwärtsgang bestückte Fordson-Schlepper in Großserie. Mit dem durch Fließbandfertigung recht preiswert angebotenen Fahrzeug konnte der Landwirt nicht nur pflügen, sondern auch alle übrigen Feldarbeiten verrichten. Durch seine Riemenscheibe war der Fordson auch als Stationärmotor zum Antrieb von Maschinen verwendbar. Außerdem konnte er als Zugmaschine für Ackerwagen und Geräte eingesetzt werden. Das Erscheinen des Fordson markierte für den landwirtschaftlichen Ackerschlepper quasi die Stunde null. Es war eine in jeder Hinsicht wegweisende Konstruktion, und daher nimmt es nicht Wunder, dass der Fordson-Schlepper über viele Jahre hinweg weltweit Vorbild für fast alle Konstruktionen wurde.

Die Mechanisierung der Landwirtschaft in Deutschland

In Deutschland brachte fast zur gleichen Zeit die Firma Heinrich Lanz in Mannheim ihren legendären Bulldog mit Zweitakt-Glühkopfmotor hervor, der damit die rund 40-jährige Produktionsdauer dieses ständig verbesserten Antriebssystems einleitete. In seiner ersten Ausführung war er zum Antrieb und Transport von Dresch-

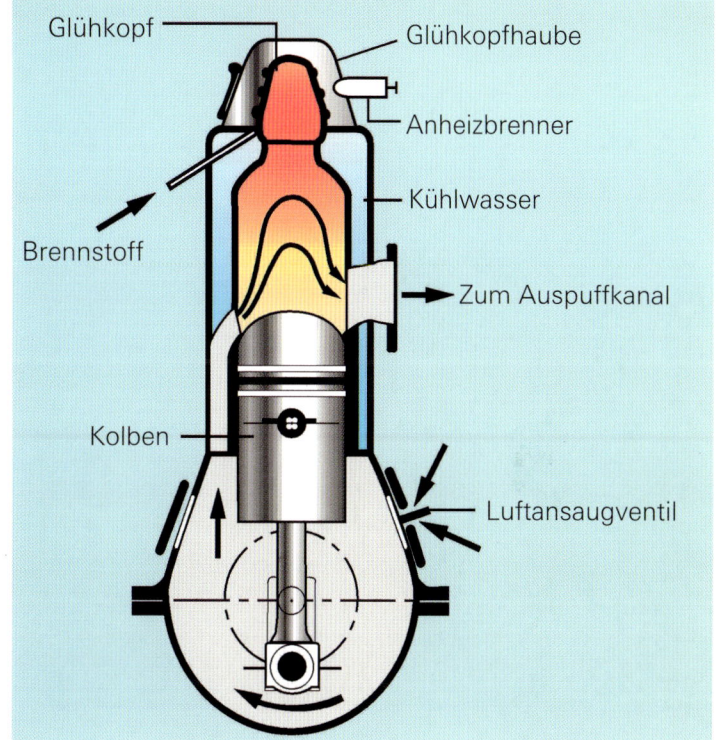

^ Der Glühkopf-motor

Anders als beim Otto- und beim Dieselmotor wird beim Glühkopfmotor der Brennstoff an den heißen, ungekühlten Wänden der Vorkammer (Glühkopf) unter Druck entzündet. Es sind ein- oder mehrzylindrige Motoren mit langer Lebensdauer, die meist im Zweitaktverfahren arbeiten und einfach in Aufbau und Bedienung sind. Sie wurden deswegen lange Zeit als Antriebsmotoren landwirtschaftlicher Maschinen eingesetzt.

maschinen gedacht, 1924 folgte der für Ackerarbeit vorgesehene Knicklenker-Bulldog mit Vierradantrieb. Ein weiterer wichtiger Traktor war der WD-Radschlepper von Hanomag, der zwar in seinen Grundzügen weitgehend dem Fordson nachempfunden, diesem aber in vieler Hinsicht überlegen war. Mit den in Deutschland bis Anfang der 1930er-Jahre vornehmlich von Lanz, Hanomag und Deutz hergestellten Traktoren gelang zwar die Motorisierung und Mechanisierung vieler Großbetriebe, für den kleinbäuerlichen Betrieb waren diese Fahrzeuge aber immer noch viel zu teuer. Zur gleichen Zeit erfolgte der Übergang von der bisher gebräuchlichen Eisenbereifung für Ackerverwendung oder den Elastikreifen für den Straßeneinsatz zur universell verwendbaren Luftbereifung, die neben vielen anderen Vorteilen den Einsatz des Schleppers für beide Zwecke zuließ, ohne dass die Reifen gewechselt oder Laufringe aufgezogen werden mussten. Daneben wandten sich fast alle deutschen Hersteller immer stärker dem Dieselbetrieb zu, eine Entwicklung, die in den USA wesentlich länger dauern sollte. Die bis heute unübertroffene Robustheit und seine überlegene Wirtschaftlichkeit ließen den Dieselmotor immer stärker in den Vordergrund treten.

Insgesamt brachten die 1930er-Jahre dem Schlepperbau einen großen Aufschwung – und das nicht nur in Deutschland. Eine herausragende Konstruktion war der seit 1936 gefertigte Bauernschlepper von Deutz, mit dem endlich dem Kleinbauern ein geeignetes Fahrzeug in die Hand gegeben wurde, das er sich zumeist auch leisten konnte. Dieser und die ähnlich gestalteten Traktoren vieler Mitbewerber leiteten gerade in den Kleinbetrieben den ersten nachhaltigen Motorisierungsschub ein. Darüber hinaus waren die Bauernschlepper mit 22 PS eine sehr populäre Baugröße. Der Krieg brachte für die Landwirtschaft in vieler Hinsicht Stagnation oder Rückschritt. In der zweiten Kriegshälfte kamen fast ausschließlich mit festen Brennstoffen zu betreibende Generatorschlepper zum Einsatz, da es in Deutschland an flüssigen Kraftstoffen mangelte.

**Lanz-Dresch- ^
maschine**

Die Lanz-Dreschmaschine aus dem Jahr 1929 wird über einen langen Flachriemen angetrieben. Mit solchen von Pferdegespannen gezogenen Maschinen wanderten Lohnunternehmer von Dorf zu Dorf, von Hof zu Hof und schafften in wenigen Tagen die Arbeit, die vorher mehrere Monate in Anspruch nahm.

Schlepper für große und kleine landwirtschaftliche Betriebe

Trotz des verlorenen Krieges gingen im mehrfach geteilten Deutschland Optimismus und Improvisationstalent der Techniker nicht verloren. Bald nach der Währungsreform setzte vor allem auf dem Sektor der Kleinschlepper eine stürmische Nachfrage nach Traktoren ein und begleitete die zweite Motorisierungswelle, die dem Traktor in Deutschland zum endgültigen und flächendeckenden Durchbruch verhalf. Damals war der Markt uneingeschränkt aufnahmefähig, und die Neuzulassungen erreichten Spitzenwerte, wie sie wohl nie wieder erreicht werden. Das ermunterte viele Kleinanbieter, mit einfach zu fertigenden Traktoren auf den Markt zu treten.

Aber schon gegen Ende der 1950er-Jahre sättigte sich der Markt zusehends, und neue Mitbewerber aus dem Ausland, die mit kostengünstigen Angeboten Marktanteile zu erobern suchten, traten hinzu. Viele Mitbewerber konnten aufgrund ihres ungenügend ausgebauten Vertriebsnetzes oder aus Kapazitätsgründen ihre zu geringen Stückzahlen nicht mehr kostendeckend produzieren und mussten aufgeben. Zunächst traf es vorwiegend die Kleinen und Neulinge der Branche, später auch große, namhafte Branchenmitglieder wie Lanz, MAN, Fahr, Porsche und Güldner. Auch im Ausland verringerte sich die Zahl der Anbieter sprunghaft. Viele ehemals bekannte Hersteller verschwanden spurlos oder wurden von den Großen übernommen.

Zu Beginn der 1960er-Jahre war fast überall ein verändertes Kaufverhalten zu beobachten. Stand noch bis vor wenigen Jahren der Kleinschlepper als eindeutiger Favorit in der Gunst der Landwirte im Vordergrund, so wurde nun der Ruf nach stärkeren Traktoren immer lauter. Genügten bisher vier oder fünf Gänge, Zapfwelle und Riemenscheibe, wurden mittlerweile Hydraulik, Mo-

∨ **Lokomobil als Dreschmaschinenantrieb**

Die Lokomobile waren weltweit verbreitet und wurden teilweise, wie hier in Chile, noch bis Mitte des 20. Jahrhunderts zum Getreidedreschen eingesetzt. Sehr gut zu erkennen ist auf diesem Foto die Befeuerung mit Kohle.

torzapfwelle, Allradantrieb, neuzeitliche Getriebe und viele andere Attribute moderner Landtechnik verlangt. Kleinere Anbieter waren hiermit eindeutig überfordert, zumal sie nur selten die immer höheren Entwicklungskosten für die technisch ständig anspruchsvolleren Fahrzeuge tragen konnten.

Wettkampf und Konzentration – Traktorenbau im neuen Jahrtausend

Bis in die heutige Zeit verschärfte sich der weltweit herrschende Verdrängungswettbewerb bei stagnierendem, vielfach sogar schrumpfendem Marktvolumen und einer immer kleiner werdenden Zahl der Neuzulassungen. Die Märkte sind gesättigt, und allenfalls in Entwicklungsländern sind noch namhafte Zuwächse zu verzeichnen. Überleben konnten nur die Werke, denen es gelang, sich unter dem Dach eines finanzstarken Konzerns zusammenzufinden. Daher sind heute weltweit nur noch wenige produzierende Unternehmen der Branche übrig geblieben, die sich durch Kooperation und globalisiertes Auftreten am Markt zu halten versuchen. Einige kleinere Hersteller konnten sich in Marktnischen mit Spezialtraktoren erfolgreich behaupten. So ist Deutz im SAME-Konzern integriert worden, Fendt gehört zur weltweit agierenden AGCO-Gruppe, IHC hat nach fast 70 Jahren seinen deutschen Produktionsstandort aufgegeben und stellt die Traktoren seither in Frankreich, England und den USA her. Ford trennte sich von seiner Landtechniksparte samt New Holland, die beide unter Einfluss der Fiat-Gruppe gerieten. Der bisher partnerlose Hersteller John Deere produziert seine weltweit vertriebenen Traktoren in Mannheim und in den USA, kooperiert mit Renault, die ihrerseits mit Massey-Ferguson gemeinsame Modelle vertreibt. Sicherlich wird die zukünftige Entwicklung noch einige Überraschungen bereithalten.

Dieses Buch zeigt mehr als 1000 Traktoren in brillanten Farbaufnahmen. Dabei handelt es sich überwiegend um in Sammlerhand befindliche Fahrzeuge aus Deutschland und Europa, aber auch aus Übersee. Trotz dieser großen Zahl war es nicht möglich, alle jemals gebauten Fahrzeuge dieser Sparte vorzustellen. Dafür hätte der Umfang selbst dieses Werkes keinesfalls ausgereicht. Andererseits musste auf Fahrzeuge von manchen Staaten und Herstellern zwangsläufig verzichtet werden, über die weder Bildmaterial noch Unterlagen erhältlich waren. Dies gilt beispielsweise für Fahrzeuge aus der Volksrepublik China, Nordkorea, Indien und anderen weit entfernten Ländern, die ebenfalls eine Schlepperindustrie besitzen. Da diese Fahrzeuge wohl kaum jemals Gelegenheit haben werden, nach Deutschland und Mitteleuropa importiert zu werden, kann man sie in diesen Breiten auch nirgendwo in natura antreffen. Sollten Sie, lieber Leser, über Bilder, Unterlagen und Informationen über seltene Traktormodelle verfügen, wird höflich um Kontaktaufnahme über den Verlag gebeten.

Heucke-Dampfpflug >

Dieser Heucke-Dampfpflug, Baujahr 1928, demonstriert seine Funktionstüchtigkeit bei einem historischen Dampfpflügen. Er besteht aus zwei dampfgetriebenen Lokomobilen mit etwa 250 PS, die mit Kohle beheizt werden und einen Kipppflug bewegen..

An dieser Stelle sei ein Wort des Dankes an alle diejenigen Personen ausgesprochen, welche mir die Gelegenheit des Fotografierens ermöglichten oder mit Informationen, Auskünften und Ratschlägen behilflich waren. Und ohne die tatkräftige Unterstützung meines Freundes Paulus Beuken aus Heerlen/Niederlande wäre dieses Buch um manche Rarität ärmer geraten. Von ihm stammt auch eine größere Anzahl der in diesem Werk veröffentlichten Abbildungen.

Verlag und Autor wünschen Ihnen viel Spaß, Freude und Entspannung auf Ihrer Entdeckungsreise durch die faszinierende Welt der Traktoren.

Udo Paulitz, Duisburg

1917–1933

VOM BENZIN-TRAKTOR ZUM DIESEL-SCHLEPPER

Ein neues Zeitalter in der Landwirtschaft

Mit einer gewissen Berechtigung kann das Jahr 1917 als die eigentliche Geburtsstunde des neuzeitlichen Ackerschleppers bezeichnet werden. Denn in jenem Jahr präsentierte Henry Ford seinen berühmten Fordson-Traktor, eine Konstruktion, welche die zukünftige Entwicklung des Ackerschleppers am nachhaltigsten beeinflusst hat. Es war ein leichter und preiswerter, in rahmenloser Blockbauweise konstruierter Benzintraktor, bei der der Motor mit dem Getriebe-Hinterachsblock zu einer selbsttragenden Einheit verbunden war.

Der Fordson-Traktor setzte Maßstäbe für die Konstruktion landwirtschaftlicher Maschinen.

SICHERLICH, SEIT DER ERFINDUNG DES VIERTAKT-Verbrennungsmotors hatte es – allen voran in den Vereinigten Staaten von Amerika, die schon seit jeher als die Vorreiter in Sachen Landwirtschaftsmechanisierung galten – schon eine ganze Reihe von Traktoren mit dieser Antriebsart gegeben. Es waren große und teure Maschinen, die jedoch allein schon aufgrund ihrer gewaltigen Abmessungen kaum für kleinere Farmen geeignet waren. Im Gegensatz zu den bisherigen tonnenschweren Fahrzeugen wog der handliche Fordson nur 1215 kg und kostete durch die bereits im Automobilbau bewährte Massenfabrikation in Fließbandmontage nur einen Bruchteil davon. Weltweit schlug diese revolutionäre Konstruktion wie eine Bombe ein und drängte nahezu alle Fahrzeuge und Maschinen, mit denen bisher die Feldarbeiten bewältigt wurden, ins Abseits. Zunächst waren es in erster Linie die vielen amerikanischen Konkurrenten, die sich die Bauprinzipien des Fordson zu eigen machten und sie als Vorbild für eigene Entwürfe verwendeten.

Die Entwicklung in Deutschland

Im Deutschen Reich, das unter den Nachwirkungen des verlorenen Ersten Weltkrieges zu leiden hatte, dauerte es bis Mitte der 1920er-Jahre, bevor fortschrittlich denkende Techniker und Ingenieure diese neuen Ideen umsetzen und nutzbringend anwenden konnten. Bis dahin waren große und schwere Motortragpflüge und Bodenfräsen sowie aus ehemaligen Artilleriezugmaschinen entstandene Benzintraktoren verbreitet. Erst mit dem Hanomag-WD-Radschlepper sowie den Groß- und Kühlerbulldogs von Lanz wurden Zugmaschinen geschaffen, die nicht nur auf großen Gütern oder bei Lohnunternehmen, sondern auch im Bau-, Fuhr- und Speditionsgewerbe und in der Industrie verwendet werden konnten.

Während die Lanz-Bulldogs mit billigen Schwerölen betrieben wurden, arbeitete der Doppelvergasermotor des WD-Schleppers mit Benzin oder Petroleum. Jedoch blieben diese neuen motorischen Errungenschaften zunächst nur größeren Betrieben vorbehalten – für kleinere Höfe waren diese Fahrzeuge fast immer unerschwinglich.

Eine Ausnahme machte da die Mannheimer Firma Heinrich Lanz, die im Jahr 1921 mit ihrem ersten im Zweitakt-Glühkopfverfahren betriebenen Bulldog in Erscheinung trat und für großes Aufsehen sorgte. Dieser Urahn des berühmten Lanz-Bulldogs erwies sich als sehr robust, zuverlässig, einfach zu bedienen und zugleich wirtschaftlich, denn er konnte

mit billigem Rohöl und anderen brennbaren Abfallprodukten betrieben werden. Der erste 12-PS-Bulldog war allerdings eher als selbstfahrende Arbeitsmaschine für den Stationäreinsatz, mit Elastikbereifung auch als leichte Zugmaschine im Straßenbetrieb verwendbar. Für die Ackerarbeit war er weniger geeignet.

Durch Inflation und Weltwirtschaftskrise wurde Motoren- und Fahrzeugherstellern klar, dass dem wesentlich sparsameren Dieselmotor die Zukunft gehörte. Dadurch rückte der Bedarf für solche Motoren bei allen Herstellern zunehmend in den Vordergrund.

Die Forderung nach Wirtschaftlichkeit beschleunigte die Entwicklung der sparsameren Dieselmotoren.

Der Glühkopf-
bulldog als
Wegbereiter der
Landwirtschafts-
motorisierung

Lanz 12 PS
Typ HL

1921–1927
PS/kW: 12/8,8
Hubraum: 6 220 ccm
Stückzahl: ca. 6000

In Leipzig stellte 1921 die Mannheimer Firma Heinrich Lanz auf der damals staffttfindenden DLG-Landwirtschaftsausstellung den weltersten, aus einer Lokomobilkonstruktion entwickelten Rohölschlepper des Typs Lanz HL vor, der von einem ventillosen Zweitakt-Einzylinder-Glühkopfmotor angetrieben wurde. In erster Linie war dieser überaus wirtschaftliche und vielseitige Bulldog als fahrbare Antriebsmaschine für Dreschmaschinen und andere landwirtschaftliche Arbeitsgeräte vorgesehen, mit entsprechender Vollgummibereifung aber auch als Zugmaschine einsetzbar.

Lanz 12 PS
Typ HL
Eisenbulldog

1921–1927
PS/kW: 12/8,8
Hubraum: 6 220 ccm

Die einfachste Variante des Lanz HL besaß Eisenräder, mit denen der Bulldog vorwärts wie rückwärts mit 4,2 km/h bewegt werden konnte. Dabei erhielten die Hinterräder zur Traktionsverbesserung schon bald grobe Profilierungen oder Greifer. Ei-

ne Gangschaltung besaß er nicht, sodass die Fahrtrichtungsänderung nur bei Stillstand durch geschicktes Umsteuern der Maschine geschehen konnte. Für Arbeiten auf dem Acker war der HL deshalb weniger geeignet.

Lanz 12 PS Typ HL
Verkehrsbulldog

1924–1927
PS/kW: 12/8,8
Hubraum: 6 220 ccm

Ursprünglich war der Lanz-Rohölschlepper HL nur als selbstfahrender Stationärmotor ausgelegt, mit dem anzutreibende Maschinen von einem Arbeitsort zum anderen gefahren werden konnten, ohne dass dafür Zugtiere eingesetzt werden mussten. Um bei schweren Lasten eine bessere Bodenhaftung zu erreichen, wurden schon bald die Hinterräder mit einem elastischen Gummibelag versehen. Durch die komplette Hartgummibereifung des 12er-Lanz-Bulldogs stand das Fahrzeug dann auch zahlreichen Unternehmen wie Spediteuren, Möbelhändlern, Umzugsunternehmen, Kohlenhändlern und Schaustellern, die im örtlichen Nahbereich operierten, zu Diensten. Die Tatsache, dass der Glühkopfmotor nahezu alle brennbaren Öle, Ölabfälle und Kraftstoffe verarbeiten konnte, machte ihn besonders wirtschaftlich.

Mit dem ab 1926 hergestellten Großbulldog des Typs HR 2 führte Lanz in Deutschland die Fließbandfertigung ein. Dieser starke, verdampfungsgekühlte Bulldog war das erste Lanz-Modell in Blockbauart und für große Güter und Höfe vorgesehen. Die teuerste Ausführung war der hartgummibereifte, vor allem im Straßeneinsatz verwendbare Verkehrsbulldog. Seine Höchstgeschwindigkeit lag bei ca. 13 km/h.

Lanz 22/28 PS Typ HR 2
Verkehrsbulldog

1926–1931
PS/kW: 22/16,2
Hubraum: 10 338 ccm
Stückzahl: ca. 6000

Lanz 22/28 PS
Typ HR 2
Eisenbulldog

1926–1931
PS/kW: 22/16,2
Hubraum: 10 338 ccm
Stückzahl: 7230

Für Ackereinsätze vorgesehen war der eisenbereifte 22/28-PS-Ackerbulldog, der stark genug war, um beim Tiefpflügen einen Dreischarpflug durch den Acker zu ziehen. Diese Ausführung erreichte mit 8 km/h ihre Höchstgeschwindigkeit. Das etwa 3000 kg schwere Fahrzeug besaß ein neu entwickeltes Vierganggetriebe. Gut zu erkennen ist auf dieser Abbildung die übersichtliche und klare Blockkonstruktion.

Lanz 12 PS
Typ HP
(Knicklenker)

1923–1926
PS/kW: 12/8,8
Hubraum: 6220 ccm
Stückzahl: 723

Für die Feldarbeit ungleich besser geeignet war der auch unter der Bezeichnung „Knicklenker" bekannt gewordene Lanz HP-Bulldog. Der mit dem Schwerölmotor des HL ausgerüstete Ackerbulldog zeichnete sich mit seinen größeren Vorderrädern durch ein sehr ungewöhnliches Erscheinungsbild aus. Mit Vierradantrieb und Knicklenkung war er seiner Zeit weit voraus. Die Räder besaßen Greifer und konnten für den Straßenbetrieb mit Laufringen versehen werden. Aufgrund seiner im Verhältnis zum hohen Verkaufspreis geringen Motorleistung blieb der Absatz jedoch hinter den Erwartungen zurück.

In wasserarmen Exportländern wurde die Verdampfungskühlung infolge ihres hohen Wasserverbrauchs bemängelt. Nicht zuletzt diese Tatsache führt zu einem mit Thermosyphonkühlung ausgerüsteten, leistungsstärkeren Nachfolgemodell, bei dem der Kühlwasservorrat von 135 auf 60 Liter verringert werden konnte. Diese auch als Kühlerbulldogs bezeichneten Fahrzeuge arbeiteten ohne Wasserpumpe im geschlossenen Wasserkreislauf. Eine Erleichterung war das neue, kugelgeschaltete Dreiganggetriebe mit Rückwärtsgang. Damit gehörte das umständliche Umsteuern der Vergangenheit an. Den Lanz-Kühlerbull-

dog gab es auch mit traktionsverbessernden Profileisenrädern, wodurch die Zugkraft auf weichen oder sandigen Böden gesteigert wurde. Die Typenbezeichnung dieses Modells besagte, dass der Motor 15 PS am Zug-

haken und 30 PS an der Riemenscheibe oder als Dauerleistung zur Verfügung stellen konnte. Dieser Ackerbulldog erreichte mit Eisenrädern eine Höchstgeschwindigkeit von 5,6 km/h.

Lanz 15/30 PS Typ HR 5
Ackerbulldog
1929–1935
PS/kW: 30/22
Hubraum: 10 338 ccm

Mit Vollgummireifen war der Kühlerbulldog eine sehr wirtschaftliche Verkehrsmaschine. Das erstmals in diesen Typ installierte Schaltgetriebe brachte große Vorteile beim Fahrbetrieb auf der Straße. Da das Um-

steuern entfiel, war dieser 15/30 ungleich wendiger. Durch Einbau eines Stufenreglers konnte die Drehzahl auf 630 U/min gesteigert und die Motorleistung auf stattliche 38 PS erhöht werden. Den 15/30 als Verkehrsbulldog gab es auch in der Ausführung mit durchgehenden, mit Trittbrettern verbundenen automobilähnlichen Kotflügeln. In gewisser Weise waren dies die Vorläufer der späteren Eilbulldogs dieses Herstellers. Hier ist eine luftbereifte, sehr seltene Variante mit zwei Einspritzpumpen aus dem Jahr 1930 zu sehen, bei der der Motor nach dem Starten mit Benzin auf Dieselbetrieb

umgeschaltet werden konnte. Dadurch konnte man den Bulldog nach kurzer Abstellzeit leichter wieder in Gang setzen.

Lanz 15/30 PS Typ HR 5
Verkehrsbulldog
1929–1935

Lanz 15/30 PS
Typ HR 5
Moorbulldog

1929–1935
PS/kW: 30/22
Hubraum: 10 338 ccm

Die Kühlerbulldogs der Lanz-Baureihen HR 5 und 6 gab es auch in unterschiedlichen Sonderausführungen für spezielle Einsatzzwecke. Zur Verringerung des Bodendrucks auf sandigen und nassen Böden war eine Ackerausführung mit sowohl anstelle der Hinterräder aufsteckbaren Ansteckraupen als auch mit breiten Spezialwalzenrädern zur Moorkultivierung erhältlich.

Lanz 22/38 PS
Typ HR 5
Verkehrsbulldog

1929–1935
PS/kW: 38/27,9
Hubraum: 10 338 ccm

Die Verkehrsausführung des Lanz-Kühlerbulldogs 22/38 PS besaß im Regelfall doppelbereifte Elastikhinterräder, die in der Mitte mit sogenannten ausziehbaren „Blitz-Greifern" bestückt waren. Diese konnten zur Zugkraftsteigerung mit einem Spezialwerkzeug herausgezogen und quer auf der Lauffläche der Hinterräder befestigt werden. Diese Fahrzeuge erreichten im 3. Gang 15,8 km/h.

Lanz 22/38 PS
Typ HR 5c
Verkehrsbulldog

1929–1935
PS/kW: 38/27,9
Hubraum: 10 338 ccm

Diese Verkehrsausführung verfügte infolge des Stufenreglers neben der auf 38 PS angestiegenen Motorleistung über sechs Vorwärts- und zwei Rückwärtsgeschwindigkeiten. Die Höchstgeschwindigkeit betrug bei Elastikbereifung 15,6, bei Luftbereifung 19,4 km/h. Erstmals war auch ein festes Fahrerhaus mit Scheibenwischern erhältlich.

Große Ähnlichkeit mit der Lanz-HR 5-Baureihe hatten die Fahrzeuge der Reihe HR 6. Es waren die stärksten Maschinen der bis zum Jahr 1935 beibehaltenen Kühlerbulldogs. Hier ist die eisenbereifte, etwa 3300 kg schwere Ackerbulldog-Ausführung ohne elektrische Beleuchtung zu sehen. Infolge der Eisenbereifung waren maximal 7,9 km/h zu erreichen.

**Lanz
22/38/44 PS
Typ HR 6**
Ackerbulldog
1930–1935
PS/kW: 44/32,2
Hubraum: 10 338 ccm

Den Verkehrsbulldog der Baureihe HR 6, der elastik- oder luftbereift geliefert und auch unter der Bezeichnung „Schwerzugbulldog" bekannt wurde, gab es auch mit zwillingsbereiften Hinterrädern. Mit 38 PS Dauerleistung gehörte dieser luftbereifte bis zu 20 km/h schnelle Bulldog zu den stärksten Modellen seiner Kategorie. Als Fahrersitz stand eine gefederte Sitzmulde zur Verfügung.

**Lanz 22/38 PS
Typ HR 6**
Schwerzugbulldog
1930–1935
PS/kW: 38/27,9
Hubraum: 10 338 ccm

HANOMAG

Hanomag WD R 26
Verkehrsausführung
1924–1925
PS/kW: 26/19
Hubraum: 4252 ccm

Mit der Vorstellung des WD-Radschleppers R 26 im Jahr 1924 gelang der Firma Hanomag der erfolgreiche Einstieg in den deutschen Traktorenmarkt.

Diese zu ihrer Zeit überaus fortschrittliche Konstruktion basierte im Wesentlichen auf dem berühmten Fordson-Traktor aus den USA, von dem man die Block-

bauweise übernommen hatte. Der WD war sowohl auf dem Acker als auch im Straßenbetrieb einsetzbar. Hier ist ein 1925 gebautes, vorzüglich restauriertes Fahrzeug in der Verkehrsausführung mit Speichenrädern und Verdeck zu sehen.

Zum Ende des Jahres 1927 kamen beim WD-Radschlepper verschiedene Verbesserungen zum Tragen, wozu auch die Anhebung der Motorleistung zählte. So stieg diese bei Verwendung von Benzin oder Benzol anstelle von Petroleum auf 30 bzw. 32 PS. Der neue Radschlepper

von Hanomag gelangte für das Hannoveraner Unternehmen zu eindrucksvollen Verkaufserfolgen. Das Fahrzeug war dem Fordson-Schlepper sowohl in der Leistung als auch in technischer Hinsicht überlegen, allerdings mit 4800,– Reichsmark auch entsprechend teurer. Der mit drei Vorwärtsgängen und einem Rückwärtsgang ausgerüstete Hanomag-Radschlepper war ein sehr zuverlässiges und solides Fahrzeug. Die Höchstgeschwindigkeit des in der Ackerversion nahezu zwei Tonnen schweren Fahrzeugs war infolge der Eisenbereifung auf 8 km/h begrenzt.

Hanomag
WD R 28/32
Ackerausführung

1928–1932
PS/kW: 28–32/20,5–23,4
Hubraum: 4252 ccm

Um die Zugkraft des ohnehin schon sehr leistungsfähigen WD-Verkehrsschleppers noch weiter zu erhöhen, konnte dieser anstelle der Speichenradsätze wahlweise auch mit schweren Gusseisenfelgen bestückt werden. Damit stieg das Gewicht auf etwa 3500 kg. Für den Anhängerbetrieb war eine Druckluft-bremsanlage lieferbar. Die letzten Ausführungen des WD-Schleppers gab es auf Wunsch bereits mit Luftreifen, wodurch sich dessen Einsatzspektrum noch weiter erhöhte. Der Hanomag WD besaß einen wassergekühlten Reihen-Vierzylinder-Doppelvergasermotor, der seine Leistung bei 1100 U/min zur Verfügung stellte. Den bis zu 15 km/h schnellen, elastik- bzw. hartgummibereiften Verkehrsschlepper – rechts ein Fahrzeug aus dem Jahr 1928 – gab es mit vielen Sonderausrüstungen, wie z. B. der Sandstreueinrichtung. Elektrische Lichtanlage und Klappverdeck gehörten zum aufpreispflichtigen Zubehör.

Hanomag
WD R 28/32
Verkehrsversion

1928–1932
PS/kW: 28–32/20,5–23,4
Hubraum: 4252 ccm

FORDSON

Fordson

Der Fordson-Traktor – Die bedeutendste Traktorkonstruktion der Welt

Fordson F
Ackerschlepper

1917–1928
PS/kW: 18/13,2
Hubraum: 3916–4148 ccm
Stückzahl: 739 977 (USA)

Die bahnbrechende Schlepperkonstruktion des Fordson F ging auf den Wunsch des Automobilproduzenten Henry Ford zurück, einen zuverlässigen, einfachen und preisgünstigen Traktor zu fertigen. Er sollte so leicht zu bedienen sein, dass jeder ihn zu handhaben verstünde. Zudem sollte er so wenig kosten, dass jeder ihn sich leisten konnte. Um diese Ziele zu erreichen, kam nur die bereits im Pkw-Bereich bewährte Großserienproduktion mittels moderner Fließbandfertigung in Betracht. Die gebaute Stückzahl überschritt die Millionengrenze bei Weitem. Bereits in seinem Erscheinungsjahr 1917 wurden mehrere Tausend nach England verschifft, um der durch die deutsche U-Boot-Blockade beeinträchtigten Landwirtschaft zu helfen.

Wahlweise gab es die Ackerversion des Fordson F auch mit Luftreifen, sodass er problemlos auf befestigten Wegen und Straßen einsetzbar war.

Der Fordson F wurde ohne wesentliche Veränderungen 22 Jahre lang gebaut. Die später gebauten Fahrzeuge unterschieden sich lediglich durch ihre höhere Motorleistung und die Luftbereifung von den ursprünglich gefertigten Modellen.

Der Fordson F, der erste blockkonstruierte Ackerschlepper der Welt, besaß einen wassergekühlten Vierzylinder-Vergasermotor, der seine Leistung von 18 PS bei 1000 U/min erzeugte. Es standen zwei Vorwärts-

gänge mit 2,1 und 10,9 km/h und ein Rückwärtsgang zur Verfügung. Das Gewicht des Fordson-Traktors betrug 1232 kg. Die Ackerausführung verfügte über Eisenräder, die vorn mit Spurkränzen und hinten mit Greiferstollen besetzt waren. Diese Einrichtungen verhalfen dem Fordson zu einer erhöhten Zugkraft.

Das F-Modell von Fordson erwies sich als sehr anpassungsfähig, sodass dieser Traktor nicht nur für sämtliche Feldarbeiten, sondern auch als stationäre Antriebsmaschine sowie für Transportaufgaben auf den Straßen infrage kam. Obligatorisch war in diesem Fall die Ausrüstung mit Muschelkotflügeln und schweren Gusseisenfelgen. Der Fordson-Schlepper war als zuverlässiges Arbeitsgerät sehr beliebt und geschätzt.

Fordson F
Verkehrsausführung
1917–1928
PS/kW: 27/19,8
Hubraum: 4148 ccm

1929 wurde der Fordson-Schlepper überarbeitet und gleichzeitig seine Fertigung von Detroit nach Cork in Irland verlagert. Das nun als Ausführung N bezeichnete Modell erreichte bei einer auf 1100 U/min gesteigerten Drehzahl 23 PS bei Petroleumbetrieb und 29 PS, wenn Benzin als Kraftstoff verwendet wurde. Neben manchen anderen Details wurde die Vorderachse verbessert, und das Gewicht stieg auf 1636 kg. Der Standort Cork wurde bereits 1933 zugunsten von Dagenham in England aufgegeben.

Fordson N
Ackerausführung
1929–1945
PS/kW: 23–29/16,6–21,2
Hubraum: 4148 ccm

INTERNATIONAL HARVESTER

Der Traktorpionier aus Chicago

International 8-16
1917–1922
PS/kW: 18,5/13,5
Hubraum: 4430 ccm

Im Jahr 1902 ging die International Harvester Company aus dem Zusammenschluss der beiden Traktorhersteller McCormick und Deering hervor. Das kompakte Modell International Harvester 8-16 wurde ab 1917 gebaut. Es besaß einen wassergekühlten Vierzylinder-Vergasermotor, zwei Vorwärtsgänge bis maximal 6,6 km/h und einen Rückwärtsgang. Das mit einer Riemenscheibe ausgerüstete Fahrzeug mit dem nach vorn abgeflachten Kühler machte schon einen recht modernen Eindruck.

International 8-16 Mogul
1916
PS/kW: 16/11,7
Hubraum: 7644 ccm
Stückzahl: im Jahr 1918
mehr als 17 000

Seit 1916 produzierte International Harvester in Chicago den eisenbereiften Traktor 8-16 Mogul, der von einem gewaltigen wassergekühlten Einzylinder-Vergasermotor angetrieben wurde. Sein Zweiganggetriebe verfügte über die Geschwindigkeiten 3,2 und 4,4 km/h. Für den Stationärantrieb war der Mogul mit einer seitlich angeordneten Riemenscheibe bestückt.

Die Standardausführung des 10-20 war eisenbereift mit Metallauflagen an den Hinterrädern. Damit konnte er auch befestigte Straßen und Wege benutzen. Der mit Benzin oder Petroleum zu betreibende Zweizylindermotor erzielte seine Maximalleistung bei 575 U/min. Der für die Motorkühlung erforderliche Wassertank mit 180 Liter Fassungsvermögen befand sich über der Vorderachse. Der Titan war mit einem Stahlträgerrahmen ausgebildet.

International 10-20 Titan
1915–1924
PS/kW: 20/14,6
Hubraum: 7644 ccm
Stückzahl: mehr als 78 000

Der benzingetriebene Titan wurde seit 1915 produziert. Es war das kleinste und beliebteste Modell aus dieser International-Baureihe. Wenig bekannt ist die Tatsache, dass McCormick und Deering, obwohl sie zur International Harvester Company zusammengeschlossen waren, zwei getrennte Vertriebsorganisationen besaßen, die weitgehend identische Fahrzeuge mit unterschiedlichen Bezeichnungen anboten. Während McCormick für den Mogul zuständig war, verkaufte Deering das Modell Titan. Hier ein eisenbereifter Titan von 1919 mit überstehenden Greiferstollen.

International 10-20 Titan
Ackerausführung
1915–1924

McCormick-Deering 10-20
Ackerausführung

1923–1942
PS/kW: 20/14,6
Hubraum: 4431 ccm
Stückzahl: 216 000

Der fortschrittliche 10-20 bedeutete für den ähnlichen Fordson-Traktor eine große Konkurrenz, zumal er dem Fordson in manchen Merkmalen überlegen war. Allerdings war er auch teurer als der Fordson. So besaß der International 10-20 eine Magnetzündung, eine verbesserte Kupplung und zusätzlich zur Riemenscheibe eine Zapfenwelle. Hier ein restauriertes eisenbereiftes Fahrzeug mit Spatengreifern an den Hinterrädern. 1923 erschien das International Harvester-Modell 10-20, ein ähnlich dem berühmten Fordson sehr übersichtlicher, solider und zuverlässiger Benzintraktor, der jenem gegenüber allerdings in einigen Ausstattungsdetails überlegen war. Dieses kompakte Fahrzeug war mit einem wassergekühlten Vierzylindermotor bestückt. In den USA als McCormick-Deering vertrieben, erreichte er beachtliche Verkäufe.

McCormick-Deering 10-20
Verkehrsausführung

1923–1942

Der 10-20 war ein leichter, kompakter und trotzdem leistungsfähiger Traktor, der sich einer großen Beliebtheit erfreute. Mit elastikbereiften Rädern war er auch als Straßenfahrzeug verwendbar. Ausgerüstet war der Vierzylinder-Vergasermotor, der seine Höchstleistung bei 1150 U/min erreichte, mit hängenden Ventilen. Das Getriebe erlaubte Geschwindigkeiten zwischen 3,2 und 6,4 km/h. Hier ein Fahrzeug mit elastikbereiften Zwillingshinterrädern.

McCormick-Deering 10-20
Universalschlepper

1923–1942

Hier eine weitere Version des 10-20 mit walzenförmigen Hinterrädern. Diese sind mit Gummistollen bestückt, welche den Straßenbelag im Gegensatz zu den Eisenrädern weniger stark beschädigten. Die Vorderräder hingegen besitzen eiserne Laufringe. Auf der rechten Fahrzeugseite vor den Hinterrädern ist die Riemenscheibe für Stationäreinsätze dieses im Jahr 1925 gebauten Traktors gut zu erkennen.

In den 1930er-Jahren setzte sich auch bei den Traktoren immer stärker die Luftbereifung durch, denn dadurch konnten die Fahrzeuge sowohl für die Feldarbeit als auch für Straßeneinsätze herangezogen werden. Manche Traktoren wurden erst später auf die vorteilhaftere Luftbereifung umgerüstet.

McCormick-Deering 10-20

Ackerschlepper

1923–1942

Der leichte Vielzwecktraktor Farmall Regular erschien erstmals 1924. Dieser Breitspurtraktor war in

vieler Hinsicht ebenso richtungweisend wie sieben Jahre zuvor der Fordson. Konstruktiv war er so gut durchdacht, dass bis zu seiner Produktionseinstellung kaum Änderungen erforderlich waren. Neu waren die dreirädrige Ausführung mit zwei nebeneinanderliegenden Vorderrädern und die stufenlos für Pflanz-

und Pflegearbeiten verstellbare Hinterachse. Hier ein Exemplar mit Spatengreifern. Der als Rahmenkonstruktion ausgeführte Farmall Regular war als Universalschlepper mit unterschiedlichen Bereifungsarten erhältlich. Er eignete sich aufgrund seiner Bauweise für Kulturarbeiten aller Art, aber auch zum Pflügen, wobei er problemlos mit einem Zweischarpflug tiefpflügen konnte. Im Jahr 1932 wurde er durch das verbesserte Modell F 20 ersetzt.

Farmall Regular

Ackerschlepper

1924–1932
PS/kW: 24/17,6
Hubraum: 3432 ccm
Stückzahl: etwa 45 000

1917–1933

Der 1934 vorgestellte Farmall W 12 war technisch weitgehend mit dem 1932 vorgestellten Modell F 12 identisch. Es war ein leichter Universaltraktor mit wassergekühltem Vergasermotor und Dreiganggetriebe, 5,8 km/h Höchstgeschwindigkeit und 1305 kg Gewicht. In erster Linie war er für kleinere Farmbetriebe vorgesehen, wo er alle dort anfallenden Arbeiten verrichten konnte.

International Farmall W 12

Ackerschlepper

1934
PS/kW: 16/11,7
Hubraum: 1763 ccm

Erfolgreicher Hersteller ölgekühlter Großtraktoren

Advance-Rumely Oil Pull G 20-40

1923–1931
PS/kW: 40/29,3
Hubraum: 27 837 ccm
Stückzahl: 56 000
(alle Modelle)

Die Firma Rumely befasste sich zu Beginn des 20. Jahrhunderts mit dem Bau von Land- und Dampfmaschinen für die Landwirtschaft. Im Jahr 1909 entstand unter der Bezeichnung Oil Pull der erste Traktor, den es bis zum Fertigungsende im Jahr 1931 in 14 unterschiedlichen Ausführungen geben sollte.

Advance-Rumely Oil Pull Type H 1918

1918–1924
PS/kW: 30/22
Hubraum: 10 202 ccm
Stückzahl: 56 000
(alle Modelle)

Die Entwürfe dieses im Jahr 1915 in Advance-Rumely Thresher Company Inc. umbenannten Herstellers zeichneten sich durch liegend angeordnete, extrem großvolumige, niedrig drehende Vergasermotoren mit Wassereinspritzung und Ölkühlung aus. Die gewaltigen Fahrzeuge glichen in ihrem Erscheinungsbild viel eher Dampfmaschinen als Traktoren. Das auch unter der Bezeichnung 14-28 bzw. 16-30 bekannt gewordene 30 PS starke und 4270 kg schwere Modell H gehörte zu den kleineren Maschinen und erfuhr aus dieser Reihe mit Abstand die größte Verbreitung.

Durch das Erscheinen wesentlich leichterer Benzintraktoren wie dem Fordson oder den 10-20 von McCormick-Deering musste das Unternehmen den Bau von kleineren Traktormodellen vorantreiben. 1924 entstand mit dem Modell 12/24 ein zwar kleiner dimensioniertes, im Vergleich zu den neuen Blockbautraktoren mit einem Gewicht von knapp vier Tonnen aber immer noch überaus gewichtiges Fahrzeug.

Advance-Rumely Oil Pull 12-20

1924
PS/kW: 20/14,6
Hubraum: 7037 ccm
Stückzahl: 56 500
(alle Modelle)

Der in den 1920er-Jahren auf dem amerikanischen Markt herrschende Preiskrieg führte bei Advance-Rumely zu rückläufigen Verkaufszahlen, die sich auf Dauer auch nicht durch Verbesserungen an den bereits bestehenden Typen bzw. neuen Konstruktionen beleben ließen. Zum Ende dieses Jahrzehnts befand sich ein auch blockkonstruierter Vergasertraktor mit wassergekühltem Vierzylindermotor, das Modell Ideal Pull, im Verkaufsangebot.

Advance-Rumely Ideal Pull

Ackerschlepper

1930
PS/kW: 38/27,8
Hubraum: 7192 ccm

Ein Traktor-pionier aus den USA

Hart-Parr 18-36
Ackerschlepper
1924
PS/kW: 36/26,4
Hubraum: 8207 ccm

HART-PARR

Die im Jahr 1897 entstandene Firma Hart-Parr gehört zu den Pionieren der amerikanischen Traktorindustrie. Nachdem 1902 der erste Traktor entstanden war, spezialisierte man sich zunächst auf große, ölgekühlte Maschinen, bis man schließlich ab 1918 auf kleinere, mit quer eingebauten Motoren ausgerüstete Traktoren setzte. Dazu gehörte auch der von einem Zweizylinder-Vergasermotor angetriebene Typ 18-36, der sich in der aufstrebenden Konjunktur der

Nachkriegsjahre gut verkaufte. Links ein noch unrestauriertes Fahrzeug von 1928 mit unprofilierten Eisenrädern. Die Hart-Parr-Traktoren der 1920er-Jahre waren Rahmenkonstruktionen mit wassergekühlten Ein-, Zwei- und Vierzylindermotoren großer Hubvolumen. Das bekannte mittelschwere Modell 18-36 hatte zwei Zylinder und erreichte mit 800 U/min seine größte Leistung. Es standen zwei Vorwärtsgeschwindigkeiten mit 3,1 und 6 km/h zur Verfügung. Mit einem Gewicht von 2770 kg war der 18-36 im Vergleich zur blockkonstruierten Konkurrenz ein recht schweres Fahrzeug.

JOHN DEERE

Die Anfänge der heute zu den weltweit größten Unternehmen der Schlepperproduktion gehörenden Deere & Company, Moline, lassen sich bis zum Jahr 1837 zurückverfolgen. Noch vor dem Ersten Weltkrieg wurde zusätzlich zur Landmaschinenproduktion der Bau von Traktoren aufgenommen. Im Jahr 1928 erschien mit dem Allzweckschlepper 10-20 GP (= General Purpose) ein wassergekühltes Fahrzeug mit seitenventilgesteuertem Zweizylinder-Vergasermotor. Es war einer der ersten Traktoren überhaupt, der eine hydraulische Hubvorrichtung besaß. Dieser mit einem Dreiganggetriebe bestückte blockkonstruierte Schlepper brachte 1636 kg auf die Waage und erreichte mit 6,9 km/h seine maximale Geschwindigkeit. Unten ein luftbereiftes Fahrzeug von 1931. Das auslösende Moment, das zur Konstruktion des GP von John Deere führte, war der Wunsch vieler Farmer, einen besonders gut für Kultur- und Pflegearbeiten bei Reihenanbau geeigneten Traktor zur Hand zu haben. Neben der konventionellen Vierradausführung gab es den GP in der Version GPWT auch als breitspuriges Row-crop-Schlepper-Modell.

Das grüne Traktorwunder aus Moline

John Deere 10-20 GP

1928–1935
PS/kW: 20/14,6
Hubraum: 4852 ccm

Spezialist für quer eingebaute Motoren

Case 10-18 Crossmotor

1919–1921
PS/kW: 18/13,2
Hubraum: 3682 ccm
Stückzahl: 9000

Die Firma Case, die zunächst Dampfzugmaschinen baute, brachte 1911 ihren ersten Traktor mit Benzinmotor auf den Markt. Zu den bekanntesten Traktoren gehörte das Modell 10-18 Crossmotor, das mit einem quer in einen Gussrahmen eingebauten stehenden Vierzylindermotor erstmals 1919 erschien. In diesem 1692 kg schweren Traktor stand ein Zweiganggetriebe für maximal

5,6 km/h zur Verfügung. Als Treibstoff konnte entweder Benzin oder Petroleum verwendet werden. Diese Aufnahme unten zeigt einen gut

restaurierten Case 10-18 Crossmotor mit stollenbereiften Eisenrädern hinten und ebensolchen Vorderrädern mit Laufringen. Er konnte 770 kg Anhängelast ziehen. Der 10-18 hatte eine Starrachse vorn, einen gusseisernen Kühlwasserbehälter, und der Motor erbrachte seine höchste Leistung bei 1050 U/min. 1922 löste das auf 27 PS leistungsgesteigerte Modell 15-27 den 10-18 ab.

Das Case Modell 15-27 besaß als erster Case-Traktor eine Zapfenwelle. Auch bei diesem Typ gelangte der Motor in Querlage zum Einbau, wobei die Riemenscheibe von der Kurbelwelle des Antriebsaggregats angetrieben wurde. Das Gewicht stieg auf 2935 kg an. Der 15-27 entsprach den Anforderungen des Marktes, sodass eine beachtliche Stückzahl ihre Käufer fand. Mit dem ab 1929 gebauten Modell L erschien der letzte Case-Traktor mit quer installiertem Motor.

Case 15-27 Crossmotor

1919–1924
PS/kW: 27/19,8
Hubraum: 6257 ccm
Stückzahl: 17 500

MINNEAPOLIS

Die 1889 gegründete Minneapolis Threshing Machine Company beschäftigte sich anfangs mit Dampflokomobilen und Dreschmaschinen. 1911 präsentierte das Unternehmen seinen ersten Großtraktor. Ab 1919 kam es zum Bau des mit einem Vierzylinder-Vergasermotor bestückten Typ A. Pro Zylinder hatte der Motor vier Ventile. Der 2680 kg schwere Traktor, dessen Motor mit Benzin oder Petroleum betrieben werden konnte, verfügte über ein Zweiganggetriebe. Er blieb bis zum 1929 erfolgten Zusammenschluss zur Minneapolis-Moline Company im Produktionsprogramm.

Hersteller der bekannten Twin-City-Modelle

Minneapolis A 16-30

1919–1929
PS/kW: 30/22
Hubraum: 5304 ccm

1933–1945

Von Bauern-, Einheits- und Holzgasschleppern

Die Jahre des technischen Fortschritts 1933–1945

Weltwirtschaftskrise und Rezession hatten zu einem nachhaltigen Einbruch im Wirtschaftsleben geführt, von dem kaum eine Branche verschont blieb. Viele der noch zu Beginn der 1920er-Jahre auf dem Schleppermarkt agierenden Unternehmen mussten ihre Fabrikation einstellen. Im Jahr 1932 belief sich die Traktorfertigung weltweit auf nur etwa 20 000 Stück, und im folgenden Jahr befanden sich in Amerika nur noch neun große Hersteller am Markt.

Nach 1932 gab es in Amerika nur noch neun große Hersteller.

AUCH IN EUROPA HATTE DIE KRISE DIE Schlepperbranche erfasst. Hierdurch wurde die technische Fortentwicklung zwar nicht aufgehalten, wohl aber verlangsamt. Manche Bereiche jedoch, zu denen damals in erster Linie der Dieselantrieb gehörte, erfuhren durch den Zwang zu Kosteneinsparungen eine beschleunigte Entwicklung.

Der Traktor wird moderner

Daneben waren jene Jahre auch geprägt durch manche große und zahllose kleinere Verbesserungen, welche Zuverlässigkeit und Funktionstüchtigkeit der damaligen Maschinen erhöhten. Als ein Beispiel sei der Ölbad-Luftfilter genannt, der anfallenden Staub absorbierte und dadurch die Lebensdauer des Motors verlängerte. Oder die Verbesserungen der Beleuchtungsanlagen und der Getriebetechnik. Ganz entscheidend war die Einführung der Zapfwelle, mit der eine kraftübertragende Verbindung zwischen Schlepper und Arbeitsmaschine hergestellt wurde. Nach deren Normung und Entwicklung entsprechender Anbaugeräte konnte diese etwa ab Mitte der 1930er-Jahre ihre Vorteile im Agrarbereich entfalten. Einen wesentlichen Schritt nach vorne bedeutete die Luftbereifung für Ackerschlepper. War es früher oftmals üblich, beim Schlepperkauf zusätzlich zu den für die Ackerarbeit erforderlichen Eisenrädern einen Satz Elastikreifen für Straßeneinsätze zu erwerben und dann bei Bedarf umzurüsten, wurde dieses umständliche Verfahren durch die neue Bereifung überflüssig. Denn der luftbereifte Schlepper konnte auf Feld und Straße gleichermaßen universell eingesetzt werden. Als weitere Vorteile schlugen geringeres Gewicht und Bodendruck, Kraftstoffersparnis, besseres Bremsverhalten, höhere Zugleistung und eine höhere Geschwindigkeit zu Buche. Infolgedessen konnte ein luftbereifter Ackerschlepper auch eine größere Flächen- und Arbeitsleistung erbringen.

Der Traktorbau im Dritten Reich

Mit dem Abflauen der Wirtschaftskrise setzte eine ab 1933 spürbare Stabilisierung und Belebung der deutschen Wirtschaft ein. Da das Hauptgewicht der am Markt angebotenen Traktoren auf leistungsfähigen Zugmaschinen für größere Betriebe lag, war die Motorisierung an den kleinen Bauernhöfen meist spurlos vorübergegangen. Das änderte sich erst mit der Entwicklung der für den Schlepperantrieb geeigneten Kleindieselmotoren. Hinzu kam die Forderung der ab 1933 amtierenden nationalsozialistischen Regierung, eine möglichst vollkommene Unabhängigkeit von Nahrungsmitteleinfuhren sicherzustellen, was ohne die Einbeziehung der vielen Kleinbauernhöfe nicht möglich gewesen wäre. Die speziell für diese Zielgruppe ab 1936 geschaffenen Bauernschlepper waren genau das Richtige für die meist wenig betuchten Landwirte dieser Sparte. Mit diesen sowie mit den stärkeren Einheits-Ackerschleppern in der 22-PS-Klasse wurde der

erste nachhaltige Motorisierungsschub in der deutschen Landwirtschaft eingeleitet.

Der Zweite Weltkrieg unterbrach diese Entwicklung, und im Zuge kriegsbedingter Verknappung vieler Rohstoffe wurden Traktoren immer häufiger wieder mit Eisenrädern ausgeliefert. Aufgrund zunehmenden Kraftstoffmangels wurde Mitte 1942 der Baustopp für alle Dieselschlepper verfügt. Als Ersatz musste die Traktorenindustrie vereinheitlichte Holzgasschlepper fertigen, die mit Holz, Torf oder Kohle zu betreiben waren.

Aber auch im Ausland war die Entwicklung nicht stehen geblieben. So hatte beispielsweise Mitte der 1930er-Jahre der Ire Harry Ferguson die Dreipunkt-Geräteaufhängung entwickelt, und 1939 kam es zu einem Abkommen mit Henry Ford zwecks Großserienfertigung eines neuen grauen Kleintraktors, der nach dem Krieg eine immense Verbreitung erfahren sollte.

Kraftstoffmangel führte ab 1942 zur Fertigung standardisierter Modelle, die mit Holzgas betrieben wurden.

Die Glühkopf-bulldogs erobern den Schleppermarkt in Deutschland

Lanz Bulldog D 8506

Baureihe HR 7

1934–1954
PS/kW: 30–35/22–25,6
Hubraum: 10 338 ccm

An dem Aufschwung der 1930er-Jahre hatte auch die Firma Lanz ihren Anteil. Der Bulldog hatte sich durchgesetzt und war nach erfolgreicher Weiterentwicklung für fast alle Bereiche einsetzbar. Von ihm gab es eine Vielzahl unterschiedlicher Typen und Leistungsklassen. Wegen seiner einfachen Bauweise und Unverwüstlichkeit war die Nachfrage im In- und Ausland so groß, dass die Produktion mit dem Bestelleingang kaum mithalten konnte. Ein weit verbreitetes Modell war der 35 PS starke D 8506 Bulldog der Baureihe HR 7, der zwischen 1936 und 1954 in großen Stückzahlen fabriziert wurde. Er war in der Lage, das weite Spektrum

der Arbeiten eines größeren bäuerlichen Betriebes abzudecken. Das auf der vorigen Seite abgebildeteFahrzeug von 1940 ist mit Wetterdach, Windschutzscheibe und Klappgreifern an den Hinterrädern ausgerüstet. Dieser Bulldog hat eine ungefederte Vorderachse, elektrische 12-Volt-Anlage und Anlasszündung. Das Fahrzeug hatte 10 338 ccm Hub-

raum und ein kugelgeschaltetes Getriebe mit sechs Vorwärts- und zwei Rückwärtsgängen. 1934 begann die Serienproduktion des Ackerluft-Bulldogs der Reihe HR 7, dessen Leistung zunächst 30, ab 1936 35 PS betrug. Er besaß als kleinstes Modell den großen Motor mit über zehn Litern Hubraum. Hinterradantrieb, Sechsganggetriebe, elektrische Anlage und Muschelkotflügel hinten waren wichtige Ausrüstungs- und Konstruktionsmerkmale.

Lanz Bulldog D 8506

Baureihe HR 7

1934–1954
PS/kW: 30–35/22–25,6
Hubraum: 10 338 ccm

Der mittelschwere Lanz-Bulldog D 8506 verließ bis 1954 in beachtlichen Stückzahlen die Fließbänder des Mannheimer Werkes. Üblicherweise besaß dieses luftbereifte Modell anfangs muschelförmige, später gerade Seitenbleche. Das toprestaurierte Exemplar von 1936 (oben) wurde durch Kotflügel, Trittbretter, Windschutzscheibe, Doppelsitzbank und Klappverdeck beträchtlich aufgewertet. Mit seiner Luftbereifung und 23 km/h Höchstgeschwindigkeit

war er nicht nur auf dem Acker, sondern auch im Straßenverkehr in seinem Element. Für Anhängerbetrieb war eine Druckluftbremsanlage erhältlich. Mitte rechts ein Fahrzeug mit Windschutzscheibe aus dem Jahr 1937. Der 35-PS-Ackerluft-Bulldog aus dem Jahr 1940 (unten links) ist mit Wetterdach, Windschutzscheibe und nachträglich seitlich angebrachten Planen zum Schutz des Fahrers versehen. Daneben verfügt das Fahrzeug über vordere und hin-

tere Kotflügel, die durch Trittbretter miteinander verbunden sind. Der Ackerluft-Bulldog D 8506 war mit Druckluftbremsanlage sowie Kotflügeln und Trittbrettern nachrüstbar. Das feste Fahrerhaus des 1941 gebauten Fahrzeugs unten rechts, das noch bis Anfang der 1990er-Jahre im Einsatz war, entstand offenbar in Eigenbauweise.

Lanz Bulldog D 3506

Baureihe HN 5

1937–1952
PS/kW: 20/14,6
Hubraum: 4767 ccm

Dieser kleine 20-PS-Bulldog entstand auf Veranlassung der Reichsregierung nach einem leistungsschwächeren Schlepper. Das Fahrzeug sollte in erster Linie den vielen bäuerlichen Kleinbetrieben zur Verfügung stehen und sie von der Gespannhaltung in die Motorisierung führen. Diese Maßnahme war zur Steigerung der Bodenerträge notwendig geworden. Der Bulldog war mit 1850 kg relativ leicht und erreichte 18,5 km/h Höchstgeschwindigkeit. Für den 20-PS-Ackerluft-

fache und besonders preiswerte eisenbereifte Ausführung als Bauern-Bulldog ohne Beleuchtung war erhältlich. Diese einfachen und zuverlässigen Fahrzeuge konnten mit nahezu allen billigen Kraftstoffen, Altölen und Ölabfällen sehr wirtschaftlich betrieben werden und standen teilweise über Jahrzehnte im Dienst. Unten ein Bulldog von 1938.

Bulldog stand eine Vielzahl von Zubehörteilen und Anbaugeräten werksseitig zur Verfügung. Dazu gehörten – wie an dem 1941 gefertigten, vorbildlich restaurierten Fahrzeug (links) zu sehen – Mähantrieb und Seitenmähwerk. Auch eine ein-

Lanz Bulldog D 7506

Baureihe HN 3

1936–1952
PS/kW: 25/18,3
Hubraum: 10 338 ccm
Stückzahl: 33 600 (bis 1942)

Im Jahr 1936 wurde der 25-PS-Ackerluft-Bulldog D 7506 eingeführt. Bei diesem Fahrzeug wurde das bisherige eingesetzte Dreiganggetriebe zu einem Sechsganggetriebe weiterentwickelt. Durch seine Luftbereifung war dieser Bulldog schnell genug, um als vollwertige Zugmaschine auch Straßentransporte zu übernehmen. 1936 betrug sein Neupreis 5650,– Reichsmark. Lanz bot, wie im Übrigen die meisten Schlepperhersteller auch, eine große Bandbreite an Zusatzausrüstungen für ihre Modelle an, zu denen auch das Allwetterverdeck gehörte. Der restaurierte Lanz-Bulldog von 1942 verfügt über eine solche Errungenschaft, wozu auch die Windschutzscheibe mit Scheibenwischer zählte (kleines Bild rechts). Nachdem die Weltwirtschaftskrise überwunden war, ermöglichten die leichten 25- bzw. späteren 20-PS-Lanz-Bulldogs vielen Landwirten den Einstieg in die Motorisierung. Diese Fahrzeuge waren über viele Jahre die meistgekauften Schlepper in Deutschland. Der 1938 gebaute Bulldog unten links verfügt über Zusatzgreifer an den Hinterrädern. Er besaß eine gefederte Vorderachse, einen nach oben geführten Auspuff sowie elektrische Lichtanlage und Anlasszündung. Auf Wunsch waren eine Windschutzscheibe sowie Hinterradkotflügel erhältlich. Die gleichfalls lieferbare, preiswertere eisenbereifte Ausführung wurde unter D 7500 geführt. Unten rechts ein gut wiederhergestelltes Fahrzeug mit Windschutzscheibe.

Lanz Bulldog D 7511

Baureihe HN 3

1934–1936
PS/kW: 20/14,6
Hubraum: 4767 ccm
Stückzahl: etwa 100

Unter der Bezeichnung Kombi-Bulldog wurde eine vereinfachte Ausführung des Verkehrsbulldogs sowohl mit Hochelastik- als auch mit Luftreifen angeboten. Der Bulldog verfügte über ein Sechsganggetriebe mit zwei Rückwärtsgängen und wog etwa 3200 kg. Dieses luftbereifte Fahrzeug mit Verdeck wurde 1937 gebaut.

Lanz Bulldog D 8500

Baureihe HR 7

1936–1954
PS/kW: 35/25,6
Hubraum: 10 338 ccm

Der hier gezeigte D 8500 Ackerbulldog von 1937 wurde zu einem späteren Zeitpunkt auf Luftbereifung umgerüstet und mit einem Wetterdach versehen. Heute sind nur noch ganz wenige dieser ursprünglich durch den bereits in den 1930er-Jahren entstandenen Gummimangel mit Eisenrädern gelieferten Ackerbulldogs in ihrer ursprünglichen Ausführung erhalten geblieben.

Lanz Bulldog D 8539

Baureihe HR 7

1936–1939
PS/kW: 35/25,6
Hubraum: 10 338 ccm

Im Lanz-Typenprogramm stand bei dem 35-PS-Modell auch eine Eilbulldog-Ausführung zur Verfügung. Diese Fahrzeuge wurden grundsätzlich mit Kotflügeln vorn und hinten sowie mit Trittbrettern geliefert. Darüber hinaus standen Windschutzscheibe, Faltverdeck und Doppelsitzbank zur Verfügung. Oftmals wurden diese Fahrzeuge für den Anhängerbetrieb mit einer Druckluftbremsanlage bestückt.

Dieser Ackerluft-Bulldog D 9506 aus dem Jahr 1936 ist noch mit dem schwächeren 38-PS-Glühkopfmotor ausgerüstet. Er besitzt eine Windschutzscheibe mit Scheibenwischer und bringt etwa 3600 kg auf die Waage. Seine Höchstgeschwindigkeit war mit 23,2 km/h angegeben. Mitte links ein Ackerluft-Bulldog ohne die Hinterradkotflügel,

und nur mit glatten Seitenblechen, die aus fertigungstechnischen Grün-

den anstelle der früheren gewölbten Muschelkotflügel montiert wurden. Der 1937 gebaute Bulldog hat eine elektrische Lichtanlage, Anlasszündung, sowie Windschutzscheibe und Verdeck. Der mit doppelbereiften Hinterrädern bestückte D 9506 Ackerluft-Bulldog Mitte rechts ist trotz seines Baujahrs von 1936 bereits mit dem 45-PS-Glühkopfmo-

Lanz Bulldog D 9506
Baureihe HR 8

1934–1955
PS/kW: 38–45/27,8–32,9
Hubraum: 10 338 ccm

tor bestückt. Diese Sonderbereifung war auf Wunsch erhältlich, sollte der Bulldog auf sandigen oder feuchten Untergründen eingesetzt werden. Die nächste Gruppe in der Hierarchie der Lanz-Bulldogs war die zunächst mit 38, später mit 45 PS Motorleistung bezeichnete Baureihe HR 8. Links unten das Modell D 9506 mit Verdeck und Hinterradkotflügeln.

Lanz Bulldog
D 9500
Baureihe HR 8

1936–1955
PS/kW: 45/32,9
Hubraum: 10 338 ccm

Der Lanz-Ackerbulldog D 9500 war eine einfache und preiswerte Ausführung des D 9506 Ackerluft-Bulldogs. Viele Bulldogs wurden infolge des Gummimangels zunächst mit Eisenrädern geliefert und später auf Luftbereifung umgerüstet. Der D 9500 hatte nur ein Dreiganggetriebe für 6,3 km/h Höchstgeschwindigkeit, die sich durch Luftbereifung auf etwa 9 km/h steigern ließ.

Lanz Bulldog
D 9538
Baureihe HR 8

1934–1936
PS/kW: 38/27,8
Hubraum: 10 338 ccm

Die Bezeichnung D 9538 bei diesem 1934 gebauten Fahrzeug weist darauf hin, dass der Eilbulldog mit einer Seilwinde bestückt ist. Der Lanz-Eilbulldog wurde in den 1930er-Jahren zum favorisierten Zugfahrzeug für Transportunternehmer im Nahverkehr. Dieses Fahrzeug besitzt noch die auf 38 PS Leistung eingestufte Maschine.

Lanz Bulldog
D 9531
Baureihe HR 8

1934–1936
PS/kW: 38/27,8
Hubraum: 10 338 ccm

Der Lanz-Bulldog D 9531 war ein klassischer Eilbulldog mit zwillingsbereiften Hinterrädern, durchgehenden, durch Trittbretter verbundenen Kotflügeln, Windschutzscheibe, Faltverdeck, Doppelsitzbank und gefederter Vorderachse. Das Sechsganggetriebe übertrug die motorische Kraft auf die Hinterräder und ließ eine Höchstgeschwindigkeit von 25,2 km/h zu. Dieses Fahrzeug ist von 1935.

Dieser D 9531 Eilbulldog besaß einfach bereifte Hinterräder, durchgehende Kotflügel und ein Faltverdeck mit Windschutzscheibe. Die Fahrzeuge konnten mit Druckluftbremsanlage und geschlossenem Fahrerhaus ausgerüstet werden, das einen besseren Schutz gegen schlechte Witterungsverhältnisse bot.

Lanz Bulldog D 9531
Baureihe HR 8

1936–1939
PS/kW: 45/32,9
Hubraum: 10 338 ccm

Auch der D 1506 Ackerluft-Bulldog wurde zunächst noch mit Muschelkotflügeln, später mit geraden Seitenblechen geliefert. In vielen Fällen, wie bei diesem 1939 gebauten Bulldog (unten links), wurden Kotflügel vorn und hinten nachgerüstet.

Dieses mit einer Einzelsitzmulde bestückte Fahrzeug verfügt über ein Verdeck mit Windschutzscheibe und Scheibenwischer. Auch hier ist ein Anhängerdreieck installiert. Gleichfalls unter der Baureihe HR 8 wurde der mit 55 PS stärkste Bulldog von

Lanz eingeordnet (unten rechts). Seine Höchstgeschwindigkeit betrug 19,6 km/h und er brachte 3500 kg auf die Waage. Der Ackerluft-Bulldog D 1506 verfügte über eine enorme Zugkraft und war den schwersten Arbeiten gewachsen.

Lanz Bulldog D 1506
Baureihe HR 8

1938–1955
PS/kW: 55/40,3
Hubraum: 10 338 ccm

Lanz Bulldog
D 2539
Baureihe HR 9

1936–1954
PS/kW: 55/40,3
Hubraum: 10 338 ccm
Stückzahl: 2415

Dieser mit festem Fahrerhaus ausgerüstete Lanz-Eilbulldog war das aufwendigste Modell im Lanz-Verkaufsprogramm. Ende 1936 kam der als Nahbereichszugmaschine konzipierte schwere Bulldog auf den Markt. Er war mit einer umfangreichen Zusatzausrüstung erhältlich, wog etwa 4500 kg und erreichte mit 32,8 km/h seine Höchstgeschwindigkeit. Auch in einer offenen Cabriolet-Ausführung war dieser Eilbulldog erhältlich.

Lanz Bulldog
D 9006
Reingas-
Ackerluft-Bulldog

1943–1945
PS/kW: 40/29,3
Hubraum: 13 797 ccm
Stückzahl: 1017

Durch die kriegsbedingte Knappheit an Kraftstoffen sah sich der Gesetzgeber gezwungen, den Verbrauch drastisch einzuschränken. Daher entstanden aus der Not der Zeit Holzgasfahrzeuge, die mit festen Brennstoffen, vor allem Holz, zu betreiben waren. Leistungseinbußen mussten dabei in Kauf genommen werden.

Der hier gezeigte Holzgas-Bulldog entstand 1943 und wog 3500 kg.

HANOMAG

Ein weiterer bedeutender Anbieter von Traktoren in den 1930er-Jahren war die Firma Hanomag. Wie bereits im vorherigen Kapitel geschildert, war dem Unternehmen mit dem WD-Schlepper der erfolgreiche Einstieg in den Schleppermarkt gelungen. Erst relativ spät begann Hanomag einen nach dem Vorkammersystem arbeitenden Dieselmotor für Schlepper zu konzipieren. Es war der von dem aus Odessa stammenden, sehr fähigen Hanomag-Konstrukteur Dipl.-Ingenieur Lazar Schargorodsky entwickelte D 52-Vierzylinder-Dieselmotor mit einer Leistung von zunächst 36 PS, der im Jahr 1931 produktionsreif war. Ein besonderes Merkmal dieses Motors war die im Ölbad laufende, linksseitig angeord-

nete Schrägnocken-Einspritzpumpe. Der fortschrittliche D 52-Motor verlor länger als 20 Jahre nichts an seiner Aktualität. Dieser Motor kam in der Folge als das Herz aller schweren Hanomag-Radschlepper zum Einsatz. Ab 1936 wurde das aus dem RD 36-Radschlepper entwickelte Modell AR 38 vorgestellt, den es in der Ackerausführung wahlweise mit Eisen- oder Luftbereifung gab. Der 38 PS starke AR 38 war derart erfolgreich, dass er bis 1942 gebaut wurde, und erst die kriegsbedingten Einschränkungen beendeten die Fortführung seiner Produktion. Dieses Fahrzeug war mit Zapfwelle und Riemenscheibe bestückt, und sein Gewicht betrug 2750 kg. Das besondere Merkmal

der Mehrzahl dieser schweren Hanomag-Radschlepper war der trommelförmige Kraftstofftank vor der Lenksäule. Der schön restaurierte AR 38 oben entstand im Jahr 1940. Der Hanomag AR 38, ein kräftiger und überaus zuverlässiger Ackerschlepper, war mit einem Dreiganggetriebe bestückt, das eisenbereift 8 km/h, mit Luftreifen 10,5 km/h Höchstgeschwindigkeit zuließ. Auch bei Hanomag spielte das Exportgeschäft eine große Rolle. Unten ein nach Belgien gelieferter AR 38 mit Muschelkotflügeln von 1939. Die für Belgien bestimmten Traktoren waren traditionell rot mit dunkelgelben Felgen.

Mit soliden Dieselschleppern in die Spitzengruppe

Hanomag AR 38

1936–1942
PS/kW: 38/27,8
Hubraum: 5195 ccm

Hanomag SR 45

1936–1942
PS/kW: 45/32,9
Hubraum: 5195 ccm

Die Hanomag-Radschlepper der 1930er-Jahre waren auch als Straßenzugmaschinen sehr beliebt. Das seit 1936 erhältliche Modell SR 45 erreichte mit Luftbereifung beachtliche 28,6 km/h und war damit die schnellste Ausführung aller Hanomag-Radschlepper. Ausgerüstet mit einer Druckluftbremsanlage war der bis zu 3900 kg schwere Schlepper auch im Anhängerbetrieb problemlos einsetzbar.

Hanomag AGR 38

1936–1942
PS/kW: 38/27,8
Hubraum: 5195 ccm

Der mit dem Modell AR 38 im Wesentlichen identische „Geländeschlepper" AGR 38 wurde serienmäßig mit Luftreifen und einem schnelleren Dreiganggetriebe mit breiterer Gangabstufung geliefert. Er wurde werksseitig schon mit Hinterradkotflügeln ausgeliefert. Der mit einem trommelförmigen Kraftstofftank ausgerüstete AGR 38 erreichte bei 13,7 km/h seine Höchstgeschwindigkeit.

Eine ganz andere Zielgruppe hatte Hanomag mit dem Bauernschlepper RL 20 im Auge. Im Zuge der von der Reichsregierung propagierten Autarkiebestrebungen, nach denen Deutschland von Einfuhren weitgehend unabhängig sein sollte, wurde zwangsläufig ein großer Wert auf gesteigerte Ernteerträge gelegt. Die vielen kleinbäuerlichen Betriebe mit Gespannhaltung waren dabei ein großes Hindernis. Um möglichst vielen Landwirten den Erwerb eines preiswerten Zugfahrzeugs zu ermöglichen, stellte Hanomag 1937 den RL 20 vor, dessen Motor aus der Pkw-Fertigung dieses Herstellers stammte und der auch äußerlich mehr einem Pkw als einem Ackerschlepper ähnelte. Der Bauernschlepper RL 20 besaß ein Getriebe mit vier Vorwärtsgängen und einem Rückwärtsgang und erreichte damit 24 km/h Höchstgeschwindigkeit. Es

gab auch eine dreigängige Ausführung, die auf 13 km/h begrenzt war und ohne Führerschein gefahren werden durfte. Das Gewicht betrug etwa 1600 kg, und serienmäßig waren elektrische Beleuchtung und Anlasser, Kotflügel und Anhängevorrichtung vorhanden. Zapfwelle, Mähwerk, Seilspill, Windschutzscheibe und Verdeck gehörten zur Zusatzausrüstung.

Hanomag RL 20

1937–1942/1948–1949
PS/kW: 20/14,6
Hubraum: 1911 ccm
Stückzahl: 4320

Der Diesel-Radschlepper R 40 von Hanomag entstand als Nachfolger der Typen R 38 und SR 45 und war ein ganz großer Wurf in der deutschen Schleppergeschichte. Auch er wurde mit dem bewährten D 52-Dieselmotor ausgerüstet. Ansonsten war der R 40 eine komplette Neukonstruktion. Sein Gewicht betrug etwa 3200 kg. Hier ein offener Traktor aus dem Jahr 1942.

Hanomag R 40

1942–1951
PS/kW: 40/29,3
Hubraum: 5195 ccm
Stückzahl: 12 000

Hanomag R 40

1942–1951
PS/kW: 40/29,3
Hubraum: 5195 ccm
Stückzahl: 12 000

Der R 40 wurde nicht allein als Ackerschlepper – es gab ihn in den Ausführungen B und G auch mit Eisenrädern –, sondern ebenfalls als leistungsfähige Straßenzugmaschine eingesetzt. Der luftbereifte R 40 besaß ein Fünfganggetriebe für maximal 18,7 km/h und serienmäßig eine Zapfwelle, während die Riemenscheibe zum Sonderzubehör

zählte. Ein Verdeck konnte auf gleiche Weise bezogen werden, und die Druckluftbremsanlage für Anhängerbetrieb war recht verbreitet. Nur der Krieg verhinderte eine noch größere Verbreitung dieses Radschleppers. Das Bild links zeigt einen wunderschönen, nach Belgien exportierten R 40-Ackerschlepper, der an seiner roten Lackierung mit den dunkelgelben Felgen eindeutig zu identifizieren ist. Er besitzt keine Windschutzscheibe, dafür aber durchgehende Kotflügel.

Hanomag R 40 A

1942–1951
PS/kW: 40/29,3
Hubraum: 5195 ccm
Stückzahl: 12 000

Auch dieser schöne, mit einer eigenkarossierten geschlossenen Fahrerkabine versehene Hanomag R 40 hat einen belgischen Eigentümer. Das Fahrzeug wurde 1942 gebaut und gehört damit zu den ersten gefertigten Exemplaren dieses Typs. Vermutlich irgendwann nach Kriegsende erhielt er ein festes Fahrerhaus und eine Druckluftbremsanlage.

Hanomag R 40
Holzgas

1942–1945
PS/kW: 40/29,3
Hubraum: 5702 ccm

Während des Zweiten Weltkrieges wurden von den Hanomag-Werken ab 1942 zahlreiche Holzgas-Schlepper gefertigt bzw. vorhandene Dieselschlepper auf Holzgas-Betrieb umgerüstet. Um die Leistungseinbußen nicht zu groß werden zu lassen, mussten der Hubraum des Motors erhöht und der Zylinderkopf ausgetauscht werden; die Einspritzanlage entfiel, sodass der Motor zukünftig als Ottomotor betrieben wurde. Diese Fahrzeuge besaßen einen seitlich angebauten Generator, der den Gesichtskreis des Fahrers stark einschränkte. Oben ist ein offener eisenbereifter Ackerschlepper mit Imbert-Gaserzeugungsanlage zu sehen. Die Konstruktion bzw. Umrüstung von Schleppern auf den Betrieb fester Brennstoffe war nötig, um die Produktion landwirtschaftlicher Erzeugnisse und damit die Ernährung der Bevölkerung auch in den letzten Kriegsjahren zu gewährleisten. Neben Fahrzeugen für die Feldarbeit wurden ebenso Holzgasschlepper für Straßentransporte benötigt. Die minimalen Kraftstoffvorräte blieben vor allem der Wehrmacht vorbehalten. Hier einer der wenigen noch erhaltenen Radschlepper dieser Art mit geschlossenem Fahrerhaus aus dem Jahr 1943.

Wirtschaftlicher Erfolg mit Stahl- und Bauern- schleppern

Deutz F 2 M 417

1941–1953
PS/kW: 35/25,6
Hubraum: 3845 ccm
Stückzahl: 3371

Der dritte große deutsche Schlepperhersteller war die Firma Deutz. 1927 wurde der Bau von Traktoren aufgenommen. Das erste Fahrzeugmodell war aber – ähnlich wie der 12er-Lanz-Bulldog – weniger für die Feldarbeit, sondern eher als stationäre Antriebsquelle landwirtschaftlicher Maschinen geeignet. Da der Landwirtschaft aber allein mit Motoren nicht gedient war, wurde dieses Modell in der Folgezeit durch Ackervarianten ergänzt. Das Ergebnis dieser Bemühungen war ein seit 1934 in Blockbauart gefertigter Schlepper, bei der die aus geschweißtem Stahlguss gefertigte Ölwanne des Motors zusammen mit dem Getriebegehäuse eine tragende Funktion ausübte. Durch den Baustoff Stahlguss erhielten diese Schlepper den Beinamen „Stahlschlepper", den sie unter Insidern noch bis in unsere Tage behalten haben. Der „Stahlschlepper", den es in den folgenden Jahren in unterschiedlichen Varianten mit verschiedenen Motorleistungen gab, verkaufte sich ausgezeichnet, denn es war ein für die damalige Zeit überaus fortschrittliches, solides sowie zuverlässiges und sowohl für Feldarbeiten als auch für Straßentransporte geeignetes Fahrzeug. Noch im Jahr 1941 erschien das neue Zweizylinder-Modell F 2 M 417, das über 3845 ccm Hubraum verfügte und 35 PS mobilisieren konnte. Der 2550 kg schwere Traktor besaß ein Fünfganggetriebe für Geschwindigkeiten zwischen 3,7 und 20 km/h, und seine Fabrikation endete erst im Jahr 1953.

Der Bauernschlepper F 1 M 414 – unter Kennern kurz als 11er-Deutz bezeichnet –, der welterste in Großserie produzierte Kleinschlepper, hatte einen außerordentlichen Erfolg, und er gehört damit ohne Frage zu den berühmtesten jemals angebotenen Traktoren aller Zeiten. Im Betrieb konnte er vier Pferde – bei wesentlich geringeren Kosten – ersetzen. Serienmäßig war er mit Mähantrieb und Riemenscheibe bestückt. Auf Wunsch konnte auch eine Zapfwelle erworben werden. Dies waren alles Einrichtungen,

die die schwere Arbeit des Kleinbauern spürbar erleichterten. Noch größere Erfolge konnte das ab 1930 in Humboldt-Deutzmotoren AG umbenannte Unternehmen mit einem Kleinschlepper erzielen, der die Mo-

torisierung der gerade in Deutschland so häufig vertretenen kleinbäuerlichen Betriebe maßgeblich in die Wege leiten sollte. Aufgrund von Regierungsvorgaben stellte Deutz 1936 den in Blockbauweise konstruierten Bauernschlepper F 1 M 414 vor, der einen wassergekühlten Einzylinder-Dieselmotor und ein Dreiganggetriebe hatte. Die Geschwindigkeiten reichten von 3,2 bis maximal 7,8 km/h. Hier ein Fahrzeug mit Seitenmähwerk.

Deutz F 1 M 414

1936–1951
PS/kW: 11/8,1
Hubraum: 1100 ccm
Stückzahl: 19 000

Sehr verbreitet war auch die luftbereifte und damit universell auf Acker und Straße verwendbare Ausführung des Stahlschleppers von Deutz. Mit diesen Modellen gelang dem Unternehmen gemeinsam mit dem bekannten 11er-Deutz-Bauernschlepper der endgültige Durchbruch in die Spitzengruppe der Hersteller dieser Branche. Als Zugmaschine für jede landwirtschaftliche Betriebsgröße angepriesen, eher aber für größere

Bauernhöfe geeignet, war der Deutz-Stahlschlepper F 2 M 315, unten in einer bereits 1933 im Rahmen der Vorserie gebauten Ackerausführung mit Eisenrädern. Er hatte einen 28-PS-Zweizylinder-Viertakt-Dieselmotor und wog 2750 kg. Der Ackerschlepper erreichte 6,7 km/h.

Deutz F 2 M 315

1934–1942
PS/kW: 28/20,5
Hubraum: 3400 ccm
Stückzahl: 11 988

Deutz F 2 M 315

1934–1942
PS/kW: 28/20,5
Hubraum: 3400 ccm
Stückzahl: 11 988

Die einfache und zweckmäßige Blockbauweise des Stahlschleppers ist auf der Aufnahme eines 1938 mit Windschutzscheibe ausgerüsteten Exemplars (links) klar erkennbar. Der Schlepper war mit 1920 mm Radstand von kurzer Bauweise und beachtlicher Bodenfreiheit. Dieses wassergekühlte Fahrzeug erreichte seine maximale Motorleistung bei 1200 U/min. Der in großen Stückzahlen gebaute F 2 M 315 von Deutz war mit umfangreichem Zubehör lieferbar. Dazu zählten Mähwerk, Mähantrieb, Riemenscheibe, Zapfwelle, Kotflügel, Windschutzscheibe, Verdeck, aber auch Seilwinde und Druckluftbremsanlage für Anhän-gerbetrieb im Straßenverkehr. Bis lange nach dem Krieg waren diese anspruchslosen Schlepper für die bäuerliche Arbeit unverzichtbar. Das vorbildlich restaurierte Fahrzeug rechts von 1937 besitzt die übliche querblattgefederte Vorderachse sowie Windschutzscheibe und Verdeck.

Deutz F 3 M 317

1935–1942
PS/kW: 50/36,6
Hubraum: 5768 ccm
Stückzahl: 8646

Das Spitzenmodell von Deutz aus dieser Epoche war der wassergekühlte Dreizylinder-Dieselschlepper F 3 M 317, der schon allein seines Preises wegen fast ausschließlich Großbetrieben und Gütern vorbehalten blieb. Dieses Fahrzeug war stärksten Belastungen im harten Dauerbetrieb gewachsen und erfuhr auch rege Verwendung als Zugmaschine bei Speditions- und Fuhrunternehmen oder in der Industrie. Die Zeit liegt noch nicht sehr lange zurück, dass dieses Modell noch bei Schaustellern und Zirkusunternehmen seinen Dienst verrichtete. Hier

eine Straßenzugmaschine mit festem Fahrerhaus und Druckluftbremsanlage, auf deren Dienste ein Leipziger Kohlenhändler noch zu Beginn der 1990er-Jahre nicht verzichten konnte.

FAHR

Fahr F 22

1938–1942
PS/kW: 22/16,1
Hubraum: 2198 ccm

Die im badischen Gottmadingen ansässige Maschinenfabrik Fahr AG erstellte im Jahr 1938 ihren ersten Traktor. Das gut durchkonstruierte Fahrzeug besaß den zur damaligen Zeit sehr verbreiteten wassergekühlten Zweizylinder-Dieselmotor F 2 M 414 von Deutz und ein fünfgängiges Schaltgetriebe, das für Geschwindigkeiten von 3,2 bis zu 19 km/h ausgelegt war. Dieses blockkonstruierte Fahrzeug hatte ein Gewicht von 1820 kg und trotz der relativ lang gestreckten Bauweise mit tiefem Schwerpunkt eine verhältnismäßig große Bodenfreiheit. Der Fahr F 22 war ein kompakter Ackerschlepper der mittleren Leistungsklasse. Er war sehr wendig und konnte mit fast allen auf dem Markt befindlichen Erntemaschinen und Anhängegeräten – nicht zuletzt mit denen aus der eigenen Fertigung – kombiniert werden.

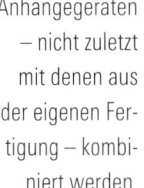

63

Fahr T 22

1940–1942
PS/kW: 22/16,1
Hubraum: 2198 ccm

Der Fahr-Einheitsschlepper T 22 war das Ergebnis des im Jahr 1940 in Kraft getretenen sogenannten „Schell-Planes", der eine Vereinheitlichung und Typisierung aller in Deutschland produzierten Fahrzeuge herbeiführen sollte. Hierbei wurde mit dem Ziel der vereinfachten Er-

satzbevorratung eine möglichst geringe Zahl von Typen angestrebt. Oben ein T 22 von 1942 mit nachträglich angebrachtem, offenbar von einem Lanz-Bulldog stammendem Verdeck. Bereits kurze Zeit nach Ausbruch des Zweiten Weltkrieges musste der F 22 von Fahr überarbeitet werden. Im Zuge dieser Maßnahme erfolgte eine geringfügige Überarbeitung der Konstruktion mit

gleichzeitiger Änderung der Typenbezeichnung in T 22. Infolge des Gummimangels wurden die ab 1940 gefertigten Fahrzeuge mit Eisenrädern ausgeliefert. Mit dem staatlich vorgegebenen Bau von Holzgasschleppern endete zum Ende des Jahres 1942 die Fabrikation des Einheitsschleppers. Das luftbereifte Fahrzeug links stammt aus dem Jahr 1942.

Fahr Generatorschlepper HG 25

1942–1948
PS/kW: 25/18,3
Hubraum: 3980/3882 ccm

Ende des Jahres 1942 musste die Fertigung des T 22 gänzlich eingestellt werden. Als Ersatz wurde ein 25-PS-Holzgasschlepper mit Einheitsgenerator EG 60 gefertigt, der wahlweise von einem Zweizylindermotor von Deutz oder Güldner angetrieben wurde. Eine Füllmenge mit 75 kg Holz reichte für vier bis fünf Stunden Betrieb. Mit nahezu vier Litern Inhalt fiel der Hubraum bei beiden Motorvarianten wesentlich größer aus als beim Dieselschlepper.

FENDT

Bereits 1928 wurde der erste handgefertigte Grasmäher in der Werkstatt bei Fendt in Marktoberndorf gebaut. Nach erfolgreichem Einsatz ging man bald zu leistungsfähigeren Modellen über, wozu auch der Kleinschlepper F 9 zählte. Zum Antrieb dieses mit einem Dreiganggetriebe ausgerüsteten rahmenkonstruierten Fahrzeugs diente ein liegender Einzylinder-Viertakt-Diesel mit Verdampfungskühlung. Die Höchstgeschwindigkeit des 1200 kg schweren Mähschleppers lag bei 8 km/h.

Aufgrund der stetig zunehmenden Nachfrage, die oftmals mit dem Wunsch nach mehr Leistung verbunden war, folgte bei Fendt im März 1937 die Vorstellung des stärkeren Kleinschlepper-Modells F 18. Dieser ebenfalls betont einfach und preiswert gehaltene Kleintraktor verfügte über ein Vierganggetriebe, das maximal 15 km/h zuließ. Mit 3800 Reichsmark war der F 18 damals konkurrenzlos günstig.

Vom Grasmäher zum Holzgasschlepper

Fendt Dieselross F 9

1930–1937
PS/kW: 9/6,6
Hubraum: 2198 ccm

Fendt Dieselross F 18

1937–1942
PS/kW: 16/11,7
Hubraum: 1797 ccm
Stückzahl: 3212

Fendt
Dieselross F 22

1938–1942
PS/kW: 22/16,1
Hubraum: 2198 ccm

Dem Trend der Zeit nach mittelschweren Einheitsschleppern folgend, brachten die Fendt-Werke im Jahr 1938 einen Bauernschlepper auf den Markt. Wie die meisten Schlepper dieser Leistungsklasse, war auch der F 22 mit dem wassergekühlten Zweizylinder-Deutz-Motor F 2 M 414 bestückt. Serienmäßig erhielt dieser kompakte Schlepper eine Glühkerzen-Anlasseranlage; auf Wunsch war auch ein elektrischer Anlasser lieferbar. Die Höchstgeschwindigkeit des 1555 kg schweren Traktors betrug 15 km/h.

Fendt
Dieselross G 25

Holzgasschlepper

1942–1946
PS/kW: 25/18,3
Hubraum: 3979 ccm
Stückzahl: 1 497

Auch der Firma Fendt blieb der ab Mitte 1942 auferlegte Bau von Holzgasfahrzeugen nicht erspart. Mit dem Inhalt des 230 Liter fassenden Holzbunkers konnte der mit 2223 kg wesentlich schwerer als ein konventioneller Traktor ausgeführte

G 25 etwa zwei bis drei Stunden in Betrieb gehalten werden. Der neu konstruierte Einheits-Gasmotor von Deutz wurde mit Benzin angelassen und nach einigen Minuten auf Holzgas umgestellt.

GÜLDNER

Eine Motoren-
fabrik wird zum
Traktoren-
hersteller

Die in Aschaffenburg ansässige Güldner-Motoren-Gesellschaft gehört zu den ältesten Motorenherstellern Deutschlands. Durch die steigende Nachfrage nach Traktoren ermutigt, entschloss sich das Unternehmen, in die Schlepperfertigung einzusteigen und brachte 1938 den 20-PS-Ackerschlepper A 20 auf den Markt. Sein Antrieb erfolgte durch einen Einzylinder-Dieselmotor mit Wasser-

kühlung aus eigener Fertigung. Unten ein wunderschönes Fahrzeug aus dem Jahr 1941. Der Güldner

A 20 war ein recht solider Dieselschlepper, der wahlweise mit einem Prometheus oder einem ZP-Getriebe ausgerüstet war. Je nach Getriebe erreichte er eine Höchstgeschwindigkeit zwischen 12,8 und 15 km/h. 1942 wurde der Bau des 1600 kg schweren Traktors zugunsten eines Generatorschleppers eingestellt. Oben ein 1940 gebautes Fahrzeug mit Zwillingsbereifung hinten.

Güldner A 20

1938–1942
PS/kW: 20/14,6
Hubraum: 1547 ccm

Hersteller des bekannten „Allesschaffer"

Kramer K 12

1936–1939
PS/kW: 12/8,8
Hubraum: 1125 ccm

Auf das Jahr 1924 gingen mit dem Bau einer selbstfahrenden Mähmaschine die Ursprünge der Traktorherstellung der Firma Gebr. Kramer in Gutmadingen zurück. 1936 wurde das stärkere Modell K 12/K 12 M (mit Mähwerk) vorgestellt, das von einem verdampfungsgekühlten Einzylinder-Güldner-Dieselmotor angetrieben wurde. Wegen seiner sprichwörtlichen Vielseitigkeit erhielt er den treffenden Beinamen „Allesschaffer". Der betont einfach entworfene K 12 war mit einem Drei- oder Vierganggetriebe erhältlich und erreichte maximal 15 km/h.

Kramer K 18

1936–1949
PS/kW: 16–18/11,7–13,2
Hubraum: 1639 ccm

Zwischen 1936 und 1938 wurde parallel zum K 12 zunächst der K 18/K 18 M mit einem 16-PS-Güldner-Motor, ab 1939 mit einer 18-PS-Maschine des gleichen Herstellers gebaut. In beiden Modellen gelangte ein Vierganggetriebe zum Einbau, das eine Höchstgeschwindigkeit von 16 km/h zuließ. Dieses stärkere Kramer-Modell bot auch dem Kleinbauern deutlich mehr Leistungsreserven, um auch schwierigere Arbeiten erfolgreich bewältigen zu können.

MIAG

Im Jahr 1937 stellte die MIAG (Mühlenbau- und Industrie AG, Braunschweig) ihren ersten Ackerschlepper vor. Dieses als LD 20 bezeichnete 1750 kg schwere Schleppermodell war eine Konstruktion mit Stützrahmen, die von einem wassergekühlten Zweizylinder-MWM-Vorkammer-Dieselmotor angetrieben wurde. Das Vierganggetriebe von ZF (Zahnradfabrik Friedrichshafen) erlaubte eine Höchstgeschwindigkeit von 14 km/h. Serienmäßig besaß der LD 20 eine Zapfwelle; Riemenscheibe und Mähbalken waren gegen Aufpreis erhältlich. Das Fahrzeug unten ist mit einem Wetterdach ausgerüstet. Eine für die damalige Zeit bemerkenswerte Einrichtung bei einem Ackerschlepper war die beim LD 20 vorhandene Eindruck-Zentralschmierung, mit der alle Lager mit Fett versorgt wurden. Eine Besonderheit war auch der zumindest einen Hauch von Fahrkomfort vermittelnde verstellbare Fahrersitz. Charakteristisch für die MIAG-Schlepper war die gelbe Lackierung von Motorhaube und Felgen. Im Zuge des Schell-Programms musste der Bau des LD 20 eingestellt werden.

Ein Mühlenbetrieb stellt Traktoren her

MIAG LD 20

1937–1941
PS/kW: 22/16,1
Hubraum: 2120 ccm

Die berühmten Ackerschlepper aus Nordhausen

Normag NG 22

1938–1942
PS/kW: 22/16,1
Hubraum: 2120 ccm
Stückzahl: 4972

Die Nordhäuser Maschinenbau GmbH, die in den 1930er-Jahren unter dem einprägsamen Namen Normag firmierte, hatte 1938 mit der Fabrikation von Ackerschleppern begonnen. Es war das Modell NG 22, das einem mit wassergekühlten Zweizylinder-Viertakt-Dieselmotor von MWM (Motoren-Werke Mannheim) bestückt war. In dem 1850 kg

schweren Schlepper (oben) stand ein Vierganggetriebe für maximal 17,5 km/h zur Verfügung. Serienmäßig waren die gefederte Vorderachse und eine Doppelsitzbank. Der NG 22 war eine gut durchgebildete Konstruktion und fand daher auch im Schell-Plan Berücksichtigung. Das Fahrzeug konnte 15 t Anhängelast auf ebener, trockner, fester Straße bewegen. Aufgrund seiner vielen positiven Eigenschaften konnte er sich auch außerhalb seiner Region verbreiten. Die Fertigungseinstellung musste auch hier zur Mitte des Jahres 1942 erfolgen. Anschließend durften bis Kriegsende nur noch Holzgasfahrzeuge gebaut werden. Der NG 22 – unten links ein Fahrzeug mit Windschutzscheibe von 1939 im ursprünglichen Gebrauchszustand – besaß vorn eine gefederte Pendel-

achse sowie eine elektrische Anlage. Riemenscheibe, Zapfwelle und ein durch Keilriemen von der Zapfwelle angetriebener Mähbalken gab es gegen Aufpreis. Der 1939 gebaute, mit Mähantrieb und Mähbalken ausgerüstete NG 22 (unten rechts) befindet sich noch im Erstbesitz, worauf sein Fahrer mit Recht stolz ist.

Normag

Normag NG 25
Generatorschlepper

1942–1945
PS/kW: 25/18,2
Hubraum: 4592 ccm
Stückzahl: etwa 2000

Der NG 25 mit Holzgasantrieb besaß ein viergängiges Prometheus-Getriebe und erreichte 19,8 km/h. Eine Holzfüllung genügte für drei bis vier Stunden Betriebsdauer. Nahezu alle damaligen Generatorschlepper ähnelten sich aufgrund der angestrebten vereinheitlichten Baubestimmungen sehr. Obwohl von der Reichsregierung als durchaus praktikables und alternatives Verbrennungsverfahren propagiert, das nicht auf die Kriegszeit beschränkt bleiben sollte, war jeder Besitzer eines solchen Fahrzeugs froh, dieses baldmöglichst auf den Betrieb flüssiger Kraftstoffe umbauen zu können. Im Laufe des Jahres 1941 begannen auch die Normag-Werke, ihre Produktion auf Holzgasschlepper umzustellen. Das Modell NG 25 verfügte über ein Zweizylinder-Vergaseraggregat von MWM und einen Einheitsgenerator des Typs EG 60 in geschlossener Bauweise über der Vorderachse. Im Betrieb konnte das Fahrzeug eine Anhängelast von 8 t bei 16 km/h bewältigen. Unten ein sehr seltenes Exemplar von 1944 mit einem behelfsmäßigen Kabinenaufbau und sowjetischer 13-18er-Bereifung.

ORENSTEIN & KOPPEL/MBA

Ein Unternehmen unter dem Druck der Nationalsozialisten

Orenstein & Koppel/MBA
SA 751

1938–1942
PS/kW: 30/22
Hubraum: 3532 ccm

Die in Berlin ansässigen Orenstein & Koppel-Werke, ein weltweit bekanntes Unternehmen, das Eisenbahnmaterialien aller Art wie Lokomotiven, Waggons und Feldbahnen, aber ebenso auch Bagger, Bergbaumaschinen und andere Geräte für das Transportgewerbe herstellte, begannen 1938 mit dem Bau von Schleppern. Ein besonderes Merkmal dieses Unternehmens bestand darin, nahezu sämtliche Bauteile in Eigenregie ohne Zulieferer herzustellen. Das erste Produkt war der in Blockbauweise hergestellte Universaltraktor SA 751. Oben ein 1938 gebautes, mit Windschutzscheibe sowie Dach ausgerüstetes Exemplar. Das Antriebsaggregat des SA 751 war ein wassergekühlter Zweizylinder-Viertakt-Dieselmotor des Typs 2 B, der sich bereits in Kleinlokomotiven bewährt hatte. Der Schlep-

per verfügte über ein Vierganggetriebe, das 15,8 km/h zuließ. Aus politischen Motiven – die beiden Firmeneigner waren jüdischer Abstammung – wurde im Jahr 1939 die Enteignung der Inhaber und die Umbenennung in „Maschinenbau- und Bahnbedarf AG" (MBA) von der nationalsozialistischen Regierung verfügt. Mit Rücksicht auf den international hohen Bekanntheitsgrad des Unternehmens blieb der Zusatz „vormals Orenstein & Koppel" zunächst noch erhalten.

MBA SA 751

1938–1942
PS/kW: 30/22
Hubraum: 3532 ccm

Ab 1941 wurde die kantig-markante Motorverkleidung des vormaligen O & K-Schleppers durch eine runde Form modifiziert. Der sehr zugstarke Schlepper war in der Lage, 24 t zu ziehen. Seine Kunden schätzten an dem nicht nur für Feldarbeiten, sondern ebenso als Zugmaschine verwendbaren Schlepper Solidität, gute Verarbeitung und Zuverlässigkeit. Dieser 1942 gebaute Traktor besitzt Verdeck und Windschutzscheibe.

Unter der Bezeichnung SB 751 wurde ab 1939 ein leichter Bauernschlepper gefertigt. Sein liegend installierter Einzylinder-Viertakt-Wirbelkammer-Dieselmotor besaß eine Thermosyphonkühlung und eine quer angeordnete Kurbelwelle. Der Blockbauschlepper mit Dreiganggetriebe schaffte bis zu 8 km/h, und die Anhängelast betrug 9 t. Als erstes Modell dieses Herstellers erhielt dieser Kleinschlepper die abgerundete Motorverkleidung. Er war mit Zapfwelle und Riemenscheibe ausgerüstet und wog 1270 kg.

MBA SB 751

1939–1942
PS/kW: 15/11
Hubraum: 1766 ccm

RITSCHER

Ritscher N 20
Dreiradschlepper

1939–1942
PS/kW: 15/11
Hubraum: 1766 ccm
Stückzahl: 250

Die Karl Ritscher GmbH in Hamburg begann nach dem Ersten Weltkrieg, Raupenschlepper und Traktoren zu bauen. Die Fahrzeuge zeichneten sich durch ihre zum Teil dreirädrige Bauweise aus, was zu einem besonderen Merkmal dieses Herstellers wurde. Mitte der 1930er-Jahre war die Blütezeit der klassischen Ritscher-Dreiradschlepper, die zunächst mit einem Kämper-Dieselmotor mit 14 PS, ab 1939 mit dem bewährten wassergekühlten Zweizylinder-Diesel F 2 M 414 von Deutz bestückt wurden. Unten abgebildet ist ein Fahrzeug von 1941. Der Ritscher-Schlepper mit seiner charakteristischen, horizontal oberhalb der Motorabdeckung angebrachten Steuersäule war mit einem Dreiganggetriebe bis maximal 12 km/h ausgerüstet und aufgrund seiner Bauweise sehr wendig. Der N 20 war ein kleines Universalfahrzeug. Oben ein mit Mähwerk ausgerüstetes Fahrzeug von 1940.

SCHLÜTER

Die Motorenfabrik Anton Schlüter in Freising bei München stieg im Jahr 1937 mit einem 14-PS-Traktor in diese Branche ein. Die geschah zunächst mit der Zielsetzung, neue Einsatzmöglichkeiten für die Motorenproduktion des Unternehmens zu schaffen. Noch im gleichen Jahr wurde das Modell DZM 25 vorgestellt. Dieses Fahrzeug war in Blockbauart konstruiert und besaß ein Vierganggetriebe von Prometheus für eine Höchstgeschwindigkeit von 20 km/h und wog 1800 kg. Sein Bau endete im Jahr 1942.

Starke Traktoren aus Bayern

Schlüter DZM 25

1937–1942
PS/kW: 25/18,3
Hubraum: 2661 ccm
Stückzahl: 1043

1933–1945

Als zum 1. Juli 1942 der von der Regierung verfügte Baustopp für Dieselschlepper in Kraft trat, hatten die Schlüter-Werke mit der Konstruktion des Gasschleppers GZA 25 bereits vorgesorgt, sodass seine Fertigung umgehend aufgenommen werden konnte. Vor der Vorderachse des Fahrzeugs war der Imbert-Gasgenerator installiert, und der Motor erbrachte eine tatsächliche Leistung von 28 PS.

Schlüter GZA 25
Generatorschlepper

1942–1947
PS/kW: 25/18,3
Hubraum: 3982 ccm
Stückzahl: 630

ZETTELMEYER

Von Straßen walzen zu Dieselschleppern

Zettelmeyer Z 1

1935–1942
PS/kW: 22/16,1
Hubraum: 2198 ccm

Zettelmeyer Z 2

1936–1942
PS/kW: 20/14,6
Hubraum: 2028 ccm

Die im Jahr 1902 von Hubert Zettelmeyer in Konz bei Trier gegründete Maschinenfabrik befasste sich zunächst mit dem Bau von Dampf- und später Motorstraßenwalzen. 1935 begann man mit dem Bau von Ackerschleppern, um sich ein zweites, zukunftsträchtiges Standbein zu schaffen. Das erste Fahrzeug war das Modell Z 1, eine Blockkonstruktion mit Vierganggetriebe und Luftbereifung. Serienmäßig besaß der Z 1 Zapfwelle, Riemenscheibe und Mähwerk und einen wassergekühlten Deutz-Motor mit 20, ab 1939 mit 22 PS Leistung. Er war ein solider, zeittypischer Bauernschlepper konventioneller Bauweise, der alle auf mittelgroßen Höfen auf dem Feld und beim Transport anfallenden Arbeiten zuverlässig erledigen konnte. Ebenso war sein Einsatz als stationäre Antriebsquelle über die Riemenscheibe möglich. Sein Verkaufspreis in der Grundausstattung betrug 4900,– Reichsmark.

1936 brachte Zettelmeyer den Straßen- und Verkehrsschlepper Z 2 auf den Markt, der Motor und Getriebe des Ackerschleppers besaß. Infolge vergrößerter Getrieberäder konnte er 20 km/h Höchstgeschwindigkeit erreichen. Es gab ihn mit einfach- oder zwillingsbereiften Hinterrädern und mit einer dreisitzigen Sitzbank. Bis 1939 war er mit einem 20-PS-Deutz-Motor bestückt. Links ein Fahrzeug von 1936. Der Z 2-Straßenschlepper verfügte über durchgehende Kotflügel, die durch ein Trittbrett verbunden waren. Häufig wurde er mit einem geschlossenen Fahrerhaus versehen. Besonders im Güternahverkehr, bei Umzugsunternehmen, Kohlenhändlern und vielen anderen Gewerbetreibenden war der Z 2 sehr beliebt. Für Einsätze als Forstschlepper konnte eine Seilwinde am Heck angebaut werden. Auch die Produktion dieses Fahrzeugs musste im Laufe des Jahres 1942 zugunsten eines Generatorfahrzeugs eingestellt werden.

HÜRLIMANN

Hans Hürlimann stellte 1929 den unter der Bezeichnung 1 K 8 benannten Traktor vor. Dieser Schlepper verfügte über einen französischen Einzylinder-Vergasermotor des Typs Bernard R 3. Während die Hinterräder aus Eisen und Gummistollen bestanden, waren die Vorderräder mit Luftreifen ausgerüstet. Das Fahrzeug wurde über ein Getriebe des Herstellers Maag in Zürich mit drei Vorwärtsgängen und einem Rückwärtsgang geschaltet. Bereits kurze

Zeit nach seinem Erscheinen wurde an der rechten Traktorseite ein Mähantrieb angeordnet. Dieser Traktor war trotz seiner geringen Größe

recht zugstark und konnte sowohl für Acker- und Transportarbeiten als auch über die auf das Mähwerkgetriebe aufsetzbare Riemenscheibe als Stationärmotor genutzt werden. Von 1929 bis April 1930 wurden 102 1 K 8-Traktoren, von dem etwas stärkeren 1 K 10 bis Oktober 1931 immerhin 367 Einheiten verkauft. Diese beiden Konstruktionen standen am Anfang der heute schon zur Legende gewordenen Hürlimann-Traktoren.

**Hürlimann
1 K 8**

1929–1930
PS/kW: 8/5,9
Hubraum: 763 ccm
Stückzahl: 102

Der leistungsstarke Hürlimann-Traktor des Typs 4 T 40 Z wurde ab 1934 gebaut. Es war ein in Blockbauweise konstruierter Benzintraktor mit Zürcher-Benzinmotor und einem Dreiganggetriebe. Weil auch die Schweiz von der während des Zwei-

ten Weltkrieges herrschenden Treibstoffknappheit betroffen war, wurden verschiedene Fahrzeuge später auf Holzgasbetrieb umgerüstet, wie dieses toprestaurierte Fahrzeug mit Seitenmähwerk und Imbert-Generatoranlage aus dem Jahr 1936.

**Hürlimann
4 KT 40 C**

Generatorschlepper

1934–1936
PS/kW: 40/29,3
Hubraum: 3780 ccm

Bereits im Jahr 1935 baute die Firma Hürlimann ihren ersten Industrietraktor. 1939 erschien mit dem Modell D 400 ein verbessertes und leistungsstärkeres Modell, das über den wassergekühlten Vierzylinder-Dieselmotor des Typs D 100 verfügte. Bei 2800 kg Gewicht konnte der Traktor eine Höchstgeschwindigkeit von 35 km/h erreichen.

**Hürlimann
D 400**

1939–1950
PS: 45/32,9
Hubraum: 4019

Der größte
schweizerische
Traktoren-
hersteller

Bührer Typ C

1930–1936
PS/kW: 40/29,3
Hubraum: 3285 ccm

Bührer

Fritz Bührer aus Hinwil stellte seit 1928 seine ersten Traktoren aus Teilen von Ford-Automobilen her. Die ersten regelrechten Kleintraktoren wurden ab 1930 gebaut. Es waren Fahrzeuge mit 25 und 40 PS, wobei das letztere, der Typ C, mit dem Vergasermotor des Ford A und einem Vierganggetriebe bestückt war. Es waren luftbereifte Traktoren mit hinteren, als Geländereifen bezeichneten Zwillingsreifen, die bis etwa 1936 gefertigt wurden. Die Höchstgeschwindigkeit des 1450 kg schweren Traktors lag bei 20 km/h.

Bührer BG 4

1937–1942
PS/kW: 50/36,6
Hubraum: 3280 ccm

1937 stellte Bührer mit den Modellen BG 4 und BG 6 eine neue Traktorgeneration vor. Der BG 4 war weiterhin mit dem bewährten wassergekühlten Vierzylinder-Ford-Vergasermotor des Typs B ausgerüstet, der schon in früheren Modellen verwendet worden war. Er hatte ein Vierganggetriebe und eine Höchstgeschwindigkeit von 20 km/h. Die neu konstruierte Bührer-Vorderachse war so ausgelegt, dass ein Radeinschlag von etwa 80 Grad möglich war. Elektrische Lichtanlage und Anlasser waren serienmäßig.

GRUNDER

Mit Motormähern und Gartenfräsen begann August Grunder zu Beginn der 1920er-Jahre seinen Einstieg in die Branche der Landmaschinen- und Traktorerzeuger. 1938 entstand der überaus formschöne Vierradtraktor Typ E, der von einem leistungsstarken Sechszylinder-Vergasermotor mit Wasserkühlung der Firma Chevrolet angetrieben wurde. Das Fahrzeug mit seinem markanten, schwungvoll geformten Kühlergrill verfügte über vier Vorwärtsgänge, mit denen es bis zu 20 km/h erreichen konnte, und besaß eine große Zugkraft. Der sehr schön restaurierte Traktor auf dem Bild oben ist aus dem Jahr 1940.

Die Kriegszeit brachte Schwierigkeiten bei der Beschaffung der Chevrolet-Motoren. Deshalb mussten bereits die letzten Exemplare der E-Serie mit Ford-Antriebsaggregaten bestückt werden. Die Modelle TK 20 und TK 25 besaßen seit 1943 eine neue Getriebe-Hinterachseinheit, die mit unterschiedlichen Motorfabrikaten wie von Fiat, Opel, Peugeot oder Renault kombiniert wurde.

Grunder Typ E

1938–1943
PS/kW: 35/25,6
Hubraum: 3540 ccm

Grunder TK 25
Generatorschlepper

1943–1946
PS/kW: 20/14,6
Hubraum: 1500 ccm

SCHWEIZER LOKOMOTIV- U. MASCHINENFABRIK

SLM
Dreiradschlepper

1936–1941
PS/kw: 24/17,6
Hubraum: 1100 ccm

Das mit dem Kürzel SLM bezeichnete Unternehmen fertigte bereits um die Jahrhundertwende die ersten Dampftraktoren. In den 1920er-Jahren ging man zum Bau von Drei-radschleppern über, die sich durch eine außergewöhnliche Wendigkeit auszeichneten. Die endgültige Bauform wurde 1936 gefunden, wobei das kleine Vorderrad durch ein Lenk-rad gesteuert wurde. Das unten ab-gebildete 1941 gebaute Fahrzeug wurde von einem wassergekühlten Zweizylinder-V-Vergasermotor der Firma Motosacoche angetrieben.

SLM

80

FORDSON

Die Acker-
schlepper
aus dem
englischen
Dagenham

Fordson N

1933–1945
PS/kW: 29/21,1
Hubraum: 4181 ccm

1933 war die Fertigung des Fordson N von Irland nach Dagenham in England verlegt worden. Von dort wurden die Traktoren in alle Welt exportiert, auch zurück in die Vereinigten Staaten. Obwohl dessen Entwurf bereits auf das Jahr 1917 zurückreichte und man dem Fordson dieses auch äußerlich ansah, hatte der einfache und solide Traktor nur wenig von seiner Popularität, vor allem in England, eingebüßt. Jedoch erhielt der Fordson-Traktor laufend Detailverbesserungen, sodass sich seine Grundkonzeption nahezu 30 Jahre halten konnte. Das 1937 gebaute Fahrzeug mit Eisenrädern und Greiferstollen (oben rechts) eines holländischen Besitzers befindet sich noch heute im Erstbesitz der Familie. Während sich der Fordson N in England weiterhin gut verkaufte, war sein Absatz in den Vereinigten Staa-ten stark rückläufig, was vor allem in den fehlenden Einsatzmöglichkeiten als Breitspur-Schlepper (Row-crop) zu suchen war. Trotz Luftbereifung konnte das Erscheinungsbild des Fordson nicht über sein Alter hinwegtäuschen, und die gesamte Konstruktion hatte ihren technischen Vorsprung mittlerweile weitgehend eingebüßt. Oben links ein schönes luftbereiftes Fahrzeug ohne Hinterradkotflügel aus dem Jahr 1936. Die späte Fordson-Ausführung des Jahres 1940 (unten) ist mit Hinterradkotflügeln und 11.25-28er Hinterreifen bestückt. Der 1636 kg schwere Traktor verfügte immer noch über das veraltete Dreiganggetriebe.

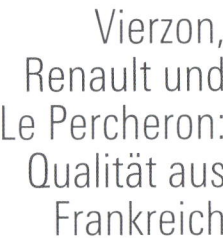

Vierzon,
Renault und
Le Percheron:
Qualität aus
Frankreich

Vierzon H 1

1934–1942
PS/kW: 38/27,8
Hubraum: 10 335 ccm

Vierzon HV 2

1935–1942
PS/kW: 25/18,3
Hubraum: 5346 ccm

Im Jahr 1931 wurde von der Firma Société Française im mittelfranzösischen Vierzon, der seinerzeit größten Produktionswerkstätte für Landmaschinen in Frankreich, unter der Modellbezeichnung H0 der erste Schlepper vorgestellt. Ebenso wie der Lanz-Bulldog besaß er einen Glühkopfmotor mit einem Rumpf aus Perlitguss, welcher gegenüber dem Grauguss eine höhere Festigkeit aufwies. Der Typ H1 mit 38 PS und Dreiganggetriebe folgte Mitte der 1930er-Jahre. Hier ein vorzüglich restauriertes Fahrzeug aus dem Jahr 1935.

Bereits kurze Zeit später folgte das leichtere Modell HV 2 mit 25 PS, das den nach dem gleichen Prinzip arbeitenden Einzylinder-Zweitakt-Glühkopfmotor besaß. Das Verfahren, dass neben Lanz in Deutschland auch die Landini in Italien und Marshall in England einsetzten, war zwar überaus einfach, zweckmäßig und wirtschaftlich, dafür aber besaßen die Motoren nur eine geringe Laufkultur. Die kobelschornsteinförmigen Schalldämpfer der Vierzon-Traktoren ähnelten denen von holzgefeuerten Dampflokomotiven.

RENAULT

Der mit Abstand bedeutendste französische Hersteller von Traktoren war die Firma Renault in Billancourt/Seine, deren Arbeiten im Automobilbau bis in das Jahr 1898 zurückreichten. Bereits 1908 wurden die ersten Schritte zum Bau von Traktoren und Raupenfahrzeugen aufgenommen. Ab dem Jahr 1918 folgten dann Kleinschlepper, wozu auch das Modell AFV 1 gehörte. Das von einem Vergasermotor angetriebene Modell besaß drei Vorwärtsgänge und Eisenräder.

Renault AFV 1

1930–1939
PS/kW: 8/5,9
Hubraum: 1480 ccm

SNCAC

Le Percheron T 25

1947–1956
PS7kw: 25/18,3
Hubraum: 4767 ccm

In Frankreich hatten Lanz-Bulldogs schon seit dem ersten Erscheinen des 15/30 einen guten Ruf, sodass der Wunsch laut wurde, den D 7506-Ackerluft-Bulldog in Lizenz nachzubauen. Hiermit wurde die Firma SNCAC in Colombes bei Paris beauftragt. Kurz vor Ausbruch des Zweiten Weltkrieges begann dort der Bau des unter der Bezeichnung „Percheron" (nach einer Rasse schwerer Zugpferde) bekannt gewordenen Bulldogablegers.

Schlepper aus den Niederlanden

Brons-Schlepper EAT

1933–1940
PS/kW: 50–60/36,6–43,9
Hubraum: 7400 ccm

Die niederländische Firma Jan Brons entstand im Jahr 1878 und baute bereits ab 1891 Dampflokomobile. Wenige Jahre später entstand der erste Petroleummotor, dem 1900 die ersten Rohölmotoren folgten. Die Serienfabrikation dieser im Laufe der Jahre weiterentwickelten Brons-Dieselmotoren wurde im Jahr 1907 in Appingedam aufgenommen. 1933 erschien der erste Traktor, der mit ei-

nem Zweizylinder-Viertakt-Dieselmotor ausgerüstet war. Der Brons-Schlepper wog 3850 kg und erreichte seine Leistung bei 900 U/min. Ihm

standen zwei Gangstufen mit Geschwindigkeiten von 4 und 11 km/h zur Verfügung. Später gab es noch ein Dreizylindermodell mit 11 000 ccm Hubraum und 75 PS Leistung. Oben ein Zweizylinderschlepper mit luftbereiften Hinterrädern – vorn besitzt das Fahrzeug elastikbereifte Eisenräder – aus dem Jahr 1936, der bereits über 60 PS Motorleistung verfügte.

LANDINI

Die von Giovanni Landini im Jahr 1884 errichtete Maschinenfabrik befasste sich zunächst mit dem Bau von Landmaschinen, bevor sie sich der Konstruktion von Dampfmaschinen und Verbrennungsmotoren zuwandte. Nachdem die Firma 1927 ihren ersten Schlepper vorgestellt hatte, folgte einige Jahre später das Modell Velite 28/32 PS, das im Großen und Ganzen dem Lanz-Kühler-Bulldog HR 5 entsprach.

Italienische Glühkopftraktoren

Landini Velite 28/32 PS

1935–1953
PS/kW: 32/123,4
Hubraum: 9503 ccm
Stückzahl: 3462

Landini Super Velite 48 PS

1934–1952
PS/kW: 55/40,3
Hubraum: 9503 ccm

1933–1945

Die Firma Landini war der größte Hersteller italienischer Glühkopfschlepper und brachte 1935 das 55 PS starke Modell Super Velite heraus. Dieser gewaltige Glühkopfbulldog kam in erster Linie für Großbetriebe infrage. Er besaß ein Vierganggetriebe für Geschwindigkeiten zwischen 3 und 16 km/h. Sein Gewicht betrug 3300 kg. Dieses Fahrzeug wurde nur in kleineren Stückzahlen gefertigt.

Robuste ungarische Bulldogs

HSCS Le Robuste R 25

1932–1938
PS/kW: 25/18,3
Hubraum: 5389 ccm

Die in Budapest ansässige Landmaschinenfabrik Hofherr-Schrantz-Clayton-Shuttleworth (HSCS) war ein traditionsreiches Unternehmen, das seit 1891 Dreschmaschinen und Lokomobile im Programm hatte. 1923 folgte der erste mit einem liegenden Benzinmotor angetriebene Schlepper. Den ersten Rohöltraktor mit 15 PS Leistung gab es bereits ein Jahr darauf. In den 1930er-Jahren wurde eine breite Palette von Glühkopfmodellen mit unterschiedlicher Leistung offeriert. Rechts im Bild ein Fahrzeug aus dem Jahr 1935.

HSCS Le Robuste R 20/22

1932–1944
PS/kW: 25/18,3
Hubraum: 5389 ccm

HSCS-Exportmaschinen trugen den Zusatz „Le Robuste", eine Eigenschaft, die auf diese Fahrzeuge uneingeschränkt zutraf. Die ungarischen Glühkopfbulldogs wurden in den 1930er-Jahren überall in Europa verkauft und fanden sogar in Deutschland einige Kunden, da Lanz in Mannheim den Bestellungen nicht nachkommen konnte und lange Lieferzeiten hatte. Der R 20/22 hatte ein Dreiganggetriebe, und die gesamte Konstruktion wies eine deutliche Verwandtschaft mit den Lanz-Typen dieser Epoche auf. Das gezeigte Fahrzeug ist von 1938.

Das nächstgrößere Modell im Verkaufsprgramm der Firma HSCS war ein 35-PS-Glühkopfbulldog. In diesem Fahrzeug war ein Viergang-getriebe installiert, das den Ge-schwindigkeitsbereich von 3,7 bis 12,3 km/h abdeckte. Die HSCS-Bull-dogs gab es sowohl mit Eisenrädern als auch mit Luftbereifung. Seine maximale Motorleistung erreichte das 3100 kg schwere Fahrzeug bei 760 U/min.

HSCS
Le Robuste
R 30/35

1933–1944
PS/kw: 35/25,6
Hubraum: 9546 ccm

Leistungsmäßig nur noch vom stärksten Modell R 50/55 übertrof-fen wurde der Typ R 44/48, der auf-grund seiner Größe fast ausschließ-lich großflächigen landwirtschaftli-chen Anwesen vorbehalten blieb. Dieses kraftvolle und zugstarke Mo-dell eignete sich nicht nur für alle Ar-ten der Feldarbeit und für schwere zapfwellengetriebene Maschinen, sondern war durch seine Riemen-scheibe auch als stationäre Kraft-quelle verwendbar. Auch er besaß ein Viergangetriebe und war eng mit dem Lanz-Bulldog verwandt.

HSCS
Le Robuste
44/48

1935–1944
PS/kW: 48/35,1
Hubraum:10 300 ccm

Dieseltraktoren aus Kanada

Massey-Harris 15/22 General Purpose

1929–1938
PS/kW: 25/18,3
Hubraum: 4014 ccm

Die Massey-Harris Company im kanadischen Toronto wurde 1891 durch den Zusammenschluss zweier Unternehmen gegründet. Nach dem Ersten Weltkrieg wurde Massey-Harris auf dem Schleppersektor aktiv, aber erst die 1928 erfolgte Übernahme einer Traktorenfabrik nahm man zum Anlass, auf Basis dieser Modelle eigene Produkte zu erstellen. Das erste dieser Fahrzeuge war der Typ 15/22, ein sehr fortschrittlicher eisenbereifter Knicklenker mit Vierradantrieb, 1600 kg Gewicht und einem Dreiganggetriebe.

Massey-Harris 744 D

1938–1945
PS/kW: 48/35,1
Hubraum: 5653 ccm

Zum Ende der 1930er-Jahre gelangte eine weitere fortschrittliche Entwicklung, die Twin-Power-Traktoren, ins Verkaufsprogramm. Diese Fahrzeuge hatten zwei Reglereinstellungen und Vier- bzw. Sechszylindermotoren. In dem schönen, 2350 kg schweren Modell 744 D arbeitete ein Vierganggetriebe.

ALLIS-CHALMERS

Allis-Chalmers stieg im Jahr 1914 in die Traktorenbranche ein. In den 1920er-Jahren und zu den Zeiten der Weltwirtschaftskrise expandierte das Unternehmen durch den Erwerb anderer Hersteller – dazu gehörte auch Advance Rumely mit ihrem legendären Oil Pull – überaus schnell, sodass die Firma Allis-Chalmers schon bald eine starke Marktposition innehatte.

1934 erschien das luftbereifte Modell WC, das es sowohl in einer konventionellen als auch in der Breitspurausführung gab. Der WC besaß einen Vierzylinder-Vergasermotor, 1723 kg Gewicht, und sein Vierganggetriebe war für maximal 14,4 km/h ausgelegt. Es war ein robustes und sehr erfolgreiches Fahrzeug, dass jahrelang ein Hauptstandbein im Unternehmensumsatz war. Hier ein Row-crop-Schlepper mit Breitspur von 1935.

Allis-Chalmers WC

1934–1948
PS/kW: 25/18,3
Hubraum: 3294 ccm
Stückzahl: 178 000

Traditions-reiche Traktoren aus den USA

Case C

1929–1939
PS/kW: 35/25,6
Hubraum: 4225 ccm

Nach den Crossmotor-Typen ging Case bei den Modellen L und C ab 1929 zu längs installierten Motoren über, wobei aber der gekapselte Kettenantrieb als markentypische Besonderheit beibehalten wurde. In seinen Grundzügen ähnelte das Modell Case C, obwohl bedeu-

tend schwerer und leistungsstärker, dem Fordson-Schlepper sehr. In den 1870 kg schweren Traktor war ein Vierzylinder-Viertakt-Vergasermotor und ein Dreiganggetriebe eingebaut. Die Geschwindigkeit der eisenbereiften Ausführung betrug in der Spitze 7,2 km/h.

Case C 28

1936–1946
PS/kW: 48/35,1

Hubraum: 5653 ccm

Die Case-Schlepper gehörten ohne Zweifel zu den solidesten und besten Traktoren der 1930er-Jahre, und sie erfreuten sich demzufolge großer Beliebtheit. Neben dem Standard-Schlepper C gab es ab 1932 die Version CC als Breitspurtraktor und als Row-

crop-Schlepper. Ab 1936 wurde das hier in guter Restauration gezeigte, ebenfalls mit einem Vergasermotor ausgerüstete Modell C 28 gebaut, das sich von der bisherigen Grundkonzeption nur in einigen verbesserten Details unterschied.

Case R

1936–1939
PS/kW: 18/13,2
Hubraum: 2075 ccm

Ebenfalls auf das Jahr 1936 ging die Konstruktion des Case-Modells R zurück. Dies war ein leichter Schlepper, den es als Ausführung RC in einer Row-crop-Version gab und der damit zu den Farmall-Modellen in Konkurrenz trat. Beiden Ausführungen gemeinsam war der wasser-

gekühlte Vierzylinder-Vergasermotor und das Dreiganggetriebe. Seine Höchstleistung erreichte der Motor des 1508 kg wiegenden Traktors bei 1425 U/min. Hier ein gut restaurierter Case R aus dem Jahr 1939. Noch im gleichen Jahr wurden R und RC durch das Modell S ersetzt.

INTERNATIONAL HARVESTER

In den 1930er-Jahren wurden bei International Harvester im Werk Rock Island (Illinois) Acker- und Allzweckschlepper in großen Stückzahlen für die aufstrebende Landwirtschaft produziert. 1933 gelangte das Modell F 12 zur Auslieferung, das von einem Vierzylinder-Vergasermotor mit Wasserkühlung angetrieben wurde. Den 1215 kg schweren Farmall-Schlepper F 12 gab es zunächst überwiegend eisenbereift und mit einem Dreiganggetriebe. Der Breitspurschlepper mit den stählernen Spatengreiferrädern oben entstand

Ein internationales Unternehmen von Weltruf

International Farmall F 12

1933–1939
PS/kW: 15/11
Hubraum: 1400 ccm

1936. Mit sieben Jahren Entwicklungszeit vom Reißbrett bis zum gebrauchsfertigen Schlepper hatte der F 12 zwar eine überdurchschnittlich lange Konstruktionsphase hinter sich, die sich jedoch, gemessen am Verkaufserfolg, gelohnt hatte. Gerade in den beginnenden 1930er-Jahren fehlte ein leichter Farmall-Trak-

tor für die vielen kleineren Farmen in den Vereinigten Staaten. Der F 12 kam gerade zur rechten Zeit, um an dieser Nachfrage nachhaltig zu partizipieren. Mit Eisenrädern erreichte der spurverstellbare F 12 maximal 6 km/h. Als F 12 G wurde dieser Traktor ab 1937 auch in Neuss/Rhein für den deutschen Markt gefertigt. Das hervorragend restaurierte eisenbereifte Fahrzeug links ist mit Gummilaufringen für den Straßeneinsatz ausgerüstet. Der F 12 wurde auch in konventioneller Bauform wie rechts als eisenbereifter Ackerschlepper mit hinteren Spatengreiferrädern geliefert. Charakteristisch war die

über die Motorabdeckung laufende Steuersäule. Die ebenfalls übliche Bezeichnung „McCormick-Deering" erinnerte an die Firmengründer.

International Farmall F 14

1938–1939
PS/kW: 17/12,4
Hubraum: 1851 ccm

Der vielfach mit Luftbereifung ausgelieferte Farmall F 14 ist links zu sehen. Dieser Bereifung mit ihrer erhöhten Geschwindigkeit trug das installierte neu entwickelte Vierganggetriebe Rechnung. Der F 14 konnte unter guten Witterungs- und Stra-

ßenverhältnissen bis zu 15 t bewegen. Der F 14 galt als zuverlässiger und wirtschaftlicher Traktor für kleinere Farmen. Mit dem F 14 erschien im Jahr 1938 eine technisch überarbeitete Version des F 12, die vermehrt mit Luftreifen geliefert wurde. In den F 14 gelangte ein stärkerer Motor und ein Vierganggetriebe zum Einbau, das in der luftbereiften Ausführung Geschwindigkeiten zwischen 3,8 und 16,5 km/h ermöglichte. Das Gewicht des Schleppers stieg geringfügig auf 1300 kg. Allerdings wurde diese Schleppergeneration bereits ab Juli 1939 durch das Modell A ersetzt. Rechts ein luftbereifter Breitspurschlepper von 1938.

International Farmall F 20

1932–1939
PS/kW: 17/12,4
Hubraum: 1851 ccm

Das Modell F 20 wurde 1932 als Ersatz für den berühmten Farmall Regular eingeführt und stand eher im Schatten des legendären F 12. Einerseits war der F 20 zwar stärker, aber erheblich teurer, andererseits genügte der F 12 den leistungsmäßigen Bedürfnissen der Kleinfarmer vollkommen. Als Antriebsaggregat diente ein wassergekühlter Vierzylinder-Vergasermotor mit einem Dreiganggetriebe, das mit Eisenbereifung eine Maximalgeschwindigkeit von 6 km/h in ermöglichte.

McCormick WD 40
Mc Cormick-Deering WD 40

1934–1940
PS/kW: 53/38,8
Hubraum: 5538 ccm

Mit dem WD 40 war International Harvester erstmals auch mit einem schweren Modell präsent. Der Traktor wurde durch einen wassergekühlten Vierzylindermotor angetrieben. Es stand ein Vierganggetriebe zur Verfügung, das den 3398 kg schweren Schlepper in der luftbereiften Ausführung auf 19,2 km/h beschleunigen konnte. Im Übrigen war dies der erste in Großserie gefertigte Dieseltraktor in den Verei-

nigten Staaten von Amerika. Das luftbereifte Fahrzeug links ist von 1937. Auch International Harvester konnte sich dem sparsamen und wirtschaftlichen Dieselantrieb nicht verschließen, sodass man zu Beginn der 1930er-Jahre mit entsprechenden Entwicklungsarbeiten begonnen hatte. Bei dem schweren Radtraktor WD 40 gelangte dann ab 1934 erstmals ein solches Aggregat in einem International-Schlepper

zum Einbau. Wahlweise gab es die Ausführungen WD und WA, wobei Letztere die benzingetriebene war. Der WD arbeitete als Halbdiesel, das heißt, er musste mit Benzin gestartet werden, bevor nach Erreichen der Betriebstemperatur auf Dieselbetrieb umgestellt werden konnte. Rechts ein wunderschönes eisenbereiftes Fahrzeug von 1937.

Deering F 12 FS

1937–1940
PS/kW: 20/14,6
Hubraum: 5538 ccm
Stückzahl: 4022

Im Neusser Werk wurden nach wie vor eisenbereifte Traktoren des Modells F 12 mit dem Zusatz FS (FG galt für die luftbereifte Variante) gefertigt. War bisher das McCormick- oder Deering-Schild seitlich am Wasserkasten angebracht, so wurde dieses ab 1940 senkrecht auf dem Lenkgehäuse vernietet. Hier ein solches Fahrzeug mit auf den spatenbesetzten Hinterrädern aufgezogenen Straßenschutzstreifen.

Deering F 12 FG

1937–1940
PS/kW: 20/14,6
Hubraum: 2043 ccm
Stückzahl: 4 022

Unter der Bezeichnung F 12 G wurde der populäre leichte Farmall-Schlepper ab 1937 auch in Deutschland gebaut. Es war ein einfacher, gleichzeitig aber auch moderner Traktor, der in Deutschland sowohl von McCormick als auch von Deering verkauft wurde und sich nur durch den entsprechenden Schriftzug seitlich am oberen Wasserkasten des Kühlers unterschied. Ungewöhnlich für den deutschen Markt war allerdings der Vergasermotor. Hier ein luftbereifter F 12 FG Deering von 1940.

OLIVER

Oliver 80 Standard

1937–1947
PS/kW: 38/27,8
Hubraum: 4649 ccm

Die in Chicago ansässige Oliver Farm Equipment Corporation wurde im Jahr 1929 durch den Zusammenschluss verschiedener Unternehmen dieser Branche ins Leben gerufen. Dazu gehörte auch die Hart-Parr Company, weshalb die ersten Oliver-Traktoren unter einer doppelten Namensbezeichnung angeboten wurden. Das ab 1937 angebotene Modell Oliver 80 basierte in seinen Grundzügen auf den früheren Hart-Parr 18-27- und 18-28-Traktoren. In ihm arbeiteten ein wassergekühlter Vierzylinder-Vergasermotor und ein Vierganggetriebe. Ab 1940 war auch eine Dieselversion lieferbar.

JOHN DEERE

gern, wurden die John Deere-Traktoren ab 1938 mit einer von einer Industriedesigneragentur entworfenen Motorverkleidung versehen, wobei das vor dem Motor befindliche Lenkgehäuse und der Kühler nun vollständig unter dem neu gestalteten Blechkleid verschwanden. Die Front bot außerdem Platz für das gelbe Markensignet mit dem springenden Hirsch. Die schmalere Küh-

Zuverlässigkeit in schönem Design

John Deere A

1934–1952
PS/kW: 24/17,6
Hubraum: 3214 ccm
Stückzahl: 328 000

1933–1945

Das bekannte A-Modell von John Deere wäre infolge der wirtschaftlichen Depression zu Anfang der 1930er-Jahre beinahe nicht zustande gekommen. Der weit blickenden Unternehmensleitung war es aber zu verdanken, dass trotz der damals stark rückläufigen Verkaufszahlen die Entwicklungsarbeiten fortgeführt wurden und im Jahr 1934 das Ergebnis vorgestellt werden konnte. Die erste Ausführung dieses Breitspurtraktors der Mittelklasse leistete noch 18 PS, aber die Motorleistung wurde nach und nach gesteigert. Oben ist ein Fahrzeug von 1935 abgebildet. Das ab 1934 gebaute Modell A besaß erstmals einen hydraulischen Kraftheber und war die John Deere-Traktorvariante für zweischarige Pflüge. Zapfwelle und Riemen-

scheibe waren in der Fahrzeugmitte angeordnet, und die Spurweite des Fahrzeugs konnte zwischen 1420 und 2130 mm verstellt werden. Vom Modell A gab es, wie auch von anderen Modellen dieses Herstellers, eine Fülle von Varianten, die sich durch unterschiedliche Hinterräder, Bodenfreiheit und andere Details voneinander unterschieden. Das schön gestylte Fahrzeug auf der kleinen Abbildung unten entstand im Jahr 1942. Um den Absatz zu stei-

ler- und Tankverkleidung sorgte für bessere Sicht nach vorn und nach unten. Rechts ist ein solches Fahrzeug von 1940 zu sehen.

John Deere AR

1936–1952
PS/kW: 24/17,6
Hubraum: 3214 ccm
Stückzahl: 328 000

Neben der Row-crop-Variante gab es unter der Bezeichnung AR (R = Regular = normal) auch eine Ausführung mit Standard-Vorderachse, die hier in Form eines gut restaurierten Fahrzeugs von 1939 zu sehen ist.

Der AR war nicht für Reihenanbau geeignet. Sowohl im A als auch im AR wirkte ein liegend angeordneter wassergekühlter Zweizylinder-Vergasermotor, der entweder mit Benzin oder Petroleum betrieben werden konnte. Das besondere Merkmal dieser Motoren war das charakteristische knatternde Geräusch, anhand dessen sich ein John Deere-Traktor dieser Epoche rein akustisch stets einwandfrei identifizieren ließ. Anfangs war ein viergängiges, später ein Getriebe mit sechs Gangstufen eingebaut.

John Deere B

1934–1947
PS/kW: 14/10,2
Hubraum: 2324 ccm

Der in unterschiedlichen Spezialvarianten erhältliche Typ B war bis auf seine geringere Größe fast in jeder Hinsicht mit dem Modell A identisch. Beide Modelle repräsentierten die bekannte John Deere-Baulinie der 1930er-Jahre. Eisen- oder Luftbereifung waren wahlweise erhältlich. Rechts ein luftbereifter Breitspurtraktor von 1938 mit noch unverkleideter Front. Das Modell B von

John Deere, eine kleinere Ausführung des Typs A, wurde zeitgleich entwickelt und vorgestellt. Da in den USA mehr als die Hälfte aller Farmen zu den Kleinbetrieben zählten, lohnte es sich, ein auf deren Bedürfnisse zugeschnittenes Fahrzeug zu entwickeln. Auch im B war ein wassergekühlter Zweizylindermotor von John Deere eingebaut, der gegenüber dem Typ A eine höhere Drehzahl hatte. Das anfangs installierte Vierganggetriebe wurde später durch eines mit sechs Gängen ersetzt. Links ein 1935 gebauter Breitspurschlepper mit Spatenrädern hinten.

Luftbereifter John Deere B als Row-crop oder Breitspurschlepper mit Verkleidung aus dem Baujahr 1943 (oben). Durch die Motorverkleidung erhielt der rahmenkonstruierte Schlepper eine deutlich schmalere Bauform, welche die Sichtverhältnisse des Fahrers verbessern. Abgesehen von der Verkleidung, die das äußere Erscheinungsbild der John Deere-Traktoren positiv veränderte, gab es auf Jahre hinaus kaum An-

lass, die Technik dieser Modelle zu verändern. Während das Modell A für Farmbetriebe durchschnittlicher Größe infrage kam, war der Typ B für Kleinbetriebe oder als Zweitschlepper für größeren Farmen gedacht. Das in der Sechsgangausführung bis zu 16 km/h schnelle Modell B wurde mit Benzin oder Petroleum betrieben und wog 1241 kg. Durch seine verstellbaren Achsen konnte es zwei Feldreihen bearbeiten. Ab ca. 1938 wurden die Motorleistung des B-Modells auf 18 PS angehoben und Motorhaube und Front durch den Industriedesigner Henry Dreyfuss stilvoll verkleidet. Der Row-crop-Schlepper mit Verkleidung unten rechts ist von 1942. Gehörte die Luftbereifung früher zum serienmäßigen Lieferumfang, musste während des Krieges verstärkt infolge Gummimangels wieder auf Eisenräder zurückgegriffen werden.

John Deere BW

1935–1947
PS/kW: 14/10,2
Hubraum: 2324 ccm

Das Modell BW (W = Wide = breit) war die ab 1935 erhältliche breitspurige, vierrädrige Ausführung mit Standard-Vorderachse des Typs B. Dieser Benzin- oder Petroleumschlepper erreichte in der Viergangausführung mit Eisenrädern 8 km/h Höchstgeschwindigkeit. Die Spur der Vorderachse war im Hinblick auf

Reihenkulturen verstellbar. Mit seinen filigranen Eisenrädern aus Stahl wirkt dieses 1939 gebaute Fahrzeug sehr zerbrechlich.

John Deere D

1923–1953
PS/kW: 27–42/19,8–30,7
Hubraum: 7925 ccm
Stückzahl: 160 000

Das erfolgreiche D-Modell von John Deere entstand im Jahr 1923. Es war das erste Traktormodell, das den Namen John Deere trug. Ebenso gelangte im D erstmals der viele Jahre für diese Marke typische Zweizylindermotor zur Anwendung, der gegenüber den Vierzylindermaschinen Vorteile hinsichtlich der Herstellungs- und Instandhaltungskosten bot. Zunächst lag die kontinuierlich gesteigerte Motorleistung bei 27 PS; zum Produktionsende war sie bei 42 PS angelangt. Das Geheimnis des über 30-jährigen Erfolges war in erster Linie den einfachen, robusten und zuverlässigen Konstruktionsmerkmalen zu verdanken. Hier ein Breispurschlepper mit Eisenrädern aus dem Jahr 1941.

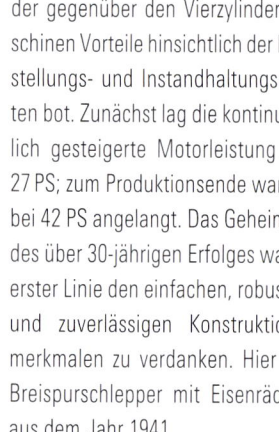

John Deere H

1935–1947
PS/kW: 12/8,8
Hubraum: 2324 ccm
Stückzahl: 60 000

Das ab 1935 gefertigte Modell H war ein Kleintraktor, den es sowohl in der Row-crop-Variante als auch mit einer normalen Vorderachse gab. Auch hier gelangten ein für John Deere typischer Zweizylindermotor und seitengesteuerte Ventile zum Einbau. Anfangs besaß das Modell H ein Viergang-, später ein Sechsganggetriebe. Hier ein restauriertes Breitspurmodell von 1937.

1937 erschien das Modell G als das derzeit stärkste Fahrzeug von John Deere im Verkaufsprogramm. Es war ein Traktor für einen dreischarigen Pflug und besaß ein John Deere-typisches Zweizylindertriebwerk, in dem Benzin oder Petroleum verbrannte. Auch beim G erfolgte der Austausch des Vierganggetriebes in eine sechsgängige Variante ab 1942. Mit Luftreifen erreichte der Traktor dann 20 km/h Höchstgeschwindigkeit. Das Gewicht des Traktors betrug 2550 kg.

John Deere G

1937–1953
PS7kW: 31/22,7
Hubraum: 6396 ccm
Stückzahl: 63 000

Die Firma Lindeman in Yakima/ Washington begann ab 1939 die Serienproduktion des ersten John Deere-Raupenschleppers. Verwendet wurde hierzu das B-Modell als Basis, das sich für die Verwendung zum Kettenschlepper hervorragend eignete. Im Bild ein BO von 1941.

John Deere BO Lindeman

1939–1947
PS/kW: 18/13,2
Hubraum: 2700 ccm
Stückzahl: 1 675

1945–1960

Der Traktor setzt sich durch

Schlepperbau und Landwirtschafts-
motorisierung bis 1960

Trotz der umfangreichen Zerstörungen, die der Zweite Weltkrieg in vielen Regionen Europas hinterlassen hatte, konnten deren Folgen weder die technischen Innovationen im Agrarbereich noch die Fortsetzung der weltweiten Landwirtschaftsmotorisierung aufhalten. Allenthalben galt es, die schlechte Versorgungslage durch gesteigerten landwirtschaftlichen Anbau zu verbessern – noch dazu auf verringerten Flächen, denn die östlichen Landesteile des ehemaligen Deutschen Reiches mit den großen, für die Ernährung wichtigen Gütern waren ja verloren gegangen. Da dieses Vorhaben mit Ochsen- und Pferdegespannen – die im Übrigen durch die riesigen Kriegsverluste auch nicht in ausreichender Zahl zur Verfügung standen – unmöglich bewerkstelligt werden konnte, blieb als einzige Alternative die Motorisierung. Das bedeutete, dass – neben Landmaschinen – schnellstmöglich eine große Zahl von Ackerschleppern gebaut werden musste.

Motorisierung bot die einzige Alternative, um den Mangel an Zugtieren nach 1945 auszugleichen.

UNMITTELBAR NACH DER WÄHRUNGSREform des Jahres 1948 setzte eine nicht nur von den großen, sondern auch vielen kleinen Anbietern und Branchenneulingen getragene stürmische Entwicklung ein. In den folgenden Jahren wurden Zulassungszahlen erzielt, die in der Geschichte des Traktorenbaus mit Sicherheit nie wieder erreicht werden. Unangefochten an der Spitze lag das Jahr 1955 mit 99 341 in der Bundesrepublik neu zugelassenen Fahrzeugen. Der damals eindeutige Favorit war der preiswerte Kleinschlepper, der die bisher noch ungenügend ausgebildete Motorisierung der vielen Klein- und Neben-

erwerbsbetriebe nunmehr endgültig in die Wege leitete. Schon in den beginnenden 1950er-Jahren zeichnete sich ein unter dem Begriff der „Landflucht" bekannt gewordener Strukturwandel ab, und der dadurch bedingte Arbeitskräftemangel in der Landwirtschaft musste durch vermehrten maschinellen Einsatz ausgeglichen werden. Der Begriff der „Einmannbedienung" wurde immer häufiger zu einem verkaufsfördernden Argument eines Ackerschleppers. Daneben erlangte der Begriff des „Allein- und Universalschleppers", der auf einem Hof Zug- und Pflegeschlepper zugleich sein musste, eine wachsende Bedeutung, denn die wenigsten Bauern konnten sich mehr als einen Traktor leisten. War die erste Hälfte der 1950er-Jahre von dem scheinbar ewig anhaltenden Schlepperboom und einem fast uneingeschränkt aufnahmefähigen Markt gekennzeichnet, so kündigten schon bald die zunehmende Marktsättigung und kritischer werdende Käufer eine Wende an: Es musste auch ein entsprechendes arbeitserleichterndes Zubehörprogramm zur Verfügung stehen. Allgemein war der Wunsch nach höherer Motorleistung deutlich spürbar. Mithilfe der in Mode gekommenen Idee des Tragschleppers, aber auch durch Geräteträger versuchte so mancher Hersteller das Einsatzspektrum des Traktors zu erweitern und neue Verwendungsmöglichkeiten zu erschließen. Viele Anbieter waren diesem anhaltenden Kosten- und Entwicklungsdruck nicht gewachsen, zogen sich aus der Branche zurück oder gingen in Konkurs.

Andererseits konnten manche mit umfassenden Fertigungsprogrammen und über ein gutes Händlernetz ausgestattete größere Hersteller ihre Positionen und Marktanteile verbessern. Dies galt auch für einige ausländische Unternehmen, allen voran John Deere, Ferguson und Ford, die sich zu jener Zeit auf dem deutschen Markt zu etablieren vesuchten.

Die Krise Ende der fünfziger Jahre führte zu einer Marktbereinigung unter den Herstellern.

Der „Volks-schlepper"

alle Arbeiten in seiner Klasse verwendbar. Dieser kleine Traktor war die Ursache dafür, dass Erwin Allgaier noch im gleichen Jahr in der Zulassungsstatistik auf Anhieb den zweiten Platz belegen konnte. Der AP 17 oben verließ im Jahr 1951 die Werkstore im württembergischen Uhingen. Mit diesem und ähnlichen Fahrzeugen begann der große Treckerboom der frühen 1950er-Jahre. In jenen Jahren, als zahlreiche Neu-

Allgaier AP 17

1950–1953
PS/kW: 18/13,2
Hubraum: 1374 ccm
Stückzahl: 9000

Im Jahr 1950 sorgte auf der Frankfurter DLG-Ausstellung (Deutsche Landwirtschafts-Gesellschaft) auf dem Firmenstand der Allgaier-Werke, eines relativen Branchenneulings, ein kleiner, eher unscheinbarer Schlepper für beträchtliches Aufsehen. Es war das auf dem Entwurf des Volksschleppers von Ferdinand Porsche basierende Modell AP 17,

das die Fachwelt derart in Erstaunen versetzte. Neben einer ausgesprochen innovativen Technik war es vor allem sein konkurrenzlos günstiger Preis, der in kürzester Zeit zu einem radikalen Preisrutsch in dieser Leistungsklasse führte. Es war ein moderner Blockbauschlepper mit luftgekühltem Zweizylinder-Diesel, der Dank der Verwendung von leichten Metalllegierungen nur 950 kg wog. Zur Serienausstattung gehörten ein elektrischer Anlasser – damals noch längst nicht überall selbstverständlich –, Spurverstellung, Portalachsen und eine hydraulische Anfahrturbokupplung. Das Zubehör, wozu auch ein ölhydraulischer Kraftheber zählte, war reichhaltig. Dadurch war der AP 17 als Allround-Schlepper für fast

anbieter auf den Markt drängten, waren vor allem Kleinschlepper gefragt, mit denen die Motorisierung und Mechanisierung vor allem der vielen Kleinbetriebe in Deutschland endgültig in die Wege geleitet wurde. Unten ein tadellos restaurierter AP 17 Volksschlepper aus dem Jahr 1950.

Allgaier

Schon im Jahr 1947 ging der All-
gaier-Ackerschlepper R 18 in Serie.
Das Fahrzeug besaß vier Vorwärtsgänge, sein Antrieb war ein ver-
dampfungsgekühlter Einzylinder-Dieselmotor von Kaelble. Es war ein ein-
faches, zuverlässiges und besonders
für Kleinbetriebe sehr wirtschaftli-
ches Fahrzeug. Dieses schöne Exemplar entstand 1948.

Allgaier R 18

1947–1952
PS/kW: 18/13,2
Hubraum: 1840 ccm

Bald schon ertönte der Ruf nach
einer erhöhten Motorleistung für
den kleinen Allgaier-Schlepper. Mit
dem stärkeren Modell R 22 wurde ab
August 1949 dieser Forderung Rechnung getragen. Vom R 18 zu unterscheiden waren diese Schlepper
durch die abgerundete Form des
Wasserkastens und durch die größeren Hinterräder. Hier ein Fahrzeug
von 1952.

Allgaier R 22

1949–1952
PS/kW: 22/16,1
Hubraum: 1840 ccm

Seit dem Sommer 1950 bauten
die Allgaier-Werke das Modell A 22,
eines technisch mit dem R 22 identischen Schleppers mit verkleideter
Motorhaube. Ähnlich wie R 18 und
R 22 war dies ein überaus robuster
und auch verhältnismäßig zugstarker Ackerschlepper, der in Feld und
Forst seinen Mann stand und bis zu
15 t Last bewegen konnte. Er erreichte 20 km/h Höchstgeschwindigkeit und wog 1525 kg.

Allgaier A 22

1950–1953
PS/kW: 22/16,1
Hubraum: 1840 ccm
Stückzahl: 5000

Allgaier AP 22

1952–1955
PS/kW: 22/16,1
Hubraum: 1531 ccm

Das leistungsgesteigerte Allgaier-Modell des Volksschleppers erschien unter der Typenbezeichnung AP 22 im Herbst 1952. Darüber hinaus konnte das Fahrzeug mit einigen technischen Verbesserungen aufwarten, wozu auch die Kriechgeschwindigkeit gehörte. Ab 1953 wurde dieses Modell durch eine neue, dem übrigen Schlepperprogramm entsprechende abgerundete Motorhaube aktualisiert.

Allgaier A 12

1952–1955
PS/kW: 12/8,8
Hubraum: 1082 ccm
Stückzahl: 4000

Ende 1951 kam mit dem Modell A 12 ein preiswerter Kleinschlepper auf den Markt, mit dem man speziell Kleinbetriebe als Zielgruppe im Auge hatte. Angetrieben wurde der A 12 durch einen wassergekühlten Einzylinder-Dieselmotor. Das Fünfganggetriebe verhalf diesem 950 kg schweren Fahrzeug zu einer Geschwindigkeit von 19,3 km/h. Hier ein toprestauriertes Exemplar aus dem Jahr 1952.

Der 1952 vorgestellte A 111 war ein in Wespentaillenbauweise ausgeführter kleiner kompakter, von Porsche entwickelter Tragschlepper für die vielen kleinen, noch auf Gespanne angewiesenen Bauernhöfe. Der A 111 wog nur 930 kg und hatte ein Einzylinder-Dieselaggregat mit Luftkühlung. Da ein auf ihn abgestimmtes Anbaugeräteprogramm zur Verfügung stand, war der A 111 sehr vielseitig verwendbar.

Allgaier A 111

1952–1955
PS/kW: 22/8,8
Hubraum: 822 ccm
Stückzahl: 1734 (1953)

1952 war eine neue, nach dem Baukastenprinzip vom Porsche-Entwicklungsbüro erstellte, sehr moderne Schlepperbaureihe serienreif. Es waren Fahrzeuge mit luftgekühlten Motoren von 12 bis 44 PS, deren Formgebung den späteren Porsche-Modellen entsprach. Das Modell A 133 besaß einen Dreizylinder-Dieselmotor, ein fünfgängiges Schaltgetriebe und wog 1840 kg.

Allgaier A 133

1952–1955
PS/kW: 33/24,2
Hubraum: 2475 ccm

BAUTZ

Solide Klein-
schlepper aus
Oberschwaben

Bautz

Bautz
AW/AS 120

1950–1951
PS/kW: 14/10,2
Hubraum: 1020 ccm

Für die Firma Josef Bautz aus Saulgau in Oberschwaben ergab sich nach Übernahme der Konstruktionsunterlagen des 14-PS-Zanker-Schleppers M 1 die Möglichkeit, in diese Branche einzusteigen. Das Fahrzeug besaß serienmäßig eine elektrische Licht- und Anlassanlage, Zapfwelle und Riemenscheibe. Noch über einen kurzen Zeitraum wurde dieser sehr fortschrittliche, mit einem direkteinspritzenden Einzylinder-Zweitakt-Dieselmotor und einem Vierganggetriebe bestückte Kleinschlepper von Bautz weitergefertigt.

Bautz AS 120

1954–1959
PS/kW: 12/8,8
Hubraum: 1250 ccm

Die Firma Bautz beschränkte sich ausschließlich auf den Bau kleiner und mittelschwerer Schlepper bis maximal 25 PS, die sich eines guten Rufs erfreuten. Das Modell AS 120 war im Grunde immer noch das zwar in vielen Details verbesserte Zanker-Modell aus dem Jahr 1950, das allerdings jetzt durch einen wassergekühlten (wahlweise luftgekühlten) Einzylinder-MWM-Motor angetrieben wurde.

Dieser ab 1952 gebaute Bautz-Schlepper war mit 980 kg ein ausgesprochen leichter Kleintraktor, dessen luftgekühlter MWM-Dieselmotor nur mit einem Zylinder arbeitete. Das Fahrzeug verfügte über ein Vierganggetriebe. Kraftheber, Zapfwelle, Riemenscheibe sowie Lichtanlage und elektrischer Anlasser gehörten zum werksmäßigen Lieferumfang.

Bautz AS 122 B

1952–1954
PS/kW: 12/8,8
Hubraum: 905 ccm

Auf das Jahr 1954 ging die Konstruktion des Bautz-Traktors AL 240 zurück. Dieses mittelschwere Fahrzeug wog 1325 kg und besaß ein luftgekühltes Zweizylinder-MWM-Dieseltriebwerk, das seine Höchstleistung bei 2000 U/min erbrachte. Die Firma Bautz wurde von der Ende der 1950er-Jahre einsetzenden Absatz- und Marktsättigungskrise voll erfasst und musste den Schlepperbau aufgeben.

Bautz AL 240

1954–1960
PS/kW: 24/17,6
Hubraum: 1810 ccm

Ab Mitte der 1950er-Jahre erhielten einige Bautz-Modelle ein im Bereich der Motorabdeckung aktualisiertes Aussehen. So auch das Modell AL 180, das über ein luftgekühltes MWM-Antriebsaggregat verfügte. Der 1275 kg schwere Traktor besaß ein Fünfganggetriebe mit einem Kriechgang und war für eine Maximalgeschwindigkeit von 18,3 km/h ausgelegt.

Bautz AL 180

1956–1960
PS/kW: 18/13,2
Hubraum: 1400 ccm

Die Traktoren aus Recklinghausen

Dieses mittelständische Unternehmen war ursprünglich auf Bergbau-Sondergeräte spezialisiert, bevor es sich ab 1951 zusätzlich dem Bau von Ackerschleppern zuwandte.

Bischoff-Traktoren waren reine Konfektionsfahrzeuge, bei denen die meisten Bauelemente nicht aus eigener Herstellung stammten, sondern von Spezialfirmen bezogen

wurden. Das mit einem wassergekühlten Einzylinder-Viertakt-Dieselmotor von MWM bestückte Modell AS 15 war der am meisten verbreitete Typ dieses Fabrikanten.

Bischoff AS 15 WB

1951–1954
PS/kW: 15/11
Hubraum: 1178 ccm

Bischoff AS 20 WA

1952–1954
PS/kW: 20/14,6
Hubraum: 1590 ccm

Auch das 20-PS-Modell AS 20 war ein konventioneller Schlepper in Blockbauweise, der den Vergleich mit den Mitbewerbern nicht zu scheuen brauchte. Er wog 1260 kg, hatte einen Zweizylinder-Dieselmotor von Henschel, besaß ein Hurth-Getriebe mit fünf Vorwärtsgängen und einem Rückwärtsgang und 19,5 km/h Höchstgeschwindigkeit.

Bischoff

DEUTZ

Bei dem seit 1950 gefertigten Deutz-Modell F 1 L 514 stand in vielerlei Hinsicht der berühmte 11-PS-Bauernschlepper der Vorkriegsepoche Pate. Neu an diesem Fahrzeug war in erster Linie das luftgekühlte Einzylinder-Dieseltriebwerk, das bereits während des Krieges zur Serienreife gebracht worden war. Von den luftgekühlten Motoren, die zu Beginn der 1950er-Jahre von mehreren Herstellern gleichzeitig in Traktoren verwendet wurden, versprach man sich einige gravierende Vorteile. Vor allem benötigten sie kein Wasser, das im Winter gefror. Fer-

ner wurden bei dieser Kühlungsart viele Bauteile, so z. B. das gesamte aufwendige Wasserkreislaufsystem, entbehrlich und damit so manche mögliche Störungsquelle beseitigt. Ein luftgekühlter Motor besaß einen besseren thermischen Wirkungsgrad, verbrauchte weniger Kraftstoff und war selbst bei strengster Kälte, aber auch bei großer Hitze stets betriebsbereit. Wegen dieser Vorteile fand der luftgekühlte Motor viele Befürworter. Viele Schlepperanbieter trugen diesem Umstand Rechnung, indem sie wahlweise sowohl wasser- als auch luftgekühlte Antriebs-

aggregate anboten. Manche Hersteller, allen voran Deutz, hatten sich bei den neuen Modellen vollkommen auf diese Kühlungsart umgestellt. Der 15-PS-Bauernschlepper von Deutz wurde auf Anhieb ein herausragender Verkaufserfolg, und er trug entscheidend mit dazu bei, den nachhaltigen Motorisierungsschub bei den kleinbäuerlichen Betrieben zu verstärken. Für viele Landwirte, die zuvor auf tierische Zugkräfte angewiesen waren, war der F 1 L 514 der erste Traktor überhaupt. Hier ein Fahrzeug mit Windschutzscheibe und Dach aus dem Jahr 1951.

Der Schleppergigant aus Köln

Deutz F 1 L 514/50

1950–1951
PS/kW: 18/13,2
Hubraum: 1400 ccm

Deutz F 1 M 414/46

1936–1951
PS/kW: 11–12/8,1–8,8
Hubraum: 1100 ccm
Stückzahl: 19.000

Direkt nach Kriegsende konnte Deutz noch nicht auf den kleinen, überaus bewährten 11-PS-Bauernschlepper verzichten, denn dieser musste die Zeit bis Erscheinen der ersten Neukonstruktion überbrücken. Das hieß aber nicht, dass dieses Fahrzeug einfach nur unverändert weitergebaut wurde. Wo immer es möglich war und sinnvoll erschien, nahm man Detailverbesserungen vor. Das bezog sich vor allem auf das Vierganggetriebe, das nun zum Einbau gelangte. Auch ein Fußgashebel wurde erst zu dieser Zeit eingeführt. Bei den letzten ab 1950 gefertigten Exemplaren betrug die Motorleistung 12 PS. Der originalgetreu wiederhergerichtete Bauernschlepper oben stammt aus dem Jahr 1947. Der Deutz-Bauernschlepper – unten links ein 1949 gefertigtes Fahrzeug mit Seitenmähwerk – bot 11 PS Leistung und blieb für Deutz auch nach 1945 eine wichtige Stütze im Verkaufsprogramm. Nach einer durch den Krieg bedingten Unterbrechung konnte die Fertigung ab 1946 langsam wieder anlaufen. Das Fahrzeug besaß Mähwerk, Riemenscheibe, Zapfwelle – alles Einrichtungen, die die schwere Arbeit des Kleinbauern spürbar erleichterten. Der Zusatz 46 in der Typenbezeichnung wies auf ein nach dem Krieg gefertigtes Fahrzeug hin.

Deutz F 2 M 417

1941–1953
PS/kW: 35/25,6
Hubraum: 3845 ccm
Stückzahl: 3371

Ein weiteres solides Standbein der ersten Nachkriegsjahre war der erstmals 1941 vorgestellte Zweizylinder-Deutz-Stahlschlepper F 2 M 417. Dieses wassergekühlte Fahrzeug wurde gemeinsam mit dem noch stärkeren 50-PS-Schlepper F 3 M 317 parallel zu den luftgekühlten Nachkriegsmodellen weitergebaut. Von der Gesamtproduktion entfielen 2108 Traktoren auf die Nachkriegsbaujahre. Das erfolgreiche Modell besaß fünf Vorwärtsgänge und einen Rückwärtsgang und blieb bis 1953 in Produktion; von Magirus in Ulm wurden sogar noch im folgenden Jahr einige Exemplare aus Restteilen zusammengebaut.

Der Stahlschlepper F 2 M 417 erwies sich als ein ebenso erfolgreiches wie unverwüstliches Fahrzeug. Es eignete sich nicht nur für die Feldarbeit, sondern auch Speditionen, Schausteller und andere Gewerbetreibende setzten ihn gerne als Straßenzugmaschine ein. Zu diesem Zweck konnte auf Wunsch eine Druckluftbremsanlage installiert werden. Hier eine 1949 gebaute Zugmaschine mit Kotflügeln und Verdeck.

Deutz F 2 M 417 B

1941–1953
PS/kW: 35/25,6
Hubraum: 3845 ccm
Stückzahl: 3371

Das stärkste Pferd im Deutz-Traktoren-Stall war das seit 1942 lieferbare Modell F 3 M 417. Es wog 3750 kg und hatte einen dreizylindrigen Dieselmotor mit Wasserkühlung. Oft wurden diese Fahrzeuge auch mit geschlossenen Fahrerhäusern für Straßentransporte eingesetzt, und auch im Export spielten sie eine nicht unerhebliche Rolle.

Deutz F 3 M 417

1942–1952
PS/kW: 50/36,6
Hubraum: 5768 ccm

113

Deutz F 1 L 514/50

1950–1951
PS/kW: 15/11
Hubraum: 1330 ccm

Die erste Ausführung des in Fachkreisen als 15er-Deutz bezeichneten F 1 L 514 besaß serienmäßig klein dimensionierte 8.00-20-Hinterräder. Bei dieser Konstruktion waren wesentliche bewährte Baukomponenten vom 11-PS-Bauernschlepper übernommen worden. Dazu zählte beispielsweise das Vierganggetriebe und die rollengelagerte Kurbelwelle. Neu hingegen waren die abgerundete Motorhaube und die gefederte Vorderachse.

Deutz F 1 L 514/51

1951–1957
PS/kW: 15/11
Hubraum: 1330 ccm
Stückzahl: 36 991

Schon bald wurde der 15er-Deutz in vielen Einzelheiten verbessert. Ab 1951 folgte ein Fünfganggetriebe, das dem Fahrzeug mit 23 km/h eine wesentlich höhere Endgeschwindigkeit ermöglichte. Wichtig war auch der Übergang zur größeren Hinterradbereifung. Differenzialsperre und Zapfwelle gehörten nun ebenfalls zum serienmäßigen Lieferumfang. Oben ein 1951 gebautes Exemplar

mit 28er-Hinterrädern. Der 15-PS-Bauernschlepper von Deutz konnte sich über viele Jahre bis zuletzt erfolgreich im Verkaufsangebot des Unternehmens halten und begründete den ausgezeichneten Ruf des Unternehmens. Unten links ein Fahrzeug mit Mähantrieb und Mähbalken aus dem Jahr 1956. Unten rechts sehen wir ein derartiges, gut restauriertes Fahrzeug von 1951, das über ein gegen Aufpreis erhältliches Fritzmeier-Verdeck verfügt. Auf der rechten Fahrzeugseite sind zwischen den Achsen Riemenscheibe und Mähantrieb sichtbar.

Den Deutz F 1 L 514/51 gab es auf Wunsch auch mit der höheren 8.00-32-Hinterradbereifung. Dann eignete er sich hervorragend als Hackfrucht- und Pflegeschlepper. Bei dieser nach dem Baukastensystem gefertigten Generation luftgekühlter Schlepper von Deutz – der F 1 L 514 war das kleinste Fahrzeug – wurden die Traktoren nach den in ihnen eingebauten Motoren bezeichnet.

Deutz F 1 L 514/51

1951–1957
PS/kW: 15/11
Hubraum: 1330 ccm
Stückzahl: 36 911

Der mit dem luftgekühlten Zweizylinder-Dieselmotor des Typs F 2 L 514 ausgerüstete Schlepper war eine völlige Neukonstruktion und als mittelschwerer Schlepper vor allem für Bauernhöfe dieser Größenordnung vorgesehen. Die Normalausführung des 1850 kg schweren Traktors besaß die Hinterradgröße 11-28. Anfangs betrug die Motorleistung 28, ab 1951 30 PS. Das Fahrzeug oben stammt von 1951. Den Zweizylinder-Deutz-Schlepper F 2 L 514/50 gab es auch in einer Hochradausführung mit 11-38-Hinterrädern. Der Deutz besaß eine doppelt gefederte Vorderachse und ein Fünfganggetriebe A 15 der Zahnradfabrik Friedrichshafen (ZF) sowie eine Kupplung von Fichtel & Sachs. Unten ein toprestauriertes Fahrzeug aus dem Jahr 1952 mit Speichenradsätzen hinten.

Deutz F 2 L 514/50

1950–1953
PS/kW: 28–30/20,5–22
Hubraum: 2260 ccm

Deutz F 2
L 514/53

1953–1957
PS/kW: 30/22
Hubraum: 2660 ccm

Im Jahr 1953 gelangt ein neues fünf- oder sechsgängiges ZF-Getriebe zum Einbau in den Zweizylinder-Schlepper von Deutz, wodurch dieser einen größeren Radstand erhielt. Erneut gab es den Traktor in einer Normal- und Hochradausführung. Erstmals konnte dieses Fahrzeug mit einer Motorzapfwelle bezogen werden. Speziell für Pflegeaufgaben war

auch eine Sechsgangausführung mit Kriechgang erhältlich. Oben abgebildet ist ein 1956 gebautes Fahrzeug mit Wetterdach. Der F 2 L 514 war mit einer umfangreichen Zubehörpalette und Ausrüstungsgegenständen erhältlich. Sie reichten von

Zapfwelle, Differenzialsperre, Riemenscheibe, Mähwerk, Ackerschiene, Lenkbremsen, Bosch-Hydraulik mit genormter Dreipunkt-Gerätekupplung bis zur 3,5-t-Seilwinde und Allwetterverdeck.

Deutz F 2
L 514/6

1955–1958
PS/kW: 34/24,9
Hubraum: 2660 ccm

Während die Variante F 2 L 514/4 über eine Getriebezapfwelle verfügte, besaß der F 2 L 514/6 eine Motorzapfwelle und mit 34 PS eine erhöhte Motorleistung. In ihm wurde ein Deutz-Getriebe mit sieben Vorwärts- und drei Rückwärtsgängen verwendet. Der Traktor wog 1925 kg und besaß eine gefederte Lenkachse sowie eine Doppelkupplung zur Bedienung der Zapfwelle.

Das nächstgrößere Modell in der Hierarchie der luftgekühlten Deutz-Schlepper der frühen 1950er-Jahre war der Typ F 3 L 514/51, der mit anfangs 40 bis 42, später sogar mit 45 PS Leistung bestückt war. Bei diesem Fahrzeug wurde das bewährte Stahlgetriebe des F 2 M 417 verwendet. Der überaus starke Schlepper eignete sich insbesondere für Einsätze vor schweren Zapfwellengeräten, wie z. B. gezogenen Mähdreschern, sowie für alle sonstigen schweren Feldarbeiten. Das in diesem Schlepper installierte Deutz-Getriebe hatte fünf Vorwärts-gänge und einen Rückwärtsgang. Der Motor verfügte über eine Einspritzpumpe von Deutz und war konstruktionsmäßig mit dem F 2 L 514 eng verwandt. Wahlweise stand ein Kriechganggetriebe mit reduzierten Geschwindigkeiten in der 1. und 2. Gangstufe zur Verfügung. Auf dem kleinen Bild rechts ein Traktor mit Fritzmeier-Dach von 1954.

Deutz F 3 L 514/51

1951–1956
PS/kW: 42/30,7
Hubraum: 3990 ccm

Das stärkste Modell in der Deutz-Schlepperreihe war der ab 1952 in Serie gebaute F 4 L 514/4. Dieser für seine Zeit gewaltige Schlepper war in Halbrahmenbauweise konstruiert, wobei die Blechölwanne keine tragende Funktion besaß. Es war ein mit einem Fünfganggetriebe ausgerüstetes Fahrzeug, das auch die allerschwersten Arbeiten bewältigte. Zu jener Zeit war dieser schwere Vierzylinder der stärkste auf dem deutschen Markt befindliche Ackerschlepper.

Deutz F 4 L 514/4

1952–1957
PS/kW: 60/43,9
Hubraum: 5322 ccm
Stückzahl: 7824

Bei der seit 1956 erhältlichen Variante F 3 L 514/6 hatte Deutz das frühere Getriebe gegen das Siebengang-ZF-Getriebe A 23 ausgetauscht. Die Motorleistung stieg auf 45 PS (in einer späteren Ausführung sogar auf 50 PS) an. Die Zapfwelle war mittig angeordnet und die Differenzialsperre befand sich an der Hinterachse. Erst 1964 wurde der Bau dieses Dreizylinders eingestellt.

Deutz F 3 L 514/6

1956–1958
PS/kW: 45/32,9
Hubraum: 3990 ccm

Deutz F 4 L 514/7

1957–1965
PS/kW: 65/47,6
Hubraum: 5322 ccm
Stückzahl: 7824

Der schwere Deutz-Schlepper eignete sich auch hervorragend als Straßenschlepper. Dafür wurde er überwiegend mit einer Druckluftbremsanlage und vielfach auch – wie auf diesem Bild – mit geschlossenem Fahrerhaus geordert. Besonders die Ausführung NSK, die als Schnell-Läufer bis zu 28,5 km/h erreichen konnte, war hierfür genau richtig. Ab 1957 war in diesen Deutz ein Siebengang-ZF-Getriebe eingebaut. Ähnlich wie beim Dreizylindermodell wurde die Leistung des F 4 L 514 durch Drehzahlerhöhung auf 65 PS gesteigert. Ebenso wurde die Form der Motorhaube den Fahrzeugen der neuen D-Serie angeglichen. Den Vierzylinder-Deutz gab es ab 1959 entweder mit Motor- oder Getriebezapfwelle.

Deutz F 1 L 612/4

1953–1958
PS/kW: 11/8,1
Hubraum: 763 ccm

Im Jahr 1952 war bei Deutz eine neue Motorbaureihe serienreif geworden. Das erste Fahrzeug, das mit einem solchen FL 612-Motor bestückt wurde, war das im folgenden Jahr 1953 erschienene Modell F 1 L 612/4. Mit diesem neuen 11-PS-

Kleinschlepper wurde in der Firmenwerbung ganz bewusst an die Tradition des bereits legendären Bauernschleppers angeknüpft und jener als dessen legitimer Nachfolger präsentiert.

Deutz F 2 L 612/4

1954–1956
PS/kW: 22/16,1
Hubraum: 1526 ccm

Bereits im folgenden Jahr gelangte die zweizylindrige Variante des neuen FL 612-Motors im Typ F 2 L 612/4 zur Verwendung. Dabei griff man auf einige bewährte Komponenten aus dem F 1 L 514-Bauernschlepper, wie Getriebe, Vorderachse und Lenkung, zurück. Mithilfe eines in der Kupplungsglocke integrierten Vorschaltgetriebes standen neun Vorwärts- und zwei Rückwärtsgänge zur Wahl.

Das Modell F 2 L 612/4 wurde 1956 sowohl durch den Typ F 2 L 612/5 als auch durch das 18-PS-Modell F 2 L 612/6 abgelöst. Das Erstere – hier zu sehen in Form eines 1958 gebauten Schleppers – hatte eine geringfügig höhere Leistung und ein nunmehr zehn Vorwärtsgangstufen umfassendes Vorschaltgetriebe.

Deutz F 2 L 612/5

1956–1958
PS/kW: 24/17,6
Hubraum: 1526 ccm

Mit dem Erscheinen der verbesserten Motorbaureihe FL 712 wurde im Jahr 1958 die Motorleistung des 11-PS-Tragschleppers F 1 L 612 auf 13 PS erhöht und dieser kurze Zeit später in F 1 L 712 umbenannt. Dieses 830 kg leichte Fahrzeug erhielt ein Deutz-Getriebe mit sechs Vorwärts- und drei Rückwärtsgängen. Hier ein 1958 gebautes Fahrzeug mit Seitenmähwerk.

Deutz F 1 L 712

1958–1959
PS/kW: 13/9,5
Hubraum: 850 ccm

Mit dem Modell D 25 wurde 1958 der erste neue D-Schlepper von Deutz vorgestellt. Das D stand für Deutz, während die Ziffer die ungefähre PS-Leistung angab. Der D 25 besaß das Zweizylinder F 2-L 712-Antriebsaggregat und ein Fünfganggetriebe eigener Konstruktion. Technisch waren die D-Modelle nachhaltig verbessert worden. So erhielten die neuen Traktoren beispielsweise Schwungrad-Radialgebläse und gefederte Vorderachsen.

Deutz D 25

1958–1959
PS/kW: 20/14,6
Hubraum: 1700 ccm

Deutz D 15

1959–1964
PS/kW: 14/10,2
Hubraum: 850 ccm

1959 erschien das als Tragschlepper ausgebildete Kleinschleppermodell D 15, das damit die Nachfolge des F 1 L 712 antrat. Im Gegensatz zu diesem verfügte der D 15 über das Sechsgang-A-4-Getriebe von ZF und die Motorleistung war nochmals etwas gesteigert worden. Bei der neuen Typenreihe orientierte sich deren Bezeichnung nun an der ungefähren PS-Leistung. In den D 15 gelangte das Einzylinder-Triebwerk F 1 L 712 mit Luftkühlung zur Anwendung.

Deutz D 15
Plantage

1959–1964
PS/kW: 14/10,2
Hubraum: 850 ccm

Parallel zum D 15 Standard-Kleinschlepper wurde auch eine Plantagenausführung für den Einsatz in Reihen und Sonderkulturen angeboten. Die Spurweite dieser besser unter der Bezeichnung „Schmalspur- oder Weinbergschlepper" bekannt gewordenen Fahrzeuge konnte mittels Spezialfelgen stufenlos durch Motorkraft verstellt und damit den jeweiligen Einsatzbedingungen angepasst werden.

1957 entstand aus dem Modell F 2 L 612/5 unter Verwendung des Zweizylinder-FL-Motors ein Schlepper unter der Typbezeichnung D 25 S. Zwei Jahre später wurde das Fahrzeug äußerlich überarbeitet, indem nun aufgesteckte anstelle der bisher üblichen aufgemalten Leisten angebracht wurden, und hieß nun D 25.1 S. Ansonsten blieb dieses Fahrzeug weitestgehend mit seinem Vorgänger identisch. Hier ein 1960 gebautes Fahrzeug.

Deutz D 25.1 S

1959–1960
PS/kW: 25/18,3
Hubraum: 1700 ccm

1958 wurde der Deutz-Schlepper D 40 N erstmals angeboten, der ausschließlich mit Normalbereifung in der Größe 11-28 hinten und Getriebezapfwelle lieferbar war. Parallel hierzu gab es die Ausführung UF, mit wesentlich größerer Bereifung und breiterer Spur. In den D 40 – rechts ein Fahrzeug von 1958 – war das Dreizylinder-Aggregat F 3 L 712 eingebaut. Links ein besonders schöner Deutz D 40 UF mit Fritzmeier M 210-Allwetterverdeck von 1959. Diese zugstarken Traktoren trugen dem Verlangen vieler Kunden nach höherer Motorleistung Rechnung. Sie waren für mittlere und größere Betriebe gedacht. Sie bewährten sich nicht nur vor schweren zapfwellgetriebenen Erntemaschinen aller Art, sondern auch bei Transporten.

Deutz D 40 UF

1958–1960
PS/kW: 35/25,6
Hubraum: 2550 ccm

Der welterste luftgekühlte Ackerschlepper

Eicher ED 16
Eicher ED 16/I

1948–1953
PS/kW: 16/11,7
Hubraum: 1425 ccm

Seit Kriegsende hatten die Gebrüder Eicher an der Konstruktion eines luftgekühlten Schleppermotors gearbeitet. Nach umfangreichen Erprobungen wurde das für die Serienfabrikation genügend ausgereifte Antriebsaggregat in den Eicher-Dieseltraktor ED 16/I eingebaut. Dieser Blockbauschlepper entsprach exakt den Vorstellungen vieler Landwirte, wodurch sein guter Markterfolg zu erklären ist. 1950 wurde das Vierganggetriebe durch ein solches mit fünf Gangstufen ersetzt und das Fahrzeug als ED 16/II bezeichnet.

Eicher ED 16
Eicher ED 16/II

1953–1957
PS/kW: 19/13,9
Hubraum: 1425 ccm
Stückzahl: 2843 (ab 1955)

Der Einbau des Hurth-G-76-Fünfganggetriebes ließ die Anhebung der Motorleistung des bisherigen ED 16/II von 16 auf 19 PS zu. Obwohl motorisch stärker, wurde die bisherige Typenbezeichnung unverändert beibehalten. Gleichzeitig wurde die Form der Motorhaube rundlicher und gefälliger gestaltet. Das Fahrzeug wog 1420 kg und erreichte maximal 19,3 km/h.

Eicher

Bereits unmittelbar nach Kriegsende bot Eicher den bereits 1938 erstmals vorgestellten Typ 22 an, der sich von jenem allerdings durch das nun installierte viergängige ZF-Getriebe unterschied. Verwendet wurde das wassergekühlte Zweizylinder-Deutz-Dieselaggregat F 2 M 414, dessen Motorleistung anfangs mit 22, später 24 PS angegeben wurde. Die Varianten 22/I und 22/II unterschieden sich ausschließlich in der Bereifung. Dieses gut restaurierte Fahrzeug wurde 1949 gebaut.

Eicher ED 22/I

1945–1950
PS/kW: 24/17,6
Hubraum: 2198 ccm

Der ab 1950 gebaute Eicher ED 25/II war mit dem mittlerweile auf 25 PS angehobenen wassergekühlten Zweizylinder-Deutz-Dieselmotor F 2 M 414 und einem Vierganggetriebe der Firma Renk (Zahnradfabrik Augsburg) bestückt. Es war ein sehr robuster, 1810 kg schwerer Traktor mit gefederter Lenkachse, der mit maximal 19,1 km/h fortbewegt werden konnte.

Eicher ED 25/II

1950-1954
PS/kW: 25/18,3
Hubraum: 2198 ccm

Eicher ED 22

1955–1958
PS/kW: 22/14,6
Hubraum: 1557 ccm
Stückzahl: 1962 (ab 1955)

Das Einzylinder-Modell ED 22 unterschied sich vom 19-PS-Schlepper ED 16/II ausschließlich durch die infolge der vergrößerten Zylinderbohrung resultierende höhere Motorleistung. Es war damit das stärkste Einzylinder-Modell von Eicher. Wie der ED 16/II verfügte der Traktor über eine gefederte Lenkachse und das Hurth-Fünfganggetriebe. Mit 1200 kg besaß dieses Fahrzeug ein nur geringes Gewicht, das es auch zum Einsatz als Pflegeschlepper befähigte. Dieses schöne Fahrzeug ist von 1955.

Eicher

Eicher EKL 15

Eicher EKL 15/I

1953–1958
PS/kW: 16/11,7
Hubraum: 1425 ccm
Stückzahl: 10 359 (ab 1955)

Der EKL 15 von Eicher zählte zu den wichtigsten Traktoren der 1950er-Jahre und machte zeitweise einen erheblichen Teil des Umsatzes aus. Er war serienmäßig mit Zapfwelle, Differenzialsperre, 6-Volt-Lichtanlage und Lenkbremsen ausgerüstet. Die Zapfwelle war zweifach schaltbar. Zum einen mit Normaldrehzahl zum Antrieb von Erntemaschinen, zum anderen auch wegabhängig wie z. B. zum Antrieb von Triebachsanhängern. Das Modell 15/I wurde mit einem ZF-Getriebe angeboten und war damit etwas schwerer.

Eicher EKL 15

Eicher EKL 15/II

1953–1958
PS/kW: 16/11,7
Hubraum: 1425 ccm
Stückzahl: 10 539 (ab 1955)

1945–1960

Dieser 16-PS-Schlepper aus dem Jahr 1954 (Bild oben) wurde nachträglich mit einem Sicherheits-Umsturzbügel ausgerüstet. Er besitzt 9-24-Hinterräder. Anfangs konnte der Kunde zwischen einer gefederten und einer ungefederten Vorderachse wählen. Diese Option entfiel aber schon bald zugunsten der EAG 15-Doppelquerblatt-Federachse, die einen ungleich besseren Fahr- und Federungskomfort bot. Rechts ein Eicher-EKL 15/II-Schlepper aus dem Jahr 1955 mit Allwetterverdeck. Sämtliche Eicher-Fahrzeuge, ganz gleich welcher Größe, verfügten serienmäßig über das Fritzmeier M 210-Verdeck, damit der Landwirt vor Witterungseinflüssen geschützt war. Bei dem seit 1953 angebotenen

Modell EKL 15/II von Eicher war erstmals bei einem Eicher-Schlepper die Motorhaube klappbar ausgeführt. Der luftgekühlte Einzylindermotor wurde zuerst mit 15, kurze Zeit später mit 16 PS Motorleistung angegeben. Unten ein tadellos restaurierter Traktor aus dem Jahr 1954.

125

Eicher L 28

1950–1957
PS/kW: 30/22
Hubraum: 2660 ccm
Stückzahl: 413 (ab 1955)

Das Eicher-Modell L 28 gab es ab 1950 und blieb über sieben Jahre im Verkaufsprogramm. Es war ein recht starker Schlepper mit dem luftgekühlten Zweizylinder-Deutz-Motor F 2 L 514, dessen Leistung zunächst mit 28, kurz darauf mit 30 PS angegeben wurde. In diesem Fahrzeug, das mit dem Zweizylinder-Deutz-Schlepper nahezu baugleich war, stand ein Fünfganggetriebe von ZF zur Verfügung. Dieses Fahrzeug entstand 1954.

Eicher

Eicher L 22/II

1954–1958
PS/kW: 22/16,1
Hubraum: 1526 ccm
Stückzahl: 615 (ab 1955)

Das Eicher-Modell L 22/II entstand durch Kombination des luftgekühlten 22-PS-Deutz-Motors F 2 L 612 mit einem Fünfganggetriebe von Hurth. Infolge zu geringer eigener Baukapazitäten bei luftgekühlten Motoren musste das Konkurrenzprodukt aus dem Hause Deutz verwendet werden.

Eicher LH 12

1956–1959
PS/kW: 12/8,8
Hubraum: 667 ccm
Stückzahl: 1130

Im Jahr 1956 griff Eicher nochmals auf einen Fremdmotor zurück. In das Modell LH 12 wurde ein luftgekühlter Einzylinder-Dieselmotor von Hatz eingebaut und mit einem Sechsganggetriebe von ZF vereinigt, sodass der leichteste Eicher-Schlepper aller Zeiten entstand. Er war ohne Hydraulik und verfügte über eine starre Lenkachse.

Der mit dem luftgekühlten Dreizylinder-Deutz-Aggregat F3 L514 versehene Eicher-Traktor L40 war bis 1954 das Spitzenmodell im Eicher-Verkaufsprogramm. Das mit einem fünfgängigen ZF-Getriebe – mit zusätzlicher Kriechgeschwindigkeit – ausgerüstete Fahrzeug mit 2340 kg Gewicht glich dem Fahr D400 fast völlig. Ab 1954 wurde die Motorleistung auf 45 PS gesteigert. Hier ein Fahrzeug von 1955.

Eicher L 40/I

1951-1957
PS/kW: 42–45/130,7–32,9
Hubraum: 3990 ccm
Stückzahl: 109 (ab 1955)

Das Eicher-Modell E17 war die Exportvariante des EKL 15/II-Standardtraktors. Dieses Erfolgsmodell spielte auch im Exportgeschäft eine nicht zu unterschätzende Rolle. Dieser gut restaurierte Traktor von 1957 weist ein zulässiges Gesamtgewicht von 1850 kg auf und verfügt über die serienmäßig angebauten 9-24-Hinterräder.

Eicher E 17

1953–1958
PS/kW: 16/11,7
Hubraum: 1425 ccm

Zur Abrundung des Verkaufsprogramms hatte auch Eicher einen besonders starken Traktor im Angebot. Es war das mit dem luftgekühlten Vierzylinder-Deutz-Motor F4 L514 ausgerüstete und ähnlich wie das entsprechende Deutz-Modell in Halbrahmenbauweise ausgebildete Modell L60. Dieser Traktor gehörte damit zum Größten, was man in den 1950er-Jahren erwerben konnte.

Eicher L 60

1954–1958
PS/kW: 60/43,9
Hubraum: 5322 ccm
Stückzahl: 88 (ab 1955)

Eicher ED 13/I

1956–1960
PS/kW: 13–14/9,5–10,2
Hubraum: 1298 ccm
Stückzahl: 6380

Als letzte Ausführung des mit dem bewährten luftgekühlten Eicher-Einzylindermotor ausgerüsteten Kleinschleppers gab es das Modell ED 13/I (ED = Eicher-Diesel). Das 1110 kg schwere Fahrzeug war mit einem nach dem Direkteinspritzverfahren arbeitenden 13-PS-Motor (ab 1958 auf 14 PS erhöht) ausgerüstet. Das Sechsganggetriebe von ZF ermöglichte eine Höchstgeschwindigkeiten zwischen 1,75 und 18,5 km/h.

Dieser Schlepper kam vor allem auf kleineren bäuerlichen Anwesen zum Einsatz.

Hier ein sehr schönes 1959 gebautes Fahrzeug mit einem Rasspe-Mähwerk.

Eicher ED 40/II

1955–1958
PS/kW: 40/29,3
Hubraum: 3114 ccm
Stückzahl: 305

Erst 1955 war die Motorenentwicklung bei Eicher so weit vorangeschritten, dass ein luftgekühltes Mehrzylinder-Antriebsaggregat in Serie gehen konnte. Sogleich wurde der neue Zweizylindermotor ED 1d im neuen Schlepper ED 40 verwendet. Dessen übrige Konstruktion war an das Modell L 40 angelehnt.

Eicher ED 50/I

1957–1959
PS/kW: 50/36,6
Hubraum: 4671 ccm
Stückzahl: 46

Noch stärker war das Modell ED 50, das ab 1957 mit dem luftgekühlten Dreizylinder-Motor ED 3d von Eicher bestückt war. Es war – bis auf den zur gleichen Zeit angebotenen neuen ED 60 und den L 60 mit Deutz-Motor – das damals größte Fahrzeug von Eicher. Zwei Kriechgänge, fünf Vorwärts- und zwei Rückwärtsgänge standen in dem Großtraktor mit 3075 kg Gewicht zur Verfügung.

FAHR

Die Firma Fahr aus dem badischen Gottmadingen stellte sehr zuverlässige und praxisorientierte Traktormodelle her, wobei das Unternehmen in richtiger Einschätzung des Marktes aber nicht den Ehrgeiz besaß, eine eigenständige Motorenfertigung aufzunehmen. Hierbei verließ man sich lieber auf bewährte Fremdfabrikate, die von Deutz, Güldner, Daimler-Benz und MWM (Motoren-Werke Mannheim) bezogen wurden. Auch im Kleinschlepper D 12 N arbeitete daher ein von den Aschaffenburger Güldner-Werken beigesteuerter wassergekühlter Einzylinder-Fremdmotor. Der Traktor war als Tragschlepper in Wespentaillenbauart konzipiert und wog 1100 kg. Hier ein tadellos restaurierter Traktor mit Windschutzscheibe von 1954.

Fahr D 12 N

1952–1954
PS/kW: 12/8,8
Hubraum: 815 ccm

Bereits 1948 brachten die Fahr-Werke das mit einem Fünfganggetriebe versehene Kleinschleppermodell D 15 auf den Markt. In diesem Fahrzeug wirkte ein wassergekühlter Einzylinder-Dieselmotor von Güldner, der dem Fahrzeug eine Geschwindigkeit von 19,6 km/h verlieh. Der Kleintraktor wog 1150 kg und besaß eine umfangreiche Zubehörpalette aus eigener Fertigung.

Fahr D 15

1948–1951
PS/kW: 15/11
Hubraum: 1300 ccm

Fahr D 25 H

1951–1953
PS/kW: 25/18,3
Hubraum: 2198 ccm

Dieser seit 1951 erhältliche block-konstruierte Fahr-Schlepper war mit dem bewährten wassergekühlten Zweizylinder-Deutz-Motor F 2 M 414 ausgerüstet, dessen Leistung mittlerweile auf 25 PS gesteigert worden war. Das Fünfganggetriebe dieses 1880 kg schweren Traktors hatte einen zusätzlichen Kriechgang mit einer kleinsten Geschwindigkeit von 1,66 km/h für Arbeiten in Reihenkulturen. Für den D 25 – das H bedeutete Hochradausführung – waren Differenzialsperre, 12-Volt-Anlasser- und Lichtanlage, Mähwerk, hydraulischer Kraftheber, Seilwinde, Vorderradkotflügel, Frontlader, Verdeck, Zapfwelle und Riemenscheibe teils serienmäßig vorhanden, teils als Zusatzausrüstung gegen Aufpreis erhältlich.

Fahr D 30 L

1951–1953
PS/kW: 30/22
Hubraum: 2260 ccm

In diesem Fahr-Schlepper mit 1975 kg Gewicht arbeitete der luftgekühlte Zweizylinder-Deutz-Motor F 2 L 514. Das Fünfganggetriebe, erhältlich in einer Normal- oder einer Schnellgangausführung für maximal 24,5 km/h, stammte aus der Fahr-Produktion. Dieser leistungsstarke Blockbauschlepper verfügte bereits über eine Dreipunkthydraulik von Fahr-Bucher.

Fahr D 25 N

1951–1953
PS/kW: 25/18,3
Hubraum: 2198 ccm

Der mit dem wassergekühlten Deutz-Motor F 2 M 414 bestückte Fahr-Schlepper D 25 – hier in der Ausführung N mit Wetterverdeck und 10-28 AS-Hinterrädern – war ein sehr zuverlässiges, mittelschweres Fahrzeug mit vorderer Pendelachse und hinterer Portalachse sowie reichhaltigem Zubehör.

Im Kleinschlepper Fahr D 12 N
war ein Einzylinder-Güldner-Dieselmotor mit Wasserkühlung eingebaut. Zum werksseitig vorhandenen
Lieferumfang zählten Anlasser, Bat-
terie und Beleuchtungsanlage, Zapfwelle und Differenzialsperre. Auf
Wunsch konnte auch ein Kraftheber
mit Dreipunkt-Aufhängung mit 690
kg Hubkraft angebaut werden.

Fahr D 12 N

1952–1953
PS/kW: 12/8,8
Hubraum: 815 ccm

Ein Schlepper für kleinere und
mittlere Betriebe war der Fahr D 17
N. Er wurde von einen wassergekühlten Zweizylinder-Dieselmotor
von Güldner angetrieben. In dem
1230 kg schweren, in einer Normal-
bzw. Hochradausführung lieferbaren Fahrzeug war ein Fünfganggetriebe von ZP installiert. Hier ein
Standardschlepper von 1954 mit Seitenmähwerk.

Fahr D 17 N

1953–1955
PS/kW: 17/12,4
Hubraum: 1296 ccm

1945–1960

Der leichte Fahr-Traktor D 90
wurde von dem luftgekühlten Einzylinder-Viertakt-Dieselmotor AKD
12 E des Fabrikats MWM angetrieben. Der Dieselschlepper mit seinem
fünfgängigen Zweigruppen-Schaltgetriebe von ZP war für den damaligen Kleinbauern sehr aktuell und sowohl mit Kriechgang als auch mit einer gangabhängigen Zapfwelle erhältlich. Diese Ausführung besaß 7-
24 AS-Hinterräder.

Fahr D 90

1953–1956
PS/kW: 12/8,8
Hubraum: 905 ccm

Fahr D 90 H

1953–1956
PS/kW: 12/8,8
Hubraum: 905 ccm

Die Variante des D 90 H als Pflegeschlepper – hier ein 1955 gebautes Fahrzeug mit 7-30 AS-Hinterrädern – verfügte mit 1130 kg über ein geringfügig höheres Gewicht als die Standardversion D 90. Dieser Blockbauschlepper wurde entweder als Alleinschlepper in Kleinbetrieben oder als zusätzliches Zweit- und Pflegefahrzeug genutzt.

Fahr D 17 NA

1953–1955
PS/kW: 17/12,4
Hubraum: 1296 ccm

Das Modell D 17 NA (Normalausführung) von Fahr war als Traktor der unteren Mittelklasse recht verbreitet und wurde – wie alle Schlepper dieses Herstellers – als zuverlässig und solide eingestuft. Dieser Standardschlepper besaß 8-24-Bereifung hinten und vorn die Größe 5.00-16. Das auf Wunsch mit einem Kriechgang für Pflegearbeiten ausrüstbare Fünfganggetriebe von Fahr ließ eine geringste Geschwindigkeit von 1,82 km/h zu.

Fahr D 270 B

1953–1954
PS/kW: 32/23,4
Hubraum: 2660 ccm

Nur kurz wurde das Fahr-Modell D 270 B gefertigt. Dieser Blockbauschlepper war mit dem luftgekühlten Zweizylindermotor F 2 L 514 von Deutz ausgerüstet und verfügte über ein Fünfganggetriebe eigener Konstruktion. Das Gewicht dieser kraftvollen Maschine betrug 1880 kg. Hier ein schönes Fahrzeug mit Frontlader und klappgreiferbesetzten 11-28-Hinterrädern von 1953.

Der ab 1954 erhältliche Fahr-Schlepper D 130 gehörte zu denjenigen Fahrzeugen, die dem Trend der Zeit folgend mit einem luftgekühlten Motor versehen wurden. Etwa bis Mitte der 1950er-Jahre wurden beide Kühlsysteme alternativ angeboten, danach wurde der endgültige Wechsel zur Luftkühlung vollzogen. Der D 130 hatte einen Zweizylinder-Dieselmotor von Güldner sowie ein Fünfganggetriebe.

Fahr D 130

1954–1957
PS/kW: 17/12,4
Hubraum: 1350 ccm

Mit 790 kg Gewicht ein ausgesprochener Kleinschlepper war der Fahr-Tragschlepper D 66, eine aus der Gemeinschaftsarbeit von Fahr/Güldner entsprungene Konstruktion. Das ZP-Gruppengetriebe verfügte über insgesamt sechs Vorwärts- und zwei Rückwärtsfahrstufen. Als Antrieb wurde das luftgekühlte Einzylinder-Wälzkammeraggregat LX von Güldner verwendet. Die Zapfwelle war serienmäßig.

Fahr D 66

1956–1958
PS/kW: 11/8,1
Hubraum: 636 ccm

Fahr D 180 H

1954–1959
PS/kW: 24/17,6
Hubraum: 1810 ccm

Zu den Fahr-Traktoren in konventionellem, lange Zeit firmentypischem Erscheinungsbild gehörte das mittelschwere Modell D 180 H, das über einen langen Zeitraum im Verkaufsprogramm enthalten war. Der vielseitig verwendbare 180 mit 1453 kg Gewicht verfügte über ein luftgekühltes Zweizylinder-Diesel-Antriebsaggregat von MWM.

Fahr D 400

1955–1957
PS/kW: 45/32,9
Hubraum: 3990 ccm

Auch in der schweren Klasse war Fahr schon früh präsent. Aus dem bereits 1951 entstandenen Modell D 45 L wurde 1955 der Typ D 400 entwickelt, der mit dem luftgekühlten Dreizylinder-Deutz-Antriebsaggregat F 4 L 514 angetrieben wurde. Der große Fahr-Schlepper wog 2570 kg und war mit einem Gruppengetriebe mit insgesamt zwölf Vorwärts- und zwei Rückwärtsgängen ausgerüstet.

Im Bild oben ein D 400 mit Dieteg-Verdeck, der 1955 gebaut wurde. Dieser starke Fahr-Schlepper wurde nicht nur auf dem Acker insbesondere für schwere, großflächige Pflügearbeiten oder vor zapfwellengetriebenen Mähdreschern und sonstigen Geräten, sondern oft auch für Straßentransporte eingesetzt. Hierzu war die Straßenganggruppe mit einer Maximalgeschwindigkeit von 29,3 km/h sowie die Druckluftbremsanlage für Anhängerbetrieb sehr von Vorteil. Ausgerüstet mit einer Heckseilwinde war der D 400 auch häufig im Wald- und Forsteinsatz anzutreffen.

Auch der D 88 entstand in enger Zusammenarbeit mit den Aschaffenburger Güldner-Werken. Es war ein leichter Dieseltragschlepper mit einem luftgekühlten Zweizylinder-Viertakt-Dieselmotor, der zuerst 13, ab 1959 15 PS mobilisieren konnte. Die Wespentaillenbauform des nur 865 kg leichten Traktors ermöglichte zusätzlich den Zwischenachsanbau von Geräten.

Fahr D 88

1956–1960
PS/kW: 13–15/9,5–11
Hubraum: 885 ccm

Fahr D 133 N

1959–1961
PS/kW: 25/18,3
Hubraum: 1320 ccm

Aus der seit 1956 verstärkten Kooperation mit der Firma Güldner ging 1959 das Modell D 133 N hervor. Es war ein Fahrzeug der Mittelklasse, bestückt mit dem luftgekühlten Dreizylinder-Viertakt-Wälzkammer-Dieselmotor 3 LKN und einem in drei Arbeitsbereiche aufgeteilten Viergang-Gruppenschaltgetriebe von ZP. Dieses ermöglichte in der Straßengruppe eine Höchstgeschwindigkeit von 18,6 km/h.

Marke mit Tradition: „Dieselross"

Fendt Dieselross F 15

1949–1957
PS/kW: 15/11
Hubraum: 1153 ccm
Stückzahl: 15 071

Bereits 1949 stellten die Fendt-Werke das Dieselross-Modell F 15 vor. Es war ein Bauernschlepper, der über einen stehend ausgebildeten Einzylinder-Viertakt-Dieselmotor von MWM mit Wasserkühlung verfügte. In diesen Blockbauschlepper war ein Vierganggetriebe eingebaut, das den F 15 bis zu 17 km/h schnell machte. Das Fahrzeug erschien als Universalfahrzeug gerade zur rechten Zeit.

Fendt Dieselross F 15 H

1949–1957
PS/kW: 15/11
Hubraum: 1153 ccm
Stückzahl: 15 071

Der Dieselkleinschlepper von Fendt wurde ein voller Erfolg und entsprechend lange angeboten, ohne dass gravierende Detailveränderungen notwendig wurden. Ab 1950 gingen die ersten Verbesserungen in die laufende Serie ein, wozu auch die verstärkte Vorderachse und staubdicht gekapselte Vorderradnaben gehörten. Für den F 15 war ein großes Zubehörprogramm erhältlich, das für seine Baugröße kaum Wünsche offen ließ. Hier ein Fahrzeug in der Hochradausführung H als Hackfruchtschlepper aus dem Jahr 1954.

In dieser Variante war der F 15 anstelle des Vierganggetriebes mit sechs Vorwärts- und zwei Rückwärtsgängen ausgestattet. Die Spur war bei allen Fahrzeugen verstellbar. In den späteren Ausführungen erreichte der F 15 19 km/h Höchstgeschwindigkeit und auf Wunsch war eine schnellere Übersetzung mit bis zu 24 km/h Spitze erhältlich. Neben dem Allwetterverdeck waren Seilwinde, Dreipunkt-Kraftheber, Weinberg-Seilwinde lieferbar.

Fendt Dieselross F 15 G 6

1949–1957
PS/kW: 15/11
Hubraum: 1153 ccm
Stückzahl: 15 071

Ab 1953 kam mit dem F 12-Modell HL die luftgekühlte Variante dieses Kleinschleppers auf den Markt, die sich auf Anhieb ebenfalls hervorragend verkaufte. Bis auf wenige Details war dieses Fahrzeug mit dem wassergekühlten Schlepper identisch. Damals wurden den Herstellern die Traktoren fast aus den Händen gerissen, so aufnahmefähig war der Markt! Der F 12 war handlich und leicht zu bedienen. Alle Einrichtungen waren gut zugänglich. Hier ein schön restaurierter luftgekühlter F 12-Schlepper von 1955 mit Mähwerk und nachgerüstetem Sicherheits-Umsturzbügel. Da sich vor allem bei Arbeiten am Hang durch Kippen in der Vergangenheit schwere Unfälle ereignet hatten, wurde der Umsturzbügel ab 1970 Pflicht.

Fendt Dieselross F 12 HL

1953–1958
PS/kW: 12/8,8
Hubraum: 905 ccm
Stückzahl: 7196

Fendt Dieselross
F 12 GH

1952–1958
PS/kW: 12/8,8
Hubraum: 850 ccm
Stückzahl: 8538

Fendt Dieselross
F 12 HLA

1953–1958
PS/kW: 12/8,8
Hubraum: 905 ccm
Stückzahl: 7196

Noch eine Nummer kleiner war das seit 1952 erhältliche Dieselross-Modell F 12 GH, das ebenfalls durch einen wassergekühlten Einzylinder-Dieselmotor der Mannheimer Motoren-Werke angetrieben wurde. Die-se Baugröße hatte vor allem die gro-ße Zahl der bäuerlichen Familienbe-triebe im Visier. Das lieferbare Zube-hör war daher auf diese Verwen-dung angepasst.

Ab 1956 wurde die Front des klei-nen Fendt-Schleppers aktualisiert und mit einer abgerundeten Motor-haube versehen. Auch als sich das Ende des Schlepperbooms, das vor allem die Kleinschlepper betraf, ab-zeichnete, konnte Fendt sowohl die wasser- als auch luftgekühlten Fahr-zeuge noch verhältnismäßig gut ver-kaufen. Erst ein genereller Modell-wechsel ab 1958 ließ den F 12 und Namen Dieselross für immer ver-schwinden. Dieser luftgekühlte Trak-tor entstand 1956.

Fendt Dieselross
F 20

1951–1957
PS/kW: 20/14,6
Hubraum: 1480 ccm
Stückzahl: 8775

Im Jahr 1951 wurde das Diesel-ross-Programm von Fendt um den Typ F 20 erweitert. Das war ein Schlepper mittlerer Größenordnung, der mit einem Einzylinder-MWM-Dieselmotor mit Wasserkühlung und einem Vierganggetriebe erhältlich war, das auf Wunsch auch mit sechs Gängen ausgerüstet werden konnte. Auch dieser 20-PS-Traktor wurde ein großer Erfolg. Hier ein gut herge-richtetes Fahrzeug mit 10-28-Reifen aus dem Jahr 1955.

Die 24-PS-Version des Fendt Dieselross gab es erstmals 1954 in einer luftgekühlten, ein Jahr später auch in der wassergekühlten Variante. In beiden Fällen arbeitete ein Zweizylinder-MWM-Dieselmotor unter der Haube, und ein Getriebe mit sechs Vorwärts- und zwei Rückwärtsgängen versah seinen Dienst. Das Gewicht dieses Mittelklasse-Traktors betrug 1385 kg, seine Höchstgeschwindigkeit 20 km/h. Dieser luftgekühlte Schlepper mit Verdeck ist von 1956.

Fendt Dieselross
F 24 L

1954–1958
PS/kW: 24/17,6
Hubraum: 1810 ccm
Stückzahl: 6369

Auch das wassergekühlte 24-PS-Modell konnte mit ansehnlichen Verkaufszahlen aufwarten. Diese Schlepper setzten sich auf Anhieb an die Spitze dieser heiß umkämpften Leistungsklasse. Viel trug das sehr umfangreiche Ausstattungs- und Zubehörprogramm dazu bei, das von Mähwerk und Klappgreifern bis hin zum Frontlader und vielen anderen Geräten reichte. Hier ein wassergekühlter Schlepper von 1957.

Fendt Dieselross
F 24 W

1955–1958
PS/kW: 24/17,6
Hubraum: 1700 ccm
Stückzahl: 4148

Fendt Dieselross
F 40

1951–1958
PS/kW: 40/29,3
Hubraum: 3534 ccm
Stückzahl: 1078

Beginnend ab 1951 beinhaltete das Fendt-Verkaufsangebot über nahezu acht Jahre einen Großschlepper für schwere Arbeiten in Feld und Forst. Dieses Flaggschiff mit 2170 kg Gewicht war motorisiert mit einem ebenfalls von MWM stammenden Dreizylinder-Dieselaggregat mit Wasserumlaufkühlung. Das ZP-Getriebe wies wahlweise fünf oder sechs Vor-

wärtsgeschwindigkeiten auf, in der Schnellgangausführung erreichte der Schlepper 28 km/h. Oben ein schönes Fahrzeug mit Allwetterverdeck von 1953. Das F 40 Dieselross von Fendt – im Übrigen das größte Fahrzeug, das diesen Traditionsnamen jemals tragen durfte – wurde in der Mehrzahl exportiert, so wie das

links gezeigte, seinerzeit nach Belgien gelieferte Fahrzeug aus dem letzten Produktionsjahr. Die starken Maschinen waren speziell für Großbetriebe geeignet. Die Motorzapfwelle konnte unabhängig vom Fahrbetrieb ein- und ausgekuppelt werden. In wenigen Einheiten gab es den F 40 auch in einer Allradversion.

Fendt Dieselross
F 17 W

1956–1959
PS/kW: 17/12,4
Hubraum: 1250 ccm
Stückzahl: 2883

Das 17-PS-Modell von Fendt gab es ebenfalls in einer luft- und einer wassergekühlten Ausführung. Den Antrieb besorgte ein Zweizylinder-Dieselmotor von MWM, und es stand ein Sechsgang-Schaltgetriebe zur Verfügung, das 20 km/h Spitzengeschwindigkeit zuließ. Der 1280 kg schwere F 17 wurde – ganz gleich mit welcher Kühlungsart – einmütig als robust, leistungsstark und wirtschaftlich beurteilt.

Mit dem Erscheinen der Fix-Typenreihe, der sogenannten ff-Reihe, verschwand der Namenszug Dieselross von den Motorhauben der Fendt-Traktoren. Mit ihrer halbrunden Kühlerfront erinnerten diese Schlepper anfangs noch sehr an die Dieselross-Modelle. Nach dem Erscheinen des Fix 1 im Jahr 1958 kam im folgenden Jahr der 19-PS-Traktor Fix 2 auf den Markt, welcher über ein luftgekühltes Zweizylinder-Dieselaggregat und ein Sechsganggetriebe mit Kriechgängen verfügte.

Fendt Fix 2

1959–1962
PS/kW: 19/13,9
Hubraum: 1400 ccm

Innerhalb der ff-Reihe trat das Modell Favorit 1 die Nachfolge des in die Jahre gekommenen F 40 Dieselross an. Dieser moderne Schlepper hatte eine an die Fix-Modelle angepasste Front mit integrierten Scheinwerfern und ein wassergekühltes Dreizylinder-Dieselantriebsaggregat, das im Gleichdruck-Vorkammerverfahren arbeitete, was für besonders ruhigen Lauf sorgte.

Fendt Favorit 1

1958–1962
PS/kW: 40/29,3
Hubraum: 3120 ccm
Stückzahl: 2769

Qualitäts-schlepper aus Aschaffenburg

Während des Krieges bauten sowohl Güldner als auch Fahr Holzgas-Schlepper, aus denen durch Umbau oder aus vorhandenen Restteilen kurz nach der Währungsreform 1948 neue Schlepper entstanden. Unter Verwendung des wassergekühlten Zweizylinder-Güldner-Wälzkammer-Dieselmotors 2 F entstand so das Schleppermodell D 28 U. Bei diesem merkwürdigen Fahr/Güldner-Mischling stand das „U" für Umbau. Die wenigen gebauten Fahrzeuge besaßen ein Fünfganggetriebe und wogen 2150 kg.

Güldner D 28 U

1948–1951
PS/kW: 28/20,5
Hubraum: 2598 ccm
Stückzahl: etwa 150

Güldner ADA

1952–1955
PS/kW: 22/14,6
Hubraum: 1630 ccm
Stückzahl: 2748

1952 stellte Güldner das Blockmodell ADA vor, das mit dem wassergekühlten Zweizylinder-Wälzkammer-Diesel 2 DA aus eigener Fertigung bestückt war. Der Mittelklasse-Schlepper hatte ein Fünfgang-ZP-Getriebe für maximal 20 km/h Spitzengeschwindigkeit und ein beachtliches Zubehörprogramm, wobei der mechanische Geräteheber des Systems Kratzenberg zu erwähnen ist.

Der **18-PS-Schlepper ADN** ist ein weiteres Modell von Güldner mit dem charakteristischen Haifischmaul. In diesem 1100 kg schweren Schlepper arbeitete ein Zweizylinder-Güldner-Dieselmotor mit Wasserkühlung. Ein Sechsganggetriebe reichte für Geschwindigkeiten zwischen 1,39 und 17,7 km/h.

Güldner ADN

1953–1959
PS/kW: 18/13,2
Hubraum: 1305 ccm
Stückzahl: 7827

Das **Kleinschleppermodell AZK** ergänzte das 1953 bestehende Typenprogramm nach unten. Dieses Blockbaufahrzeug war mit einem wassergekühlten Zweizylinder-Güldner-Motor mit zunächst 12, später dann 14 PS und einem Fünfganggetriebe bestückt. Das Gewicht dieses 18,5 km/h schnellen Traktors betrug 1050 kg.

Güldner AZK

1953–1958
PS/kW: 12–14/8,8–10,2
Hubraum: 886 ccm
Stückzahl: 5478

Der **17-PS-Schlepper ALD** von Güldner war ebenfalls ein beliebter und leistungsfähiger Kleinschlepper, der durch einen luftgekühlten Zweizylinder-Diesel eigener Fabrikation angetrieben wurde. Das reichhaltige Zubehör erstreckte sich vom Mähantrieb bis zur Seilwinde und Zusatzgewichten. Hervorzuheben ist, dass der Kunde wählen konnte zwischen einem mechanischen Geräteheber von Kratzenberg oder einem hydraulischen Kraftheber mit genormtem Dreipunktgestänge.

Güldner ALD

1954–1959
PS/kW: 17/12,4
Hubraum: 1305 ccm
Stückzahl: 2737

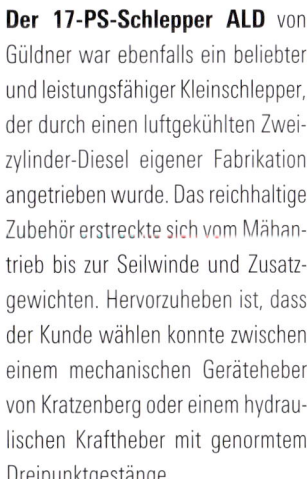

Güldner ABN

1954–1958
PS/kW: 25/18,3
Hubraum: 1840 ccm
Stückzahl: 3626

1954 brachten die Güldner-Werke das Modell ABN auf den Markt, das eine noch offene Leistungslücke im Verkaufsprogramm abdecken sollte. Der 1420 kg schwere Traktor besaß das zweizylindrige Dieseltriebwerk Güldner 2BN und sechs Vorwärtsgänge. Wie bei allen übrigen Güldner-Fahrzeugen war die Spurweite verstellbar.

Güldner ADS

1954
PS/kW: 18/13,2
Hubraum: 1305 ccm
Stückzahl: 356

Nur über einen kurzen Zeitraum und in einer kleinen Stückzahl wurde der 18-PS-Traktor ADS von Güldner angeboten und bald durch das Modell ALD ersetzt. In diesem 1100 kg schweren Fahrzeug wirkte ein Zweizylinder-Güldner-Diesel mit Wasserkühlung und wahlweise ein Fünf- oder Sechsganggetriebe. Das reichhaltige Sonderausrüstungsprogramm entsprach dem der übrigen Güldner-Modelle.

Güldner AX

1956–1959
PS/kW: 11/18,1
Hubraum: 636 ccm
Stückzahl: 975

Der AX von Güldner war ein ausgesprochener Kleinschlepper und als Tragschlepper für den Zwischenachsanbau vorgesehen. Als Antrieb in diesem als „Sprinter" bezeichneten 800 kg leichten Modell fungierte ein luftgekühlter Einzylinder-Dieselmotor mit einem Sechsganggetriebe mit zusätzlichen Kriechgeschwindigkeiten. Der allgemeine Marktsättigungstrend kam in den mäßigen Verkaufszahlen zum Ausdruck.

1958 fügte sich der mittelschwere Schlepper ABL in das Güldner-Traktorangebot ein. Dieses Fahrzeug besaß einen wassergekühlten Zweizylinder-Dieselmotor. Als Getriebe für den ABL fungierte das ZP-Modell A 8/6, mit sechs Vorwärtsgängen und einem Rückwärtsgang, mit dem Geschwindigkeiten zwischen 1,62 und 20 km/h möglich waren.

Güldner ABL

1958–1959
PS/kW: 25/18,3
Hubraum: 1840 ccm
Stückzahl: 1430

Ein Schlepper der Mittelklasse war das bereits im aktualisierten Erscheinungsbild gestaltete Güldner-Modell A 3 K, der im Rahmen der aus der engen Zusammenarbeit zwischen Fahr und Güldner entstandenen Europa-Reihe ab 1962 den Namen „Burgund" erhielt. Bis auf die anders gestaltete Motorhaube war dieses Fahrzeug mit dem Fahr-Modell D 133 N völlig identisch. Der A 3 K wog 1350 kg.

Güldner A 3 K

1959–1962
PS/kW: 25/18,3
Hubraum: 1500 ccm
Stückzahl: 3630

Mit dem Modell A 4 M, das später auch als „Toledo" bezeichnet wurde, befand sich ein leistungsfähiger Vierzylinderschlepper im Verkaufsprogramm der Güldner-Werke. Im Zuge der Entwicklungsgemeinschaft mit Fahr gelangte in diesen Schlepper das wassergekühlte Unimog-Antriebsaggregat OM 636 zum Einbau. Der hier abgebildete A 4 M datiert von 1959.

Güldner A 4 M

1959–1961
PS/kW: 34/24,9
Hubraum: 1767 ccm
Stückzahl: 2287

HANOMAG

Hanomag R 40 B

1942–1951
PS/kW: 40/29,3
Hubraum: 5195 ccm
Stückzahl: 12 000

Nach dem Ende des Kriegs konnte das im Jahr 1942 erstmals erschienene Hanomag-Modell R 40 zunächst in kleinen Stückzahlen weitergebaut werden. In der Regel wurde dieser zugstarke Radschlepper mit Luftreifen geordert. Nur im ab 1947 langsam wieder anlaufenden Exportgeschäft kam die Variante mit Eisenrädern gelegentlich noch zum Tragen. Der berühmte und bewährte D 52-Diesel-

motor wurde auch weiterhin eingebaut. Das Hanomag-Getriebe besaß fünf Vorwärtsgänge bis 18,7 km/h.

Der Typ B hatte einen elektrischen Anlasser, der schon bald an Bedeutung verlierende Typ G hingegen eine Benzin-Anlassvorrichtung. Der R 40 war auf dem Acker wie vor schweren zapfwellengetriebenen Anhängegeräten in seinem Element. Er eignete sich auch als Straßenschlepper für vielfältige Zugarbeiten. Die beiden Aufnahmen zeigen ein sehr gut restauriertes Fahrzeug aus dem Jahr 1946.

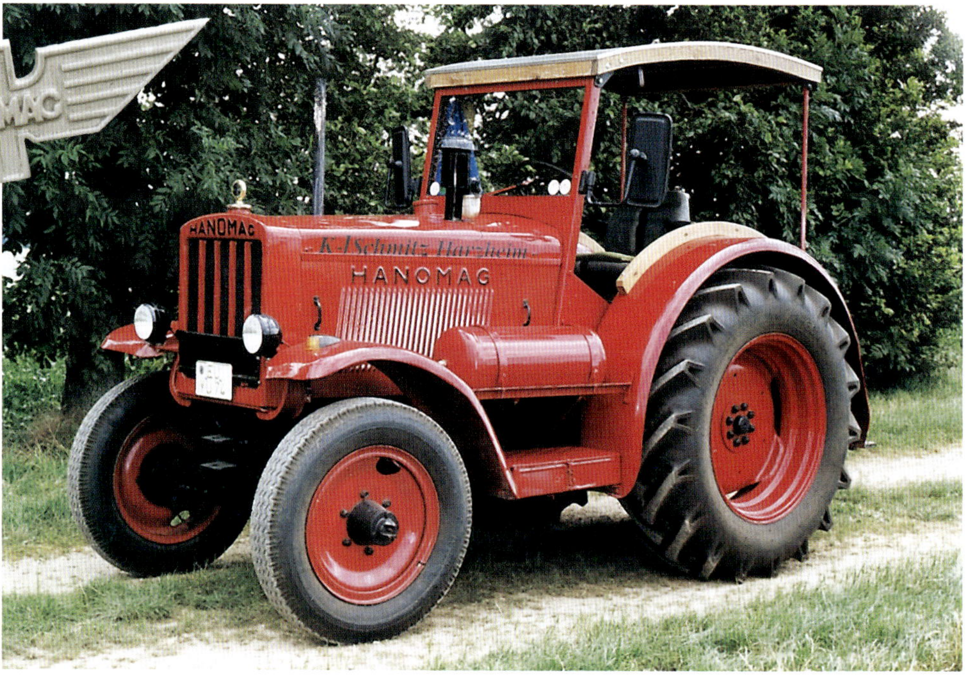

Der Wunsch nach mehr Leistung veranlasste die Hanomag-Werke, das Modell R 40 mit einem stärkeren Motor mit größerem Hubraum, der als Typ D 57 bezeichnet wurde, zu versehen und gleichzeitig das Äußere zu überarbeiten. Das nun als Typ R 45 angebotene Fahrzeug verfügte ebenfalls über ein Fünfganggetriebe und erwies sich als ähnlich erfolgreich wie sein Vorgänger.

Hanomag R 45

1950–1958
PS/kW: 45/32,9
Hubraum: 5702 ccm

Der auf dem R 45 basierende Typ R 55 war die stärkste Abwandlung dieses schweren Radschleppers, der sich von jenem nicht nur durch seine höhere Motorleistung, sondern auch durch die größere Bereifung unterschied. Das Getriebe des bis zu 3470 kg schweren Schleppers war fünfgängig und in zwei Schaltgruppen geteilt, sodass insgesamt zehn Stufen zur Verfügung standen.

Hanomag R 55

1955–1958
PS/kW: 55/40,3
Hubraum: 5702 ccm

Ab 1957 wurde ein neues Bezeichnungssystem eingeführt. Danach war der frühere R 55 als R 455 in den Verkaufslisten zu finden. Technisch hingegen wurden keine Änderungen vorgenommen. Die Ausführung S besaß ein schnelles Getriebe mit fünf Gängen für maximal 26,8 km/h. Häufig wurden diese Radschlepper mit Verdeck oder festem Fahrerhaus geordert.

Hanomag R 455 S

1955–1958
PS/kW: 55/40,3
Hubraum: 5702 ccm

Hanomag
R 460 ATK

1952–1964
PS/kW: 55–60/40,3–43,9
Hubraum: 5702 ccm

Seit dem Jahr 1952 boten die Hanomag-Werke auch einen schweren Schlepper mit einer zwischen Motor und Schaltkupplung eingebauten öl-hydraulischen Strömungs- oder Turbokupplung an, der dadurch völlig ruckfrei anfahren konnte. Besonders verbreitet war das Modell R 455 ATK, das über den D 57-Dieselmotor mit 55 PS (ab 1960 60 PS) verfügte. Hier ein toprestaurierter, nun als R 460 ATK bezeichneter Schlepper.

Hanomag
R 450

1958–1961
PS/kW: 50/36,6
Hubraum: 5702 ccm

Seit 1958 gab es das Modell des schweren Radschleppers R 450 von Hanomag, bei dem durch Steigerung der Drehzahl aus dem D 57-Motor fünf weitere PS zusätzlich erzeugt wurden. Neu war das zweistufige Gruppenschaltgetriebe mit Kriechgangvorgelege. Auf Wunsch stand eine bis zu 25 km/h schnelle Getriebevariante zur Verfügung.

Das Hanomag-Modell R 25 war der Grundstein für eine Baureihe mittelschwerer Schlepper, die über fast zwei Jahrzehnte ein wichtiger Bestandteil im Verkaufsprogramm dieses Herstellers bleiben sollten. Hier die Ausführung B mit 11.25-24-Hinterrädern. Die A-Variante hingegen war die Hochradausführung.

Hanomag
R 25 B

1949–1950
PS/kW: 25/18,3
Hubraum: 1911 ccm

Im Jahr 1950 stand der neue D-28-Dieselmotor, der zunächst in die leichten Lastwagen der L 28-Reihe eingebaut wurde, auch für den Schlepperbau zur Verfügung. Dieser Motor ersetzte daraufhin das Vorkriegsaggregat D 19, wodurch sich beim R 25 neue Modellbezeichnungen ergaben. Die Hochrad-Variante C erhielt 9-40, der Typ D die Hinterradgröße 11.25-24. Hier ein R 25 C.

Hanomag
R 25 C

1950–1951
PS/kW: 25/18,3
Hubraum: 2799 ccm

Die leistungsstarken Radschlepper, deren Motorleistung bis 1959 55 PS betrug, wurden speziell zur Beförderung schwerster Lasten entwickelt, die oftmals nur mit besonderer Vorsicht bewegt werden durften. Vor allem auf Flughäfen lag ihr Einsatzfeld. Dieses Bild zeigt einen 1960 gefertigten ATK-Schlepper mit Faltverdeck.

Hanomag
R 455 ATK

1952–1964
PS/kW: 55–60/40,3–43,9
Hubraum: 5702 ccm

Hanomag R 455 ATK
(NATO-Ausführung)

1952–1964
PS/kW: 55–60/40,3–43,9
Hubraum: 5702 ccm

Auch im Militärdienst war der ATK in olivgrüner Lackierung oft zu finden. Dieses gut restaurierte Fahrzeug von 1958 war mit dem geschlossenen Benze-Fahrerhaus mit abnehmbarem Plexiglas-Dach und Frontansatzplatte, beispielsweise für einen Schneepflug, ausgerüstet. In dem ATK-Schlepper, der bis zu 75 t Anhängelast in Bewegung setzen konnte, versah wahlweise ein bis zu 32,5 km/h schnelles Fünfganggetriebe seine Arbeit.

Hanomag R 16

Hanomag R 16 A
Hanomag R 16 B

1951–1957
PS/kW: 16/11,7
Hubraum: 1400 ccm

Das 1951 vorgestellte Modell R 16 war der kleinste Hanomag-Schlepper der beginnenden 1950er-Jahre. Erstmals wurde bei diesem Typ ein Zweizylinder-Viertakt-Dieselmotor mit Wasserkühlung verwendet. Das Gewicht dieses mit einem Fünfganggetriebe bestückten Fahrzeugs stand mit 1170 kg zu Buche. Gegen Aufpreis waren zusätzliche Kriech-

geschwindigkeiten für Saat- und Pflegearbeiten erhältlich. Hier ein Fahrzeug der Ausführung A mit 7-36-Hinterrädern von 1956. Der kleine R 16 war in selbsttragender Blockbauweise ausgeführt. Die Variante B war mit 7-30-Hinterradbereifung bestückt. Der R 16 war ein kleiner, sehr robuster und zuverlässiger Kleintraktor, der sich bei den Kunden großer Beliebtheit erfreute und in ansehnlichen Stückzahlen verkauft wurde. Er war mit einer Getriebezapfwelle und auf Wunsch mit Riemenscheibe und hydraulischem Kraftheber bestückt. Der Traktor oben ist von 1955.

Hanomag R 19

1953–1957
PS/kW: 19/13,9
Hubraum: 1400 ccm

Zum Ende des Jahres 1953 nahmen die Hanomag-Werke mit dem R 19 einen weiteren, nach dem Baukastensystem gefertigten Schlepper ins Programm. Der R 19 basierte grundsätzlich auf dem kleineren R 16, von dem er sich durch den etwas zurückverlegten Luftfilter auf der rechten Fahrzeugseite äußerlich

unterschied. Infolge Drehzahlerhöhung von 1600 auf 1975 U/min stieg die Motorleistung des D 14-Aggregats auf 19 PS an. Auch der R 19 war mit unterschiedlich großen Hinterreifen zu beziehen – links ein 1955 gebautes Fahrzeug mit hinteren Speichenrädern. Das Fahrzeug konnte sich durchaus zufriedenstel-

lender Absatzzahlen erfreuen. Sein Gewicht betrug 1250 kg, und in ihm war ein Fünfganggetriebe für bis zu 19,6 km/h installiert. Alternativ erhältlich waren drei zusätzliche Kriechgänge zwischen 0,76 und 1,32 km/h.

Hanomag präsentierte 1951 auf der DLG-Ausstellung in Hamburg gleichzeitig mit dem kleinen R 16 auch das stärkere Dreizylindermo-

dell R 22, das wiederum in Halbrahmenbauweise ausgeführt war. Dieser mittelschwere Traktor, der sich nahtlos in das Verkaufsangebot zwischen R 16 und R 28 einreihte, erhielt den Hanomag-Dieselmotor D 21 S und ein Fünfganggetriebe. Das Fahrzeug rechts ist auf das Jahr 1954 datiert. Der Hanomag R 22 – links ein noch mit der alten Kühlermaske gefertigtes Fahrzeug von 1952 mit Speichenrädern, Windschutzscheibe und festem Fahrerdach – besaß eine starre, gefederte Portalachse und serienmäßig eine Getriebezapfwelle. Riemenscheibe,

Kraftheber und weiteres nützliches Zubehör konnten gegen Aufpreis bezogen werden.

Hanomag R 22

1951–1957
PS/kW: 22/14,6
Hubraum: 2099 ccm

Hanomag R 27

1953–1957
PS/kW: 27/19,8
Hubraum: 2099 ccm

Dem Dreizylinder-Schlepper R 19 wurde mit dem R 27 zur gleichen Zeit ein leistungsstärkeres Modell zur Seite gestellt. Dieser recht zugstarke Schlepper unterschied sich konstruktiv und ausrüstungsmäßig vom schwächeren R 22 im Grunde nur durch die höhere Motorleistung, die durch die angehobene Drehzahl erzielt wurde.

Hanomag R 28 B

1951–1953
PS/kW: 28/20,5
Hubraum: 2799 ccm

Dieses Modell war eine Weiterentwicklung der Typen R 25 C und D mit gesteigerter Motorleistung und zusätzlichen Getriebekriechstufen. Der R 28 B hatte im Gegensatz zur Ausführung A eine niedrige Hinterradbereifung, und die Spur der Vorderräder war verstellbar. Oben ein Hanomag-Traktor des Typs R 28 mit kleiner Ackerbereifung hinten, der

mit einer Windschutzscheibe, Scheibenwischern und einem festem Verdeck ausgerüstet ist. Der R 28 verschwand schon bald zugunsten des nahezu gleich starken R 27 aus den Verkaufslisten. Daher wurde bei ihm die im Rahmen der äußeren Aktualisierung durchzuführende Änderung an der Kühlermaske nicht mehr vollzogen.

Der **R 28 A unterschied sich** von der Variante B ausschließlich durch seine größeren Vorder- und Hinter- räder. Durch die höhere Bodenfrei- heit von 450 mm eignete sich diese Allzweck-Ausführung insbesondere für alle Pflegearbeiten. Hier ein gut restaurierter R 28 A mit hinteren Speichenradsätzen von 1951.

Hanomag R 28 A

1951–1953

Der 1953 aus dem Modell R 28 entstandene Hanomag R 35 hatte – wie sein Vorgänger – einen Halbrah- men. Erneut waren aus dem soliden, wassergekühlten D 28 Vierzylinder- Viertakt-Dieselmotor durch Drehzah- lerhöhung auf 1900 U/min weitere sieben PS Mehrleistung herausge- holt worden. Dieses Modell trug von Anfang an die neue Kühlermaske mit senkrechten Streben. Dieser Traktor ist von 1954.

Hanomag R 35 B

1953–1957
PS/kW: 35/25,6
Hubraum: 2799 ccm

Hanomag R 35 A

1953–1957
PS/kW: 35/25,6
Hubraum: 2799 ccm

Die A-Version des Hanomag R 35 unterschied sich wie bei den übrigen Modellen durch die Größe ihrer Bereifung. Beide Ausführungen besaßen ein Fünfganggetriebe, das auf Wunsch in einer zehngängigen Variante sowie in einer Schnellgangaus-

führung zu beziehen war. Beim R 35 A hatte der Kunde die Wahl zwischen unterschiedlich großen Hinterrädern, welche die der B-Ausführung in der Höhe übertrafen. Der links gezeigte, 1956 gebaute Traktor ist aufgrund seiner Farbgebung als nach Holland geliefertes Exportfahrzeug zu identifizieren. Für den R 35 von Hanomag gab es das üblicherweise bei diesem Hersteller sehr umfangreiche Zubehör- und Geräteprogramm. Dazu gehörte auch – wie an dem 1953 gebauten Fahrzeug oben – ein festes Fahrerdach aus Stahlblech mit Windschutzscheibe und Scheibenwischer.

Hanomag R 12

1953–1954
PS/kW: 12/8,8
Hubraum: 511 ccm

Mit dem leichten Mehrzweckschlepper R 12 stellte Hanomag einen in Rahmenbauweise und mit hoher Bodenfreiheit entworfenen Tragschlepper in der aktuellen Wespentaillenbauart vor. Der R 12 war als preisgünstiger Kleinschlepper für Betriebe geringer Größe vorgesehen, wobei auf die Möglichkeit der Einmannbedienung großen Wert gelegt wurde. Der nur 800 kg leichte R 12 hatte serienmäßig eine Sitzbank für zwei Personen.

Mit dem R 12 waren sehr viele Kunden nicht zufrieden: Obwohl seine große Zugkraft und Vielseitigkeit allgemein gelobt wurden, war der ventillose, gebläsegespülte Einzylinder-Zweitakt-Dieselmotor nicht ausgereift und gab daher Anlass zu Klagen. Die Hanomag-Werke hatten es natürlich nicht geplant, dass bereits im folgenden Jahr mit einer überarbeiteten Ausführung die gröbsten Mängel beseitig werden mussten. Dies wurde gleichzeitig zum Anlass genommen, der Motorverkleidung eine abgerundete Form zu geben. Rechts ein solches mit Windschutzscheibe und Wetterdach ausgerüstetes Fahrzeug. Obwohl der R 12 in seiner verbesserten Form zu einem halbwegs brauchbaren Fahrzeug wurde, hatten die zahlreichen Kinderkrankheiten dem bislang ausgezeichneten Ruf des Unternehmens geschadet. Für die starke Konkurrenz war dies ein gefundenes Fressen. Das Fahrzeug von 1955 ist noch mit Doppelsitzbank ausgerüstet.

Hanomag R 12

1953–1954
PS/kW: 12/8,8
Hubraum: 511 ccm

Für Kunden, die keine Zwischenachsgeräte benötigten und stattdessen mehr Wert auf Wendigkeit legten, war das Kleinschleppermodell R 12 KB (kurze Bauweise) gedacht. Während in technischer Hinsicht keine Unterschiede zu verzeichnen waren, konnten gegenüber dem Standard-R 12 30 cm Baulänge eingespart werden. Der KB erhielt von vornherein den nach rechts versetzten Fahrersitz, während der Platz des Beifahrers auf den linken Kotflügel verlegt wurde. Die Nachfrage war gering, sodass es erstaunt, dass dieses Sondermodell so lange im Programm blieb. Hier ist die rechts seitlich angeordnete Lenksäule gut zu erkennen.

Hanomag R 12 KB

1954–1957
PS/kW: 12/8,8
Hubraum: 511 ccm

155

Hanomag
R 324 S

1959–1962
PS/kW: 27/19,8
Hubraum: 2099 ccm

Im Jahr 1957 kamen beim Schlepperprogramm der Hanomag-Werke umfangreiche Änderungen zum Tragen. Zunächst einmal wurden die bisher zweistelligen Typenbezeichnungen durch dreistellige Zahlenkombinationen ersetzt. Abgesehen von den schweren Radschleppern erhielten alle Modelle eine abgerundete Motorverkleidung, wie sie beim R 12 bereits verwirklicht worden war. So wurde aus dem R 27 das

Modell R 324 E (links), das technisch weitgehend unverändert blieb. Das Baujahr dieses Schleppers ist mit 1959 angegeben. Der Hanomag R 324 S war nun auch mit Motorzapfwelle und Doppelkupplung lieferbar, deren Bauweise eine geringfügige Verlängerung des Randstands nach sich zog. Das Fahrzeuggewicht stieg somit auf 1855 kg. Ebenso konnte dieser Traktor mit unterschiedlichen Bereifungsgrößen bestückt werden. Auf das Fahrzeug oben wurden hinten nicht der Serie entsprechende Reifen aufgezogen.

Wie der R 28 war auch der R 35 als reine Straßenzugmaschine mit bis zu 25 km/h schnellem Getriebe und Gussfelgen vorne und hinten lieferbar. Aufgrund des vorgesehenen Einsatzzwecks war eine Hydraulikanlage nicht vorgesehen. Auch die Bundeswehr und andere Nato-Armeen verwendeten diese Schlepper. Dieses Fahrzeug – bereits mit neuer Motorverkleidung – ist von 1957.

Hanomag R 35 S

1953–1957
PS/kW: 35/25,6
Hubraum: 2799 ccm

Der R 324 S mit 27 PS erhielt ab 1959 einige motorische Verbesserungen. So wurde eine neu konstruierte Kurbelwelle eingebaut, die einen gleichmäßigen Zündabstand gewährleistete, was der Laufruhe des Motors zugutekam. In dem installierten Zweigruppen-Schaltgetriebe standen zehn Vorwärtsgänge zur Verfügung. Der gezeigte Traktor ist Baujahr 1959 und besitzt Fronthydraulik.

Hanomag R 324 S

1959–1962
PS/kW: 27/19,8
Hubraum: 2099 ccm

Hanomag
R 435

Hanomag R 435 S
Hanomag R 435 B

1957–1960
PS/kW: 35/25,6
Hubraum: 2799 ccm

Gemäß der neuen Hanomag-Typenterminologie wurde der frühere R 35 S nun unter der Bezeichnung R 435 S geführt. Das Gewicht dieser Zugmaschine lag mit 2260 kg erheblich über der der Ackerversion. Die Zugleistung auf ebenem Untergrund betrug 15 t. Als Antriebsaggregat diente auch hier der bewährte D 28-Dieselmotor. Links ein gut restauriertes, offen ausgeführtes Fahrzeug von 1957. Als Nachfolgemodell des Ackerschleppers R 35 unterschied sich der R 435 von seinem Vorgänger in erster Linie durch die neue Motorhaube. Er verfügte über ein fünfgängiges Gruppenschaltgetriebe mit insgesamt zehn Vorwärts- und zwei Rückwärtsfahrstufen. Die normale Ackerversion war 19,8 km/h schnell; auf Wunsch gab es auch hier eine schnelle Ausführung mit maximal 25 km/h. Das Bild rechts zeigt Variante B von 1960 mit 11-28er Hinterrädern.

Hanomag R 435 A

1957–1960
PS/kW: 35/25,6
Hubraum: 2799 ccm

Der Hanomag R 435 war – unabhängig von der Variante – auf Wunsch mit Doppelkupplung, also mit Motorzapfwelle erhältlich. In diesen Fällen verlängerte sich der Radstand des Fahrzeugs aus technischen Gründen geringfügig. Das Fahrerdach aus Stahlblech mit Frontverkleidung und Windschutzscheibe entsprach den früheren Modellen R 22 bis R 35.

Hanomag

Hanomag R 217

1957–1959
PS/kW: 17/12,5
Hubraum: 1400 ccm

Der R 217 mit seiner neuen Motorhaube galt als Nachfolger des um eine Pferdestärke schwächeren und mittlerweile in die Jahre gekommenen R 16. Zu diesem Zweck war die Nenndrehzahl geringfügig gesteigert worden. Der 1170 kg schwere Traktor besaß eine gefederte starre Portalvorderachse und war mit einem Fünfganggetriebe ausgestattet, das um drei zusätzliche Kriechgeschwindigkeiten erweitert werden konnte. Wahlweise erhältlich waren Windschutzscheibe und festes Fahrerhaus.

Der C 224 entsprach konzeptionell dem 1953 vorgestellten Tragschlepper R 12. Der Motor besaß zwei Zylinder und arbeitete nach dem gleichen Zweitakt-Prinzip mit Roots-Gebläsespülung. Von seinem technisch weitgehend identischen Vorgänger R 24 unterschied er sich insbesondere durch die neue Motorhaube, eine geänderte Lenkung und die neue Auspuffanlage. Nach 1960 gebaute Schlepper – dieser hier ist von 1960 – konnten mit der neuen Pilot-Regelhydraulik bestückt werden.

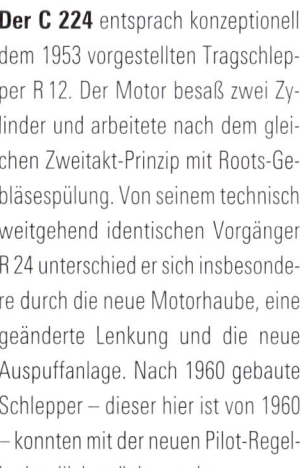

Hanomag C 224

1957–1962
PS/kW: 24/17,6
Hubraum: 1021 ccm

Hanomag
R 228

1957–1962
PS/kW: 24/17,6
Hubraum: 1021 ccm

Bei dem Typ R 228 handelte es sich um die Exportversion des auf dem deutschen Markt vertriebenen Modells C 224. So wie dieser verfügte er über ein Sechsganggetriebe in zwei Schaltgruppen und den Zweizylinder-Zweitaktmotor D 621. Auf Wunsch war er mit einem hydraulischen Kraftheber, der 1020 kg Hubkraft besaß, ausrüstbar. Dieser R 228 ging in die Niederlande.

Hanomag
R 425

1957–1962
PS/kW: 24/17,6
Hubraum: 1021 ccm

Auch beim Typ R 420 handelt es sich um eine Exportversion der deutschen Modelle R 217 E bzw. ab 1959 R 217 S. Sie ersetzten den R 19, von dem der Motor unverändert übernommen wurde. Eingebaut war in diesen zwischen 1170 und 1250 kg schweren Traktor ein Fünfganggetriebe, das auf Wunsch durch drei Kriechgeschwindigkeiten speziell für Arbeiten in Reihenkulturen ergänzt werden konnte. Links ein vorbildlich

restauriertes Fahrzeug aus den Niederlanden von 1959. Der toprestaurierte Hanomag R 425 von 1960 (oben) ging nach Holland. Wie sein deutsches Pendant gelangte er werksseitig mit elektrischem Anlasser, Differenzialsperre, einzelradgefederter Vorderachse und Zapfwelle zur Auslieferung. Riemenscheibe, Seilwinde, Gitterräder, Antischlupf-Einrichtung, breite Anhängeschiene, Zentralhydraulik nach dem Dreipunktsystem und Fahrerdach zählten hingegen zum Sonderzubehör.

zurückversetzter und in Belgien zugelassener R 440 von 1960. Das Fahrzeug ist mit Frontscheibe und Stahlblech-Fahrerdach ausgerüstet. Zehn Vorwärts- und zwei Rückwärtsgänge im Bereich von 0,85 bis 19,8 km/h standen in dem installierten Gruppenschaltgetriebe zur Verfügung. Weiteren Zubehör gab es gegen Aufpreis.

Hanomag R 440

1957–1960
PS/kW: 35/25,6
Hubraum: 2799 ccm

Dieser Hanomag-Schlepper entsprach bis auf wenige Ausstattungsdetails exakt dem in Deutschland angebotenen R 435. Der gut restaurierte, nach Holland gelieferte Traktor rechts aus dem Jahr 1960 ist mit

Muschelkotflügeln und 13-30er-Hinterrädern bestückt. Diese Traktoren entsprachen in der bewährten Halbrahmenbauweise konstruktiv dem alten R 25 aus dem Jahr 1949. Oben ein tadellos in seinen Lieferzustand

Das Modell R 430, hier ein nach Belgien exportiertes Fahrzeug von 1961 – erkennbar an den dunkelgelb lackierten Felgen –, entsprach dem deutschen R 324 S. In beiden Fahrzeugen gelangte der dreizylindrige D 21-Hanomag-Motor zur Verwendung. In diesen Traktor mit 1850 kg Gewicht konnte auch eine Motorzapfwelle für Anhängegeräte installiert werden.

Hanomag R 430

1959–1962
PS/kW: 27/19,8
Hubraum: 2099 ccm

Hanomag K 50

Kettenschlepper

1933–1944
PS/kW: 50/36,6
Hubraum: 5195 ccm

Wie kaum ein anderes deutsches Unternehmen konnten die Hanomag-Werke auf eine langjährige Erfahrung beim Bau von Kettenschlep- pern zurückblicken. Dazu gehörte auch das Modell K 50, das hier in einem bestens restaurierten Exemplar von 1938 zu sehen ist. Das Fahrzeug war mit dem D 52-Vierzylinder-Dieselmotor, wie er auch in den Radschleppern verwendet wurde, bestückt.

Der ab 1950 gebaute Kettenschlepper K 55 trat die Nachfolge des für kurze Zeit nach Kriegsende gebauten Typs KV 50 an, der seinerseits auf dem Erfolgsmodell K 50 basierte. Im K 55 wurde der hubraumstärkere D 57-Motor und ein Dreiganggetriebe verwendet. Das Gewicht dieses leistungsgesteigerten Fahrzeugs betrug 4560 kg, seine Höchstgeschwindigkeit 6 km/h. Der Raupenschlepper im Bild rechts entstand 1955.

Hanomag K 55
Kettenschlepper
1950–1956
PS/kW: 55/140,3
Hubraum: 5702 ccm

Als Nachfolgemodell des K 55 trat zunächst das Modell K 60 auf den Plan, dessen Leistung im Typ K 65 ab 1958 auf 65 PS gesteigert wurde. Dieses Fahrzeug wog 5830 kg und verfügte über einen neuen Zweizylinder-Zweitaktmotor und einem Gruppengetriebe mit sechs Vorwärts- und drei Rückwärtsgängen. Dieser Kettenschlepper – im Bild ein 1960 gebautes Exemplar – war auf Wunsch mit einer Riemenscheibe lieferbar. Ab Ende 1961 wurde die ansonsten unveränderte Raupe unter der Bezeichnung K 7 angeboten.

Hanomag K 65
Kettenschlepper
1956–1964
PS/kW: 65/47,6
Hubraum: 3715 ccm

Traktoren aus Niederbayern

Hatz TL 10

1954–1961
PS/kW: 10/7,3
Hubraum: 567 ccm
Stückzahl: 1514

Die Motorenfabrik Hatz GmbH aus Ruhstorff an der Rott bei Passau wurde bereits 1888 gegründet und nahm 1905 den Bau von Vergasermotoren auf. Im Laufe der Zeit nahmen Hatz-Motoren eine qualitative Spitzenposition ein und hatten einen anerkannt guten Ruf. Erst 1953 wurde das kleine Unternehmen auf dem Schleppersektor aktiv, um an der Motorisierung des landwirtschaftlichen Marktes teilzuhaben. Dabei kam Hatz als Motorfabrikant zugute, dass es seine Schlepperkonstruktionen überwiegend mit wassergekühlten Motoren aus eigener Herstellung bestücken konnte. Später lösten eigenkonstruierte luftgekühlte Dieselmotoren mit Radialluftkühlung diese Aggregate ab. Noch im gleichen Jahr stand eine Modellreihe in der Leistungsbreite zwischen zunächst 13 und 32 PS mit Ein- bis Dreizylindermotoren zur Verfügung. Es waren Blockbauschlepper, wobei das ab 1954 erhältliche, nur 715 kg leichte Modell TL 10 das kleinste und daneben auch das am häufigsten gefertigte Modell dieses Herstellers blieb.

Zu den ersten ab 1953 erhältlichen Modellen gehörte der Kleinschlepper T 13, der mit seinem Ausrüstungs- und Leistungsangebot genau auf den damaligen Markt der Kleinbauern, die ja die Hauptzielgruppe darstellten, zugeschnitten war. Der 1034 kg schwere T 13 verfügte über einen Hatz-Einzylindermotor mit Direkteinspritzung und ein Fünfganggetriebe der Zahnradfabrik Passau. Hier ein Fahrzeug aus dem Jahr 1954.

Hatz T 13

1953–1957
PS/kW: 13/9,5
Hubraum: 1125 ccm
Stückzahl: 259

Der ab 1955 lieferbare TL 12 war dazu ausersehen, die Nachfolge des wenig erfolgreichen T 13 anzutreten. Er war mit einem Einzylinder-Wirbelkammer-Diesel und einem Vierganggetriebe von Hurth bestückt, das 18,1 km/h als Maximalgeschwindigkeit zuließ. Nach dem TL 10 sollte dieser nur 780 kg leichte Kleinschlepper – dieser hier ist von 1958 – das am meisten verbreitete Fahrzeug von Hatz werden.

Hatz TL 12

1955–1961
PS/kW: 12/8,8
Hubraum: 668 ccm
Stückzahl: 1001

Hatz TL 22

1954–1959
PS/kW: 22/16,1
Hubraum: 1922 ccm
Stückzahl: 235

1954 stellten die Hatz-Werke einen mittelschweren Standardschlepper in der üblichen Blockbauart vor. Das Fahrzeug, mit einem luftgekühlten Zweizylinder-Viertakt-Dieselaggregat ausgerüstet, schloss eine Lücke im Verkaufsprogramm. Ein Charakteristikum der luftgekühlten Hatz-Motoren waren die jeden Zylinder einzeln kühlenden Radialgebläse. Dieses Fahrzeug entstand im Jahr 1957.

Hatz TL 15

1956–1960
PS/kW: 15/11
Hubraum: 1336 ccm
Stückzahl: 256

Den kleinen 15-PS-Schlepper TL 15 mit dem aus eigener Herstellung stammenden luftgekühlten Einzylinder-Direkteinspritz-Dieselmotor gab es bereits ab 1956; seit 1959 wurde seine Motorverkleidung an die neue Linie angepasst. Sein Gewicht betrug 1170 kg und installiert war ein Fünfganggetriebe von Hurth. Hier ein 1960 gebautes Fahrzeug mit neuer Haube.

Hatz TL 13

1959–1963
PS/kW: 13/9,5
Hubraum: 668 ccm
Stückzahl: 970

Im Jahr 1959 wurde das Hatz-Traktorenprogramm formal neu gestaltet und wesentlich aktualisiert. Es entstanden Fahrzeuge mit ansprechend abgerundeten Hauben, die dem damaligen Zeitgeschmack entsprachen. Dazu gehörte das Modell TL 13 mit 900 kg Gewicht, dessen Motor nicht verändert wurde, nun aber über ein Sechsganggetriebe für maximal 20 km/h verfügte.

Der schwerste Schlepper im Programm dieses kleinen Herstellers war der 33-PS-Schlepper TL 33, der ebenfalls mit einem luftgekühlten Dreizylinder-Direkteinspritz-Diesel bestückt war. Es war ein für Mittel- und Großbetriebe gleichermaßen geeigneter, guter und solider Traktor, der sogar in verhältnismäßig großen Stückzahlen verkauft werden konnte. Hier ein Fahrzeug aus Belgien von 1959.

Hatz TL 33

1957–1960
PS/kW: 33/24,2
Hubraum: 2709 ccm
Stückzahl 570

Im neuen 1960er-Bauprogramm der Hatz-Werke, das nun Fahrzeuge von 13 bis 40 PS umfasste, war auch das 13-PS-Modell H 113 enthalten. Dieser Kleinschlepper erhielt den bereits in den früheren Typen dieser Leistungsklasse bewährten luftgekühlten Einzylinder-E 89 FG-Direkteinspritzmotor und ein ZP-Getriebe mit sechs Vorwärts- und zwei Rückwärtsgeschwindigkeiten. Aufgrund sinkender Nachfrage besonders in dieser Leistungsklasse hatte er nur mäßige Verkaufsergebnisse zu verzeichnen.

Hatz H 113

1960–1964
PS/kW: 13/9,5
Hubraum: 669 ccm
Stückzahl: 344

Hela

Der etwas andere Lanz

Hela D 40

1938–1942
1948–1949
PS/kW: 22/16,1
Hubraum: 2198 ccm
Stückzahl: 350

Die Firma Hermann Lanz – mit dem größeren Mannheimer Namensvetter Heinrich Lanz weder verwandt noch verschwägert – wurde im Jahr 1888 in Aulendorf gegründet und gelangte – ebenso wie einige andere süddeutsche Traktorhersteller, zu denen insbesondere Fahr, Fendt und Kramer gehörten – über den Bau von Landmaschinen und Grasmähern schließlich zur Schlepperfabrikation. Diese begann bei Hermann Lanz im Jahr 1936 mit dem 22-PS-Typ D 37, aus dem wenig später das verbesserte Modell D 40 entstand, ein zeittypischer Bauernschlepper, der mit dem wassergekühlten Zweizylinder-Universaldieselmotor F 2 M 414 von Deutz be-

stückt war. Interessant ist, dass dieser von den meisten damaligen Traktorherstellern in dieser Leistungsklasse verwendete sehr bewährte Motor nie in einem Deutz-Schlepper – aus welchen Gründen auch immer – verwendet wurde. Der D 40, der mit Zapfwelle, Mähwerk und Rie-

menscheibe bestückt war, wurde mit einer kriegszeitbedingten Unterbrechung bis 1942 und in den Jahren 1948 und 1949 fabriziert. Es war ein solider und zuverlässiger Schlepper. Dieser mit Riemenscheibe und Mähwerk bestückte Schlepper entstand im Jahr 1940.

Hela D 28

1949–1957
PS/kW: 28/20,5
Hubraum: 2356 ccm
Stückzahl: 140

1949 kam die Serienfertigung von Traktoren wieder in Gang, und noch im gleichen Jahr wurde das

Modell D 28 vorgestellt. Dieser Traktor war das derzeit stärkste Fahrzeug in dem zunächst aus drei Typen be-

stehenden Verkaufsprogramm. Er war für mittlere und größere landwirtschaftliche Betriebe vorgesehen und hatte einen Zweizylinder-Dieselmotor mit Wasserkühlung von MWM. Mit dem neuen Fünfganggetriebe konnte er im Geschwindigkeitsbereich von 1,8 bis 20 km/h eingesetzt werden. Um Verwechslungen zu vermeiden, wurden die Aulendorfer Traktoren ab 1951 unter dem Namen „Hela" angeboten. Hier ein Schlepper von 1953.

Der D 28 von Hela war ein robuster Schlepper, den es auf Wunsch auch mit einem luftgekühlten Deutz-Motor gab. Die Verkaufszahlen waren allerdings nur gering. Traditionell waren die Hela-Schlepper grün lackiert, mit roten Felgen und rotem Kühlerschutzgitter. Dieser D 28 ist von 1952.

Hela D 28

1949–1957
PS/kW: 28/20,5
Hubraum: 2356 ccm
Stückzahl: 140

Der Kleinschlepper D 14 entstand 1949 und galt als der Begründer der typischen Hela-Baureihen. Er wurde von einem Einzylinder-Dieselmotor mit Wasserkühlung des Fabrikats MWM (Motoren-Werke Mannheim) angetrieben und besaß ebenfalls das neue Fünfganggetriebe, mit dem eine Maximalgeschwindigkeit von 19,2 km/h erreicht wurde. Ab 1950 gab es eine detailverbesserte Ausführung, die bis zur Ablösung durch den D 15 beibehalten wurde.

Hela D 14

1949–1952
PS/kW: 14/10,2
Hubraum: 1178 ccm
Stückzahl: 880

Obwohl auch stärkere Fahrzeuge angeboten wurden, lag der Schwerpunkt des Programms eindeutig auf leichteren Modellen. Dazu gehörte auch der 12-PS-Typ D 12, den es sowohl mit wasser- als auch mit luftgekühltem MWM-Motor gab. Das Modell war gleichzeitig der kleinste Hela-Schlepper, der vor allem in Baden-Württemberg für ansehnliche Verkaufszahlen sorgte.

Hela D 12

1951–1957
PS/kW: 12/8,8
Hubraum: 1040 ccm
Stückzahl: 5100

Hela D 15

1952–1956
PS/kW: 15/11
Hubraum: 1180 ccm
Stückzahl: 1200

Der Kleinschlepper D 15 trat im Jahr 1953 die Nachfolge des geringfügig schwächeren D 14 an. Auch er war mit dem wassergekühlten Einzylinder-MWM-Dieselmotor KDW 415 E bestückt. Das obligatorische Fünfganggetriebe, Zapfwelle und die Spurverstellung waren serienmäßig; Riemenscheibe, Mähwerk und Kraftheber gab es als Zusatzausrüstung. Hier ein Fahrzeug mit Allwetterverdeck.

Hela D 24

1953–1958
PS/kW: 24/17,6
Hubraum: 1700 ccm
Stückzahl: 1100

Der 1953 vorgestellte Hela D 24 war ein guter Schlepper der Mittelklasse, den es sowohl mit wasser- als auch mit luftgekühltem Zweizylinder-MWM-Dieselmotor gab. Dieses Modell, das es ab 1956 auch in der Variante D 124 mit neuem Hela-Dieselmotor gab, besaß ein Sechsganggetriebe und wog 1420 kg. Seine Verkaufszahlen erreichten eine recht zufriedenstellende Größe.

Hela D 18

1957–1959
PS/kW: 18/13,2
Hubraum: 1400 ccm
Stückzahl: 1800

Aus dem Hela-Modell D 16 und unter Verwendung des MWM-Dieselmotors entstand im Jahr 1957 der Zweizylinderschlepper D 18, den es wiederum als luft- oder wassergekühlte Alternative gab. Das Fahrzeug – hier ein wassergekühlter Schlepper von 1959 – wog 1250 kg. Das Getriebe war sechsgängig, der erste Gang war gleichzeitig als Kriechgeschwindigkeit ausgelegt.

Der seit 1957 lieferbare D 112 konnte die stückzahlmäßige Spitzenposition seines Vorgängers D 12 fortsetzen. Den Kleinschlepper mit dem Gewicht von 990 kg gab es wiederum wahlweise mit wasser- oder luftgekühltem Einzylinder-MWM-Dieselmotor. In diesem Traktor war ein Fünfganggetriebe für Geschwindigkeiten zwischen 3,4 und 20 km/h

Hela D 112

1957–1965
PS/kW: 12/8,8
Hubraum: 851 ccm
Stückzahl: 3800

eingebaut. Ab Beginn der 1960er-Jahre waren die Zulassungszahlen dieses Schleppers rückläufig. Das äußere Erscheinungsbild der Hela-Schlepper wurde ab Mitte der 1950er-Jahre mehrfach modifiziert, und vor allem das Kühlerschutzgitter erfuhr mehrfache Veränderungen. So auch der 1959 gebaute D 112 (links), der die oben leicht überhängende Motorhaube und mehrere Zierstreifen besaß. An der technischen Ausführung dieses Schleppers hatte sich wenig geändert.

Im Jahr 1956 nahm die Firma Hela auch den Bau wassergekühlter Dieselmotoren auf – für die Größe des Unternehmens ein mutiger Schritt, deren Entwicklungskosten sich infolge zu geringer Stückzahlen letztendlich nicht amortisierten. Wahlweise konnte sich der Kunde aber auch die bewährten MWM-Aggregate einbauen lassen. Das Modell D 415 – hier ein Fahrzeug mit Allwetterverdeck von 1959 – war ein aus dem D 15 entstandener Schlepper mit Einzylinder-Hela-AE-Dieselmotor.

Hela D 415

1956–1959
PS/kW: 15/11
Hubraum: 1082 ccm
Stückzahl: 1300

Hela D 124

1956–1961
PS/kW: 24/17,6
Hubraum: 2164 ccm
Stückzahl: 720

In den überwiegenden Merkmalen – bis auf den Motor – baugleich mit dem mittelschweren Modell D 24 war das Hela-Modell D 124, das über den ersten aus werkseigener Entwicklung stammenden wassergekühlten Zweizylinder-Dieselmotor verfügte. Auch im 1335 kg schweren D 124 arbeitete das gleiche Sechsganggetriebe, das auch im D 24 mit MWM-Motor verwendet wurde. Hier ein gut restauriertes Fahrzeug von 1959.

Hela D 117

1957–1960
PS/kW: 18/13,2
Hubraum: 1400 ccm
Stückzahl: 1630

Den 18-PS-Schlepper D 117 von Hela gab es wahlweise mit luft- oder wassergekühltem Zweizylinder-Dieselmotor der Motoren-Werke Mannheim oder mit einem Hela-Antriebsaggregat. Darüber hinaus war dieses 1325 kg schwere Fahrzeug mit einem Sechsganggetriebe mit Kriechgang sowie mit einer gefederten Pendelvorderachse ausgerüstet. Unten ein 1959 gebauter Traktor mit

bereits geringfügig modifiziertem Kühlerschutzgitter. Oben ein toprestauriertes Fahrzeug mit Seitenmähwerk aus seinem letzten Fertigungsjahr. Der Schlepper verfügt über die erneut überarbeitete vordere Kühlerverkleidung mit der überstehenden Motorhaube. Die Zapfwelle war bei Hela serienmäßig. Zusatzgeräte gab es nur gegen Aufpreis.

HOLDER

Der B 10 oben entstand im Jahr 1955 und besitzt bereits die leicht abgerundete Motorabdeckung. Den B 10 von Holder zeichnete eine schmale Spur, geringer Bodendruck, tiefer Schwerpunkt bei trotzdem großer Bodenfreiheit und eine außergewöhnliche Wendigkeit aus. Zusammen mit den geringen Anschaffungskosten waren das entscheidende Pluspunkte, mit denen dieser blockkonstruierte Kleintraktor aufwarten konnte. Sein Gewicht betrug nur 610 kg. Unten ein Fahrzeug von 1955 mit der schmalen Motorhaube.

Spezialist für Kleinschlepper

Holder B 10
1953–1957
PS/kW: 10/7,3
Hubraum: 499 ccm

Seit 1888 gibt es die Gebr. Holder Maschinenfabrik GmbH im württembergischen Metzingen. Dieser zunächst sehr kleine Betrieb tat sich als Spezialunternehmen für Pflanzenschutzspritzen und später Motorspritzen für Schädlingsbekämpfung hervor. Schon bald kamen landwirtschaftliche Bodenbearbeitungsgeräte, einachsige Motorfräsen und -hacken hinzu. 1930 wurde der erste Einachsschlepper entworfen, der von einem später von Fichtel & Sachs gefertigten Zweitakt-Dieselmotor angetrieben wurde. Im Jahr 1953 brachte man unter der Bezeichnung B 10 einen Vierrad-Kleinschlepper auf den Markt, bei dessen Konstruktion bewährte Komponenten des Einachsschleppers Verwendung fanden. Dieses Fahrzeug eignete sich besonders für landwirtschaftliche Kleinstbetriebe, insbesondere aber für Sonderkulturen wie Wein-, Garten- und Obstbau. Zu diesem Zweck stand eine umfangreiche Palette der unterschiedlichsten Anbau- und Zusatzgeräte zur Auswahl.

Holder B 10

1953–1957
PS/kW: 10/7,3
Hubraum: 499 ccm

Der kleine B 10 von Holder hatte ein Getriebe mit vier Vorwärtsgängen und einer Rückwärtsgeschwindigkeit bis maximal 15,5 km/h und zwei Zapfwellen. Bereits im ersten Jahr seiner Fertigung und ausschließlich mit diesem einen Schleppermodell konnte das Metzinger Unternehmen auf Anhieb einen guten 16. Platz in der Zulassungsstatistik erreichen.

Holder B 12

1957–1969
PS/kW: 12/8,8
Hubraum: 599 ccm

Im Jahr 1957 erschien mit dem Holder-Modell B 12 eine leistungsgesteigerte, technisch optimierte Ausführung des kleinen bewährten Vierradschleppers. Auch die Motorhaube war mit ihrer runden Form attraktiver geworden. Was über den B 10 gesagt wurde, gilt im gleichen Maße für den B 12. Er war für Kleinbetriebe ebenso wie als Zweit-

schlepper für Pflegearbeiten auf größeren Höfen vorgesehen und bewährte sich hervorragend. Oben ein 1957 gebautes Exemplar mit mechanischer Handaushebung der Arbeitsgeräte. Der B 12 war mit 670 kg Gewicht zwangsläufig etwas schwerer geworden. Das Fahrzeug besaß ein Siebengang-Zahnradschubgetriebe, wobei die erste Fahrstufe gleichzeitig als Kriechgeschwindigkeit ausgelegt war. Der Geschwin-

digkeitsbereich lag zwischen 0,6 und 19,6 km/h. Das Gerätesystem dieses mit 7-24-Hinterradbereifung versehenen Kleintraktors war auf Einmannbedienung ausgelegt. Das Zubehör und die Anbaugeräte entsprachen weitgehend denen seines Vorgängers. Links ein 1958 gefertigtes Fahrzeug mit einem gegen Aufpreis erhältlichen hydraulischen Kraftheber sowie einem mittig angeordneten Sicherheitsbügel.

Neben dem **B 10**-Standard-Klein-schlepper gab es auch eine Ausfüh-rung als Allradschlepper in hydrauli-scher Knickbauweise. Der Allradan-trieb und die Knicklenkung machten diesen Schlepper noch wesentlich wendiger und vielseitiger. Beson-ders in schwierigeren Geländever-hältnissen war der A 10 von Holder in seinem Element.

Holder A 10

1954–1957
PS/kW: 10/7,3
Hubraum: 499 ccm

Holder A 12

1957–1969
PS/kW: 12/8,8
Hubraum: 599 ccm

Das allradgetriebene Gegenstück zum Standardschlepper B 12 von Holder war der Knicklenker A 12, der ab 1957 gebaut wurde. Sechs Vor-wärts-, drei Rückwärtsgänge ein-schließlich einer Kriechgeschwin-digkeit standen in dem installierten Getriebe zur Verfügung. Er war mit zwei unterschiedlichen Reifengrö-ßen erhältlich und erreichte mit 14,1 km/h seine Höchstgeschwin-digkeit.

Von Dresch-maschinen zu Kleinschleppern

Hummel DT 54

1954–1957
PS/kW: 9–10/6,6–7,3
Hubraum: 356–499 ccm

Die seit 1907 bestehende Landmaschinenfabrik A. Hummel in Heitersheim in Oberbaden war auf den Bau von Dreschmaschinen spezialisiert, bevor sie sich ab 1952 zunächst der Fertigung einachsiger Kleinschlepper widmete. Die dabei gewonnenen Erfahrungen kamen dem kleinen Betrieb bei der Konstruktion des ersten Vierradtraktors, des Typs DT 54, zugute. Es war ein Schmalspur-Kleinschlepper, der zunächst neun, später zehn PS aus seinem wassergekühlten Einzylinder-Zweitakt-Dieselmotor von Fichtel & Sachs – diesen Motor verwendete auch Holder im Modell B 10 – hervorbrachte. Das Schaltgetriebe war eine Eigenkonstruktion mit sechs Vorwärts- und zwei Rückwärtsgängen. Das Fahrzeug besaß eine mehrfach verstellbare Spurweite und war geschwindigkeitsmäßig zwischen 2,3 und 15,5 km/h abgestuft. Zwei vom Gang unabhängige Zapfwellen ermöglichten den Anbau der für Obst- und Weinbau erforderlichen Arbeitsgeräte. Oben ein restaurierter DT 54 in der 10-PS-Ausführung mit Doppelbereifung hinten. Der DT 54 von Hummel war ein blockkonstruierter Kleinschlepper – links ein Exemplar mit 9-PS-Motor aus dem ersten Fertigungsjahr –, der überwiegend im Nahbereich dieses Herstellers vertrieben wurde. Über eine bundesweit ausgebaute Verkaufsorganisation verfügte dieses kleine Unternehmen nicht. Trotzdem ließen die bescheidenen Umsätze eine technische Fortentwicklung zu. Der kleine Traktor besaß ein Gewicht von 900 kg und war mit der Vierpunkt-Geräteaufhängung ausgerüstet.

Hummel T 20

1959–1965
PS/kW: 20/14,6
Hubraum: 1005 ccm

Die kleine Schlepperfirma Hummel, deren Fertigung noch sehr stark von Handarbeit geprägt war, konnte 1958 immerhin eine Palette von fünf verschiedenen Einachs- und drei Zweiachstraktoren anbieten. Es waren solide Traktoren mit vielfältigen Anbau- und Verwendungsmöglichkeiten. Das Modell T 20 hatte einen luftgekühlten Zweizylinder-MWM-Dieselmotor. Beachtlich war das Getriebe eigener Herstellung, das aus zwölf Vorwärts- und vier Rückwärtsfahrstufen bestand. Obwohl sich Hummel-Schlepper gut bewährten, ließen die großen Mitbewerber kleinen Firmen wie dieser auf Dauer keine Überlebenschancen. 1966 kam das Aus für den Traktorenbau bei Hummel. Dieser T 20 ist von 1962.

INTERNATIONAL HARVESTER

Ein
Unternehmen
auf Erfolgskurs

McCormick-Deering FG

1940–1951
PS/kW: 20/14,6
Hubraum: 2043 ccm
Stückzahl: 1543

Die International Harvester Company gründete im Jahr 1908 eine deutsche Niederlassung in Neuss/Rhein. Zunächst wurden dort nur Landmaschinen fabriziert, bis 1936 mit dem Modell F 12 auch der Serienbau von benzingetriebenen Traktoren einsetzte. Nach Kriegsende kam die Fertigung von Traktoren erst ab 1947 langsam wieder in Gang. Drei Jahre später wurde das Halbrahmenmodell FG optisch überarbeitet und mit Kühlerschutzgitter und Motorhaube versehen, wodurch die oberhalb des Motors angeordnete Steuersäule und das vorn liegende Lenkgehäusesegment unter dem Blechkleid verschwanden. Erstmals war auch ein elektrischer Anlasser

eingebaut. Unverändert aber blieb der für den deutschen und europäischen Markt ungeeignete wassergekühlte Vergasermotor. Erstmals wurde mit diesem 1830 kg schweren, in

Neuss gebauten Schleppermodell die rote Lackierung, die Standardfarbe des weltweit agierenden IH-Konzerns, verwendet. Der schöne FG oben entstand im Jahr 1950. Der Schriftzug auf dem FG änderte sich von vormals McCormick oder Deering – dies waren ehemals getrennte Verkaufsorganisationen, welche absolut identische Schlepper unter

verschiedenen Typenbezeichnungen vertrieben – jetzt in McCormick-Deering. Der Motor des FG musste allerdings immer noch mit Benzin gestartet werden und wurde erst nach erfolgter Warmlaufphase auf Dieselbetrieb umgestellt. Das in diesem Modell installierte Vierganggetriebe erlaubte 14 km/h Höchstgeschwindigkeit.

Farmall-Diesel DF 25

1951–1953
PS/kW: 25/18,3
Hubraum: 2043 ccm
Stückzahl: 3501

1951 hatten die Konstrukteure des Neusser IH-Werks ein Dieselaggregat zur Serienreife gebracht. Dieser wassergekühlte Vierzylinder-Dieselmotor mit Wirbelkammerverfahren wurde erstmals in das neue Schleppermodell DF 25 eingebaut. Der Motor konnte jetzt direkt und ohne Benzin zum Anlassen gestartet werden. Der 1370 kg schwere Traktor verfügte über das vom FG her bekannte Vierganggetriebe.

Farmall-Diesel DLD 2

1953–1956
PS/kW: 14/10,2
Hubraum: 1103 ccm
Stückzahl: 5480

Dieser Erfolg ließ die Unternehmensleitung aber nicht ruhen, denn die deutsche IH-Niederlassung hatte von der Konzernleitung in Chicago grünes Licht zur Entwicklung eigenständiger Traktormodelle erhalten. Das leichteste Modell war der DLD 2 – ein Bauernschlepper in Blockbauart mit 1305 kg Gewicht und einem Fünfganggetriebe, der bis zu 10 t Anhängelast bewegen konnte.

Farmall-Diesel DED

1952–1953
PS/kW: 20/14,6
Hubraum: 1631 ccm
Stückzahl: 8652
(zusammen mit DED 3)

Bereits 1952 wurde mit dem Modell DED (Deutscher Einheits-Diesel) das erste Traktormodell der neuen, nach dem Baukastensystem konzipierten IH-Schlepperreihe vorgestellt. Der DED verfügte über einen wassergekühlten Dreizylinder-Reihen-Dieselmotor mit Wirbelkammersystem und vertrat die mittlere Preis- und Leistungsklasse.

**Farmall-Diesel
DED 3**

1953–1956
PS/kW: 20/14,6
Hubraum: 1631 ccm
Stückzahl: 8652
(zusammen mit DED)

1953 wurde der DED in die nun aus drei Typen bestehende IH-Schlepperbaureihe integriert. Mit geringen optischen und technischen Änderungen versehen wurde daraus der DED 3, der sich gemeinsam mit seinem stärkeren Bruder DGD 4 zum meistverkauften Modell dieser insgesamt sehr erfolgreichen Typenreihe entwickeln sollte. Der DED 3 war zunächst mit einem Fünfgang-, später mit einem Sechsganggetriebe bestückt und als Alleinschlepper für den mittelgroßen Betrieb genau die richtige Maschine. Oben links ein 1955 gebautes Fahrzeug mit Sicherheitsumsturzbügel. Der wassergekühlte Dieselmotor des DED 3 besaß eine vierfach gelagerte Kurbelwelle und wog 1230 kg. Für dieses Modell – wie auch für die übrigen Fahrzeuge dieser Reihe – stand werksseitig eine umfangreiche Palette mit Zubehör und Anbaugeräten zur Verfügung. Serienmäßig war die Zapfwelle im Grundpreis enthalten; gegen Aufpreis gab es Riemenscheibe, Mähwerk, Wetterschutzdach und eine genormte Hydraulik mit Dreipunktaufhängung. Der 1955 gebaute Schlepper oben rechts befindet sich in einem sauberen Ursprungszustand. Die International Harvester Company hatte als langjähriger Landmaschinenhersteller die auf ihre Schlepper genau zugeschnittenen Arbeitsgeräte im Programm, sodass der Kunde alles aus einer Hand beziehen konnte.

Farmall-Diesel DGD 4

1953–1956
PS/kW: 30/22
Hubraum: 2175 ccm
Stückzahl: 8130

Das nächstgrößere und gleichzeitig stärkste Modell innerhalb der Hierarchie dieser neuen Traktorenreihe war der DGD 4. Der Deutsche Groß-Diesel war ein starker Traktor der oberen Mittelklasse, der leis

tungsmäßig sowohl für den Mittel- als auch für den Großbetrieb als Hauptschlepper in der Regel ausreichte. Auch hier gelangte zunächst ein fünfgängiges, später sechsgängiges Getriebe zur Verwendung. Der DGD 4 bewegte 20 t Anhängelast ohne Probleme. Der DGD 4 war ein Schlepper mit 1370 kg Gewicht und

einem Vierzylinder-Diesel. Die überaus erfolgreiche Baureihe wurde bis zum Jahr 1956 in insgesamt nahezu 22 500 Exemplaren gefertigt, was für die Kürze der Zeit schon recht außergewöhnlich war. Oben ein 1954 gebauter toprestaurierter Schlepper mit dem gegen Aufpreis erhältlichen Wetterschutzdach.

Farmall D 212

1956–1959
PS/kW: 12/8,8
Hubraum: 1088 ccm
Stückzahl: 3752

Obwohl die erste Schlepperbaureihe technisch keineswegs veraltet war, gingen die IH-Konstrukteure daran, Nachfolgetypen zu entwickeln. 1956 konnten fünf leistungsmäßig gut aufeinander abgestimmte Modelle zwischen 12 und 30 PS angeboten werden. Bei dieser Gelegenheit war die Motorverkleidung einheitlich aktualisiert in eckiger Form gestaltet worden. Das kleinste Fahrzeug war der D 212, ein Tragschlepper mit 1033 kg Gewicht und großer Bodenfreiheit.

Farmall D 212
Dairy-Special

1956–1959
PS/kW: 12/8,8
Hubraum: 1088 ccm

Unter dieser Typenbezeichnung bot das IH-Werk in Neuss eine Sondervariante für holländische Milchviehbetriebe an. Leistungsmäßig war er mit dem deutschen Modell identisch, unterschied sich allerdings von ihm in technischen Details. So war die Vorderachse ungefedert, die Beschriftung abweichend und ein Seitenmähwerk serienmäßig vorhanden.

Nach dem D 212 folgte der D 217 als das nächste Modell der neuen IH-Schlepperreihe. Es war ein robuster Traktor der leichteren Klasse mit wassergekühltem Zweizylinder-Reihendieselmotor. Das sechsgängige Schaltgetriebe umfasste den Geschwindigkeitsbereich von 1,4 bis 17,9 km/h und das Gewicht betrug 1065 kg. Bei den Verkaufszahlen dieses Schleppers zeichnete sich – wie noch stärker beim D 212 zu beobachten – eine rückläufige Tendenz ab.

Farmall D 217

1956–1959
PS/kW: 17/12,5
Hubraum: 1217 ccm
Stückzahl: 5416

Farmall D 320

1956–1962
PS/kW: 20/14,6
Hubraum: 1631 ccm
Stückzahl: 13 298

Der IH-Schlepper D 320 war das Nachfolgemodell des DED 3, bei dem die Getriebeabstufung wesentlich verbessert wurde. So standen nun insgesamt acht Vorwärts- und zwei Rückwärtsgänge in dem ZF-Getriebe zur Verfügung. Der Motor war als Dreizylinder-Wirbelkammer-Diesel ausgebildet und nach dem bewährten Baukastensystem konstruiert. Das für den D 320 erhältliche Zubehör ließ keine Wünsche offen. Oben ein 1957 gebauter Traktor mit Allwetterdach, das ebenfalls im Rahmen der Sonderausrüstungen angebaut werden konnte. Der D 320 – unten links ein 1956 gebautes Exemplar mit einem nicht serienmäßigen Verdeck – hatte mit 390 mm eine beachtliche Bodenfreiheit, was seinen Einsatzmöglichkeiten im Kultur- und Pflegebereich sehr entgegenkam.

Für diesen Zweck war auch die Spurweite mehrfach verstellbar. Bei einem Gewicht von 1308 kg war seine Zugkraft mit 15 t Anhängelast im 6. Gang durchaus beachtlich. Der 20-PS-Schlepper D 320 war aufgrund seiner sehr kompakten Größe ein idealer Allzweckschlepper, der vor allem von Besitzern mittelgroßer landwirtschaftlicher Betriebe gerne gekauft wurde. Auch das Preis-Leistungs-Verhältnis ging bei diesem Fahrzeug konform.

Der **D 324** war der zweitstärkste Schlepper der neuen Farmall-Diesel-reihe und als sehr leistungsfähiger Mittelklassetraktor allen Anforderungen und Arbeitsbereichen gewachsen. Unter der roten Motorhaube wirkte ein wassergekühlter Wirbelkammer-Diesel mit drei Zylindern. Er wog 1348 kg und hatte ein Sechsganggetriebe für den Geschwindigkeitsbereich 1,4 km/h bis 18,8 km/h. Es war das mit Abstand meistverkaufte Modell.

Farmall D 324

1956–1962
PS/kW: 24/17,6
Hubraum: 1825 ccm
Stückzahl: 24 490

Das fünfzigste Firmenjubiläum des Neusser IH-Werkes war Anlass, einige weitere Modelle vorzustellen. Dazu gehörte der Typ D 214, der das Modell D 212 ersetzte. Bei diesem Fahrzeug mit Sechsganggetriebe war die erste Geschwindigkeitsstufe als Kriechgang ausgelegt. Ein hydraulischer Kraftheber mit Dreipunktaufhängung war als Sonderwunsch an diesem 1053 kg schweren Kleintraktor zu installieren.

Farmall D 214

1958–1962
PS/kW: 14/10,2
Hubraum: 1103 ccm
Stückzahl: 8 046

KRAMER

„Allesschaffer" und Dieselschlepper

Kramer K 28

1948–1950
PS/kW: 28/20,5
Hubraum: 2860 ccm
Stückzahl: 107

Kramer

Der Traktorenhersteller Gebr. Kramer GmbH in Gutmadingen konnte nach Kriegsende den Bau von Ackerschleppern zunächst nur in improvisierter Form aufnehmen. Das geschah überwiegend mit noch vorhandenen Materialbeständen bzw. in Form von Umbauten früherer Holzgastraktoren, welche ursprünglich sogar noch bis 1948 in kleinen

Stückzahlen weitergebaut wurden. Nachdem aber flüssige Kraftstoffe wieder in ausreichender Menge erhältlich waren, ging man verstärkt an die Umrüstung dieser Traktoren auf Dieselbetrieb. Daneben wurde an einer neuen Schlepperkonstruktion gearbeitet, die auf Basis dieses Fahrzeugs entstehen sollte. Es dauerte aber bis September 1948, drei

Monate nach der Währungsreform, bis das als K 28 bezeichnete neue Modell angeboten werden konnte. Zum Einbau gelangte ein wassergekühltes Dieselaggregat mit Wirbelkammersystem von MWM (Motoren-Werke Mannheim) sowie ein Fünfganggetriebe von der Zahnradfabrik Friedrichshafen für maximal 20,3 km/h.

Kramer K 12

1948–1950
PS/kW: 12/8,8
Hubraum: 1100 ccm

Auf den „Allesschaffer", den berühmt gewordenen Bauernschlepper Kramer K 12, stützten sich – neben dem stärkeren K 18 während der ersten Nachkriegsjahre – die hauptsächlichen Fertigungsaktivitäten dieses Herstellers. Die Nachfrage nach diesen ausgesprochen einfach mit Verdampfungskühlung kon

struierten und demzufolge auch preislich günstigen Kleinschleppern war so groß, dass Lieferfristen von teilweise 15 Monaten bestanden. Die späteren Ausführungen dieses nahezu unverändert der Vorkriegsausführung entsprechenden Modells hatten bereits breite, als Sitzplätze ausgebildete Hinterradkotflü

gel. Hier ein hervorragend restauriertes Exemplar, das noch zu Beginn des Jahres 1951 hergestellt wurde.

184

Mitte des Jahres 1950 stellte Kramer das verbesserte Modell K 12 V vor, das auch unter dem Traditionsnamen „Allesschaffer" angeboten wurde. Der Kleinschlepper besaß ebenfalls eine Verdampfungskühlung, allerdings bereits eine nach hinten klappbare Motorhaube. Der K 12 V war mit 3575,– DM seinerzeit der mit Abstand preiswerteste Schlepper seiner Klasse, und die Nachfrage war entsprechend groß. Dieser hier ist von 1951.

Kramer K 12 V

1950–1952
PS/kW: 12/8,8
Hubraum: 1100 ccm
Stückzahl: 555

Die leistungsstärkere Variante des „Allesschaffer" von Kramer war das Modell K 18, das es bereits ab 1939 gab. Ebenso wie beim K 12 wurde dessen Bau ab September 1948 wieder aufgenommen. Der 1650 kg schwere Traktor besaß eine einheitliche Bereifung und war mit einem Güldner-Dieselmotor mit Verdampfungskühlung und einem Vierganggetriebe der Zahnradfabrik Passau ausgerüstet.

Kramer K 18-20

1948–1950
PS/kW: 20/14,6
Hubraum: 1639 ccm

1945–1960

Mit dem ab Januar 1950 erhältlichen Modell K 22 Th entstand auf der motorischen Basis des Güldner GW 20-Dieselmotors ein 22-PS-Schlepper, der bereits mit Thermosyphon- bzw. Wasserumlaufkühlung ausgerüstet war. Bei diesem Fahrzeug gelangte das neue Kramer-Fünfganggetriebe zum Einbau.

Kramer K 22 Th

1950–1951
PS/kW: 22/16,1
Hubraum: 1639 ccm
Stückzahl: 1239

Kramer KB 12

1952–1953
PS/kW: 12/8,8
Hubraum: 810 ccm
Stückzahl: 1398

Ein Kleinschlepper für geringe Betriebsgrößen war das Kramer-Modell KB 12, das mit einem wassergekühlten Einzylinder-Diesel von Güldner ausgerüstet war. Der Traktor brachte 1100 kg auf die Waage und war mit einem Getriebe aus eigener Fabrikation mit sechs Vorwärts- und zwei Rückwärtsgängen bestückt. In jener Zeit waren Schlepper dieser Größenordnung „die" Renner.

Kramer KL 11

1953–1956
PS/kW: 11/8,1
Hubraum: 763 ccm
Stückzahl: 6312

Der KL 11 war mit nur 870 kg ein ausgesprochenes Leichtgewicht unter den Kleinschleppern. Unter seiner grün lackierten Haube arbeitete ein luftgekühlter Einzylinder-Wirbelkammer-Dieselmotor F 1 L 612 von Deutz, dessen Fünfganggetriebe der Zahnradfabrik Friedrichshafen (ZF) von 2,72 bis 19,8 km/h abgestuft

war. Obwohl Kramer auch als Produzent größerer Schlepper bekannt wurde, konzentrierte sich das Angebot auf die leichteren Modelle. Der KL 11 war der wohl stückzahlmäßig größte Markterfolg, den Kramer jemals verzeichnen konnte. Der Kleinschlepper KL 11 von Kramer war für das am Markt gut eingeführte Unternehmen eine der tragenden Säulen des Absatzes. Seine außerordentlich guten, nur innerhalb von drei Jahren erzielten Abverkäufe machen gleichzeitig deutlich, wie überproportional hoch die Nachfrage in dieser Leistungsklasse war. Die meisten dieser Traktoren, wie auch die der Mitbewerber, gingen zweifelsohne an landwirtschaftliche Klein- und Nebenerwerbsbetriebe.

Kramer K 15

1954–1956
PS/kW: 15/11
Hubraum: 1250 ccm
Stückzahl: 3620

Das wassergekühlte Kramer-Modell K 15 war ein in Schlepper in Blockbauweise, der mit einem Zweizylinder-Viertakt-Dieselmotor von MWM sowie einem Fünfganggetriebe von der Zahnradfabrik Friedrichshafen ausgestattet war. Mit 1045 kg Gewicht erreichte das mit einer Pendelvorderachse bestückte Fahrzeug 19,3 km/h.

Kramer KA 15

1955–1959
PS/kW: 15/11
Hubraum: 1250 ccm
Stückzahl: 2305

Der seit 1955 gebaute KA 15 war ein wassergekühlter Kleinschlepper, der eine Leistungslücke im Verkaufsangebot dieses Herstellers schloss. Er basierte weitgehend auf dem bereits ein Jahr zuvor erschienenen K 15, von dem er sich aber durch ein neues, zweistufiges Gruppenschaltgetriebe unterschied. Es besaß eine Acker- und Kriechganggruppe, die den Geschwindigkeitsbereich von 0,58 bis 19,5 km/h abdeckte.

Schon bald gab es auch von Kramer Traktoren mit luftgekühlten Motoren. Dazu gehörte der Kleinschlepper KA 110, der mit dem luftgekühlten Einzylinder-Dieseltriebwerk F 1 L 612 von Deutz sowie einem Fünfganggetriebe, das aus eigener Fertigung stammte und mit einer aus zusätzlichen fünf Gängen bestehenden Kriechganggruppe ausgerüstet war.

Kramer KA 110

1956–1958
PS/kW: 11/8,1
Hubraum: 763 ccm
Stückzahl: 1848

Kramer KB 180

1956–1959
PS/kW: 18/13,2
Hubraum: 1305 ccm

Mit dem Modell KB 180 wurde ab Oktober 1956 der Vielzahl des Kramer-Typenprogramms ein weiteres Fahrzeug hinzugefügt. Es war ein starker Kleinschlepper in Blockbauweise, der mit einem wassergekühlten Zweizylindermotor von Güldner bestückt worden war und über ein Zehnganggetriebe verfügte, das in zwei Gruppen aufgeteilt war. Der auf Wunsch erhältliche Mähwerksantrieb konnte mittels Adapter auch als Riemenscheibe genutzt werden.

Kramer KA 250

1956–1958
PS/kW: 25/18,3
Hubraum: 1840 ccm

Mit 25 PS Motorleistung war der KA 250 von Kramer schon ein Mitglied der mittelschweren Leistungsklasse. Er wurde von dem wassergekühlten Zweizylinder-Güldner-Wälzkammer-Dieselmotor 2 BN angetrieben und verfügte über ein Kramer-Schaltgetriebe der Baugruppe II.

Kramer KL 200

1958–1960
PS/kW: 18/13,2
Hubraum: 1700 ccm
Stückzahl: 2570

Der KL 200 von Kramer war ein Fahrzeug mit einem luftgekühlten Zweizylinder-Deutz-Dieselmotor F 2 L 712, der leistungsmäßig auf 18 PS gedrosselt worden war. Es war ein Fahrzeug mit 350 mm Bodenfreiheit, 1270 kg Gewicht und einem Kramer-Getriebe der Baugruppe I, das in zwei Schaltgruppen geteilt war und insgesamt über zehn Vorwärts- und zwei Rückwärtsgänge verfügte.

Ab April 1960 befand sich der erfolgreiche KL 200 mit der neuen nach vorn klappbaren Motorhaube im Kramer-Verkaufsprogramm. Dieses Fahrzeug war im Prinzip mit seinem Vorgänger identisch, wobei auch der luftgekühlte Zweizylinder-Viertakt-Dieselmotor F 2 L 712 von Deutz zum Einbau kam. Das zuvor nur auf Wunsch mit Kriechgängen erhältliche Kramer-Getriebe gab es nun serienmäßig. Dieser 1150 kg schwere Traktor besaß eine pendelnd aufgehängte Starrachse mit Einzelradfederung.

Kramer KL 200

1960–1961
PS/kW: 18/13,2
Hubraum: 1700 ccm

Der Kleinschlepper KL 130 ersetzte im August 1958 das Kramer-Modell KL 12. In diesem Fahrzeug arbeitete der luftgekühlte Einzylinder-Deutz-Diesel F 1 L 712 mit Wirbelkammerverfahren. Bis zum Modellwechsel 1959 konnten innerhalb von nur zehn Monaten beachtliche 1450 Einheiten verkauft werden.

Kramer KL 130

1958–1959
PS/kW: 11/8,1
Hubraum: 850 ccm
Stückzahl: 1450

Kramer KA 330

1957–1958
PS/kW: 33/24,2
Hubraum: 2280 ccm
Stückzahl: 352

Der starke KA 330 setzte die Tradition des seit 1951 gebauten gleichstarken K 33 nun mit dem luftgekühlten Dreizylinder-Deutz-Diesel F 3 L 612 fort. Es war mit Ausnahme des nur in geringen Stückzahlen gebauten K 45 der stärkste während der 1950er-Jahre gebaute Schlepper dieses Herstellers. Dieser schwere Traktor verfügte über ein Kramer-Ge-

triebe der Baugruppe II mit zehn Vorwärts- und zwei Rückwärtsgeschwindigkeiten zwischen 0,57 und 19,6 km/h. Neben der Getriebezapfwelle war auf Wunsch auch eine Motorzapfwelle sowie eine Kramer-Bosch-Dreipunkthydraulikanlage mit 1100 kg Hubkraft beziehbar. Dieser 1957 gebaute Schlepper links ist mit Allwetterverdeck und seitlich angebrachtem Binger-Seilzug ausgerüstet. Das Modell KA 330 bildete das Hauptstandbein dieses Herstellers in der schwereren Leistungsklasse, wenn die Verkaufszahlen auch nicht gerade übermäßig hoch waren. Dieses Fahrzeug hatte 1580 kg Gewicht bei eingebauter Motorzapfwelle und eine Doppelkupplung.

Kramer Pionier S

1959–1962
PS/kW: 14/10,2
Hubraum: 763 ccm
Stückzahl: 971

Zwischen 1958 und 1959 fand die fällige Aktualisierung des äußeren Erscheinungsbildes der Kramer-Schlepper statt. Eine moderne Haube überdeckte jetzt die Motoren. Mit dem komfortablen Schwingsitz hatte man auch etwas Positives für den Schlepperfahrer erwirkt. Für den unter der Typenbezeichnung Pionier S angebotenen Kleintraktor hatte Kramer ein völlig neues Fünfganggetriebe mit Kriechgeschwindigkeit entwickelt.

Kramer

LANZ

Die Firma Heinrich Lanz, vor dem Krieg noch der uneingeschränkte Marktführer unter den deutschen Herstellern, war nicht unbeschadet aus dem verlorenen Krieg hervorgegangen. Der größte Teil der Mannheimer Fabrikationsanlagen lag in Trümmern und der Neubeginn gestaltete sich schwierig. Dazu kam, dass der seit 1921 im Prinzip nur wenig veränderte Glühkopfmotor dringend einen Nachfolger brauchte. Die Entwicklung war nicht stehen geblieben, und mit den modernen Dieselschleppern, beispielsweise von Deutz und Hanomag, hatte Lanz ernst zu nehmende Konkurrenten bekommen. Deren Motoren boten einen besseren Bedienungs- und Betriebskomfort, mit denen der raue Glühkopfmotor aufgrund seiner Konstruktion nicht mithalten konnte.

Die Unternehmensleitung erkannte die Zeichen der Zeit nicht und hatte kein Typenprogramm in der Schublade, das auf dem neuesten Stand der Technik war. Man setzte weiter auf den einzylindrigen Glühkopfmotor, den man zwar in den folgenden Jahren verbessern konnte, der aber im Grunde der gleiche blieb. Das Klima war für Lanz entschieden härter geworden, denn es gab wohl keine Ar-

beit in der Land- und Forstwirtschaft oder im Straßentransport mehr, bei der Lanz-Bulldogs eine unangefochtene Überlegenheit aufweisen konnten. Überall standen ihnen nun Konkurrenten gegenüber, die entweder ebenso gut oder sogar noch besser waren.

Es dauerte einige Jahre, bis das neue Programm in Serie gehen konnte. In der Zwischenzeit musste Lanz mit den Typen beginnen, mit denen man aufgehört hatte, nämlich mit den klassischen Glühkopfmaschinen. Zu den erfolgreichsten unter ihnen zählte der 35 PS starke D 8506 Ackerluft-Bulldog. Die ersten offenbar aus Restteilen gefertigten Nachkriegsexemplare wurden bereits ab Dezember 1946 gebaut. Das Fahrzeug unten ist von 1951. Der etwa 3650 kg schwere D 8506 hatte serienmäßig 12,75-28er Hinterradbereifung.

Der tiefe Fall eines Giganten

Lanz-Bulldog D 8506

1946–1955
PS/kW: 35/25,6
Hubraum: 10 338 ccm
Stückzahl: über 2581

1945–1960

Lanz-Bulldog D 8506

Baureihe HR 7

1946–1955
PS/kW: 35/25,6
Hubraum: 10 338 ccm
Stückzahl: über 2581

Der mittelschwere 35-PS-Acker-luft-Bulldog von Lanz gehörte mit zu den wichtigsten Typen des Nach-kriegsprogramms. Allerdings konnte stückzahlmäßig nicht an die hohen Verkaufszahlen der Vorkriegszeit an-geknüpft werden. In der Ausstat-tung der einzelnen Maschinen gab es teilweise erhebliche Unterschie-de, da auch viele Sonderausrüs-tungsteile erhältlich waren. Links oben ein 1950 gebautes Exemplar mit geraden Stehblechen zwischen Fahrersitz und Hinterrädern. Oben rechts ein gut restaurierter D 8506 Ackerluft-Bulldog mit runden Hinter-radkotflügeln. Die Vorderachse war als ungefederte Gabelachse ausge-bildet und die anfangs noch vorhan-dene 6-Volt-Anlage wurde schon bald gegen eine solche mit 12 Volt ausgetauscht. Der Neupreis in der Grundausstattung betrug im Jahr 1950 10 800,– DM. Das Bild unten zeigt einen üppig ausgestatteten D 8506-Bulldog von 1949. Neben runden Kotflügeln über den Hinter-rädern sind auch die Vorderräder mit Kotflügeln versehen worden. Darü-ber hinaus ist die Vorderachse gefe-dert.

Der mittelschwere Ackerluft-Bulldog D 7506 gehörte mit zu den allerersten Typen, die im Nachkriegsdeutschland wieder gebaut wurden. Erst ab 1950 konnte von einer Serienfertigung gesprochen werden. Den D 7506 gab es auch in einer Version mit Eisenrädern. Mit fast 10 000 verkauften Einheiten lief der Nachkriegsabsatz ausgezeichnet. Er blieb bis zum Erscheinen der verbesserten Halbdieselmodelle in den Verkaufslisten. Hier ein luftbereiftes Fahrzeug von 1950 mit dachförmigen Hinterradkotflügeln.

Lanz-Bulldog D 7506
Baureihe HN 3

1945–1952
PS/kW: 25/18,3
Hubraum: 4767 ccm
Stückzahl: 9501 (bis 1951)

Unter der Typenbezeichnung des 25-PS-Ackerluft-Bulldogs wurde – verwirrend genug – seit 1939 auch ein Lanz-Allzweck-Bulldog mit großen 9-42er-Hinterrädern angeboten. Dieses Fahrzeug gelangte ab 1950 wieder in die Fabrikation. Es war ein besonders für Hackfrucht- und Pflegearbeiten geeigneter Schlepper mit der hohen Bodenfreiheit von 470 mm. Ausgerüstet war dieses 2150 kg schwere Modell mit einer elektrischen Anlasszündung und ab 1951 mit einer 12-Volt-Anlage. Die ersten Allzweck-Bulldogs besaßen noch die alten, runden Hinterradkotflügel, die schon bald durch die dachförmige Ausführung ersetzt wurden. Ferner besaß dieses Modell eine gekröpfte Turmachse als Vorderachskonstruktion sowie serienmäßig eine Getriebezapfwelle. Das gut restaurierte Fahrzeug mit Dach rechts ist von 1950.

Lanz-Bulldog D 7506
Baureihe HN 3

1950–1952
PS/kW: 25/18,3
Hubraum: 4767 ccm

Lanz-Bulldog D 9506

Baureihe HR 8

1945–1955
PS/kW: 45/32,9
Hubraum: 10 338 ccm
Stückzahl: 3817 (bis 1951)

Für die Nachkriegsumsätze bei Lanz wichtiger als das 35-PS-Bulldog-Modell war der 45-PS-Ackerluft-Bulldog D 9506. Dem Vernehmen nach verließen bereits 1945 die ersten 16 Exemplare das zu etwa 90 % zerstörte Werk. Auch dieser 10-Liter-Bulldog verfügte über das Kugelschaltgetriebe mit sechs Vorwärts- und zwei Rückwärtsgeschwindigkeiten. Oben ein 1950 gebautes Fahrzeug. Auch der D 9506 verfügte über

Dieselkonkurrenz war übermächtig geworden. Außerdem wurde der geringe Fahrkomfort und das raue Gepolter von den Kunden immer seltener kritiklos hingenommen. In der Verkaufsstatistik wurden die einzelnen Größenklassen mit 35, 45 und 55 PS Motorleistung nicht mehr getrennt erfasst, sodass leider keine aussagefähigen Zahlen überliefert sind. Das Exemplar Mitte links entstand im Jahr 1953 und es entsprach in seiner Bestückung in etwa dem Verkehrsbulldog. Der starke D 9506 war besonders für schwere Acker- und Pflugarbeiten auf größeren Höfen vorgesehen. Er war robust, anspruchslos und einfach in Bedienung und Wartung. Die Hinterbereifung in der Größe 1275-28 war mit der des 35-PS-Bulldogs identisch.

die ungefederte Gabelvorderachse und eine Getriebezapfwelle. Sein Gewicht lag – je nach der Ausrüstung – bei etwa 3300 kg und die maximale Kraft am Zughaken betrug 2700 kg. Mitte rechts ein 1949 gebautes Fahrzeug mit Windschutzscheibe und Scheibenwischer. Der Neupreis in der Grundausstattung im Jahr 1950 betrug 11 500,– DM. In den letzten Jahren der Fertigung hatte der Absatz der schweren 10-Liter-Bulldogs stark nachgelassen. Die

Ende 1949 erschien der 20-PS-All-zweck-Bulldog D 3506 neu im Verkaufsangebot der Heinrich Lanz AG. Es war ein Fahrzeug für Pflegearbeiten wie Unkraut- und Schädlingsbekämpfung in Kulturen mit unterschiedlichen Reihenabständen. Zu diesem Zweck war der D 3506 mit verstellbarer Spurweite der Vorder- und Hinterräder ausgerüstet. Serienmäßig war er mit den neuen eckigen Hinterradkotflügeln versehen.

Lanz-Bulldog D 3506
Baureihe HN 5
1950–1952
PS/kW: 20/14,6
Hubraum: 4767 ccm

hatte, konnte nun mit der ursprünglichen Drehzahl von 750 U/min die Höchstleistung von 55 PS wieder zur Verfügung stellen. Bis zum Ende seiner Fertigung im Oktober 1955 hatte dieser Bulldog seinen festen Kundenstamm, sodass von ihm etwa ebenso viele Fahrzeuge wie von den Nachfolgern als Halbdiesel verkauft wurden.

Lanz-Bulldog D 1506
Baureihe HR 8
1950–1955
PS/kW: 55/14,3
Hubraum: 10 338 ccm
Stückzahl: 394 (bis 1951)

Auch das leistungsmäßige Spitzenmodell in der Familie der Großbulldogs, der D 1506, erlebte nach dem Krieg eine Neuauflage. Er gelangte als letztes Bulldog-Modell wieder ins Bauprogramm. Mithilfe des Sechsganggetriebes konnte der schwere Bulldog auf 19,9 km/h beschleunigt werden. Er wog rund 3500 kg und besaß die schon vom 35- bzw. 45-PS-Modell her bekannte Hinterradgröße. Oben ein 1951 gebautes Fahrzeug mit ungefederter Gabelvorderachse. Dieser Lanz-Bulldog, dessen Drehzahl während des Krieges zwecks Materialschonung auf 630 U/min gesenkt worden war, was Leistungseinbußen zur Folge

Lanz-Bulldog D 2539
Baureihe HR 9

1945–1954
PS/kW: 55/40,3
Hubraum: 10 338 ccm
Stückzahl: 508

Ab 1945 lief auch die Fertigung des schweren Eilbulldogs langsam wieder an. Wie vor dem Krieg gab es ihn in der offenen Variante D 2531 mit Faltverdeck sowie mit geschlossenem Fahrerhaus als D 2539. Die Fahrzeuge der Nachkriegsfertigung verfügten ausschließlich über ungeteilte, ausstellbare Frontscheiben. Im fünften Gang erreichte der Eilbulldog mit 29,2 km/h seine Höchstgeschwindigkeit. Das Gewicht der im Straßenverkehr häufig eingesetzten Zugmaschine betrug etwa 4400 kg. Hier ein schöner Eilbulldog mit festem Fahrerhaus von 1952.

Lanz D 1706
Baureihe HE

1952–1955
PS/kW: 17/12,5
Hubraum: 2256 ccm
Stückzahl: 7328

Der Mitteldruckmotor der neuen Bulldog-Reihe von Lanz, besser bekannt als Halbdiesel, war ein ventilloser Zweitaktmotor mit Schlitzsteuerung und Selbstzündung. Er wurde mit Benzin gestartet und nach dem Warmlaufen auf Diesel umgestellt. Im Gegensatz zu den alten Glühkopfmotoren zeichneten sich die Mitglieder der Reihe durch stark reduzierte Auspuffgeräusche und eine große Laufruhe im Stand aus. Das 1955 gebaute Fahrzeug oben ist mit einem Allwetterverdeck ausgerüstet. Mit dem D 1706 wurde im November 1952 – nach rund drei-

jähriger Entwicklungsarbeit – das erste Glied und der gleichzeitig kleinste Typ der neuen Bulldog-Reihe mit Diesel-Mitteldruckmotor präsentiert. Dieser Motor sollte den seit 1921 nur wenig veränderten und mittlerweile nicht mehr zeitgemäßen Glühkopfmotor ablösen. Unten ein Fahrzeug von 1953.

Im neuen Mitteldruckmotor waren alle spezifischen Vorteile, mit denen der bisherige Glühkopfmotor glänzen konnte, erhalten geblieben. Der Motor verarbeitete auch weiterhin billige Öle, war robust, langlebig, einfach zu bedienen und dabei genauso sparsam wie ein Dieselmotor. Neben ihrer schmalen Bauweise waren die neuen Schlepper an ihrem runden, neu gestalteten Lanz-Schild mit Zahnrad und Ährenkranz zu identifizieren. Hier ein schön wiederhergerichtetes Fahrzeug mit Seitenmähwerk von 1954.

Lanz D 1706
Baureihe HE

1952–1955
PS/kW: 17/12,5
Hubraum: 2256 ccm
Stückzahl: 7328

Auch beim Modell D 2206 war der Glühkopf entbehrlich geworden. Sein Aussehen entsprach fast vollständig dem 17-PS-Bulldog, wobei bei beiden Fahrzeugen die rechts seitlich geführte Lenkung charakteristisch war. Der D 2206 wog 1270 kg und mithilfe seines kugelgeschalteten Sechsganggetriebes ließ sich der Schlepper auf 20 km/h beschleunigen

Lanz D 2206
Baureihe HE

1952–1955
PS/kW: 22/16,1
Hubraum: 2256 ccm
Stückzahl: 6298

Der D 1906 von Lanz war ein Übergangsmodell zu den in Kürze zu erwartenden Volldieselmodellen und wurde überwiegend mit der neuen runden Haube ausgeliefert. Er lös-

te für kurze Zeit den D 1706 ab, von dem er sich durch eine etwas höhere Leistung unterschied. Offenbar sind einige dieser Modelle – wie das abgebildete Fahrzeug – mit der schmalen Motorverkleidung des D 1706 gebaut worden.

Lanz-Bulldog D 1906
Baureihe HE

1955
PS/kW: 19/13,9
Hubraum: 2256 ccm
Stückzahl: 600

Lanz D 2216
Baureihe HE

1955
PS/kW: 22/16,1
Hubraum: 2256 ccm
Stückzahl: 1000

Ebenso wie der D 1906 handelte es sich beim D 2216 um ein Übergangsmodell, das für kurze Zeit an die Stelle des D 2206 trat. Die Technik entsprach weitgehend seinem Vorgänger; hingegen wurde bereits die neue Haubenform der neuen Lanz-Volldieselbulldogs gewählt.

Lanz-Bulldog D 5506
Baureihe HE

1950–1952
PS/kW: 16/11,7
Hubraum: 2807 ccm
Stückzahl: 8255

Dieses Modell war der bereits 1950 vorgestellte Nachfolger des in nur geringen Stückzahlen gebauten 15-PS-Bauern-Bulldogs von 1939. Gleichzeitig war es die letzte Entwicklungsstufe des Lanz-Glühkopfmotors. Er hatte einen auf der linken Seite vor dem Auspuff befindlichen Seitenglühkopf, der im Vorderachs-

träger untergebracht war. Serienmäßig besaß er eine elektrische Zündanlage und ein Schaltgetriebe mit sechs Vorwärts- und zwei Rückwärtsgängen. Dieses leichte Fahrzeug verkaufte sich in sehr beachtlichen Stückzahlen, da es dem Leistungsbedarf der zu motorisierenden Kleinbetriebe entsprach.

Lanz D 2806
Baureihe HE

1952–1955
PS/kW: 28/20,5
Hubraum: 3711 ccm

Der D 2806 war ein mittelschwerer Halbdiesel, der an die Stelle des Allzweck-Bulldogs D 7506 trat. Es war ein Fahrzeug mit einer für seine Klasse außergewöhnlichen Zugkraft. Serienmäßig besaß dieser Allzweck-Bulldog 9-42er-Hinterräder, bei dem auf Wunsch ein wahlweise mit Drei- oder Vierpunktaufhängung ausgebildeter hydraulischer Kraftheber, ein Wittenburg-Frontlader, Seilwinde, Mähwerk und andere Zubehörteile angebracht werden konnten. Hier ein 1955 gebautes Fahrzeug mit Windschutzscheibe.

Auch der starke Halbdiesel D 2806 besaß mit seinem neuen Mitteldruckmotor ein günstiges Drehmoment. Er hatte ein Gewicht von etwa 2220 kg, wovon 1420 kg auf die hintere Antriebsachse entfiel. Er war mit einer einzelradgefederten Pendelvorderachse und serienmäßig mit einer Getriebezapfwelle bestückt. Das Sechsganggetriebe lag im Geschwindigkeitsbereich zwischen 3,3 und 18,5 km/h.

Lanz D 2806
Baureihe HE

1952–1955
PS/kW: 28/20,5
Hubraum: 3711 ccm

Ab 1953 erweiterte Lanz das bestehende Halbdiesel-Schlepperprogramm um ein 36-PS-Modell, das den zwar bewährten, technisch aber überholten 35-PS-Glühkopfbulldog D 8506 ersetzen sollte. Das Fahrzeug besaß das Sechsgang-Schaltgetriebe für maximal 19,2 km/h und hatte ein Gewicht von 2390 kg. Der eingebaute lastabhängige Drehzahlregler ermöglichte es, bei voll erhaltener Zughakenkraft auch bei Kriechgeschwindigkeit zu fahren. Die Zugleistung fiel mit 30 t im ersten Gang beachtlich aus. Der Lanz D 3606 war eine Weiterentwicklung des kleineren D 2806, dem er äußerlich sehr ähnelte. Beide Modelle waren von der Konzeption her Allzweck-Bulldogs, wobei sich der D 3606 trotz seines höheren Gewichts ebenso gut für Kultur- und Pflanzarbeiten eignete, obwohl er mehr einem Zugschlepper gerecht wurde. Serienmäßig verfügte er über eine Pendelvorderachse mit Einzelradfederung, eine Getriebezapfwelle und 13-30er-Hinterräder. Auf Wunsch gab es die Reifengröße 11-38 hinten und wie auch beim D 2806 eine hydraulische Krafthebeanlage, die entweder nach dem Drei- oder Vierpunktsystem arbeitete. Die übrige Zusatzausrüstung, wozu auch Dach und Windschutzscheibe gehörten, entsprach im Wesentlichen dem kleineren Modell.

Lanz D 3606
Baureihe HN

1953–1956
PS/kW: 36/26,4
Hubraum: 3711 ccm
Stückzahl: 3340

Lanz D 3206

Baureihe HN

1955–1956
PS/kW: 32/23,4
Hubraum: 3711 ccm

Das Halbdiesel-Modell D 3206 sollte die Leistungslücke zwischen D 2806 und D 3606 füllen. Es entstand durch Drehzahlsteigerung aus dem D 2806, war nur kurz im Programm, und seine produzierte Stückzahl blieb gering. Sein Gewicht betrug 2270 kg, eingebaut war das obligatorische Sechsganggetriebe und 11-38er-Hinterräder. Auf Wunsch waren auch 9-42-Speichenradsätze zu erwerben. Dieser mit Verdeck ausgerüstete Bulldog wurde 1956 gebaut.

Lanz D 5006

Baureihe HR

1955–1958
PS/kW: 50/36,6
Hubraum: 7372 ccm

Mit dem schweren Lanz-Halbdiesel-Bulldog D 5006 stand für die vielen treuen Abnehmer des Hauses endlich wieder ein aktualisiertes, zeitgemäßes Fahrzeug der höheren Leistungsklasse zur Verfügung. Es war der Leistungsbereich, in dem das Haus Lanz schon seit jeher seine traditionellen Stärken aufzuweisen hatte. Da es bis 1955 weder für die großen Ackerluft- noch für die Verkehrs- oder Eilbulldogs mit Glühkopf einen adäquaten Ersatz gab, wurde die Geduld der Kunden, die bis dahin noch nicht zur Konkurrenz abgewandert waren, auf eine harte Probe gestellt. Dieser Bulldog wurde überall dort eingesetzt, wo extrem hohe Leistungen und Zugkräfte erforderlich waren. Rechts ein Fahrzeug mit Windschutzscheibe und Verdeck aus dem Jahr 1956. Der Lanz-Halbdiesel D 5006 erschien erstmals 1955 und ersetzte den auslaufenden D 9506 mit Glühkopfmotor. Seine Höchstleistung erbrachte der Motor bei 650 U/min. Der 3230 kg schwere Schlepper hatte vorn eine ungefederte Gabelachse und serienmäßig eine Getriebezapfwelle.

Eine gewisse Rolle spielten etwa Mitte der 1950er-Jahre Umbauten von Glühkopfbulldogs zu Halbdieselmaschinen. Die Maßnahme geschah in der Regel aus Kostengründen, da der Umbau eines Glühkopfbulldogs erheblich preiswerter als die Neuanschaffung eines Schleppers war. Infrage kamen alle Modelle ab 1935 bis zum Ende der Glühkopf-Ära. Dabei entstanden oft recht unterschiedliche Schlepper, von denen so mancher ein Unikat darstellte. Aus dem D 9506 mit 45 PS entstand nach Umbau das Modell D 5006 A.

Lanz D 5006 A
Baureihe HR

1955
PS/kW: 50/36,6
Hubraum: 7372 ccm

Die Variante D 5016, die im gleichen Jahr wie der D 5006 lieferbar wurde, gehörte ebenfalls zu den großen Lanz-Halbdieseln. Die Motorzapfwelle war im Getriebe integriert und mittig eingebaut. Das Sechsganggetriebe dieser Ausführung besaß zusätzlich drei Kriechstufen und drei Rückwärtsfahrstufen, die damit den Geschwindigkeitsbereich von 1,2 bis 18,4 km/h abdeckten. Dieser gut restaurierte D 5016 verließ im Jahr 1959 die Werkstore.

Lanz D 5016
Baureihe HR

1955–1962
PS/kW: 50/36,6
Hubraum: 7372 ccm

Lanz D 6007
Baureihe HR
1955–1960
PS/kW: 60/43,9
Hubraum: 7372 ccm

Noch stärker und damit auch den allergrößten Arbeitsbelastungen gewachsen war der zeitgleich mit dem 50-PS-Halbdiesel vorgestellte D 6006 mit 60 PS Motorleistung. Eine Variante davon war das Verkehrsbulldog-Modell D 6007 mit einer Druckluftbremsanlage für überwiegenden Einsatz im Anhängerbetrieb auf den Straßen. Es

war der Nachfolger des legendären 55-PS-Eilbulldogs. Bei diesem etwa

3800 kg schweren Fahrzeug reichte das Sechsganggetriebe bis maximal 30 km/h, und auf Wunsch waren automatische Anhängerkupplung, hydraulischer Dreipunkt-Kraftheber, Getriebezapfwelle, Riemenscheibe, Seilwinde und ein geschlossenes Fahrerhaus erhältlich. Dieses offene, in den Niederlanden erhaltene Fahrzeug ist von 1958.

Lanz D 6016
Baureihe HR
1955–1962
PS/kW: 60/43,9
Hubraum: 7372 ccm

Der schwere Halbdiesel D 6016 war durch die zusätzlich installierten Kriechgangübersetzungen ein überaus vielseitiges Arbeitsgerät für allerschwerste Anforderungen sowie für Transportaufgaben jeglicher Art. Die Kriechgangausführung war – ähnlich wie das etwas schwächere Pendant D 5016 – bereits werksseitig mit einer Motorzapfwelle und Doppelkupplung erhältlich. Die Fahrzeuge waren so beliebt und die

Nachfrage so groß, dass die Produktion bis zum Jahr 1962 – lange nach Beginn der John-Deere-Ära – fortgesetzt wurde. Oben ein Fahrzeug in grünen John-Deere-Farben mit gefederter Vorderachse. Der D 6016 war das stärkste und schwerste Bulldogmodell, das in Deutschland gebaut wurde. Wie bei Lanz schon seit Jahren üblich, war die PS-Angabe auch bei diesem Typ untertrieben,

denn tatsächlich erbrachte der Motor – wie aus Testergebnissen ersichtlich – eine Dauerleistung von 66,1 PS. Mit 3920 kg Gewicht betrug seine maximale Zughakenkraft 3615 kg, womit der Bolide auch für die schwersten Arbeiten geeignet war. Das Modell D 6016 – unten ein Fahrzeug von 1957 – war mit drei zusätzlichen Kriechgängen bestückt.

Auf der DLG-Ausstellung in München im Mai 1955 wurde das Geheimnis des letzten Entwicklungsschritts der Mannheimer Lanz-Werke gelüftet und die neuen Schlepper mit reinen Dieselmotoren, kurz Volldiesel genannt, präsentiert. Es waren sehr fortschrittlich konzipierte Traktoren, deren Motoren die Vorzüge der Einzylinderbauweise mit de-

nen moderner Dieseltechnik verbinden sollten. Das kleinste Modell war der D 1616, der auch mit Seitenmähwerk für reine Grünlandbetriebe von großem Interesse war. Links ein sauber restauriertes Fahrzeug der ersten Bauserie mit einfacher Pendelvorderachse in Portalbauweise. Bereits der kleine D 1616 besaß einen Stufenregler, der dafür sorgte, dass un-

abhängig von der Stellung des Gaspedals in den Bereichen zwischen 850 und 1100 U/min die volle Leistung von 16 PS zur Verfügung stand. Der Schlepper wog 1260 kg, die maximale Zughakenkraft betrug 1578 kg, ein durchaus beachtlicher Wert für einen Traktor dieser Leistungsklasse. Oben ein 1957 gebautes Fahrzeug mit Allwetterverdeck.

Am 1. Oktober 1956 hatte die John Deere Company die Aktienmehrheit der in Schwierigkeiten geratenen Lanz-Werke übernommen. Als Folge davon verließen ab September 1958 die Bulldogs in grüngelber Farbgebung die Werkstore. Als weiterer Schritt änderte sich dann zum Januar 1960 auch die Firmierung in John Deere-Lanz, was auch auf den letzten gebauten Fahrzeugen dokumentiert wurde. Hier sehen wir einen derartigen John Deere-Lanz D 1616 aus seinem letz-

ten Fertigungsjahr. Bereits ab 1957 verfügte dieses Modell serienmäßig

über drei Kriechgänge und Einzelradfederung.

Lanz D 1616
Baureihe HE

1955–1957
PS/kW: 16/11,7
Hubraum: 2256 ccm

Lanz D 1616
Baureihe HE

1955–1960
PS/kW: 16/11,7
Hubraum: 2256 ccm
Stückzahl: 5402

Lanz D 2016

Baureihe HE

1955–1960
PS/kW: 20/14,6
Hubraum: 2256 ccm

Zu den vier Modellen des neuen Lanz-Volldiesel-Programms, die nach dem Baukastensystem konstruiert waren, gehörte auch der für mittelgroße Betriebe besonders geeignete D 2016. Im Gegensatz zum kleineren D 1616 war die Portalvorderachse bereits ab Baubeginn einzelradgefedert; drei zusätzliche Kriechgänge gab es erst ab 1957. Zum gleichen Zeitpunkt stand auch eine Motorzapfwelle im Zubehörkatalog. Der 2016 wog 1400 kg und erzeugte 1829 kg als maximale Zughaken-

kraft. Oben ein Fahrzeug aus dem ersten Baujahr. Auch der D 2016 wurde – wie alle übrigen Lanz-Bulldogs – ab Januar 1960 durch die neue Beschilderung John Deere-Lanz kenntlich gemacht, nachdem die grün-gelbe Lackierung bereits ab September 1958 eingeführt worden war. Im Übrigen waren D 1616 und D 2016 motorisch von den Abmessungen her insofern identisch, als dass die Leistungsdifferenzen durch unterschiedliche Drehzahlen und Einspritzmengen reguliert werden konnten. Bild Mitte ein Schlepper aus dem Jahr 1960. Dieser mittelschwere Traktor erzeugte seine Leistung bei 950 U/min und war serienmäßig mit Getriebezapfwelle, auf Wunsch mit Riemenscheibe, Lanz-Blockhydraulik mit Dreipunktaufhängung, Mähwerk, Windschutzscheibe, Allwetterdach, Gitterrädern sowie nach unten geführtem Auspuff erhältlich. Die Hinter-

radbereifung war als Größe 7-36 serienmäßig ausgewiesen; auf Wunsch gab es auch die Größen 8-32 und 10-28. Das 1956 gebaute Fahrzeug mit Umsturzbügel unten links besitzt die Standardbereifung. Auch der D 2016 verfügte über einen lastabhängigen Drehzahlregler, damit in jeder Gasstufe jeweils die höchste Motorleistung zur Verfügung stand. Für den Einsatz als Pflegeschlepper war die Spur vorne und hinten mehrfach verstellbar. Das installierte Sechsganggetriebe reichte – ohne die Kriechgeschwindigkeiten – von 3,2 bis maximal 18,2 km/h.

Lanz D 2416

Baureihe HE

1955–1960
PS/kW: 24/17,6
Hubraum: 2617 ccm

Das nächstgrößere Modell, der Volldiesel D 2416, war ein kraftvoller Schlepper mit 1992 kg maximaler Zughakenkraft und 1490 kg Gewicht. Er besaß einen hubraumstärkeren Motor, der seine Höchstleistung bei 1050 U/min erzeugte. Auch er verfügte über die einzelradgefederte Portalvorderachse und war serienmäßig mit Getriebezapfwelle und einer 10-28er-Hinterradbereifung bestückt. Hier ein Fahrzeug mit Umsturzbügel des Baujahrs 1956. Auch der D 2416 musste den Farbwechsel von blau-rot auf grün-gelb sowie die mit dem Führungswechsel in Mannheim einhergehenden unterschiedlichen Beschilderungen über sich ergehen lassen. Der 1960 gebaute D 2416 mit Allwetterverdeck oben war in der letzten Stufe mit John Deere-Lanz-Beschilderung ausgeführt. Trotz der anhaltend großen Nachfrage nach den etwas veralteten Bulldogmodellen wurde deren Serienbau 1960 endgültig gestoppt.

Lanz D 2816
Baureihe HE

1955–1960
PS/kW: 28/20,5
Hubraum: 2617 ccm

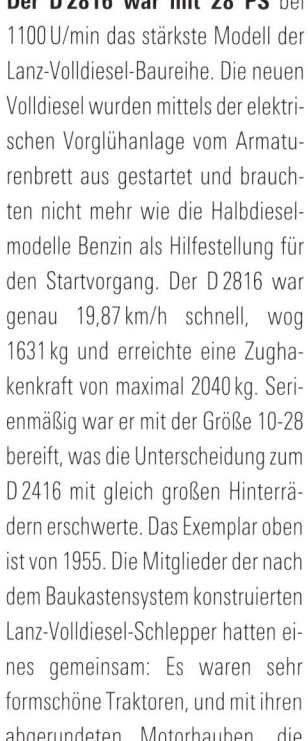

Der D 2816 war mit 28 PS bei 1100 U/min das stärkste Modell der Lanz-Volldiesel-Baureihe. Die neuen Volldiesel wurden mittels der elektrischen Vorglühanlage vom Armaturenbrett aus gestartet und brauchten nicht mehr wie die Halbdieselmodelle Benzin als Hilfestellung für den Startvorgang. Der D 2816 war genau 19,87 km/h schnell, wog 1631 kg und erreichte eine Zughakenkraft von maximal 2040 kg. Serienmäßig war er mit der Größe 10-28 bereift, was die Unterscheidung zum D 2416 mit gleich großen Hinterrädern erschwerte. Das Exemplar oben ist von 1955. Die Mitglieder der nach dem Baukastensystem konstruierten Lanz-Volldiesel-Schlepper hatten eines gemeinsam: Es waren sehr formschöne Traktoren, und mit ihren abgerundeten Motorhauben, die nach vorne aufgeklappt werden konnten, vermittelte die Reihe ein einheitliches Erscheinungsbild. Die Motoren entsprachen in vielen Bestandteilen den früheren Halbdieseln und hatten auch das Einzylindersystem mit ihnen gemeinsam. Das kleine Bild zeigt das Spitzenmodell dieser Reihe, der D 2816 mit Allwetterdach und 8-36er-Sonderbereifung hinten. Auch den D 2816 von Lanz mit seinem wassergekühlten Einzylinder-Zweitakt-Dieselmotor gab es ab 1957 bereits werksseitig mit drei Kriechgängen und wahlweise einer Motorzapfwelle und Doppelkupplung. Neben der 10-28er-Standardbereifung gab es diesen Schlepper auch mit den Hinterradgrößen 8-36 und 11-28 sowie mit nach unten geführtem Auspuff. Links unten ein Fahrzeug von 1958.

Dieser Volldieselbulldog ist die Schmalspurausführung des D 2416 speziell für Wein-, Hopfen- und Obstkulturen. Seine niedrige Bauweise mit dem dadurch günstigen Schwerpunkt gab ihm bei Einsätzen auf hügeligem Gelände eine gute Hangsicherheit. Die Spurweite war von 815 bis 1250 mm verstellbar, sodass auch reine Feldarbeiten geleistet werden konnten. Er wurde vor allem nach Frankreich für den Weinanbau exportiert.

Lanz D 2402
Baureihe HE

1956–1959
PS/kW: 24/17,6
Hubraum: 2617 ccm

Der D 4016 Lanz-Volldiesel-Bulldog war die letzte Schlepperkonstruktion nach dem Einzylinder-Zweitaktmotorkonzept und gleichzeitig der stärkste Diesel-Bulldog dieses Herstellers. In ihm kamen alle Erfahrungen zum Tragen, und vom D 4016 wird oft von einem Bulldog in seiner höchsten Entwicklungsstufe gesprochen. Dieses Fahrzeug sollte kein Modell im Verkaufsprogramm ersetzen, sondern die Leistungslücke zwischen den 36 und 50 PS Halbdieselbulldogs schließen. Links ein Fahrzeug aus dem ersten Baujahr des Typs. Der D 4016 hatte ein Sechsganggetriebe, das aus sechs Vorwärts- und zwei Rückwärtsgängen bestand. Es deckte den Geschwindigkeitsbereich von 3,5 bis 19,5 km/h ab. Auf die Hinterräder konnten entweder Reifen der Größe 11-38 oder 10-30 aufgezogen werden. Eine Lanz-Blockhydraulik mit Dreipunktaufhängung stand ebenso zur Verfügung wie ein hydraulisch zu betätigender Frontlader.

Lanz D 4016
Baureihe HN

1957–1960
PS/kW: 40/29,3
Hubraum: 4222 ccm
Stückzahl: knapp 1000

Lanz D 4016
Baureihe HN

1957–1960
PS/kW: 40/29,3
Hubraum: 4222 ccm
Stückzahl: knapp 1000

Der neue Bulldog hatte ein Gewicht von 2650 kg und entwickelte mit 3352 kg eine sehr große Kraft am Zughaken. Daneben hatte der Großbulldog – auch im Vergleich zu den kleineren Volldieselmodellen – ein überdurchschnittliches Startverhalten, da zwei Glühkerzen verwendet wurden. Oben ein schön hergerichteter D 4016 mit Allwetterverdeck

und zusätzlichen vorderen Kotflügeln. Der D 4016 war ein wirtschaftlicher Bulldog mit überdurchschnittlicher Leistungsfähigkeit und guten Laufeigenschaften. Das Fahrzeug war zudem als Universalschlepper einsetzbar und mit einer großen Palette von Zusatzausrüstungen erhältlich. Dazu gehörten drei Kriechgeschwindigkeiten vorwärts und ein Kriechgang rückwärts sowie Motorzapfwelle. Es war eine robuste und anspruchslose Maschine, die jahrelang ihren Dienst verrichten konnte. Das Fahrzeug links in grün-gelber Lackierung ist von 1958.

Lanz D 1266
Baureihe HE

1955
PS/kW: 12/8,8
Hubraum: 851 ccm
Stückzahl: 450

Völlig neu bei Lanz war die Fertigung sogenannter Konfektionsschlepper, bei denen wichtige Bauteile wie z. B. Motoren oder Getriebe von Fremdfirmen bezogen wurden. Beim D 1266 handelte es sich um einen Kleinschlepper mit wassergekühltem Einzylinder-Viertakt-Dieselmotor von MWM mit 1020 kg Gewicht. Auch dieser Motor konnte durch elektrisches Vorglühen gestartet werden. Das Getriebe erlaubte 17,8 km/h Höchstgeschwindigkeit.

Beim Typ **D 1306** handelte es sich um einen Tragschlepper, der ebenfalls mit einem Fremdmotor bestückt war. Die Motorhaube dieses nur 900 kg schweren Fahrzeugs entsprach den Volldieseltraktoren dieses Herstellers mit der nach vorn klappbaren Haube. Leider war der Motor nicht störungsfrei, sodass dadurch ein nachhaltiger Erfolg dieses ansonsten zeitgemäßen Schleppers verhindert wurde.

Lanz D 1306

1955–1956
PS/kW: 13/9,5
Hubraum: 533 ccm
Stückzahl: 2350

Der **D 1666** war mit dem sehr soliden wassergekühlten Zweizylinder-Viertakt-Dieselmotor KD 211 Z von MWM und einem sechsgängigen ZF-Getriebe ausgerüstet. Er besaß eine Differenzialsperre, den lastabhängigen Drehzahlregler und serienmäßig eine Getriebezapfwelle. Auf Wunsch konnten ein hydraulischer Drei- oder Vierpunkt-Kraftheber, Riemenscheibe, Mähwerk und Gitterräder angebaut werden. Der Kleinschlepper hatte 7-24er-Hinterräder und wog 1040 kg.

Lanz D 1666

1955
PS/kW: 16/11,7
Hubraum: 1250 ccm
Stückzahl: 596

Lanz-Alldog
A 1305

1955–1956
PS/kW: 13/9,5
Hubraum: 533 ccm
Stückzahl: 2885

Der Geräteträger Alldog wurde 1951 der Öffentlichkeit vorgestellt. Konzeptionell war dies eine sinnvolle Ergänzung zum Bulldog, der nun auch kleinsten landwirtschaftlichen Betrieben eine Vollmotorisierung der Feld- und Transportarbeiten ermöglichen sollte. Völlig ungeeignet war der viel zu schwache TWN-Vergasermotor, der erst beim A 1305 durch einen geringfügig stärkeren Zweitakt-Dieselmotor des gleichen Herstellers ersetzt wurde. Dieses restaurierte Fahrzeug wurde im April 1955 erstmals zugelassen.

Lanz-Alldog
A 1806

1956–1960
PS/kW: 18/13,2
Hubraum: 1248 ccm

Erst 1956 – viel zu spät, um den stark angeschlagenen Ruf des Lanz-Geräteträgers noch zu retten – hatte man mit dem Zweizylinder-Viertakt-MWM-Dieselmotor KD 211 Z, der auch im Schlepper D 1666 verwendet wurde, endlich einen geeigneten Antriebsmotor für den Alldog gefunden. Das nun als A 1806 bezeichnete Fahrzeug besaß das Sechsganggetriebe seines Vorgängers und serienmäßig zwei jeweils vorn und hinten angeordnete Motorzapfwellen. Links ein 1956 gebautes Fahrzeug mit Anbaumähbalken. Der Einbau des bewährten Wirbelkammermotors von MWM hätte dem Alldog eigentlich zum Durchbruch verhelfen können, denn damit war endlich ein gutes, solides und ausreichend motorisiertes Fahrzeug entstanden. Allerdings hielten sich die Verkaufszahlen auch bei diesem Typ in Grenzen. Da der Alldog auch als Pflegeschlepper häufig verwendet wurde, hatte er eine Spurverstellung erhalten. Dieser Alldog ist von 1958.

Ein Leichtgewicht unter den Kleinschleppern war das Modell D 1106 mit dem Spitznamen „Bulli". Der Halbrahmenschlepper mit luftgekühltem Einzylinder-Zweitakt-TWN-Diesel sollte selbst dem kleinsten Landwirt die Motorisierung wirtschaftlich ermöglichen. Eine Zapfwelle war für den nur 774 kg leichten Schlepper serienmäßig; hydraulischer Kraftheber, Mähwerk, Riemenscheibe, Verdeck und eine von den serienmäßigen 7-24er-Hinterrädern abweichende Bereifung waren Extras.

Lanz D 1106

1956–1958
PS/kW: 11/8,1
Hubraum: 533 ccm

Beim D 1206 von Lanz handelte es sich um eine technisch überarbeitete Ausführung des D 1106. Der frühere TWN-Motor der Triumph-Werke Nürnberg war mittlerweile von Lanz übernommen worden und wurde nun in Mannheim gefertigt. Der D 1206 wurde ausschließlich in grün-gelber Lackierung ausgeliefert. Sein Gewicht betrug 770 kg und seine Höchstgeschwindigkeit lag bei 18,2 km/h. Hier ein derartiges Fahrzeug von 1959.

Lanz D 1206

1958–1960
PS/kW: 12/8,8
Hubraum: 533 ccm

MAN

MAN AS 325

1948–1950
PS/kW: 25/18,3
Hubraum: 2675 ccm

Mit Motorpflügen nahm die Maschinenfabrik Augsburg-Nürnberg AG (MAN) im Jahr 1921 erstmals den Bau eines landwirtschaftlichen Ackergeräts auf. Dieses Fahrzeug war mit einem 20/30-PS-Vergaser-

motor ausgerüstet. Die Fertigung dieses Tragpfluges endete im Jahr 1924, und es dauerte zwölf Jahre, bis das Unternehmen im Jahr 1938 seine Aktivitäten auf diesem Gebiet fortsetzte. In diesem Jahr stellte die MAN den sehr fortschrittlichen schweren Radschlepper AS 250 vor. Nur in kleinen Stückzahlen konnte dieses heute sehr seltene und in Sammlerkreisen begehrte Fahrzeug bis 1944 – teilweise im besetzten

Frankreich – fabriziert werden. Infolge der erheblichen Kriegszerstörungen markierte erst das Jahr 1948 für die MAN einen Neuanfang in der Traktorenherstellung. Nachdem die Kooperation mit dem früheren fran-

zösischen Partner scheiterte, entschloss sich das Unternehmen, zunächst einen leichten Ackerschlepper der Mittelklasse zu bauen. Es entstand unter der Typenbezeichnung AS 325 der berühmte „Ackerdiesel" – ein in rahmenloser Blockbauweise entworfenes Fahrzeug. Charakteristisch war sein Vierzylinder-Dieselmotor durch die halbkugelförmige Gestaltung der Brennräume in den Kolben, in die der Kraft-

stoff direkt eingespritzt wurde. Der aufwendigere und teurere, allerdings in nahezu allen Einsatzsituationen viele Vorteile bietende Allradantrieb wurde von der MAN in der Folgezeit mit großer Konsequenz

weiterverfolgt. Auch den neuen Ackerdiesel – hier zu sehen in seiner hinterradangetriebenen Ausführung – gab es bereits als Allradschlepper AS 325 A. Leider entsprach die eher undurchsichtige Modellpolitik oftmals nicht den marktwirtschaftlichen Gegebenheiten, sodass dem Unternehmen – trotz der hochwertiger Verarbeitungsqualität und des hohen technischen Standards – der verdiente Erfolg versagt blieb.

Unter dem Motto „Ein Schlepper für jede Arbeit" propagierte die MAN den technisch verbesserten Allradschlepper AS 325 H in einem ihrer Kataloge. In der Tat war dieser zugstarke Allradschlepper eine Maschine für alle Gelegenheiten dank seine zuschaltbaren Vorderradantriebs. Seine Anhängelast betrug auf ebener Straße 12 t. Ausgerüstet war er mit einem Fünfganggetriebe und mit elektrischem Anlasser, während Mähantrieb und Mähbalken, Geländeketten und Wetterdach ein Teil

MAN AS 325 H

1951–1952
PS/kW: 25/18,3
Hubraum: 2675 ccm

des umfangreichen, gegen Aufpreis erhältlichen Zubehörs darstellte. Hier ein Ackerdiesel AS 325 H aus dem Jahr 1951. Der MAN AS 325 H – links die Allradvariante aus dem Jahr 1952 mit Windschutzscheibe und Dach bei der Arbeit auf dem Acker – war ein überaus handlicher, mittelstarker Schlepper, der ein was-

sergekühltes Vierzylinder-Viertakt-Dieselantriebsaggregat mit den bekannten kugelförmigen Verbrennungsräumen besaß. Das Leergewicht dieses mit einer gefederten Vorderachse ausgerüsteten Fahrzeugs betrug 2150 kg. Auf Wunsch konnte auch ein Kriechgang geordert werden.

Unter der Bezeichnung AS 330 entstand 1950 bei der MAN dieser leistungsstarke 30-PS-Acker-Dieselschlepper. Mit der Leistungssteigerung war gleichzeitig auch eine Vergrößerung des Hubraums verbunden. Im äußerlichen Erscheinungsbild entsprach der neue Traktor fast vollständig dem früheren AS 325, und er war wie dieser ebenfalls wahlweise mit Hinterrad- oder auch mit Allradantrieb erhältlich.

MAN AS 330

1950
PS/kW: 30/22
Hubraum: 2925 ccm

MAN AS 330 A

1951–1952
PS/kW: 30/22
Hubraum: 2925 ccm

Das 30-PS-MAN-Modell AS 330 A – hier ein 1951 gebautes Fahrzeug mit Hinterradantrieb, Windschutzscheibe und Dach – gab es ab diesem Baujahr mit einem modifizierten, leicht abgerundeten Kühlerschutzgitter, ansonsten aber mit dem 1950er-Modell identischer Ausrüstung. Dazu gehörte auch das Fünfganggetriebe A 15, das von der Zahnradfabrik Friedrichshafen (ZF) geliefert wurde. Der links angeordnete Kotflügelsitz war als Sonderausstattung gegen Aufpreis erhältlich.

MAN AS 718 A

1953–1955
PS/kW: 30/22
Hubraum: 2925 ccm

Die MAN-Werke waren als klassischer Motorenhersteller bestrebt, in erster Linie ihre eigenen Antriebsaggregate in den Schleppern ihres Verkaufsprogramms zu verwenden. Eine Ausnahme war der 18-PS-Allradtraktor AS 718 A, der den wassergekühlten Zweizylinder-Wälzkammer-Dieselmotor des Typs 2 DN von Güldner erhielt. Der kleine kraftvolle Allradschlepper, bei dem das ZF-Fünfganggetriebe des Typs A 8 installiert war, bot eine gute Zugkraft und hervorragende Geländegängigkeit im Vergleich zu seinen Mitbewerbern. Das machte den 18-PS-MAN-Ackerdiesel etwas teurer. Hier ein allradgetriebenes Fahrzeug – den AS 718 gab es wahlweise auch mit Hinterradantrieb – aus dem Jahr 1955.

Ab 1952 erhältlich war das 30-PS-Modell AS 430 H, ein Ackerdieselschlepper mit Hinter- oder Vierradantrieb mit zuschaltbarer Vorderachse. Auch an diesem Fahrzeug zeigte sich die unstete Modellpolitik mit mehreren gleichzeitig gebauten, teilweise identischen Fahrzeugen, die sich in manchen Fällen nur durch Details voneinander unterschieden. Hier ein 1953 gefertigter Traktor mit Dach und Hinterradantrieb.

MAN AS 430 H

1952–1955
PS/kW: 30/22
Hubraum: 2925 ccm

1945–1960

Die schweren MAN-Traktoren waren nicht nur für Ackerarbeiten geeignet, sondern, ausgerüstet mit einer Druckluftbremsanlage für Anhängerbetrieb, auch als Straßenzugmaschinen im Einsatz. Es gab einige bekannte Speditionsbetriebe in Deutschland, die bis weit in die 1960er-Jahre mehrere Einheiten dieser zuverlässigen Maschinen in Betrieb hatten. Leider sind nur eine Hand voll dieser Fahrzeuge – wie dieses hier – erhalten geblieben.

MAN AS 440

1952–1955
PS/kW: 40/29,3
Hubraum: 2926 ccm

MAN AS 440 A

1952–1955
PS/kW: 40/29,3
Hubraum: 2926 ccm

Bei seinem Erscheinen im Jahr 1952 war der Typ AS 440 das größte Schleppermodell bei der MAN. Es war ein solider Traktor in Blockbauweise, den es sowohl mit Hinterrad- als auch mit Allradantrieb gab. Unter seiner Haube arbeitete ein Vierzylinder-Viertakt-Diesel mit Wasserkühlung. Das Leergewicht des Fahrzeugs betrug 2100 kg; seine Höchstgeschwindigkeit lag bei 19,3 km/h.

MAN B 45 A

1955–1956
PS/kW: 45/32,9
Hubraum: 3186 ccm

Der MAN B 45 A mit Vierradantrieb erschien erstmals im Jahr 1955 und war seinerzeit der stärkste Schlepper im MAN-Verkaufsprogramm. Bestückt war das schwere Fahrzeug mit einem Vierzylinder-Viertakt-Dieselmotor mit Wasserkühlung. Ein Siebenganggetriebe sorgte für die Übertragung der motorischen Kräfte auf die Räder.

MAN C 40

1956–1957
PS/kW: 40/29,3
Hubraum: 2925 ccm

Das ab 1956 erhältliche MAN-Modell C 40 gab es in der Ausführung „A" mit Allradantrieb und „H" mit Antrieb auf die Hinterräder. Auch im C 40 arbeitete einer der besonders wirtschaftlichen neuen M-Dieselmotoren. Auch als Straßenzugmaschine – wie dieses Fahrzeug von 1957 – war dieser Typ verwendbar. Dabei konnten ihm unbedenklich 20 t Anhängelast zugemutet werden.

MAN

Der **C 40 A** – ein kraftvoller Allradschlepper der MAN, verfügte über einen leistungsstarken, nach dem M-Mittenkugel-Brennverfahren arbeitenden Vierzylinder-MAN-Dieselmotor sowie das bewährte sechsgängige ZF A 15-V-Schaltgetriebe. Abgebildet ist ein C 40 A als Ackerschlepper mit Belastungsgewichten an den Hinterradfelgen und Reifenfüllpumpe vorn aus dem Jahr 1957.

MAN C 40 A

1956–1957
PS/kW: 40/29,3
Hubraum: 2925 ccm

Der leichte Allradschlepper B 18 A löste im Jahr 1955 seinen Vorgänger AS 718 ab. Die in dieses Modell eingebauten neuen M-Motoren von MAN zeichneten sich durch eine überdurchschnittlich gute Kraftstoffausnutzung und einen besonders ruhigen Lauf aus. Der Traktor verfügte über ein Sechsganggetriebe, wog 1600 kg und war mit vielfältigen Anbaugeräten und Zusatzausrüstungen – wie rechts mit Allwetterverdeck – erhältlich. Die neuen M-Motoren arbeiteten nach dem sogenannten M-Mittenkugel-Brennverfahren. Dieses MAN-typische Verfahren hatte gegenüber herkömmlichen Dieselmotoren erhebliche Vorteile. Auch der B 18 A – links ein Fahrzeug von 1956 – profitierte von dieser neuen Motortechnik.

MAN B 18 A

1955–1957
PS/kW: 18/13,2
Hubraum: 1304 ccm

MAN A 32 H/O

1956–1957
PS/kW: 32/23,4
Hubraum: 3474 ccm

Der A 32 H/O war ein leistungsstarker Traktor mit Hinterradantrieb und gefederter Vorderachse, der ab 1956 gebaut wurde. Er besaß das Sechsganggetriebe ZF A 15 V, das für eine Spitzengeschwindigkeit von 20 km/h ausgelegt war. Der erste Gang mit 1,8 km/h war gleichzeitig der Kriechgang. Dieser 1957 gebaute Traktor wurde mit einem in Eigenleistung hergestellten Allwetterdach ausgerüstet.

MAN A 25 A

1956–1957
PS/kW: 25/18,3
Hubraum: 1840 ccm

Der Vierradschlepper A 25 A mit Fünfgang-ZF-Getriebe wurde in der Werbung als besonders für mittelgroße Betriebe geeignet herausgestellt. Er war eine sehr wirtschaftliche und vielseitige Arbeitsmaschine, mit dem neuen Zweizylinder-M-Motor ausgerüstet und brachte die Vorteile des Allradantriebes und das große Zubehörprogramm voll zur Geltung. Trotz seiner Größe war dieses Fahrzeug auch als Pflegeschlepper einsetzbar, was durch die Bodenfreiheit von 400 mm erleichtert wurde.

Auch der MAN-Schlepper A 32 A war ein kräftig dimensioniertes Allradfahrzeug der oberen Mittelklasse. Alternativ gab es die hinterradgetriebene Ausführung „H". Serienmäßig war das Fahrzeug mit 10-28er-Hinterradbereifung und in der Größe 6.50-20 vorne bestückt. Das Gewicht betrug 2060 kg, die maximale Anhängelast auf ebener Straße 20 t. Hier ein toprestaurierter Traktor aus dem Jahr 1957.

MAN A 32 A

1956–1957
PS/kW: 32/23,4
Hubraum: 2925 ccm

Der B 45 O von den MAN-Werken war ein zugstarker und ausgereifter Schlepper, in dem ein Siebenganggetriebe zum Einbau gelangte, das sowohl mit einer normalen Ackerübersetzung als auch als Schnellganggetriebe bis maximal 30,7 km/h erhältlich war. Im Rahmen des Sonderausrüstungsprogramms gab es drei über einen Vorschalthebel zu betätigende Kriechgeschwindigkeiten. Das Gewicht von 3000 kg und bei Bedarf anzubringende Zusatzgewichte trugen zu der mit 3000 kg erheblichen Zugkraft am Haken entscheidend bei.

MAN B 45 O

1956–1957
PS/kW: 45/32,9
Hubraum: 2925 ccm

Im Jahr 1956 erschienen mit den Modellen 2 S 1 (mit Hinterradantrieb) und 4 S 1 (mit Vierradantrieb) die bis dahin stärksten Traktoren dieses Herstellers auf dem Markt. Sie waren mit einem Fünfganggetriebe – in schneller Übersetzung bis 28,8 km/h – von ZF ausgerüstet. Die Zugkraft dieses hinterradgetriebenen Fahrzeugs betrug auf dem Acker 2200 kg, auf der Straße 3200 kg. Dieser sauber wiederhergerichtete Traktor stammt von 1957 und besitzt ein Allwetterverdeck.

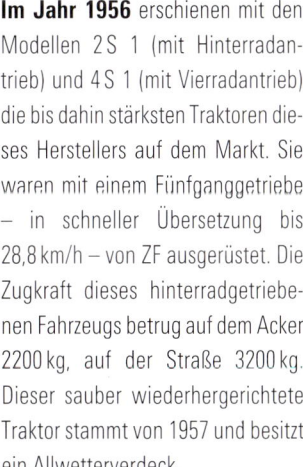

MAN 2 S 1

1956–1957
PS/kW: 50/36,6
Hubraum: 3474 ccm

MAN 4 N 1

1957–1960
PS/kW: 30/22
Hubraum: 1964 ccm

Der 4 N 1 war ein leistungsfähiger Traktor für mittelgroße Betriebe, der sich durch einen neuen, ebenfalls nach dem M-Mittenkugel-Brennver- fahren arbeitenden Motor auszeich- nete. In dem Schlepper, der 1950 kg wog, sorgte ein Fünfganggetriebe von ZF für Geschwindigkeiten von 0,99 bis 20 km/h. Er war sowohl für schwere Zugarbeiten als auch im Einsatz vor Anhängegeräten in sei- nem Element.

MAN 4 R 1

1957–1960
PS/kW: 40/29,3
Hubraum: 3473 ccm

Ein schwerer Traktor der Ober- klasse war der ausschließlich für Großbetriebe vorgesehene 4 R 1 aus dem MAN-Verkaufsprogramm. In ihm arbeitete ein Vierzylinder-M- Dieselmotor mit Wasserkühlung so- wie ein in verschiedenen Überset- zungen erhältliches Fünfganggetrie- be mit einer zusätzlichen Kriech- ganggruppe ab 0,81 km/h für den Saat- und Pflegebereich. Er wog 2640 kg, die höchst zumutbare An- hängelast lag bei 27 t. Hier ein Fahr- zeug mit Fahrerhaus von 1957.

Der 4 R 2 aus dem MAN-Programm war ein nach dem M-Verfahren motorisierter schwerer Traktor, der seine Maximalleistung bei 1800 U/min mobilisierte. Das ZF-Getriebe entsprach mit sieben Vorwärtsgängen bis auf die vier in diesem Fall installierten Kriechgeschwindigkeiten dem des noch stärkeren 50-PS-Schleppers 4 S 2.

MAN 4 R 2

1957–1960
PS/kW: 40/29,3
Hubraum: 3473 ccm

Im Jahr 1957 erfolgte eine weitere Änderung bei den schweren MAN-Schleppern. Für sie stand nun ein hubraumstärkerer M-Motor gleicher Leistung zur Verfügung, der in Verbindung mit dem siebengängigen, klauengeschalteten ZF-Getriebe A 20/18 in den neuen 2 S 2 (mit Hinterradantrieb) mit 2960 kg Gewicht eingebaut wurde. Auch diese Modelle waren mit einer schnellen Getriebeübersetzung zu beziehen.

MAN 2 S 2

1957–1960
PS/kW: 50/36,6
Hubraum: 3927 ccm

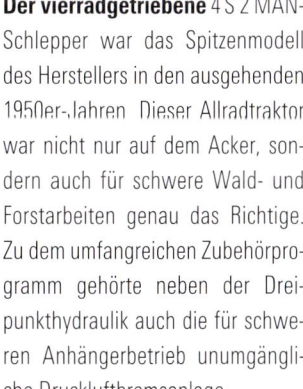

Der vierradgetriebene 4 S 2 MAN-Schlepper war das Spitzenmodell des Herstellers in den ausgehenden 1950er-Jahren. Dieser Allradtraktor war nicht nur auf dem Acker, sondern auch für schwere Wald- und Forstarbeiten genau das Richtige. Zu dem umfangreichen Zubehörprogramm gehörte neben der Dreipunkthydraulik auch die für schweren Anhängerbetrieb unumgängliche Druckluftbremsanlage.

MAN 4 S 2

1957–1960
PS/kW: 50/36,6
Hubraum: 3927 ccm

Von Nordhausen nach Hattingen

Normag NG 23 K

1948–1952
PS/kW: 25/18,3
Hubraum: 2356 ccm

Die in Nordhausen am Harz ansässige Nordhäuser Maschinenbau GmbH, seit 1938 unter dem Namen Normag firmierend, hatte im gleichen Jahr mit dem bekannten Modell NG 22 den Bau von Ackerschleppern aufgenommen. Als Folge der Demontage der in der damaligen sowjetischen Besatzungszone und späteren DDR liegenden Betriebsanlagen konnte an eine Wiederaufnahme der Fertigung in Nordhausen nicht gedacht werden. Da das Unternehmen aber bereits über einen guten Kundenstamm in den westlichen Landesteilen verfügte, begann man zunächst ab 1946 in Zorge am Südrand des Harzes in kleinem Stil mit der Schlepperproduktion. Im folgenden Jahr wurde diese im ehemaligen Zweigwerk in Hattingen/Ruhr fortgeführt und die Entwicklung einer eigenständigen Modellreihe in die Wege geleitet. Das erste Fahrzeug war das Modell NG 23 K, das von dem selbst entwickelten wassergekühlten Zweizylinder-Dieselmotor BM 24 angetrieben und mit einem Vierganggetriebe eigener Fabrikation verblockt war. Es war im Übrigen das erste Normag-Modell, das mit der später so charakteristischen runden Motorverkleidung ausgeführt war. In technischer Hinsicht hatte der NG 23 K einige interessante Details aufzuweisen. Da war zunächst die Zapfwelle, die sowohl einen Heck- als auch einen mittigen Abtrieb besaß. Neu war weiterhin eine patentierte Druckluftkrafteberanlage mit Geräteschwingrahmen. Für den NG 23 K mit 1600 kg Gewicht – hier ein Exemplar von 1949 – war auch noch weiteres Sonderzubehör erhältlich.

aufgearbeitetes Fahrzeug aus dem ersten Baujahr dieses Modells. Neben Kleinschleppern bot Normag zu Beginn der 1950er-Jahre auch Fahrzeuge mit bis zu 45 PS an. Eines der Hauptstandbeine war der Ackerschlepper NG 20. Das schöne Fahrzeug unten entstand im ersten Fertigungsjahr.

1952 aktualisierten die Normag-Werke das vorhandene Typenprogramm, bei der das Modell NG 23 K durch den auch als Faktor II bezeichneten Typ NG 20 ersetzt wurde. Dieses Fahrzeug hatte einen Normag-Dieselmotor mit zwei Zylindern und Wasserkühlung, der seine Höchstleistung bei 1500 U/min zur Verfügung stellte, und ein Gewicht von 1450 kg. Später wurde die Leistung auf 22 PS erhöht. Links ein sauber

Seit 1950 gehörte der Normag-Kleinschlepper NG 16, der mit einem Einzylinder-Normag-Dieselmotor des Typs BM 15 C ausgerüstet war, zu den angebotenen Traktoren. Er hatte ein Gewicht von 1224 kg und wurde auch unter dem Namen Faktor I bekannt. Die Motorleistung betrug zunächst 15, später 17 PS. Die Spurweite war dreifach verstellbar. Das Fünfganggetriebe überdeckte den Geschwindigkeitsbereich von 2,6 bis 19 km/h.

Normag NG 16

1950–1954
PS/kW: 15–17/11–12,5
Hubraum: 1282 ccm

1945–1960

223

Normag NG 16 C

1953–1954
PS/kW: 17/12,5
Hubraum: 1282 ccm

Der Normag-Schlepper NG 16 C war die ab 1953 lieferbare und auf 17 PS leistungsgesteigerte Ausführung des Modells NG 16. Er verfügte über eine doppelgefederte Vorderachse und war auf die Marktsituation der frühen 1950er-Jahre zugeschnitten. Mit seinen Zulassungszahlen lag der kleine Ackerschlepper gut im Rennen und trug dazu bei, dass der Hersteller in dieser Zeit unter den Spitzenreitern war.

Normag NG 16 A

1954–1956
PS/kW: 16/11,7
Hubraum: 1289 ccm

Dem allgemeinen Trend folgend entwickelte Normag auch gebläseluftgekühlte Einzylinder-Dieselmotoren, die nach dem Zweitaktsystem und mit Direkteinspritzung arbeiteten. Diese sehr sparsamen Antriebseinheiten gelangten ab 1954 in den Traktoren NG 12 und 16 zur Verwendung. Hier ein Traktor von 1955 mit Fünfganggetriebe.

Normag C 10

1952–1953
PS/kW: 10/7,3
Hubraum: 763 ccm

Zum Verkaufsprogramm des Jahres 1952 gehörte auch ein 10-PS-Kleinschlepper, der unter der Typenbezeichnung C 10 angeboten wurde. Der nur 820 kg leichte Zwerg wurde von einem Einzylinder-Viertakt-Dieselmotor mit Verdampfungskühlung des Fabrikats Faryman-Diesel angetrieben und erhielt ein in fünf Gängen abgestuftes Getriebe mit Rückwärtsgang, das aus der eigenen Fertigung kam.

Der Normag NG 35 A gehörte zu jenen schweren Schleppern des Normag-Programms, die bereits seit 1950 gebaut wurden. Der hier eingebaute wassergekühlte Zweizylinder-Viertakt-Dieselmotor des Typs BM 35 war der größte Motor, der bei Normag hergestellt wurde. Das Gesamtgewicht des Traktors betrug 2060 kg, und sein Fünfganggetriebe erlaubte dem Fahrzeug die Höchstgeschwindigkeit von 19 km/h.

Normag NG 35 A

1950–1953
PS/kW: 35/25,6
Hubraum: 3120 ccm

Der Blockbauschlepper NG 45 L wurde im Mai 1952 erstmals vorgestellt. Es war ein für die Zeit sehr kraftvolles Fahrzeug, das mit einem wassergekühlten Vierzylinder-Vier-takt-Dieselmotor der Kasseler Henschel-Werke des Typs 516 DF bestückt wurde. Der Henschel-Motor arbeitete nach dem Lanova-Luftspeicherverfahren. Der Großschlepper mit 2265 kg Gewicht hatte ein Fünfganggetriebe von ZF für maximal 26,1 km/h. Offenbar ist dieses beeindruckende Fahrzeug nur in geringen Stückzahlen gefertigt worden.

Normag NG 45 L

1952–1955
PS/kW: 45/32,9
Hubraum: 3180 ccm

Normag K 12 A

1954–1956
PS/kW: 12/8,8
Hubraum: 1282 ccm

Unter der Bezeichnung K 12 A bzw. Kornett I begann zu Beginn des Jahres 1954 der Serienbau eines blockkonstruierten Kleinschleppers bei Normag. Der Motor stellte seine Maximalleistung bei 1500 U/min zur Verfügung, und das fünffach abgestufte Getriebe besaß serienmäßig eine Differenzialsperre.

Normag K 13 A

1957
PS/kW: 13/9,5
Hubraum: 1282 ccm

Das Modell K 13 A oder auch Kornett I war der geringfügig in seiner Motorleistung gesteigerte, ansonsten aber weitgehend unveränderte K 12 A dieses Herstellers. Dieser Kleinschlepper verfügte mittlerweile anstelle des früheren druckluftbetätigten Krafthebers im Rahmen der Sonderausrüstungen über einen hydraulischen Kraftheber mit genormter Dreipunktaufhängung. Das Fünfganggetriebe entsprach dem des Vormodells.

NORDTRAK

Die bis 1956 existierende und zunächst in Hamburg-Bergedorf ansässige Firma Nordtrak ist ein typisches Beispiel für die Improvisationsfähigkeit und Tatkraft, mit der die Deutschen bereits unmittelbar nach dem Krieg die Ärmel aufkrempelten und mit dem Neuaufbau begannen. Dazu gehörte auch der Ingenieur Georg R. Wille, der landwirtschaftliche Geräte und später, insbesonde-

re aus günstig erworbenen Teilen ausgesonderter US-Jeeps und Teilen anderer Geländefahrzeuge, kleine Allradschlepper zusammenbaute. Dabei wurden Achsen, Räder, das Sechsganggetriebe, Lenkung und andere Komponenten verwendet und der Rahmen verkürzt. Zunächst wurde dieses bald in Kleinserie gebaute Produkt unter dem Namen GERWI-Stier, ab 1949 jedoch unter

der Typenbezeichnung Motor-Stier angeboten und fand beachtlichen Absatz. Der Diesel-Stier wog 1100 kg und konnte 30 km/h auf der Straße erreichen. Verschiedene Motoren, u. a. ein wassergekühlter Einzylinder-Deutz-Diesel, wurden nach ihrer jeweiligen Verfügbarkeit in den Motor-Stier installiert. Hier ein noch unrestauriertes Fahrzeug aus dem Jahr 1950.

Allradtraktoren aus Armeefahrzeugen

Wille Motor-Stier
1948–1951
PS/kW: 11/8,1
Hubraum: 1099 ccm

Nordtrak
Stier 18

1951 1953
PS/kW: 18/13,2
Hubraum: 1470 ccm

Auf der Suche nach einem Kapitalgeber kam 1950 der Kaufmann Franz Westermann hinzu, der bereits kurze Zeit später die Firma unter dem Namen Norddeutsche Traktorenfabrik (Nordtrak) als Alleininhaber übernahm. Das in Halbrahmenbauweise erstellte Fahrzeug entstand auf der Basis des Dodge-Armeefahrzeugs und besaß nun ein fünfgängiges Getriebe.

Nordtrak
Stier 241

1955–1956
PS/kW: 24/17,6
Hubraum: 1810 ccm

Franz Westermann, der das Unternehmen weiterführte, setzte konsequent auf den vor allem auf schweren, nassen Böden, auf Steigungen und in der Forstwirtschaft sehr vorteilhaften Allradantrieb. Mit diesem zukunftsweisenden Konzept hatte die kleine Firma eine gewisse Exklusivität und in den 1950er-Jahren noch nicht übermäßig viele Mitbewerber. Das ehrgeizige Programm umfasste zu der Zeit Allradtraktoren mit 24, 36 und sogar 48 PS. Im Bild das mit einem luftgekühlten Zweizylinder-MWM-Dieselmotor bestückte Modell Stier 241 mit Sechsganggetriebe aus dem Jahr 1955. Ein Jahr darauf ging Nordtrak in Konkurs.

PORSCHE

Nur acht Jahre lang, von 1956 bis 1963, war die Porsche-Diesel-Motorenbau GmbH in Friedrichshafen-Manzell ein Produzent von Ackerschleppern, dann wurde das Unternehmen ein Opfer der allgemeinen

Bereits unmittelbar nach Erwerb ließ die neue Firma Porsche ein für die damalige Zeit gewaltiges neues Traktorenwerk am Bodensee bauen, das für eine Jahreskapazität von 20 000 Einheiten ausgelegt war. Zu-

als Alleinschlepper für landwirtschaftliche Kleinbetriebe oder als Zweitschlepper auf größeren Höfen vorgesehen war. Das Fahrzeug gab es in mehreren Ausführungen, wobei die hier abgebildete Variante Junior K als Tragschlepper für den Zwischenachsanbau eingerichtet war. In diesem Modell wirkte eine Einscheiben-Trockenkupplung von Fichtel & Sachs sowie das A 4-Zahnradwechselgetriebe von ZF, das sechs Vorwärts- und zwei Rückwärtsgänge hatte. Das Fahrzeug links mit Seitenmähwerk ist von 1958. Die Nachfrage nach dem zuverlässigen Porsche-Junior war beachtlich. Unten ein gut restaurierter Junior K aus dem Jahr 1959.

Aufstieg und Fall eines Giganten

Porsche Junior K

1957–1959
PS/kW: 14/10,2
Hubraum: 822 ccm
Stückzahl: 23 000

Marktsättigung. Danach konnte das auf extrem große Produktionsmengen ausgelegte Werk nicht mehr rentabel arbeiten. Die Gesellschaft. die aus dem weltweit aktiven Mannesmann-Konzern hervorgegangen war, wurde zu dem Zweck gegründet, um den gesamten Schlepperbau mit dem gut eingeführten Typenprogramm von Erwin Allgaier zu übernehmen, der sich von diesem Fertigungsbereich trennen wollte.

nächst wurden die bestens bewährten Allgaier-Porsche-Schlepper bis auf die Typenbezeichnungen an den Motorhauben nahezu unverändert weitergebaut. Das bisherige Programm mit den luftgekühlten Schleppern zwischen 12 und 44 PS war Ausgangsbasis für das seit dem Jahr 1957 auf drei Typen konzentrierte Angebot des Unternehmens. Das leichteste Modell, der Typ Junior, war ein 14-PS-Kleintraktor, der

Porsche Junior K

1960–1962
PS/kW: 15/11
Hubraum: 822 ccm
Stückzahl: 23 000

1960 wurde der bewährte Junior motorisch überarbeitet und mit einer zusätzlichen Pferdestärke versehen. Bis auf die geänderte Zylinderbohrung blieben alle übrigen Details nahezu unverändert bis zum erzwungenen Auslaufen der Fertigung bestehen. Es war der ideale und preiswerte Kleinschlepper für alle anfallenden Arbeiten – sei es für die Hackfruchtpflege, als Grünlandschlepper, als Tragschlepper oder beim Pflügen auf dem Acker.

Porsche-Diesel P 133

1956–1957
PS/kW: 33/24,2
Hubraum: 2467 ccm

Der 33-PS-Schlepper P 133, das ehemalige Allgaier-Porsche-Modell A 133, war der Vorgänger des Porsche Super und für mittlere und größere Betriebe geeignet. Das Fahrzeug war mit einem luftgekühlten Dreizylinder-Dieselmotor bestückt, und das Getriebe verfügte über fünf Vorwärtsgänge, einen Rückwärts- sowie einen zusätzlichen Kriechgang.

Porsche Super

1957–1960
PS/kW: 24/17,6
Hubraum: 1810 ccm

Seit 1957 wurde der Porsche Super gefertigt, der gegenüber seinem Vorgänger P 133 über eine höhere Motorleistung verfügte. Es war ein gebläseluftgekühlter Schlepper mit Dreizylinder-Dieselmotor. Der Traktor hatte sechs Vorwärtsgänge und einen Rückwärtsgang sowie eine zusätzliche Kriechgeschwindigkeit und erreichte maximal 20 km/h.

Der Porsche-Diesel Standard ging aus dem Allgaier-Porsche-Modell A 122 hervor und war ein sehr verbreiteter Schlepper für mittelgroße Landwirtschaftsbetriebe. Es war ein leistungsstarker Universalschlepper mit einem stammenden luftgekühlten Zweizylinder-Viertakt-Dieselmotor und einem Fünfganggetriebe. Neben den vielen üblichen Zusatzausrüstungen war der Standard, der ebenfalls hohe Zulassungszahlen erreichte, gewichtsvariabel einsetzbar. Diese Aufnahme zeigt einen 1957 gebauten Traktor.

Mit zu den letzten Porsche-Neukonstruktionen zählte das Modell Standard Star, eine universell verwendbare Arbeitsmaschine moderner Konzeption mit hoher Zugleistung. Dieses langgestreckte Fahrzeug war speziell für die Einmannbedienung konzipiert und besaß Geräteanbaumöglichkeiten vorn, hinten und in Form des Zwischenachsanbaus auch in der Mitte. Fronthydraulik, Frontzapfwelle, Wegezapfwelle sowie ein Wetterdach gehörten zu den umfangreichen Zubehörteilen, die für diesen Schlepper erhältlich waren.

Solide Dieselschlepper aus Freising

Schlüter DS 25

Schlüter DS 25 B

1948–1954
PS/kW: 25/18,3
Hubraum: 3116 ccm
Stückzahl: 4085

Die Firma Anton Schlüter Motorenfabrik GmbH im nördlich von München gelegenen Freising existiert bereits seit 1898 und befasste sich mit dem Bau von Motoren aller Art, bevor man im Jahr 1937 den Einstieg in die Schlepperbranche wagte. Dieser Hersteller machte sich schon bald auch über die Grenzen Bayerns hinaus einen guten Namen, der für robuste Solidität und Unverwüstlichkeit stand. Im Jahr 1948 wurde der Bau mit dem Traktor DS 25 fortgesetzt. Dieses starke Fahrzeug konventioneller Bauart besaß einen wassergekühlten Schlüter-Viertakt-Dieselmotor ED 25 mit zwei Zylindern, dessen Dauerleistung 25 PS und dessen Höchstleistung 28 PS betrug. Der Motor war nach dem patentierten Schwenkkammerverfahren ausgebildet. 1990 kg wog der anfangs mit einem Viergang-, später mit einem Siebenganggetriebe der Zahnradfabrik Friedrichshafen bestückte Traktor, der sehr hohe Zugkräfte schon allein aufgrund der Hubraumstärke entwickelte und daher auch uneingeschränkt für größere Betriebe verwendet werden konnte. Zapfwelle, Riemenscheibe, Mähwerk, mechanischer oder hydraulischer Kraftheber und Anhängeschiene zählten zum teilweise serienmäßigen Zubehör. Für häufigen Einsatz auf Straßen war auch eine schnelle Getriebeübersetzung lieferbar, mit der maximal 30,6 km/h erreicht werden konnte. Diese Traktoren leisteten teilweise noch nach Jahrzehnten ihren Dienst, ohne dass größere Reparaturen zu verzeichnen waren. Oben ein DS 25 B mit Siebenganggetriebe von 1951. Unten ein Fahrzeug mit Windschutzscheibe aus dem Jahr 1953.

Wegen seiner großen Zugkraft und in der Verbindung mit dem Schnellganggetriebe hohen Endgeschwindigkeit eignete sich der DS 25 auch gut als Straßenschlepper. Zu diesem Zweck konnte er bei häufigem Anhängerbetrieb mit einer Druckluftbremsanlage bestückt werden. Die Variante für den Straßeneinsatz wurde häufig mit einem Wetterdach ausgerüstet.

Schlüter DS 25 E
1949–1954
PS/kW: 25/18,3
Hubraum: 3116 ccm
Stückzahl. 4085

Seit Anfang 1950 gab es von Schlüter das Kleinschleppermodell DS 15 , ein blockkonstruierter Traktor mit anfangs wahlweise Vier- oder Fünfganggetriebe und Differenzialsperre. Seine Geschwindigkeit lag zwischen 2,5 und 18,1 km/h. Der wassergekühlte Einzylinder-Viertakt-Dieselmotor von Schlüter arbeitete

nach dem patentierten Schwenkkammerverfahren, das beim Starten

einen Direkteinspritzeffekt, im Betrieb aber die Eigenschaften eines Wirbelkammermotors und damit insbesondere hervorragend gute Starteigenschaften bei jeder Witterung zeigte. Dieser mustergültig restaurierte DS 15 wurde 1950 gebaut.

Schlüter DS 15 H
1950–1954
PS/kW: 15/11
Hubraum: 1558 ccm
Stückzahl: 4212

Seit März 1951 war der DS 15 mit einer hubraumgesteigerten Ausführung des ED 15-Dieselmotors aus eigener Fertigung ausgerüstet, und dadurch brachte er auch zwei PS mehr hervor. Es stand aber auch eine fünfgängige Variante mit Hurth-Getriebe zur Wahl, die sich durch eine geringfügig höhere Endgeschwindigkeit auszeichnete. Hier ein restauriertes Modell von 1952.

Schlüter DS 15 F
1951–1954
PS/kW: 17/12,4
Hubraum: 1558 ccm
Stückzahl: 4212

Schlüter AS 15 D

1953–1956
PS/kW: 15/11
Hubraum: 1558 ccm
Stückzahl: 3306

Nach einer Leistungssteigerung im DS 15 erweiterte das Unternehmen 1953 das Schlepperprogramm mit dem neuen Modell AS 15 nach unten. Ein weiterer Unterschied war das Fünfganggetriebe G 85 von Hurth, mit dem die Zapfwelle auch als Motorzapfwelle geschaltet werden konnte. Dieser sowie ein zusätzlicher Kriechgang waren auf Wunsch erhältlich. Ebenso gab es bei Bedarf ein Wendegetriebe, mit dem jeder Gang vorwärts und rückwärts gefahren werden konnte. Ab Juni 1954 wurde das neue Schlüter ASM 15-A-Antriebsaggregat in den AS 15 eingebaut. Es brachte zwar die gleiche Motorleistung, verfügte aber über einen geringfügig reduzierten Hubraum. Der AS 15 war ein erfolgreicher und tüchtiger Ackerschlepper, der es zu beachtlichen Verkaufszahlen brachte. Rechts ein 1955 gebautes Fahrzeug.

Schlüter AS 18

1954–1956
PS/kW: 18/13,2
Hubraum: 1610 ccm
Stückzahl: 1600

Das Modell AS 18 war der Nachfolgetyp des DS 15. Im Gegensatz zu diesem verfügte der neue AS 18 über einen stärkeren Einzylinder-Viertakt-Dieselmotor ASM 18 von Schlüter, der wie sein Vorgänger wieder nach dem Schwenkkammer-Verbrennungsverfahren arbeitete. Dieses Fahrzeug von 1954 ist mit Seitenmähwerk und Umsturzbügel ausgerüstet.

Den Schlüter AS 18 gab es auch als Ausführung E, hier als 1956 gebautes Fahrzeug, in einer schnellen fünfgängigen Getriebeausführung mit 29,9 km/h Höchstgeschwindigkeit und großen Hinterrädern. Zu diesem Zweck konnte der 1450 kg schwere Traktor mit einer Druckluftbremsanlage ausgerüstet werden. Es gab ihn mit Zapfwelle, Riemenscheibe, Mähwerk, Wetterdach und vielen anderen Zubehörteilen.

Schlüter AS 18 E

1954–1956
PS/kW: 18/13,2
Hubraum: 1610 ccm
Stückzahl: 1600

Der AS 22 von Schlüter füllte als kleiner Zweizylindertraktor die zwischen dem DS 15 und DS 25 bestehende Leistungslücke. Er verfügte über das fünfgängig abgestufte Hurth-G-76-Getriebe, und auch hier war eine schnelle Variante erhältlich. Als Motor diente zunächst der zweizylindrige ED 22, später der ASM 22 bzw. ASM 22 A von Schlüter. Auf Wunsch erhältlich war ein Blockkraftheber. Hier ein Fahrzeug in Hochradausführung von 1953.

Schlüter AS 22

1953–1956
PS/kW: 22/16,1
Hubraum: 2356 ccm
Stückzahl: 2706

Schlüter AS 45

1954–1958
PS/kW: 45/33
Hubraum: 4830 ccm
Stückzahl: 109

Von 1954 bis 1958 ergänzte der schwere Dieselschlepper AS 45 das Verkaufsangebot der Schlüter-Werke. Es war ein ungemein zugstarker Bolide für schwerste Arbeiten. Er verfügte alternativ über zwei unterschiedliche Getriebevarianten mit jeweils fünf Gangstufen. Zum Einbau gelangte ein Dreizylinder-Viertakt-Dieselmotor sowie auf Wunsch eine Motorzapfwelle mit Doppelkupplung. Rechts ein gut restauriertes Fahrzeug von 1955. Den großen Schlüter, der mit Ausnahme des in nur zehn Einheiten gefertigten noch stärkeren AS 55 das Flaggschiff der damaligen Schlüter-Flotte war, gab es auch in einer schnellen Getriebeausführung für 30 km/h. Links ein derartiges Fahrzeug aus dem Jahr 1955.

Schlüter AS 30

1954–1957
PS/kW: 30/22
Hubraum: 3114 ccm
Stückzahl: 597

Mit dem seit Ende 1954 erhältlichen AS 30 wurde der DS 25 ersetzt, dem er bis auf eine motorische Leistungssteigerung im Wesentlichen entsprach. Zur Wahl stand ein Fünfganggetriebe von ZF oder eine Siebengangausführung der Zahnradfabrik Augsburg (Renk), die im Gegensatz zum ZF-Getriebe zwei Rückwärtsgänge hatte. Auch den AS 30 konnte man auf Wunsch mit bis zu 31,2 km/h schneller Übersetzung als Straßenschlepper verwenden.

Da sich in der leichten Leistungsklasse Traktoren mit luftgekühlten Motoren besonders gut verkauften, hatte die Firma Schlüter bis 1956 ein solches, nach dem Direkteinspritzverfahren arbeitendes Aggregat entwickelt. Damit stellte man zwei neue Traktoren vor, die sich auch durch aktualisierte, einteilige Motorverkleidungen auszeichneten. Das kleinere Modell, ASL 130, war gleichzeitig der kleinste jemals von Schlüter gebaute Traktor, der über ein Fünfganggetriebe mit zusätzlichem Kriechgang verfügte.

Schlüter
ASL 130

1957–1958
PS/kW: 13/9,5
Hubraum: 1256 ccm
Stückzahl: 650

Der ASL 160 war der größere der beiden von Schlüter im Frühjahr 1957 vorgestellten luftgekühlten Traktoren. Als AS 160 gab es ihn auch in einer wassergekühlten Variante. Beide Fahrzeuge waren mit zwei verschiedenen Ausführungen des Hurth-Getriebes G 85 erhältlich. Von diesem Hersteller stammte auch die Hydraulikanlage. Auf Wunsch lieferbar war eine Motorzapfwelle mit Doppelkupplung sowie weiteres Zubehör.

Schlüter
ASL 160

1957–1958
PS/kW: 16/11,7
Hubraum: 1506 ccm
Stückzahl: 346

Der ab Februar 1957 lieferbare AS 240 ersetzte das Modell AS 22, von dem er sich nicht nur durch die neue Motorhaube, sondern auch durch zwei PS Mehrleistung unterschied. Darüber hinaus war auch die Vorderachse mit Einzelrad-Gummifederung neu. Der Traktor hatte ein Fünfganggetriebe des Fabrikats Hurth, das auf Wunsch mit fünf zusätzlichen Kriechgeschwindigkeiten ausgerüstet werden konnte.

Schlüter
AS 240

1957
PS/kW: 24/17,6
Hubraum: 2425 ccm
Stückzahl: 300

Schlüter
AS 241 A

1958
PS/kW: 24/17,6
Hubraum: 2512 ccm
Stückzahl: 171

Während die Firma Schlüter bis etwa zur Mitte der 1950er-Jahre ein überaus übersichtliches Traktorprogramm vorstellen konnte, wechselten danach immer öfter Modelle, Typenbezeichnungen und Bauausführungen, die meist nur noch geringe Stückzahlen

aufzuweisen hatten. So wurde aus dem bereits erwähnten AS 240 N nach Umstellen des Motors auf Direkteinspritzung und geringer Hubraumvergrößerung das Modell AS 241, welches sich allerdings nur ganze sechs Monate in der Produktion befand.

Schlüter
SL 15

1959–1962
PS/kW: 15/11
Hubraum: 1256 ccm
Stückzahl: 310

Das 15-PS-Modell SL 15 war ein Kleinschlepper mit luftgekühltem Einzylinder-Dieselmotor von Schlüter, der mit einem Fünfganggetriebe von ZF mit zusätzlichem Kriechgang bestückt war. Zapfwelle und Differenzialsperre waren an diesem 1150 kg schweren Traktor serienmäßig; Kraftheber, Frontlader, Verdeck, Seilwinde, Mähwerk und vieles andere mehr gab es im Rahmen des Sonderausrüstungsprogramms.

Schlüter
S 25

1959–1961
PS/kW: 25/18,3
Hubraum: 2512 ccm
Stückzahl: 860

Der Schlüter S 25 war ein mittelschwerer Traktor, ausgerüstet mit dem wassergekühlten Zweizylinder-Schlüter-Diesel ASM 250. Während seiner Produktionsdauer wurde er mit verschiedenen sechsgängigen Getriebemodellen von Hurth bestückt. Die Getriebezapfwelle gehörte zur Serienausstattung, während Motorzapfwelle, Riemenscheibe, und andere Ausrüstungsteile gegen Aufpreis erhältlich waren.

IFA INDUSTRIEVERBAND FAHRZEUGBAU

Ebenso wie im westlichen Teil Deutschlands wurden auch in der Sowjetischen Besatzungszone und späteren DDR Ackerschlepper gebaut. Allerdings wurden die in Mit-

teldeutschland vorhandenen Betriebe schon im Jahr 1945 entschädigungslos enteignet und im folgenden Jahr zu Volkseigenen Betrieben erklärt. 1948 fasste man sämtliche Fahrzeug- und Motorenfabriken, wozu auch die Traktorenindustrie zählte, unter dem Begriff „IFA Industrieverband Fahrzeugbau" unter zentraler Leitung zusammen. Das waren insbesondere das Schlepperwerk Nordhausen sowie die Traktorenwerke in Brandenburg und Schönebeck. In den folgenden Jahren entstanden eine Reihe guter und bewährter Traktoren, beginnend beim

RS 01/40 Pionier über den als „Brockenhexe" bezeichneten RS 02/22 bis zu den bekannten Modellen RS 04/30, Harz und Famulus. Dazu kamen noch einige interessante Geräteträger. Das Problem der DDR-Traktoren bestand darin, dass es immer zu wenige von ihnen gab und die vorhandenen oftmals an ungeeigneten oder zu schwachen Motoren krankten. In den Brandenburger Traktorenwerken (BTW) wurde ab Mai 1949 die Fabrikation des in Aktivist getauften 30-PS-Radschleppers RS 03/30, also des dritten DDR-Radschleppers mit 30 PS, begonnen. In diesen ursprünglich als Generatorschlepper vorgesehenen Entwurf wurde ein bereits von Orenstein & Koppel, der späteren Firma MBA, projektierter und nun zur Serienreife

gebrachter wassergekühlter Zweizylinder-Viertakt-Dieselmotor in V-Form eingebaut. Dessen Arbeitsweise bestand aus einer Kombination zwischen Luftspeicherverfahren und direkter Einspritzung. Der anschließende Serienbau wurde vom ehemaligen Orenstein & Koppel-Werk in Babelsberg – nun in Karl-Marx-Werk umbenannt – aufgenommen. Der Schlepper war mit 30 PS zwar ausreichend motorisiert, konnte die Kraft aber durch den zu kurzen Radstand und die ungenügende Lastverteilung in vielen Situationen nicht umsetzen. Oben ein Fahrzeug aus der ersten Bauserie. Der mit einem Vierganggetriebe bestückte Aktivist hatte einen extrem kurzen Radstand sowie eine weit nach vorn gezogene Vorderachse, was ihm ein recht eigentümliches Aussehen verlieh. Unten ein Fahrzeug von 1951.

DDR-Traktoren: „Maulwürfe" und „Brockenhexen"

RS 03/30 Aktivist

1949–1951
PS/kW: 30/22
Hubraum: 3325 ccm
Stückzahl: 3761

RS 03/30
Aktivist

1951–1952
PS/kW: 30/22
Hubraum: 3352 ccm
Stückzahl: 3761

Den Aktivist gab es auch mit Windschutzscheibe und/oder Verdeck. Gut erkennbar ist der kurze Radstand und die hohe, gedrungene Bauweise des Fahrzeugs. Der Aktivist war eine Blockkonstruktion und wog 2250 kg in beiden Ausführungen. Die Ausrüstung bestand aus Riemenscheibe und Zapfwelle. Eine Hydraulik gab es noch nicht. Zu der frühen Fertigungseinstellung trugen neben der nicht gelungenen Konstruktion auch fertigungstechnische Unzulänglichkeiten bei.

RS 02/22
Brockenhexe

1949–1952
PS/kW: 22/16,1
Hubraum: 2198 ccm
Stückzahl: 1950

IFA

Bei der ab 1949 im Schlepperwerk Nordhausen produzierten Brockenhexe handelte es sich um die zweite DDR-Radschlepperkonstruktion, bei der aber im Grunde nur Vorkriegskomponenten verwendet wurden. Der 22-PS-Motor und das Getriebe stammten von Normag und die runde Motorhaube vom Orenstein &

Koppel/MBA-Schlepper SA 751, deren Presswerkzeuge den Krieg unbeschadet überstanden hatten. Der RS 02/22 hatte ein Gewicht von 1775 kg, und zur Sonderausstattung gehörten Zapfwelle und Riemenscheibe. Das Fahrzeug oben ist aus seinem ersten Produktionsjahr. Die Brockenhexe half die Mechanisie-

rungslücken in der Landwirtschaft in den ersten Jahren der DDR beträchtlich zu mildern, wenngleich dieser Ackerschlepper im Hinblick auf die Kollektivierung der Landwirtschaft und die dadurch entstehenden großen Anbauflächen weniger geeignet war. Unten ein Fahrzeug mit Mahwerk von 1951.

RS 01/40
Pionier

1950–1956
PS/kW: 40/29,3
Hubraum: 5022 ccm
Stückzahl: 20123

Der Radschlepper Pionier war der erste in der DDR entstandene Ackerschlepper und gehörte damit zur ersten Schleppergeneration dieses Landes. Es war gleichzeitig das leistungsstärkste Modell, auf das wegen des Fehlens eines geeigneten Nachfolgers auf Jahre nicht verzichtet werden konnte. Geradezu le-gendär war seine unerhört große Zugkraft, die ihn damit zum wichtigsten Schlepper auf den LPG-Betrieben machte. Konstruktiv basierte er auf dem ehemaligen 40-PS-FA-MO-Radschlepper, dessen Unterlagen über das Kriegsende gerettet werden konnten. Der Pionier rechts mit geschlossenem Fahrerhaus ist von 1951. Der unverwüstliche Pionier verfügte über einen Vierzylinder-Viertakt-Diesel mit Wasserkühlung und ein Fünfganggetriebe, dessen Übersetzung 17,5 km/h Spitzengeschwindigkeit zuließ. Das Gewicht betrug 3200 kg. Rechts ein relativ seltener Pionier in offener Ausführung von 1954.

RS 04/30

1953–1956
PS/kW: 30/22
Hubraum: 3012 ccm
Stückzahl: 7574

Der 1953 erstmals ausgelieferte RS 04/30 war ein Vielzweckschlepper und die erste eigenständige DDR-Traktorkonstruktion. Es war ein 2600 kg schwerer Traktor der Mittelklasse in Blockbauart mit Zweizylinder-Dieselmotor. Sein Fünfganggetriebe ließ Geschwindigkeiten zwischen 3,6 und 18 km/h zu. Das Exemplar rechts wurde 1954 gebaut. Mit einer zusätzlichen Kriechgangübersetzung für Pflegearbeiten konnte der RS 04/40 eine Arbeitsgeschwindigkeit unterhalb von einem Kilometer pro Stunde erreichen, was ihn, wie auch seine recht hohe Bodenfreiheit von 470 mm, sehr für diese Aufgaben empfahl. Das serienmäßige geschlossene Fahrerhaus wurde später durch ein Wetterdach abgelöst. Insgesamt war dieses 30-PS-Modell – links ein Fahrzeug von 1954 mit Mähbalken und vorn liegendem Mähbalkenantrieb – eher für mittlere Betriebsgrößen als für große Anbauflächen geeignet.

RS 08/15
Maulwurf

1952–1956
PS/kW: 15/11
Hubraum: 690 ccm
Stückzahl: 5751

Eine große Bedeutung für die Landwirtschaft in der DDR erlangten die seit 1949 erprobten Geräteträger. 1952 konnte mit dem Modell 08/15 der Serienbau begonnen werden. Es war eine überaus vielseitige Konstruktion, die eine Vielzahl von Anbaumöglichkeiten bot. Da allerdings ein geeigneter Kleindieselmotor nicht zur Verfügung stand, musste man auf einen wassergekühlten Zweizylinder-Zweitakt-Vergasermotor aus der Pkw-Fertigung zurückgreifen.

IFA

RS 01/40 II
Harz

1957–1958
PS/kW: 42/30,7
Hubraum: 5022 ccm
Stückzahl: 2175

Das Modell Harz war eine Überarbeitung des mittlerweile in die Jahre gekommenen Pioniers. Neben abgerundeten äußeren Formen erhielt der Harz eine einzelradgefederte Vorderachse und damit eine größere Bodenfreiheit, eine geänderte Abstufung des Vierganggetriebes sowie die Möglichkeit des Anbaus eines hydraulischen Krafthebers. Gegenüber dem Pionier konnte er mit zwei zusätzlichen PS aufwarten. Bereits nach kurzer Bauzeit wurde die Fertigung zugunsten des Modells Famulus eingestellt. Dieses Fahrzeug ist von 1957.

BUKH

Die in Kalundborg in Dänemark ansässige Firma Bukh war ursprünglich spezialisiert auf Schiffs- und Stationärmotoren, bevor sie nach dem Zweiten Weltkrieg mit dem Bau schwerer Dieseltraktoren mit 30 und 45 PS Motorleistung begann. Diese beiden Typen wurden während der 1950er-Jahre produziert. Das 30-PS-Modell – hier ein restauriertes Fahrzeug mit Muschelkotflügeln von 1952 – wog 1600 kg, wurde von einem wassergekühlten Zweizylinder-Viertakt-Dieselmotor mit Bosch-Einspritzpumpe angetrieben und besaß ein Sechsganggetriebe mit einer Rückwärtsgeschwindigkeit im Be-

reich von 1,68 bis 21 km/h. Die Spur konnte für Bestell- und Pflegearbeiten zwischen 102 und 172 cm in Abständen von 10 cm verstellt werden. Bukh-Traktoren waren nicht nur in

Dänemark, sondern z. B. auch in den Niederlanden anzutreffen, wenngleich die produzierten Stückzahlen im Vergleich zu den Großherstellern verhältnismäßig gering blieben.

Bukh DZ 30

1950–1959
PS/kW: 30/22
Hubraum: 2043 ccm

Ende 1959 wurden die Bukh-Modelle DZ 30 und DZ 45 durch die neu-

en Typen 302 und 452 ersetzt. Beide zeichneten sich sowohl durch einen

größeren Hubraum als auch durch eine höhere Motorleistung aus. Der Typ Super 302 – hier ein Fahrzeug des Jahres 1965 mit 12,4-28er Hinterrädern – besaß ein Gewicht von 1670 kg, verfügte über einen wassergekühlten Zweizylinder-Viertakt-Dieselmotor mit einer Drehzahl von 2000 U/min und ein Getriebe mit acht Vorwärts- und zwei Rückwärtsgängen, das im Bereich zwischen 1,5 und 24 km/h abgestuft war. Die neuen Bukh-Modelle waren auf Wunsch mit einer unabhängigen Motorzapfwelle bestückt.

Bukh Super 302

1950–1959
PS/kW: 35/25,6
Hubraum: 2250 ccm

243

DAVID BROWN

Mit dem Cropmaster auf Erfolgskurs

Cropmaster 25 C

1946–1953
PS/kW: 32/23,4
Hubraum: 2523 ccm

Die englische Firma David Brown aus Meltham, eigentlich ein Getriebehersteller, begann im Jahr 1935 zunächst gemeinsam mit dem Iren Harry Ferguson den Traktorenbau. Nachdem dieser sich mit Henry Ford zusammengetan hatte, führte David Brown ab 1939 den Schlepperbau in eigener Regie weiter. Bekannt geworden sind die zahlreichen, während des Krieges an die Royal Air Force gelieferten Flugzeugschlep-

per. Zum Ende des Jahres 1946 brachte das Unternehmen den berühmten Cropmaster heraus, dessen Serienbau im April des folgenden Jahres anlaufen konnte. Es war ein Fahrzeug mit einem wassergekühlten Vierzylinder Benzin-Petroleummotor und einem Gewicht von 1550 kg. Der Cropmaster verfügte über einen elektrischen Anlasser und ein Sechsganggetriebe mit zwei Rückwärtsgängen für Geschwindig-

keiten zwischen 2,9 und 26,5 km/h. Unten ein Fahrzeug aus seinem ersten Fertigungsjahr. Bis 1949 war der Cropmaster, dessen Erscheinungsbild sich durch sein charakteristisches Spritz- und Windschutzblech für den Fahrerraum auszeichnete, lediglich in der Benzin-Petroleumausführung erhältlich. Im gleichen Jahr ergänzte eine Dieselversion das Verkaufsprogramm. Kleines Bild: ein Vergaserschlepper von 1950.

Mit der von Kunden favorisierten Dieselausführung 25 D konnte David Brown seinen Erfolg auf dem landwirtschaftlichen Sektor fortführen. Der wassergekühlte Vierzylinder-Viertakt-Dieselmotor dieses Herstellers zeichnete sich durch Direkteinspritzung und gegenüber der Vergaserausführung geringfügig veränderte Werte aus. Das Sechsganggetriebe blieb erhalten, die Höchstgeschwindigkeit hingegen sank auf nunmehr 23,9 km/h und bei den letzten Cropmaster-Ausführungen verschwand aus unbekannten Gründen das Schutzschild vor dem Fahrerplatz. Der Dieselschlepper 25 D hatte serienmäßig 11-28er-Hinterräder, verstellbare Spurweiten, und auf Wunsch konnten Zapfwelle und Riemenscheibe sowie weiteres Zubehör angebaut werden. Rechts ein toprestauriertes Fahrzeug aus seinem letzten Fertigungsjahr.

Cropmaster 25 D

1949–1953
PS/kW: 32/24,9
Hubraum: 2402 ccm

Neben dem Bau von Ackerschleppern war die Firma David Brown nach wie vor Produzent von speziellen Flugzeugschleppern. Diese in ihren Ausrüstungsmerkmalen von den Ackerversionen abweichenden Fahrzeuge wurden sowohl im militärischen als auch zivilen Bereich verwendet. Hier ein restauriertes, mit einem 50-PS-Vergasermotor ausgerüstetes Fahrzeug von 1953.

David Brown 50 C

1953–1959
PS/kW: 50/36,6
Hubraum: 4059 ccm

245

David Brown
50 D

1953–1959
PS/kW: 50/36,6
Hubraum: 4059 ccm

1953 lösten die Modelle 30 C und D den Cropmaster 25 ab, und das Modell 50 D ergänzte gleichzeitig das Verkaufsprogramm dieses Herstellers. Der 50 D war ein starker Sechszylinder-Dieselschlepper mit wassergekühltem Motor, 2535 kg Gewicht, Sechsganggetriebe mit zwei Rückwärtsgängen und einem Geschwindigkeitsbereich zwischen 2,1 und 21,8 km/h. Dieses Exemplar ist von 1954.

David Brown
900

1958–1963
PS/kW: 42/30,7
Hubraum: 2526 ccm

Ebenfalls seit 1958 gab es das David Brown-Modell 900, einen 42 PS starken Schlepper mit dem 3/40-Dreizylinder-Direkteinspritz-Dieselmotor mit Wasserkühlung von David Brown. Das Fahrzeug verfügte über ein Achtganggetriebe eigener Herstellung mit zwei Rückwärtsgängen und wog 2250 kg. Auch in Deutschland versuchte David Brown, allerdings mit einem sehr mäßigen Erfolg, Fuß zu fassen.

David Brown
950

1958–1963
PS/kW: 45/32,9
Hubraum: 2705 ccm

Bereits 1956 hatte David Brown die Fertigstellung seines 100 000. Schleppers feiern können, und 1958 erschien das neue Modell 950. Mit 45 PS Motorleistung und 1865 kg Gewicht war es ein starkes Fahrzeug. Das Antriebsaggregat brachte seine Höchstleistung bei 2200 U/min. Mit dem Sechsganggetriebe erreichte das Fahrzeug 17,2 km/h.

FERGUSON

Der Ire Harry Ferguson hatte kurz vor Kriegsausbruch die Dreipunkt-Geräteaufhängung erfunden und beabsichtigte diese zunächst an den David Brown-Traktoren zu installieren. Wenig später wurde eine Kooperation mit Henry Ford vereinbart, die aber nicht lange Bestand haben sollte. Nachdem Ferguson viele Neuerungen in die Fordson-Schlepper eingebracht hatte, erfolgten erbittert geführte Patentstreitigkeiten und die Trennung von Ford. Daraufhin baute Ferguson die Traktoren, welche eine große Ähnlichkeit mit dem 1939 vorgestellten Fordson 9 N hatten, in eigener Regie weiter. Mit diesen eher unscheinbaren Fahrzeugen sollte er in den folgenden Jahren ein unerhört großen Erfolg haben. Rechts ein Ferguson TE 20 von 1952. Der kleine Ferguson-Traktor, der vom Herstellungswerk in Coventry in alle Welt geliefert wurde, besaß ein Vierganggetriebe für maximal 15,7 km/h, verstellbare Spurweiten und wog 1150 kg. Seine Höchstleistung erreichte der Motor bei 1600 U/min. In kleinen Stückzahlen gab es auch eine spezielle Schmalspurvariante – links ein Fahrzeug von 1952 – für Reihenkulturen.

Der kleine graue Traktor

Ferguson TE 20

1946–1948
PS/kW: 26/19
Hubraum: 1962 ccm
Stückzahl gesamt:
über 500 000

Der kleine graue Ferguson war nicht nur in England nahezu allgegenwärtig. Zunächst wurde der TE 20 mit einem importierten Continental-Motor bestückt. Dieses Antriebsaggregat wurde 1948 durch einen Vierzylinder-Standard-Vergasermotor mit Wasserkühlung aus eigener Herstellung ersetzt. Dieses vorbildlich restaurierte Fahrzeug stammt aus dem Jahr 1954.

Ferguson TEA 20

1948–1956
PS/kW: 26/19
Hubraum: 1870 ccm
Stückzahl gesamt:
über 500 000

Ferguson TEF

1951–1956
PS/kW: 29/21,2
Hubraum: 2095 ccm
Stückzahl gesamt:
über 500 000

Das Jahr 1951 brachte für Ferguson den Einstieg zum Dieselmotor, der neben der Vergaserversion angeboten wurde. Das Fahrzeug wurde als TEF bezeichnet. Bei allen Modellen war der Platz des Fahrers direkt über dem Getriebe. Der TEF hatte ein Gewicht von 1225 kg, einen Vierzylinder-Dieselmotor mit Wasserkühlung, und mithilfe des Vierganggetriebes war eine Geschwindigkeit von 21,3 km/h erreichbar. Dieses restaurierte Fahrzeug von 1954 ist mit der vom gleichen Hersteller stammenden Dreipunkt-Geräteaufhängung ausgerüstet.

Ferguson

Ferguson FE 35

1956–1960
PS/kW: 31,5/23,1
Hubraum: 2187 ccm
Stückzahl: 220 614

Im Jahr 1953 verkaufte Harry Ferguson sein Unternehmen an den kanadischen Hersteller Massey-Harris. Daraufhin lautete der Firmenname zukünftig Massey-Harris-Ferguson Ltd. Bis zu diesem Zeitpunkt war die stolze Zahl von insgesamt 339420 Traktoren aller Ausführungen gebaut worden. 1956 wurde das stärkere Modell FE 35 präsentiert, dessen Motor- und Kühlerverkleidung eine rundlichere Form bekommen hatte. Als Antriebsaggregat diente entweder der wassergekühlte Standard-Vierzylinder-Diesel oder auch eine Vergaserausführung desselben. Das Vergaserfahrzeug im Bild ist von 1957.

Im Jahr 1957 erfolgte die Umbezeichnung des FE 35 in MF 35. Gleichzeitig änderte sich die Lackierung in Rot für Motorhaube, Kotflügel und Sitzmulde, während die übrigen Teile wie Motor, Getriebe, Felgen und Kühlerschutzgitter das charakteristische Grau behielten. In technischer Hinsicht blieb das Fahrzeug unverändert. Während die weiterhin erhältliche Vergaservariante über 31,5 PS Motorleistung verfügte, war der Dieseltraktor 37,5 PS stark.

Massey-Ferguson MF 35

1956–1960
PS/kW: 37,5/27,5
Hubraum: 2259 ccm
Stückzahl: 220 614

1958 erschien erstmals das neue Modell MF 65 auf dem Markt. Nachdem Massey-Ferguson die englische Motorenfabrik Perkins Ltd. übernommen hatte, wurden deren Antriebsaggregate auch in MF-Schlepper eingebaut. Im Typ 65 arbeitete der Vierzylinder-Perkins-Wirbelkammer-Diesel A 4/192 mit Wasserkühlung sowie ein Sechsganggetriebe bis 23,2 km/h Höchstgeschwindigkeit und zwei Rückwärtsgänge. Serienmäßig erhielten diese Traktoren eine Differenzialsperre sowie eine Dreipunkthydraulik. Der Traktor links mit Seitenmähwerk ist von 1958. Der MF 65 war ein zugstarker Traktor, der mit einer Fülle von Sonderzubehör angeboten wurde. Sein Gewicht betrug 1820 kg, seine Hinterräder besaßen die Standardbereifung der Größe 11-32. Rechts ein Traktor in einem unrestaurierten Gebrauchszustand von 1960.

Massey-Ferguson MF 65

1958–1964
PS/kW: 50/36,3
Hubraum: 3146 ccm

Mit E 27, Major und Dexta auf Erfolgskurs

Fordson E 27 N

1945–1952
PS/kW: 27/19,8
Hubraum: 4184 ccm
Stückzahl gesamt:
236 000

Ende der 1930er-Jahre war der noch auf dem berühmten Modell F von 1917 basierende Fordson N – trotz Luftbereifung und manch anderer Verbesserungen – technisch überholt. Unmittelbar nach Kriegsende kam daher sein Nachfolger, der Typ E 27 N, heraus, der ebenfalls über einen Vierzylinder-Vergasermotor mit Wasserkühlung verfügte. Anfangs wurde dieser Traktor, dessen Aufbau viele Gemeinsamkeiten mit seinem Vorgänger besaß, vielfach noch mit Eisenbereifung und stollenbesetzten Hinterrädern geliefert. Für den Straßenbetrieb konnten – wie bei diesem Fahrzeug von 1946 – Laufringe montiert werden. Der E 27 N von Fordson war der erste englische Nachkriegstraktor überhaupt und seine Serienfertigung lief Ende März 1945 an. Charakteristisches Merkmal der Fordson-Traktoren war ihre dunkelblaue Lackierung mit den Felgen in Orange. Der E 27 N hatte verstellbare Spurweiten, ein Dreiganggetriebe und konnte mit einem elektrischen Anlasser ausgerüstet werden.

Fordson E 27 P 4

1948–1952
PS/kW: 30/22
Hubraum: 3155 ccm
Stückzahl gesamt:
236 000

Ab 1948 gab es den E 27 auch mit Dieselantrieb. Dem Kunden standen sowohl der 30 PS starke Perkins-P-4-Vierzylinder-Dieselmotor als auch der Sechszylinder-Diesel P 6 mit 45 PS des gleichen Herstellers zur Auswahl. Hier ein restauriertes 30-PS-Fahrzeug von 1948. Das Gewicht des Fordson mit P 4-Motor betrug 2000 kg, und die Standard-Hinterräder hatten die Größe 11-36.

Fordson

Die mit Perkins-Dieselmotoren bestückten Fordson-Traktoren waren an dem am Kühlerschutzgitter befindlichen, aus vier Ringen bestehenden Firmensignet zu erkennen. Vor allem der starke Sechszylinder wurde mit allein 23 000 Einheiten ein überaus großer Erfolg. Beide Varianten verhalfen dem Dieselmotor bei Fordson zum Durchbruch. Hier ein P 6 Major mit Hydraulik aus seinem letzten Fertigungsjahr.

Fordson
E 27 P 6 Major

1948–1952
PS/kW: 45/32,9
Hubraum: 4730 ccm
Stückzahl gesamt: 23 000

Für den Fordson E 27 N wurden in erheblichen Stückzahlen Halbketten-Umbaurüstsätze der englischen Firma Roadless Traction Ltd. verwendet. Diese Vollkettenzugmaschinen hatten einen Vierzylinder-Vergasermotor mit Wasserkühlung, der seine Motorleistung von 27 PS bei 1200 U/min zur Verfügung stellte. Verwendet wurde das reguläre Dreiganggetriebe des Standardschleppers.

Fordson E 27 N
Roadless E

1945–1952
PS/kW: 27/19,8
Hubraum: 4730 ccm

Fordson New Major

1952–1958
PS/kW: 42/30,7
Hubraum: 3610 ccm

1952 wurde das Erfolgsmodell E 27 N durch das total überarbeitete Modell New Major abgelöst. Es besaß eine abgerundete Motorverkleidung, unter der wahlweise ein Vierzylinder-Vergaser- oder -Dieselmotor mit Was-

serkühlung von Ford arbeitete. Die Dieselversion begann mit Dreiviertel aller Verkäufe des Jahres 1953 eine immer größere Rolle zu spielen. Hier ein schön restaurierter Dieselschlepper aus dem Jahr 1953.

Fordson Super Major

1958-1964
PS/kW: 52/38
Hubraum: 3610 ccm

Im Jahr 1958 trat das Modell Super Major die Nachfolge des Fordson Major an. Es war ein starker Traktor mit 2350 kg Gewicht, den es nur noch mit dem wassergekühlten Vierzylinder-Ford-Dieselmotor E 1 ADDN gab. Der Motor war eine sehr moderne Konstruktion mit fünffach gelagerter Kurbelwelle. Der Schlepper hatte ein Sechsganggetriebe mit zwei Rückwärtsgängen, gegen Aufpreis waren Hydraulik, Zapfwelle, Riemenscheibe und andere Ausrüstungsgegenstände erhältlich. Dieses Exemplar ist von 1959.

Fordson Power Major

1958–1964
PS/kW: 52/38
Hubraum: 3610 ccm

Das mit dem Super Major motorisch identische Modell Power Major – hier ein gut restauriertes Fahrzeug aus dem Jahr 1960 – verfügte über ein sechsfach abgestuftes Schaltgetriebe mit zwei Rückwärtsgängen, mit dem der Geschwindigkeitsbereich von 3,3 bis 22,1 km/h abgedeckt wurde. Das Gewicht betrug 2475 kg und die Hinterradbereifungsgröße 11-36.

Fordson Dexta

1958–1965
PS/kW: 31/22,7
Hubraum: 2360 ccm

Um auch einen kleineren Traktor anbieten zu können, wurde am 22. November 1958 unter der Bezeichnung Dexta ein leichteres Fordson-Modell vorgestellt. Der Dexta war mit einem wassergekühlten Dreizylinder-Perkins-Direkteinspritzdiesel motorisiert. Das 1341 kg schwere Fahrzeug hatte ein Sechsganggetriebe zwischen 2 und 24,9 km/h. Das gut restaurierte Exemplar oben links ist von 1960 und mit Seitenmähwerk und Umsturzbügel ausgerüstet. Nicht nur in England, sondern auch im übrigen Europa und in Übersee bestand Ende der 1950er-Jahre ein großer Bedarf an Traktoren, wovon das Modell Dexta nachhaltig profitierte. Die praktizierte Großserienfertigung ließ günstige Preise zu, mit denen auch auf dem deutschen Markt Erfolge zu verzeichnen waren. Allein im Jahr 1960 wurden in Deutschland 2089 Einheiten zugelassen. Oben rechts ein restaurierter Dexta mit Allwetterverdeck von 1959. Für den in beachtlichen Stückzahlen – 1960 wurden in England 27 489 Einheiten gebaut – gefertigten Dexta gab es eine Fülle von Sonderzubehör. Dazu gehörten eine Zapfwelle, Motorzapfwelle mit Doppelkupplung, Riemenscheibe, hydraulischer Kraftheber mit Dreipunktaufhängung, Regelhydraulik und vieles mehr. Die Spurweite war für Pflegearbeiten zu verstellen. Der Dexta rechts von 1960 ist mit Frontlader und Sicherheitsumsturzbügel ausgerüstet.

1945–1960

Der Dexta war ein gut durchkonstruierter, wendiger Traktor der Mittelklasse, der in erheblichen Stückzahlen produziert wurde. Neben der hier gezeigten Schmalspurausführung für Einsätze in Sonderkulturen gab es den Dexta auch in einer Allradausführung. Dieses Schmalspurfahrzeug entstand im Jahr 1958.

Fordson Dexta

Schmalspur
1958–1965
PS/kW: 31/22,7
Hubraum: 2360 ccm

253

International H.

Ein globales Unternehmen
Farmall Cub
1947–1958
PS/kW: 9/6,6
Hubraum: 960 ccm

Nach dem Zweiten Weltkrieg weitete sich die Modellpalette des Unternehmens stark aus. Neben dem Stammwerk in Chicago gab es Werke in England und in anderen Ländern. Im Jahr 1947 erschien erstmals das Modell Cub, ein Winzling mit nach links auf dem Halbrahmen versetzten Motor und rechts bis zur Vorderachse verlaufender Lenksäule. Gleichzeitig war dies der kleinste Traktor in dem umfangreichen Verkaufsprogramm dieses Herstellers. Links ein 1950 gebautes Fahrzeug. Der Cub war nicht nur als ausgesprochener Kleinschlepper besonders geeignet, sondern auch als Zweit- und Pflegeschlepper für größere Bauernhöfe vorgesehen. Zu diesem Zweck konnte die Spur zwischen 102 und 147 cm verstellt werden. Dieser Traktor verfügte über einen wassergekühlten Vierzylinder-Vergasermotor, der seine Höchstleistung bei 1600 U/min mobilisierte,

und ein Dreiganggetriebe für maximal 10 km/h. Mit lediglich 600 kg Gewicht war dieses kleine Fahrzeug als ausgesprochen leicht zu bezeichnen. Der hervorragend restaurierte Cub rechts mit Seitenmähwerk stammt von 1950.

McCormick WD 9
1941–1952
PS/kW: 55/40,3
Hubraum: 5520 ccm

Die International-Traktoren der W-Serie wurden ab 1940 erstmals eingeführt. Es waren Modelle mit wassergekühlten Vierzylinder-Vergasermotoren, die es in verschiedenen Leistungsgrößen gab. Nach dem Krieg gelangten auch alternativ Dieselmotoren zum Einbau. Der McCormick WD 9 war ein zugstarker Traktor mit 2700 kg Gewicht, einem Fünfganggetriebe mit Übersetzungen zwischen 3,8 und 26 km/h und einem Vierzylinder-Diesel mit Wasserkühlung.

Der BWD 6 stammte aus dem englischen Werk in Doncaster und war identisch mit dem amerikanischen WD 6, der seit 1947 gebaut wurde. Es gab ihn als Vergaserversion und speziell für den europäischen Markt auch als Dieseltraktor. Angetrieben wurde der 2363 kg schwere Traktor von einem wassergekühlten Vierzylinder-Dieselmotor. Das Fünfganggetriebe war für Geschwindigkeiten zwischen 3,7 und 23,2 km/h ausgelegt. Hier ein Schlepper von 1955.

McCormick BWD 6

1947–1955
PS/kW: 36/26,4
Hubraum: 3869 ccm

Der Farmall-Breitspurtraktor der Serie M wurde 1939 in den USA eingeführt und ab 1948 als Typ BM auch in England produziert, mit dem International Harvester auch auf diesem Markt großen Erfolg erzielte. Der BM besaß einen wassergekühlten Vierzylinder-Vergasermotor, ein Fünfganggetriebe und wog 2386 kg. Die Höchstgeschwindigkeit betrug 26 km/h und seine Spurweite war mehrfach verstellbar.

McCormick BM

1948–1952
PS/kW: 38/27,8
Hubraum: 4059 ccm

McCormick Super BMD

1952–1956
PS/kW: 45/32,9
Hubraum: 4327 ccm

Auch in England eroberte der sparsamere Dieselmotor bald den Markt. Mit dem im Werk Doncaster produzierten Super BMD hatte der BM ein vierzylindriges Dieselaggregat mit Wasserkühlung erhalten und zusätzlich mehr Leistung bekommen. Das Getriebe des 2431 kg schweren Breitspurtraktors war das des Vergaserschleppers BM, seine Höchstgeschwindigkeit und Hinterradgröße 11-38 ebenfalls.

McCormick Super WD 9

1953–1956
PS/kW: 60/43,9
Hubraum: 5520 ccm

1953 kam mit dem McCormick-Modell Super WD 9 eine leistungsgesteigerte Ausführung des erfolgreichen WD 9 auf den Markt. Es war ein Traktor der Oberklasse, den es mit Vergaser- oder Dieselmotor gab. Infolge seiner hohen Leistung wurde der Super WD 9 auch als Industrieschlepper verwendet. Hier ein Super WD 9 mit Muschelkotflügeln aus dem Jahr 1955.

McCormick B 450

1956–1962
PS/kW: 55/40,3
Hubraum: 4329 ccm

Im Jahre 1956 wurde eine neue International Harvester-Traktoren-Reihe vorgestellt, wozu auch das Modell B 450 gehörte. Dieser starke Schlepper wog 2748 kg und war mit einem wassergekühlten Vierzylinder-Dieselmotor bestückt, der seine Maximalleistung bei 1500 U/min abgab. Das Fünfganggetriebe ermöglichte Geschwindigkeiten zwischen 2,8 und 27 km/h.

MARSHALL

Marshall Sons & Company aus Gainsborough baute seit 1908 Traktoren mit Verbrennungsmotoren. Nach Studien an verschiedenen Lanz-Bulldog-Konstruktionen und gescheiterten Lizenz-Verhandlungen mit diesem Hersteller baute Marshall ab 1930 einen Schlepper nach dem Vorbild des Lanz HR 5. Im Gegensatz zu jenem besaß der Traktor von Marshall von Beginn an einen wassergekühlten Vorkammer-Dieselmotor. Noch im Jahr 1945 wurde das bisher als Marshall M bezeichnete Modell in Field Marshall MK I umbenannt. Dieses Fahrzeug besaß ein Dreiganggetriebe bis maximal 18,1 km/h.

Field Marshall MK I

1945–1947
PS/kW: 40/29,3
Hubraum: 4656 ccm

Field Marshall MK II

1947–1952
PS/kW: 40/29,3
Hubraum: 4656 ccm

1947 löste die Serie II das bisherige Marshall-Modell MK I ab. Der MK II erhielt im Gegensatz zu seinem Vorgänger nun eine wirkungsvollere Bremsanlage, ein verbessertes Kühlsystem und größere Standard-Hinterräder. Das Fahrzeug hatte 2925 kg Gewicht sowie ein Dreiganggetriebe bis 14,4 km/h. Der Motor hatte keinen Glühkopf wie beim deutschen Lanz-Bulldog, sondern der Zweitakt-Dieselmotor wurde entweder anfangs mit einem brennenden Docht oder später mit einer Zündpatrone gestartet. Dieser MK II ist aus dem Jahr 1952.

Field Marshall MK III a

1947–1952
PS/kW: 40/29,3
Hubraum: 4656 ccm

Im Jahre 1952 wurden wieder etliche Detailverbesserungen an dem Einzylinder-Marshall-Dieselschlepper vorgenommen. Daraus entstand die Ausführung MK III a, die leistungsmäßig in etwa dem deutschen Lanz-Dieselbulldog D 4016 gleichkam. Trotz Verbesserungen an den Ausrüstungsteilen – es gab jetzt z. B. eine elektrische Startanlage und eine Dreipunkthydraulik – wirkte auch der MK III a schon reichlich überholt. Das Kennzeichen dieser Serie war die Lackierung in Orange mit silbernen Felgen. Eine weitere Überarbeitung war geplant, wurde aber nicht mehr in die Tat umgesetzt. Hier ein toprestauriertes Fahrzeug aus dem Jahr 1952.

NUFFIELD

Kurz nach Kriegsende war Lord Nuffield die treibende Kraft, um im Rahmen der Firma William Morris – damals Englands größter Automobilhersteller – eine Traktorproduktion in großem Stile aufzuziehen. Dieses Vorhaben wurde auch von der Regierung unterstützt, denn im eigenen Land gebaute Traktoren halfen mit, die knappen Devisen zu sparen. Es sollte ein leistungsfähiger Traktor für größere Flächen gebaut werden. 1948 war mit dem Modell M 4 ein starker Traktor entstanden, der den Vergleich zu amerikanischen Importfahrzeugen nicht scheuen musste. Dieses Fahrzeug war eine gut gelungene Konstruktion mit 2064 kg Gewicht, Hydraulik, Fünfganggetriebe und einem Vierzylinder-Vergasermotor. Ab 1950 konnte auch ein Perkins-Dieselmotor eingebaut werden. Dieser M 4 ist von 1953.

Traktoren von adeliger Herkunft

Nuffield Universal M 4

1948–1954
PS/kW: 38/27,8
Hubraum: 3154 ccm

Nuffield Universal M 4

1954–1962
PS/kW: 56/241
Hubraum: 3404 ccm

Der Nuffield-Traktor war wegen seiner Zuverlässigkeit beliebt und konnte sich am Markt durchsetzen. Durch seine Spitzengeschwindigkeit von 27,8 km/h war er auch für Straßentransporte ein schnelles Fahrzeug. Nach dem Zusammenschluss von Austin und Morris zur British Motor Corporation (BMC) wurde ab 1954 ein wassergekühlter Vierzylinder-Dieselmotor dieses Herstellers eingesetzt. 1959 wurde diese von ursprünglich 45 auf 56 PS angehoben. Dieses restaurierte Fahrzeug wurde im Jahr 1959 gebaut.

Nuffield
Universal M 4
Allrad
1954–1962
PS/kW: 60/43,9
Hubraum: 3404 ccm

Das Nuffield-Modell M 4 wurde in kleinen Stückzahlen auch als Allradvariante gefertigt. Das Fahrzeug war mit dem aus der Lastwagenproduktion des BMC-Konzerns stammenden wassergekühlten Vierzylinder-Dieselmotor ausgerüstet. Es war ein beeindruckendes, mit der großen Bereifung kraftvoll wirkendes Fahrzeug, das mit Zapfwelle und Hydraulik mit 1200 kg Hubkraft ausgerüstet werden konnte.

Nuffield
Universal 3
1957–1962
PS/kW: 35/32,9
Hubraum: 2553 ccm

Im Jahre 1957 wurde das im Grunde nur aus dem bewährten Modell M 4 bestehende Angebot dieses Herstellers um ein leichteres Fahrzeug, den Typ Universal 3, ergänzt. In diesen Traktor gelangte ein wassergekühlter Dreizylinder-Dieselmotor mit 2000 U/min sowie ein Fünfganggetriebe für den Geschwindigkeitsbereich von 3 bis 22,7 km/h zum Einbau. Das Gewicht des Fahrzeugs betrug 1655 kg und die Hinterräder waren mit der Größe 10- oder 11-28 bereift.

DALOZ

Die französische Traktorindustrie bestand vor allem aus Herstellern leichterer Fahrzeuge, da die Betriebsgröße der französischen Bauernhöfe im Allgemeinen recht klein und deren Besitzer zudem meist arm waren. Der gezeigte Motormäher des Typs Kira wurde in Kleinserie während der 1950er-Jahre gefertigt. Das einfache Fahrzeug wurde von einem wassergekühlten Einzylinder-Vergasermotor des Herstellers Chaise angetrieben.

Viele kleine Hersteller

Daloz Kira

1950erJahre
PS/kW: 19/7,3
Hubraum: 680 ccm

INTERNATIONAL HARVESTER

Die International Harvester Company besaß in Frankreich ein Fertigungswerk, in dem ab 1950 in erster Linie leichtere Traktoren der Modellreihe C gebaut wurden. Die in Frankreich entstandenen IH-Schlepper waren an dem Buchstaben „F" in der Typenbezeichnung erkennbar. Das Modell FC war ein Row-crop-Schlepper oder Hackfrucht-Schlepper mit verstellbarer Hinterachsspurweite, der mithilfe eines wassergekühlten Vierzylinder-Vergasermotors angetrieben wurde. Er hatte ein Gewicht von 1250 kg. Dieser FC ist von 1951.

Farmall FC

1950–1959
PS/kW: 22/16,1
Hubraum: 2010 ccm

Farmall
Super FCD

1950–1959
PS/kW: 26/19
Hubraum: 2371 ccm

Der Super FCD war ein typischer Breitspurtraktor in amerikanischer Bauart mit mehrfach verstellbarer Spurweite, der zwar in erster Linie für Reihenkulturen, aber auch für alle übrigen Feldarbeiten verwendet werden konnte. In dem 1300 kg schweren Super FC arbeiteten ein wassergekühlter Vierzylinder-Dieselmotor und ein Vierganggetriebe für Geschwindigkeiten zwischen 3,8 und 16,7 km/h. 1959 wurde der Super FC durch neue Modelle ersetzt. Dieser Super FC stammt aus dem Jahr 1953.

SNCAC

Le Percheron
T 25 R

1947–1955
PS/kW: 25/18,3
Hubraum: 4767 ccm
Stückzahl: 3000

Die Produktion dieses in Frankreich gebauten und bis auf kleine Abweichungen dem Lanz-Glühkopf-Bulldog D 7506 entsprechenden 25-PS-Bulldogs begann bereits kurz vor Ausbruch des Zweiten Weltkrieges in Lizenz bei der Firma SNCAC in Colombes. 1947 wurde die Fertigung – infolge des deutschen Zusammenbruchs nun ohne Lizenzgebühren im Rahmen der Kriegsentschädigungen – unter der Bezeichnung Le Percheron erneut aufgenommen und in Soisson fortgeführt. Hier ein schönes Fahrzeug aus dem Jahr 1948.

RENAULT

Die in Billancourt bei Paris ansässige Firma Renault ist bekanntlich der größte französische Traktorenhersteller. So entstanden bereits 1919 auf der Basis von Militärzugmaschinen die ersten Traktoren.

Nachdem 1933 der erste Dieselmotor in einen Schlepper eingebaut worden war, wurde der Produktionsstandort im Jahr 1937 nach Le Mans verlegt. Nach 1945 wurde das Unternehmen verstaatlicht und der Bau des Modells R 3042 eingeleitet. Es war ein Vierzylinder-Vergaserschlepper mit 1825 kg Gewicht, der mit Benzin oder Petroleum betrieben werden konnte und über ein Vierganggetriebe für maximal 21,6 km/h verfügte. Hier ein in der Schweiz hervorragend erhaltener Traktor aus dem Jahr 1949.

Renault R 3042

1948–1952
PS/kW: 30/122
Hubraum: 2384 ccm

Ab 1951 wurden Renault-Traktoren entweder mit in Lizenz gebauten Perkins- oder Hercules-Dieselmotoren ausgerüstet. Aus dem Modell R 3042 wurde im gleichen Jahr der Typ R 7012 entwickelt, der mit einem wassergekühlten Perkins-Vierzylinder-Dieselmotor bestückt war. Sein Vierganggetriebe entsprach dem des R 3042. Das Modell hatte ebenso wie sein Vorgänger eine komplette elektrische Anlage mit Vorglühanlage, eine Zapfwelle mit zwei Geschwindigkeiten sowie ein Hydrauliksystem. Das Fahrzeug mit seitlicher Riemenscheibe entstand 1951.

Renault R 7012

1951–1956
PS/kW: 42/30,7
Hubraum: 3176 ccm

Renault D 35

1956–1962
PS/kW: 36/26,4
Hubraum: 2715 ccm

1956 brachte Renault das erste Modell der D-Serie auf den Markt. Diese Reihe wurde innerhalb kurzer Zeit auf vier Modelle von unterschiedlicher Leistung ausgebaut. Alle Fahrzeuge waren wahlweise mit wasser- oder luftgekühlten Motoren lieferbar. Das stärkste

Fahrzeug war der Typ D 35 mit 1485 kg Gewicht. Ein zwölfgängiges Gruppenschaltgetriebe mit drei zusätzlichen Rückwärtsgeschwindigkeiten deckte den Bereich von 0,6 bis 20,9 km/h ab. Hier ein Exemplar von 1958.

Renault Super 3 D

1959–1965
PS/kW: 26/19
Hubraum: 1810 ccm

Aus der Zusammenarbeit mit den Motoren-Werken Mannheim ging die Ende der 1950er-Jahre vorgestellte Super-Modellreihe von Renault hervor, die sowohl aus wasser- als auch luftgekühlten Modellen bestand. Der Super 3 D war mit einem direkteinspritzenden luftgekühlten Zweizylinder-Viertakt-Dieselmotor ausgerüstet. Der Traktor besaß zehn Vorwärts- und zwei Rückwärtsgänge zwischen 0,8 und 21,3 km/h, eine 10-28er-Hinterradbereifung und hatte 1580 kg Gewicht. Dieser Traktor entstand 1960.

Renault Super 7 D

1959–1965
PS/kW: 45/32,9
Hubraum: 2502 ccm

Das zugleich vorgestellte zweitstärkste Traktormodell von Renault, der Typ Super 7 D, wurde von einem wassergekühlten Dreizylinder-Perkins-Dieselmotor angetrieben, der seine Höchstleistung bei 2150 U/min er-

reichte. Das Gewicht dieser starken Maschine betrug 1660 kg, die Bereifung der Hinterräder hatte die Größe 11-28. Im Bild ein restaurierter Schlepper aus dem Jahr 1960.

SFV

Die Firma SFV in Vierzon hatte bereits vor dem Krieg in größerem Umfang Ackerschlepper mit einzylindrigem Glühkopfmotor nach dem Vorbild des Lanz-Bulldogs fabriziert. 1947 begann die Traktorenproduktion erneut, die sich von den mit einem Dreiganggetriebe ausgerüsteten Vorkriegsmodellen in technischer Hinsicht kaum unterschied. Nur die Verkleidung hatte sich geän-

Vierzon FV 1

1947–1950
PS/kW: 45/32,9
Hubraum: 12 760 ccm

dert. Weiterhin gab es Fahrzeuge mit Eisenrädern für den Acker und Luftreifen für den überwiegenden Straßeneinsatz.

1945–1960

1950 folgte eine neue Modellreihe bei Vierzon, die zunächst aus den Typen 401 mit 40 PS und 302 mit 30 PS bestand, Der Glühkopfbulldog Vierzon 302 – hier ein restauriertes Fahrzeug von 1951 in der luftbereiften Ackerausführung – verfügte über ein Fünfganggetriebe, das den Geschwindigkeitsbereich zwischen 3,5 und 20 km/h abdeckte. Der Einzylinder-Zweitakt-Glühkopf-Diesel erreichte seine Höchstleistung bei 800 U/min. Sein Bau erfolgte im Werk Le Creusot. Der Vierzon 302 war ein solider Traktor für mittlere bis größere Betriebe.

Vierzon 302

1950–1956
PS/kW: 30/22
Hubraum: 5246 ccm

Der Typ 401 mit 40 PS gehörte unter den Vierzon-Traktoren bereits zu den schweren Modellen. Der Glühkopfmotor des 3300 kg schweren Traktors erreichte seine maximale Leistung bei 630 U/min. Diese Fahrzeuge wurden im Werk Bageres de Bigorre gefertigt. Im 401 stand ein fünfgängiges Schaltgetriebe zur Verfügung. Hier ein sauber restaurierter Traktor von 1951.

Vierzon 401

1950–1952
PS/kW: 40/29,3
Hubraum: 10 335 ccm

Vierzon 201

1953–1959
PS/kW: 18/13,2
Hubraum: 3209 ccm

Die Firma SFV (Société Française de Matériel Agricole et Industriel de Vierzon) bot mit dem Typ 201 ab 1953 auch einen leichten Traktor an. Der 201 war ein kleiner handlicher Traktor mit neuer Karosserie, serienmäßig mit einem elektrischen Anlasser und hydraulischem Kraftheber ausgerüstet und das erfolgreichste Modell seiner Leistungsklasse in Frankreich. Der 201 war als wassergekühlter Vierzylinder-Halbdiesel ausgeführt, wog 1100 kg und war auch in einer Schmalspurausführung erhältlich. Er musste mit Benzin gestartet und nach einer Warmlaufphase auf Diesel umgestellt werden. Das Fünfganggetriebe sorgte für Geschwindigkeiten bis zu 19 km/h. Hier ein Fahrzeug aus dem Jahr 1956.

Vierzon 551

1951–1956
PS/kW: 52/38,1
Hubraum: 12 760 ccm

Im Jahre 1951 entstand mit dem Modell 551 der größte Glühkopfschlepper dieses Herstellers. Dieses Fahrzeug wurde leistungsmäßig nur noch durch den Typ 552 von 1956, der 57 PS leistete und in nur 33 Exemplaren auf Bestellung gefertigt wurde, geringfügig übertroffen. Der im Werk Luneville gebaute 551 hatte ein Gesamtgewicht von insgesamt 3650 kg, ein Fünfganggetriebe mit

Rückwärtsgang und eine Länge von 3450 mm. Dieser hier ist von 1951.

Auf Dauer aber konnte sich Vierzon mit den langsam veraltenden Einzylindermotoren nicht mehr am Markt behaupten. In der zweiten Hälfte der 1950er-Jahre begann der Abstieg. Als auch nach Übernahme durch die Firma Case keine langfristige Besserung eintrat, musste der Betrieb zu Beginn der Jahre liquidiert werden.

Vierzon 402

1952–1956
PS/kW: 45/32,9
Hubraum: 10 335 ccm

Den im Werk Bageres de Bigorre gefertigten leistungsgesteigerten Vierzon-Glühkopfschlepper 402 gab es erstmals 1952. Er löste den bisherigen Typ 401 ab. Er hatte ein Gewicht von 3350 kg und 12,75-28er-Hinterradbereifung. Auch in diesem Fall gelangte ein Fünfganggetriebe zum Einbau. Dieser Vierzon 402 entstand 1952.

LANDINI

Landini L 25

1950–1957
PS/kW: 25/18,3
Hubraum: 7222 ccm

Auch nach Kriegsende setzte die italienische Firma Landini den Bau von Glühkopfbulldogs fort. Sie arbeiteten – ähnlich wie die Mannheimer Lanz-Bulldogs, denen sie nachempfunden waren – nach dem Einzylin-

der-Zweitakt-Verfahren. Im Gegensatz zu ihrem deutschen Vorbild war der Kühler an der Stirnseite des Schleppers angeordnet, während der durch einen Riemen angetriebene Ventilator sich hinter diesem be-

fand. Der L 25 besaß eine Viergang-getriebe mit Rückwärtsgang. Die Nachkriegstraktoren – hier ein L 25 aus dem Jahr 1947 – waren noch klassische Glühkopfmaschinen mit liegendem Zylinder.

Das Nachkriegsangebot an Glühkopftraktoren umfasste bei Landini Modelle mit 25, 35, 45 und 65 PS. Der L 35 war bereits ein starker Schlepper der oberen Mittelklasse, der seine motorische Höchstleistung bei 730 U/min hervorbrachte. Der L 35 wog 1750 kg und sein Geschwindigkeitsbereich lag zwischen 3 und 16 km/h. Dieses gut restaurierte Fahrzeug ist von 1954.

Landini L 35

1953–1958
PS/kW: 29/21,2
Hubraum: 7222 ccm

Landini
Landinetta

1956–1961
PS/kW: 15–18/11–13,2
Hubraum: 1236 ccm

Der 1956 vorgestellte Kleinschlepper Landinetta war das erste Modell mit einem wassergekühlten liegenden Einzylinder-Zweitakt-Dieselmotor mit 15 PS. Um die Leistung von 18 PS bei 1300 U/min zu erreichen, musste ein Roots-Gebläse zugeschaltet werden. Der Traktor hatte ein Gewicht von 1300 kg und ein Fünfganggetriebe mit Rückwärtsgang, das den Geschwindigkeitsbereich von 3 bis 22 km/h abdeckte.

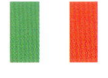

FIAT

Fiat 25 RD

1953–1955
PS/kW: 25/18
Hubraum: 1901ccm

Die Turiner Fiat-Werke stellten ihren ersten aus einem Artillerieschlepper entwickelten Traktor im Jahre 1918 her. In den folgenden Jahren blieben die Aktivitäten des Unternehmens überwiegend auf den Inlandsektor beschränkt, bevor Fiat im Jahr 1932 mit einem sehr fortschrittlichen Raupenschlepper einen großen Erfolg landen konnte. 1953 wurde erstmals das Modell 25 RD gebaut – ein kompakter Traktor für kleinere landwirtschaftliche Betriebe, der mit einem wassergekühlten Vierzylinder-Viertakt-Vergasermotor bestückt war und 1410 kg wog. Hier ein gut restauriertes Exemplar von 1954.

Diesen Kleinschlepper gab es in verschiedenen Ausführungen. Neben der Standardversion 211 R und dem kleinen Allradtraktor 251 R wurde auch eine unter der Bezeichnung 221 R geführte Schmalspurvariante gebaut. Bei diesem Fahrzeug hatte man die Drehzahl des Zweizylinder-Viertakt-Dieselmotors zu der Leistungssteigerung auf 2330 U/min erhöht.

Fiat 221 R

1959–1965
PS/kW: 20/14,6
Hubraum: 1135 ccm

Der Fiat-Traktor 18 mit dem treffenden Namen „La piccola" löste das in die Jahre gekommene Modell 600 ab. Es war ein Tragschlepper mit der Möglichkeit des Zwischenachsanbaus, der den wassergekühlten Fiat-Dieselmotor 614 mit zwei Zylindern besaß, welcher seine Leistung bei 2200 U/min mobilisierte. Dieser Kleintraktor war mit nur 820 kg ein Leichtgewicht, der sich selbst für den kleinsten Bauernhof eignete. Er hatte Hinterräder der Größe 9-24 und ein Sechsganggetriebe mit zwei Rückwärtsgängen für Geschwindigkeiten zwischen 1,9 und 20,3 km/h.

Fiat 18
„La piccola"

1957–1960
PS/kW: 18/13,2
Hubraum: 1135 ccm

Der schwere Fiat-Radschlepper des Typs 80 R war für Bereiche vorgesehen, wo höchste Leistung unter ungünstigen Arbeitsbedingungen erbracht werden mussten. Als Antriebsaggregat hatte er einen wassergekühlten Vierzylinder-Viertakt-Dieselmotor des Typs Fiat 604 vom Raupenschlepper 70 C erhalten. Es war ein gewaltiges Kraftpaket mit 3550 kg Gewicht, dessen Motor seine Maximalleistung bei 1650 U/min abgab. Die großen Hinterräder hatten die Maße 16,9-34. Dieser Traktor entstand im Jahr 1960.

Fiat 80 R

1961–1968
PS/kW: 80/58,6
Hubraum: 6874 ccm

SAME
Sametto

1957–1960
PS/kW: 18/13,2
Hubraum: 1245 ccm

Die Traktorenfirma SAME wurde erst 1942 gegründet. Ab 1950 wurde das Verkaufsprogramm stark erweitert. Die neuen Modelle besaßen luftgekühlte Dieselmotoren in Ein- bis Vierzylinderbauweise. Ein sehr wendiger Kleinschlepper mit einem luftgekühlten Einzylinder-Diesel war der Sametto, der mit einem Fünfganggetriebe ausgerüstet war.

SAME 240 DT

1958–1962
PS/kW: 42/30,7
Hubraum: 2492 ccm

SAME spezialisierte sich schon früh auf vierradgetriebene Schlepper, mit denen man bald eine gewisse Monopolstellung einnahm. Der SAME 240 DT M war im Jahr 1959 das erste Fahrzeug dieser Art, das den Anfang einer langen Typenreihe bilden sollte. Dieser Traktor besaß einen luftgekühlten Zweizylinder-Dieselmotor und wog 1860 kg. Hier ein Fahrzeug von 1959.

SAME 450 V

1964–1966
PS/kW: 51/38
Hubraum: 3400 ccm

Der 450 V war ein starker Schlepper mit luftgekühltem Vierzylinder-V-Dieselmotor mit 2000 U/min. Er wog 1730 kg, besaß die Hinterradgröße 11-28 und verfügte über ein Sechsganggetriebe mit Rückwärtsgang für den Geschwindigkeitsbereich von 1,3 bis 29,4 km/h. Durch seine hohe Geschwindigkeit eignete er sich auch für Straßeneinsätze.

SAME

STEYR

Der Traktorenbau bei den Steyr-Werken begann im Jahr 1945 mit der Entwicklung einer robusten und einfach zu fertigenden Dieselmotorbaureihe. 1947 wurde mit dem Modell 180 der erste österreichische Nachkriegstraktor vorgestellt. Es war ein gleichzeitig kompakt und modern wirkendes Fahrzeug mit kurzem Radstand, das mit einem Zweizylinder-Viertakt-Reihen-Vorkammer-Dieselmotor mit Wasserkühlung bestückt war. Ein Fünfganggetriebe mit Rückwärtsgang ermöglichte 24,4 km/h Höchstgeschwindigkeit. Hier ein Fahrzeug von 1950.

Im Zeichen der Zielscheibe

Steyr 180

1947–1950
PS/kW: 26/19
Hubraum: 2661 ccm
Stückzahl gesamt: 25 302

Ab 1950 wurde die Motorleistung des Steyr 180 durch Drehzahlerhöhung auf 1600 U/min um vier zusätzliche PS gesteigert. Ansonsten blieb dieser bewährte Traktor, der vor allem für mittlere und größere Höfe vorgesehen war, unverändert. Es war ein Universalschlepper mit großer Zugkraft und 1800 kg Gewicht, der über Riemenscheibe, Getriebezapfwelle, Mähantrieb, Lenkbremsen und weiteres Zubehör verfügte. Ab 1950 gab es gegen Aufpreis ein Verdeck sowie eine Hydraulik eigener Konstruktion. Hier ein Fahrzeug mit Wetterdach aus dem Jahr 1953.

Steyr 180

1950–1953
PS/kW: 30/22
Hubraum: 2661 ccm
Stückzahl gesamt: 25 302

Steyr 80

1949–1964
PS/kW: 13/9,5
Hubraum: 1330 ccm
Stückzahl gesamt:
45 068

Der Kleintraktor des Typs Steyr 80 war das nächste Projekt der Steyr-Werke, das im Jahr 1949 realisiert werden konnte. Es war damit der zweite in Großserie produzierte österreichische Traktor und sollte die Zielgruppe der vielen Kleinbauern und landwirtschaftlichen Nebenerwerbsbetriebe erreichen. Auch sein Einzylinder-Dieselmotor stammte aus der unmittelbar nach dem Krieg entwickelten Baureihe. Der Steyr 80 war serienmäßig mit einem Viergang-, auf Wunsch aber auch mit einem Fünfganggetriebe mit Rück-wärtsgang bestückt. Der Steyr 80 war ein überaus solider Traktor, robust und langlebig, der sich mit minimalem Wartungsaufwand zufrie-den gab. Selbst heute sind diese unverwüstlichen Veteranen noch häufig im Einsatz anzutreffen.

Steyr 80 a

1950–1956
PS/kW: 15/11
Hubraum: 1330 ccm
Stückzahl: 14 357

Beim Steyr 80 a handelt es sich um eine Ausführung mit großen 8-36er-Hinterrädern. Der Typ 80 a besaß aufgrund seiner hohen Bereifung eine große Bodenfreiheit und zudem eine noch bessere Zugkraft als das Standardmodell 80. Ansonsten war er mit dem Standardschlepper weitgehend identisch. Hier ein restauriertes Fahrzeug aus dem Jahr 1950.

Steyr 80 S

1951–1963
PS/kW: 15/11
Hubraum: 1330 ccm
Stückzahl: 367

Der Schmalspurschlepper Steyr 80 S entstand auf Basis des Standardtraktors speziell für den Einsatz im Wein- und Obstanbau. Der Traktor hatte ein Gewicht von 1180 kg, Hinterräder der Größe 8-24 und war auf Wunsch auch mit einer Hydraulik erhältlich. Hier ein Fahrzeug von 1960.

Besonders für den Export wurde 1956 das in manchen Details veränderte Modell 84 a vorgestellt. Es handelte sich im Grunde um eine modifizierte Version des Steyr 80 mit größeren Reifen, besserer Ausstattung und eleganterer Motorhaube. Hier ein vorbildgetreu restaurierter Traktor von 1960.

Steyr 84 a

1956–1964
PS/kW: 15/11
Hubraum: 1330 ccm
Stückzahl: 19 796

Dieses mittelschwere Traktormodell entstand aus dem erfolgreichen Modell 180 a. Dieser Schlepper wies nur noch eine Höhe von 1580 mm auf im Gegensatz zu 2060 mm beim 180 a. Zum Einbau gelangte der wassergekühlte Zweizylinder-Steyr-Dieselmotor WD 213, der sich bereits seit Jahren überaus bewährt hatte. Auf Wunsch war dieser mit einem Sechsganggetriebe ausgerüstete Traktor auch mit einer Motorzapfwelle lieferbar.

Steyr N 180 a

1959–1963
PS/kW: 30/22
Hubraum: 2661 ccm
Stückzahl: 3 715

Der Steyr 185 war ein starker Dieseltraktor der Oberklasse, auf den viele österreichische Großbetriebe schon lange gewartet hatten. Das bereits ab Frühjahr 1954 angekündigte Fahrzeug hatte einen wassergekühlten Dreizylinder-Dieselmotor und serienmäßig ein Sechsganggetrie-

be mit Rückwärtsgang. Auf Wunsch war das Getriebe auch siebengängig zu beziehen, ebenso wie die Motorzapfwelle und die Steyr-Hydraulik. Der Traktor war 2700 kg schwer und erreichte mit dem Siebenganggetriebe bei 24 km/h seine Höchstgeschwindigkeit.

Steyr 185

1955–1958
PS/kW: 45/32,9
Hubraum: 3991 ccm
Stückzahl: 1006

273

Steyr 185

1955–1958
PS/kW: 45/32,9
Hubraum: 3991 ccm
Stückzahl: 1006

Der Steyr 185 – hier ein 1955 gebautes Fahrzeug mit kleinem Dach – war genau das richtige Fahrzeug für die Arbeit mit schweren, gezogenen Zapfwellengeräten, insbesondere von Mähdreschern und Vollerntemaschinen. Zu diesem Zweck war der 185 fast immer mit Motorzapfwelle bestückt. Aber auch für alle anderen Acker- und Transportarbeiten war der Steyr 185 die richtige Wahl.

Steyr 185 a

1958–1967
PS/kW: 55/40,3
Hubraum: 3991 ccm
Stückzahl: 1950

Dem Wunsch nach zusätzlichen Leistungsreserven wurde man bei den Steyr-Werken mit dem ab 1958 erhältlichen Modell 185 a gerecht. Dabei war das WD 313-Dreizylinder-Antriebsaggregat des Steyr 185 durch Drehzahlerhöhung auf 55 PS gesteigert worden, was diesbezüglich kaum noch Wünsche offen ließ.

Diese stärkere Version war neben dem serienmäßig geliefertem Sechsganggetriebe auch mit sieben bzw. neun Gängen – bei letzterem mit zwei Rückwärtsgängen – erhältlich. Die Hinterräder waren mit der Größe 13-30 bereift. Dieser 185 a stammt aus seinem ersten Fertigungsjahr.

Steyr 280

1952–1957
PS/kW: 60/43,9
Hubraum: 5322 ccm
Stückzahl: 826

Mit 60 PS Motorleistung war der ab 1952 erhältliche Steyr 280 das stärkste Pferd im Steyr-Stall, ein zu jener Zeit leistungsmäßig zur absoluten Spitze gehörender schwerer Schlepper. Er wurde werksseitig als „König unter den Traktoren" angekündigt, und der 3100 kg schwere Gigant hielt, was er versprach. Sein aus der Steyr-Baukastenreihe stammender Dieselmotor erreichte bei 1650 U/min seine Höchstleistung. Hier ein Fahrzeug von 1952.

LINDNER

Die in Kundl/Tirol ansässigen Lindner Traktorenwerke fertigten ihren ersten Schlepper im Jahre 1948. Es war ein rahmenkonstruierter Traktor, der einen verdampfungsgekühlten Warchalowski-Dieselmotor mit 14 PS besaß. 1950 wurde erstmals ein wassergekühlter Jenbacher-Dieselmotor in einen Lindner-Traktor eingebaut. Die Modelle dieses Herstellers waren speziell für Grünlandbetriebe und Einsätze im Bergland konzipiert und mit darauf zugeschnittener entsprechender Zusatzausrüstung, wie z. B. einer Seilwinde, erhältlich. 1953 erschien das allradgetriebene Lindner-Modell L 20 A, das mit dem liegenden Einzylinder-Dieselmotor JW 20 mit Wasser-

kühlung von Jenbacher bestückt war. Ebenso war auch ein Traktor mit Hinterradantrieb lieferbar. Hier ein Fahrzeug von 1955.

Lindner L 20 A
1953–1958
PS/kW: 20/14,6
Hubraum: 1780 ccm

1945–1960

Das unter dem Namen „Bauernfreund" bekannt gewordene Lindner-Modell L 14 war der erste moderne, in Blockbauweise konstruierte Leichttraktor dieses Herstellers. Er besaß den luftgekühlten, in V-Form angeordneten Zweizylinder-Dieselmotor SD 21 von Warchalowski und das A 5-Getriebe der Zahnradfabrik Friedrichshafen mit fünf Vorwärtsgängen und einem Rückwärtsgang. Serienmäßig war eine Getriebezapfwelle vorhanden; eine Hydraulik gab

es gegen Aufpreis. Der Kleintraktor hatte 940 kg Gewicht und 8-24er-

Hinterräder. Dieses Exemplar ist von 1957.

Lindner L 14
1954–1959
PS/kW: 14/10,2
Hubraum: 1020 ccm

URSUS

Der Bär aus Warschau

Ursus C 45

1947–1955
PS/kW: 45/32,9
Hubraum: 10 338 ccm
Stückzahl gesamt: 6000

Die Ursus-Werke in Warschau wurden 1893 gegründet und fertigten anfangs Spezialmaschinen und Armaturen für die Nahrungsmittel- und Zuckerherstellung. Später kamen Heizungs- und Wasseranlagen, Hydranten und Straßenbrunnen dazu. Seit 1902 beschäftigte man sich mit Verbrennungsmotoren, und ab 1913 konnte eine große Stückzahl

Motorräder, Zugmaschinen und vor allem Rüstungsgüter und Panzerfahrzeuge produziert werden. Im Krieg wurden die Ursus-Werke nahezu vollständig zerstört, während die im Osten entstandenen Werksniederlassungen der Mannheimer Lanz-Werke u. a. in Breslau und Posen eine immer größere Bedeutung als Ersatzteillager und Reparaturbe-

Nachbau des Lanz-Ackerluft-Bulldogs D 9506. Die ersten Exemplare unter der Typenbezeichnung Ursus C 45 wurden schon 1947 fertiggestellt, und in den folgenden Jahren verließen große Stückzahlen die Fließbänder. Links ein Exemplar mit Druckluftbremsanlage aus dem Jahr 1954. Der dem Lanz-Bulldog D 9506 nachgebaute Ursus C 45 entsprach

verschiedener stationärer, vor allem für Kraftwerke verwendbare Dieselmotoren mit Leistungen von 70 bis 600 PS gebaut werden. Nach dem Ersten Weltkrieg wurde die Lizenzfertigung des International Titan 10/20 aufgenommen. Diese bei Ursus entstandenen Traktoren waren die ersten in Polen gefertigten Schlepper. Nach der Verstaatlichung zu Beginn der 1930er-Jahre mussten Kraftfahrzeuge aller Art,

triebe erlangten. Die Produktionsanlagen und dort in großen Mengen vorgefundenen Schlepper, Materialien und Teile bildeten nach dem Zweiten Weltkrieg die Grundlage der polnischen Bulldog-Produktion bei den Ursus-Werken. Das stark zerstörte Land musste für die Bewirtschaftung der Großfelder- schnellstmöglich Traktoren bauen, um eine Hungersnot zu verhindern. Man entschied sich für einen lizenzlosen

im Gesamtaufbau und äußerem Erscheinungsbild haargenau seinem Vorbild. Auch der Glühkopfmotor wies keine Abweichungen auf. Der abgedeckte Geschwindigkeitsbereich lag dabei zwischen 3,3 und 16,7 km/h. Das Bild Mitte zeigt ein Fahrzeug mit Windschutzscheibe, Hinterradkotflügeln und dem charakteristischen, auch beim Ursus vorhandenen Doppelkegel-Auspuff aus dem Jahre 1949.

BÜHRER

Etwa ab **1950/51** erfolgte die Aufteilung der Bührer-Traktoren in drei Leistungsklassen. In der kleinsten Klasse war der „Spezial" als Universal- und Alleintraktor für kleine und mittelgroße Betriebe, aber auch als Zweitschlepper für größere Höfe vorgesehen. Ab 1952 wurde das Modell TO 4 gebaut, das mit dem in der Motordrehzahl reduzierten Vierzylinder-Vergasermotor des Pkw Opel Olympia sowie mit einem Fünfganggetriebe mit Rückwärtsgang eigener Fertigung zwischen 3 und 20 km/h bestückt war. Der leichte Traktor – dieser ist von 1954 – wog 1100 kg und hatte eine doppelt gefederte Vorderachse.

Schweizer Traktoren für jeden Zweck

Bührer Spezial TO 4

1952–1954
PS/kW: 25/18,3
Hubraum: 1490 ccm
Stückzahl: 610

Der 1946 vorgestellte Bührer BD 4 war das stärkste Modell der neuen, aus drei Typen bestehenden Traktorenreihe. Diese Modelle waren mit nach dem Baukastensystem neu konstruierten Bührer-Wirbelkammer-Dieselmotoren ausgerüstet, deren Entwicklung kriegsbedingt aufgenommen werden musste, da die Einfuhr der bisher verwendeten Ford-, Chevrolet- oder Buick-Motoren in die Schweiz immer schwerer wurde. So entstand der erste Zweizylindermotor im Jahr 1943.

Bührer BD 4

1946–1950
PS/kW: 55/140,3
Hubraum: 13 920 ccm

Bührer SO 4

1952
PS/kW: 25/18,3
Hubraum: 1490 ccm
Stückzahl: 107

Nur in kleinen Stückzahlen wurde im Jahr 1952 das Bührer-Traktorenmodell SO 4 gefertigt, das sich von dem nachfolgenden Modell TO 4 durch das verwendete Fünfganggetriebe A 9 der Zahnradfabrik Friedrichshafen unterschied. Im SO 4 wirkte ebenfalls der in seiner Leistung verringerte Vierzylinder-Vergasermotor des Pkw Opel Olympia. Es war ein Traktor der Bührer-Spezial-Leistungsklasse. Hier ein Fahrzeug mit Seitenmähwerk.

Bührer

Bührer UM 4

1954–1962
PS/kW: 30/22
Hubraum: 1770 ccm
Stückzahl: 1550

Das ab 1954 gebaute Bührer-Modell UM 4 gehörte zur U-Baureihe und damit zur Leistungsklasse „Spezial" dieses Herstellers. Es war ein mittelschwerer Traktor, in dem der aus dem Mercedes-Unimog stammende vierzylindrige OM 636 Dieselmotor mit Wasserkühlung wirkte, der hinsichtlich seiner Drehzahl auf die benötigte Leistung gedrosselt worden war. Hier ein 1957 gebautes Fahrzeug.

Zur „Standard"-Leistungsklasse
zählte das mittelschwere Bührer-
Modell MFD 4, ein bewährter Universaltraktor, der nicht nur für Ackerarbeit, sondern auch als Straßenzugmaschine – wie dieses 1957 gebaute Exemplar – verwendet werden
konnte. Es gab einen Dresch- oder
Vergasermotor. Ebenso konnte zwischen dem werksseitig installierten
Fünfganggetriebe und dem Bührer-
Triplex-Reduktionsgetriebe, das fünf
weitere Vorwärtsgeschwindigkeiten
ermöglichte, gewählt werden.

Bührer MDF 4

1955–1961
PS/kW: 35/25,6
Hubraum: 3610 ccm
Stückzahl: 2500

Die dem „Spezial" folgende Leis-
tungsgröße war der „Standard", in
dem jeweils ein Schlepper für mittlere und größere Betriebe angeboten

wurde. Dazu gehörte auch das Modell MO 6, das über den drehzahlre-
duzierten Sechszylinder-Vergasermotor des Pkw Opel Kapitän verfüg-

te. Der Motor war entweder mit Benzin oder Petroleum zu betreiben. Im
MO 6 arbeitete ein Fünfganggetriebe mit Rückwärtsgang.

Bührer MO 6

1955–1961
PS/kW: 40/29,3
Hubraum: 2470 ccm
Stückzahl: 60

Der Rolls-Royce unter den Traktoren

Hürlimann D 100

1946–1956
PS/kW: 45/32,9
Hubraum: 4019 ccm
Stückzahl: 1465

1946 brachten die schweizerischen Hürlimann-Traktorenwerke mit dem Typ D 100 den ersten Dieselschlepper einer neuen Typenreihe heraus. Ein Merkmal dieses und der nachfolgenden Modelle bestand darin, dass diese schweizerischen Qualitätstraktoren bis auf ganz wenige Ausnahmen aus selbstgefertigten oder im Werksauftrag speziell hergestellten Bauteilen bestanden. Der neue Hürlimann D 100 besaß erstmals einen Original-Hürlimann-Dieselmotor. Dieser Vierzylinder mit Wasserkühlung galt als besonders sparsam und wartungsfreundlich. Beispielsweise konnten die Einspritzdüsen von der Sei-

te leicht abgenommen werden. Er wog 1770 kg, und die Hinterradkotflügel – wie bei diesem Exemplar von 1948 – gab es gegen Aufpreis. Der Hürlimann-Motor des D 100 wog 450 kg und wurde in verschiedenen Modellen verwendet. Der D 100 besaß einen elektrischen Anlasser sowie eine 24-Volt-Beleuchtungsanlage, die durch einen Regler auf 12 Volt reduziert wurde. Bis auf Reifen, Kugellager, Gussteile und die Elektrik wurden alle Bestandteile der Hürlimann-Traktoren im eigenen Werk gefertigt. Oben ein schöner D 100 mit Seitenmähwerk aus dem Jahr 1951.

Hürlimann D 50

1948–1952
PS/kW: 28/20,5
Hubraum: 2520 ccm

1948 kam der D 50 hinzu – ein mittelschwerer Zweizylinder-Diesel-Traktor mit fünf Vorwärts-, einem Rückwärtsgang und 1580 kg Gewicht. Hier ein wiederhergestelltes Fahrzeug mit Seitenmähwerk von 1948. Die Modelle dieses Herstellers zeichneten sich durch optische Formschönheit aus.

Der D 200 von Hürlimann erschien zeitgleich mit dem D 100 auf dem Markt. Er war überwiegend für Großbetriebe vorgesehen, hatte den gleichen Motor wie der D 100, allerdings im Gegensatz zu diesem eine gekröpfte Vorderachse, größere Hinterräder und ein stärker dimensioniertes Fünfganggetriebe. Ansonsten waren beide Modelle absolut baugleich. In allen Traktoren der D-Baureihe gelangte eine genormte Zapfwelle zum Einbau. Eine Hydraulik, allerdings nicht nach dem Dreipunktsystem, konnte auf Wunsch angebaut werden. Links ein D 200 Baujahr 1947. Der gegenüber dem D 100 etwas stärker dimensionierte D 200 eignete sich nicht nur besonders für Großbetriebe und Lohnunternehmer, sondern er war auch als Straßenzugmaschine sehr gut zu verwenden. Für den damit verbundenen Anhängerbetrieb waren die Traktoren in der Regel mit einer Druckluftbremsanlage ausgerüstet.

Hürlimann D 200

1946–1956
PS/kW: 45/32,9
Hubraum: 4019 ccm
Stückzahl: 575

Neben den Dieseltraktoren gab es Modelle, die über einen Vergaserantrieb verfügten und daher entweder mit Benzin oder Petroleum betrieben werden konnten. Dazu zählte auch das Modell H 12 mit 1470 kg Gewicht, in dem ein wassergekühlter Vierzylinder-Vergasermotor arbeitete. Darüber hinaus war das Fahrzeug mit einem Fünfganggetriebe mit Rückwärtsgang bestückt. Der abgebildete Traktor wurde im Jahr 1949 gebaut.

Hürlimann H 12

1949–1955
PS/kW: 32/23,4
Hubraum: 2400 ccm

281

Hürlimann
D 70

1958–1966
PS/kW: 45/32,9
Hubraum: 2646 ccm

1957 wurde eine neue Motorgeneration aus der Taufe gehoben. Es war das Modell D 70 DS, ein wassergekühlter Vierzylinder-Diesel mit fünffach gelagerter Kurbelwelle. Mit diesem Antriebsaggregat wurden im folgenden Jahr die drei neuen Schleppermodelle D 65, D 70 und D 90 bestückt. Äußerlich waren die Traktoren kaum voneinander zu unterscheiden; Unterschiede gab es hinsichtlich der Getriebeabstufungen und der Kupplung. Der D 70 – hier ein 1959 gefertigtes Fahrzeug mit Seitenmähwerk – besaß ein Siebenganggetriebe mit Rückwärtsgang und Doppelkupplung für die vorhandene Motorzapfwelle.

Hürlimann
D 65

1958–1966
PS/kW: 45/32,95
Hubraum: 2646 ccm

Die mit dem neuen D 70 DS-Dieselmotor bestückten, sehr zugstarken Traktoren blieben lange im Verkaufsprogramm. Der D 65 verfügte im Gegensatz zum Modell D 70 zwar ebenfalls über das Siebenganggetriebe aus eigener Produktion, im Unterschied zu jenem aber über eine Einscheibenkupplung, da keine Motorzapfwelle vorhanden war. Dieses Fahrzeug wog 1525 kg.

Hürlimann
D 80

1954–1958
PS/kW: 30/22
Hubraum: 2360 ccm

Im Jahr 1954 wurde das Typenprogramm teilweise überarbeitet und die Front mit einem neuen abgerundeten Kühlerschutzgitter versehen. Das Modell D 80 war ein mittelschwerer wassergekühlter Vierzylinder-Dieselschlepper, der seine Maximalleistung bei 1880 U/min erreichte und mit einem Zehnganggetriebe mit zwei Rückwärtsgängen bestückt war. Die genormte Duplex-Dreipunkt-Hydraulik gehörte nun zum serienmäßigen Lieferumfang. Hier ein Fahrzeug von 1955.

KÖPFLI

Josef Köpfli, ein ehemaliger Mitarbeiter der Firma Hürlimann, stellte im Oktober 1949 seinen ersten Traktor vor. Es war ein sehr formschönes Fahrzeug, das sich u. a. durch eine patentierte Zahnradlenkung, die ein sehr starkes Einschlagen der Vorderräder ermöglichte, sowie ein neuartiges Fünfganggetriebe, mit dem das Zuschalten von Zwischenstufen möglich war, auszeichnete. Der zunächst mit einem Sechszylinder-Chevrolet-Vergasermotor ausgerüstete Traktor verfügte serienmäßig über einen elektrischen Anlasser und 11.25-24er-Hinterräder. Später baute das Werk in den Schlepper auch Perkins-Vergaser- oder Dieselmotoren. Die Spur des 1400 kg schweren Schleppers war mehrfach verstellbar. Hier ein Köpfli-Schlepper von 1952.

Köpfli Trumpf
1949–1954
PS/kW: 45/32,9
Hubraum: 3870 ccm

1954 kam der Köpfli JK auf den Markt. Der Traktor verfügte über eine weniger aufwendig konstruierte Vorderachse und ein neues Sechsganggetriebe mit Seitenschaltung, dessen Zwischengangstufen sich wie bisher kupplungsfrei einlegen ließen. Der Typ „JK" war mit unterschiedlichen Diesel- oder Vergasermotoren von Perkins, Daimler-Benz, Ford und Opel lieferbar. Das Gewicht bewegte sich zwischen 1300 und 1550 kg. Hier ein mit Mähwerk ausgerüsteter JK von 1955, der mit dem Sechszylinder-Vergasermotor des Opel Kapitän versehen ist.

Köpfli JK
1954–1960
PS/kW: 45/32,9
Hubraum: 2605 ccm

VEVEY

Vevey 583 D

1952–1956
PS/kW: 35/25,6
Hubraum: 2360 ccm
Stückzahl: über 500

Die schweizerische Firma Vevey wurde 1895 gegründet und befasste sich zunächst mit dem Bau von Wasserturbinen, Pumpen und Kompressoren sowie anderen Maschinen. 1936 wurde der erste Traktor, der Typ V 2 mit 25 PS, fertiggestellt. Das Modell 583, das erstmals eine neu gestaltete Frontverkleidung erhalten hatte, wurde ab 1952 gebaut und war mit unterschiedlichen Motoren erhältlich, wobei die Ausführung 583 D den Dreizylinder-Perkins-Dieselmotor mit Direkteinspritzung P 3 erhielt. Der 583 hatte ein Fünfganggetriebe mit Rückwärtsgang, ein Gewicht von 1450 kg und 12-24er-Hinterräder.

BOLINDER-MUNKTELL/VOLVO

Die schwedischen Firmen Bolinder und Munktell fertigten Eisenbahnbedarf, Dampfmaschinen und Verbrennungsmotoren, ehe sie sich im Jahr 1932 zusammenschlossen. Ab 1947 baute das Unternehmen dann den leichten Bauernschlepper BM 10 mit einem stehenden Zweizylinder-Glühkopf-Dieselmotor, der allerdings keine Verwandtschaft mit deutschen Lanz-Konstruktionen aufzuweisen hatte. Der Schlepper hatte eine mit 28 cm Breite sehr schmale Motorhaube, wodurch er den deutschen Halbdieselbulldogs der Nachkriegszeit sehr ähnelte. Der überaus handliche Schlepper hatte ein Gewicht von 1300 kg und Hinterräder der Größe 10-28. Er besaß fünf Vorwärtsgänge sowie einen Rückwärtsgang und eine mehrfach verstellbare Spur. Das Exemplar im Bild ist von 1949.

Bolinder-Munktell BM 10

1947–1952
PS/kW: 23/16,8
Hubraum: 2715 ccm

Im Jahr 1950 fusionierte Bolinder-Munktell mit der Volvo AG in Göteborg, und noch im gleichen Jahr wurde der wesentlich stärkere Benzin-Petroleum-Schlepper T 21 vorgestellt, der ebenfalls mit einem Zweizylinder-Zweitakt-Dieselmotor mit Glühkopf ausgerüstet war. Das Starten des Motors über den Glühkopf mittels Lunte nahm etwa zehn Minuten in Anspruch. Das Gewicht des Fahrzeugs betrug 2600 kg, die Hinterräder hatten die Größe 13-30. Das Fünfganggetriebe erlaubte 20,5 km/h Höchstgeschwindigkeit.

Bolinder-Munktell-Volvo T 21

1950–1952
PS/kW: 45/32,9
Hubraum: 4500 ccm

Bolinder-Munktell-Volvo BM 55

1952–1959
PS/kW: 55/40,3
Hubraum: 4488 ccm

1952 stellte man den Bau von Glühkopf-Dieselmotoren ein und ging beim Antrieb auf das Volldieselverfahren mit Direkteinspritzung über. Zu den Traktoren mit den neuen Motoren gehörte der schwere Dreizylinder-Schlepper BM 55 mit Fünfganggetriebe und 2950 kg Gewicht. Er leistete je nach Drehzahl zwischen 51 und 55 PS und lag damit auch international in der Spitzengruppe. Seine Höchstgeschwindigkeit von mehr als 28 km/h machten ihn auch für Straßentransporte interessant. Dieser BM 55 stammt aus seinem ersten Fertigungsjahr.

Volvo T 15 Krabat

1952–1956
PS/kW: 21–27/15,4–19,8
Hubraum: 1414 ccm

Der Volvo T 15 Krabat, technisch identisch mit dem BM-Modell 425, war ein Schlepper der mittleren Leistungsklasse. Unter seiner Motorhaube arbeitete der vom Pkw PV 144 abgeleitete wassergekühlte Vierzylinder-Vergasermotor B 14 C, der zwischen 21 und 27 PS leisten konnte. Mit seinem Vierganggetriebe konnte der Traktor bei maximaler Drehzahl von 2500 U/min auf 27,7 km/h beschleunigt werden. Dieses Fahrzeug mit Muschelkotflügeln stammt aus dem Jahr 1956.

Volvo T 25

1955–1956
PS/kW: 31/22,7
Hubraum: 2200 ccm

1955 wurde das bereits recht umfangreiche Typenprogramm von BM/Volvo durch die beiden neuen Modelle T 24 und T 25 ergänzt. Beides waren fast identische Vergaserschlepper mit wassergekühlten Vierzylindermotoren, die sich nur leistungsmäßig unterschieden. Während der T 24 eine Höchstleistung von 27 PS zustande brachte, kam der stärkere T 25 infolge seiner höheren Kompression auf 31 PS.

Bolinder-M./Volvo

BM Viktor/ Volvo T 230

1956–1961
PS/kW: 33/24,2
Hubraum: 2244 ccm
Stückzahl: 16 000

Trotz des 1950 erfolgten Zusammenschlusses wurde der Verkauf über zwei unterschiedliche Vertriebsorganisationen abgewickelt. Das kam auch in den Lackierungen zum Ausdruck, denn Bolinder-Munktell-Schlepper waren dunkelgrün, Volvo-Traktoren hingegen rot lackiert. 1956 wurden die identischen Modelle BM Viktor/Volvo T 230 vorgestellt, die von einem Zweizylinder-BM-Viertakt-Dieselmotor mit Wasserkühlung angetrieben wurden. Das Fünfganggetriebe, das den Geschwindigkeitsbereich von 4,4 bis 26,8 km/h abdeckte, steuerte Volvo bei. Das Fahrzeug war ein mittelschwerer Schlepper mit 1710 kg Gewicht und 11-28er-Hinterrädern.

Hier die dunkelgrün lackierte, ansonsten mit der roten Volvo-Version identische Ausführung Viktor von Bolinder-Munktell aus dem Jahr 1956, deren wassergekühlter Direkteinspritz-Dieselmotor zwischen 29 und 33 PS je nach Drehzahl hervorbrachte. Die gegen Aufpreis erhältliche Zusatzausrüstung bestand im Wesentlichen aus der Getriebe- oder Motorzapfwelle mit einer Doppelkupplung.

BM Viktor 230

1956–1961
PS/kW: 33/24,2
Hubraum: 2244 ccm
Stückzahl: 16 000

Dieses leistungsstarke Fahrzeug von BM/Volvo wurde wegen seiner Höchstgeschwindigkeit von 28 km/h gerne als Straßenschlepper eingesetzt. Hierfür war es mit einer Druckluftbremsanlage für den Anhängerbetrieb sowie einem geschlossenem Fahrerhaus ausgestattet.

BM/Volvo T 350

1956–1961
PS/kW: 56/41
Hubraum: 3780 ccm
Stückzahl: 28 400

BM 350/
Volvo T 350

1958–1967
PS/kW: 56/41
Hubraum: 3780 ccm
Stückzahl: 28 400

Diese Traktoren zählten zu den erfolgreichsten schwedischen Konstruktionen. Installiert war ein wassergekühlter Dreizylinder-Viertakt-Dieselmotor mit Direkteinspritzung und ein in zwei Gruppen aufgeteiltes Schaltgetriebe von Volvo. Erst auf Wunsch, später serienmäßig zu haben waren Motorzapfwelle und Dreipunkthydraulik. Der Schlepper wog 2370 kg und erreichte 28 km/h Spitzengeschwindigkeit. Hier die BM-Ausführung Baujahr 1958.

Volvo T 350
Boxer

1958–1967
PS/kW: 56/41
Hubraum: 3780 ccm
Stückzahl: 28 400

Dieses ab 1958 gebaute Fahrzeug von Volvo war mit dem BM 350 in Leistung und Technik identisch. Es war ein sehr zugstarkes Fahrzeug mit Dreizylinder-Direkteinspritz-Dieselmotor, das in seiner Leistung nur noch von dem noch größeren Typ 470 übertroffen wurde. Derartige Schlepper fanden auch im Forsteinsatz Verwendung. Hier ein toprestaurierter Ackerschlepper eines belgischen Sammlers.

BM 470/
Volvo 470 Bison

1959–1966
PS/kW: 75/54,9
Hubraum: 5043 ccm

Das Spitzenmodell beider Hersteller war der seit 1959 gebaute 470 Bison, dessen Vierzylinder-Dieselmotor die selbst für die damalige Zeit unerhörte Motorleistung von 75 PS erbrachte. Die 3360 kg schwere Maschine nahm auch im internationalen Vergleich eine Spitzenstellung ein. Schweden hatte vergleichsweise wohl die größte Anzahl schwerer und schwerster Traktortypen anzubieten, die auch auf dem Exportsektor eine gewisse Bedeutung erlangten. Der gewaltige Schlepper verfügte über ein zehngängiges Gruppenschaltgetriebe von Volvo, mit dem er 30,3 km/h Höchstgeschwindigkeit erreichen konnte.

ZETOR

Die Firma Zetor aus Brünn entstand nach dem Krieg aus einem früheren Rüstungsbetrieb. Der Bau von Traktoren ging auf staatliche Initiative der neuen Machthaber des Landes zurück, die dringend Ackerschlepper für die entwicklungsbedürftige Landwirtschaft in der damaligen ČSSR forderten. Unter großen Schwierigkeiten konnte bereits 1946 ein mittelschwerer Schlepper, das Modell Zetor 25, präsentiert und mit der Serienfertigung begonnen werden. Es war ein unkomplizierter und sehr solider Blockbauschlepper. Etwa drei Viertel der Produktion ging ins Ausland. Der Zetor 25 – hier ein Fahrzeug von 1951 – wurde von einem wassergekühlten Zweizylinder-Dieselmotor angetrieben und war bereits mit einem Sechsganggetriebe bestückt.

Im Jahr 1955 wurde das schwere Zetor-Modell Super vorgestellt, dessen Bau in neu eingerichteten Fabrikationsanlagen aufgenommen wurde. Der mit einem wassergekühlten Vierzylinder-Dieselmotor aus eigener Fertigung ausgerüstete Super leistete zunächst 42, später 50 PS bei 1500 U/min. Das eingebaute Fünfganggetriebe ließ Geschwindigkeiten zwischen 3,9 und 24 km/h zu. Häufig wurde diese starke Maschine auch für den Straßeneinsatz mit Druckluftbremsanlage und festem Fahrerhaus versehen. Die Hinterradbereifung hatte die Größe 13-28 und das Gewicht betrug – je nach Bestückung – mindestens 2550 kg.

Preisgünstige Dieseltraktoren aus der Tschechoslowakei

Zetor 25

1946–1955
PS/kW: 26/9
Hubraum: 2080 ccm
Stückzahl: 158 000

Zetor Super 50

1955–1962
PS/kW: 42–50/30,7–36,6
Hubraum: 4160 ccm

Zetor 4511

1959–1968
PS/kW: 45/32,9
Hubraum: 3118 ccm

Ende der 1950er-Jahre erschien eine Baureihe mit neu entwickelten Zwei-, Drei- und Vierzylinder-Direkteinspritz-Dieselmotoren mit Wasserkühlung aus eigener Fertigung. Das leistungsstärkste Fahrzeug war das Modell 4511 mit 2480 kg Gewicht, das mit einem Zetor-Getriebe mit zehn Vorwärts- und zwei Rückwärtsgängen bestückt war. Die Höchstgeschwindigkeit des Traktors betrug 25,6 km/h und die Hinterräder hatten die Größe 13-28.

Belarus

BELARUS

Solide Traktoren aus Weißrussland

Belarus-Traktoren werden seit 1946 in Minsk/Weißrussland produziert, und zu Zeiten der UdSSR belieferte das Werk alle Länder des COMECON, darunter auch die DDR. Dort gab es wohl kaum eine Landwirtschaftliche Produktions-Genossenschaft, die nicht über mehrere der Belarus-Traktoren verfügte. Die Maschinen standen im Ruf, technisch einfach, dafür aber besonders robust und anspruchslos zu sein. Aufgrund ihres verhältnismäßig geringen Preises waren diese Traktoren auch für den Export bedeutsam. Sie liefen aber nicht nur in vielen Entwicklungsländern, sondern auch im westlichen Europa, wie z. B. in Frankreich. Zu den kleineren Traktoren zählte das Modell DT 20 mit wassergekühltem Einzylinder-Diesel, 1650 kg Gewicht und Fünfganggetriebe für Geschwindigkeiten von 1,5 bis 15,7 km/h.

Belarus DT 20

1957–1965
PS/kW: 20/14,6
Hubraum: 1720 ccm

Ein typischer einfacher und robuster UdSSR-Traktor der ausgehenden 1950er-Jahre war der MTZ 5. Dieser leistungsstarke Traktor hatte eine sehr große Bodenfreiheit und große Bereifung vorn und hinten. Sein wassergekühlter Vierzylinder-Dieselmotor brachte seine Höchstleistung bei 1600 U/min. Mit seinem Zehnganggetriebe konnte das Fahrzeug im Geschwindigkeitsbereich von 1 bis 22,3 km/h fortbewegt werden. Dieser Traktor ist von 1958.

Belarus MTZ 5 MS

1958–1966
PS/kW: 60/43,3
Hubraum: 4180 ccm

Die Belarus-Traktoren waren bis auf ganz wenige Ausnahmen mit wassergekühlten Wirbelkammer-Dieselmotoren bestückt. Eine dieser Ausnahmen war der luftgekühlte Traktor T 40, der mit einem Vierzylinder-MTZ-Dieselantriebsaggregat mit 1600 U/min arbeitete. Ferner hatte der 1652 kg schwere Traktor ein Achtganggetriebe für eine Höchstgeschwindigkeit von 26,7 km/h. Die Hinterräder hatten die Größe 12-38, was dieses Fahrzeug in Verbindung mit der großen Bodenfreiheit auch für Pflegearbeiten befähigte.

Belarus T 40

1959–1970
PS/kW: 40/29,3
Hubraum: 4150 ccm

Allis-Chalmers

Qualität in Orange

Allis-Chalmers B

1938–1957
PS/kW: 20/14,6
Hubraum: 2045 ccm
Stückzahl: 127 000

Bereits 1938 stellte die Allis-Chalmers Company in Milwaukee mit dem Typ B einen Leichttraktor zu dem damals sensationell niedrigen Preis von nur 495,– US-Dollar vor. Zu einer besonderen Bedeutung gelangte gerade dieses Modell B im Rahmen der Leih- und Pachtverträge, die während des Krieges zwischen den Vereinigten Staaten und England geschlossen wurden. Der in großen Stückzahlen nach England verschiffte Traktor half vor allem die für die Ernährung wichtigen Kartoffelerträge wesentlich zu erhöhen. Der Kleintraktor hatte eine besonders große Bodenfreiheit und wurde von einem wassergekühlten Vierzylinder-Vergasermotor, der für die Verbrennung von Benzin oder Petroleum eingerichtet war, angetrieben. Das Gewicht betrug 1027 kg und ein

Vierganggetriebe mit Rückwärtsgang war im Geschwindigkeitsbereich von 3,3 bis 18,5 km/h abgestuft. Der Typ B, von dem es aus der englischen Fertigung auch eine Dieselausführung mit Dreizylinder-Perkins-Motor mit 25 PS gab, blieb bis

1957 in der Fertigung – seine Dienstzeiten bei den Bauern und Farmern waren oftmals nach Jahrzehnten noch nicht beendet. Dieses Fahrzeug ist von 1948 und besitzt die Standard-9-24er-Hinterräder.

Allis-Chalmers WD

1948–1953
PS/kW: 34/24,9
Hubraum: 3294 ccm
Stückzahl: 131 273

Das Allis-Chalmers Modell WD war ein Hackfrucht-Schlepper, der ab 1948 gebaut wurde. Dieser mittelschwere Traktor stand bei den Farmern ganz oben in der Beliebtheitsskala. Der WD hatte einen wassergekühlten Vierzylinder-Vergasermotor für Benzin oder Petroleumbetrieb, ein Gewicht von 1800 kg und ein Vierganggetriebe.

Im Grunde ist der Saat- und Pflegeschlepper G, der 1948 erstmals vorgestellt wurde, eine motorisierte Hacke. Seine ungewöhnliche Rahmenbauweise mit dem hinter Fahrersitz und Hinterachse liegendem Motor sowie seine geringe Größe erregten großes Aufsehen. Dieser Winzling wog nur 635 kg und wurde von einem wassergekühlten Vierzylinder-

Continental N 62-Vergasermotor angetrieben. Das Vierganggetriebe deckte den Geschwindigkeitsbereich von 2,5 bis 11,2 km/h ab. Auf Wunsch konnte sogar eine Hydraulik installiert werden. Dieses restaurierte Fahrzeug ist von 1952.

Allis-Chalmers G

1948–1955
PS/kW: 11/8,1
Hubraum: 976 ccm

Der ab 1940 gebaute WF von Allis-Chalmers war die Standardversion des Row-crop-Schleppermodells WC. Infolge des Krieges musste seine Fertigung im Jahr 1943 unterbrochen werden. Nachdem sie im folgenden Jahr fortgesetzt werden konnte, lief sie bis 1951. Das Modell WF hatte einen Vierzylinder-Vergasermotor mit Wasserkühlung, ein Vierganggetriebe und 1724 kg Gewicht. Hier ein gut restauriertes Fahrzeug von 1947.

Allis-Chalmers WF

1940–1951
PS/kW: 25/18,3
Hubraum: 3151 ccm

Der WD 45 erschien 1948 und sollte das Modell WC ersetzen. Im Gegensatz zu diesem hatte der Vierzylinder-Vergasermotor nun eine höhere Leistung. Später war dieses Fahrzeug alternativ auch mit einem Buda-Dieselmotor erhältlich. Der Traktor war in Rahmenbauweise erstellt, hatte eine verstellbare Spurweite und wog 1850 kg. Das Vierganggetriebe erlaubte 17,2 km/h Geschwindigkeit, die Hinterräder wiesen die Größe 12-28 auf. 1955–1957 wurde der WD 45 auch mit Dieselmotor angeboten. Hier ein Exemplar von 1955.

Allis-Chalmers WD 45

1948–1957
PS/kW: 45/32,9
Hubraum: 3703 ccm
Stückzahl: 83 000

Case DC

1940–1952
PS/kW: 36/26,3
Hubraum: 4040 ccm

Nach Kriegsende griff man auch bei Case überwiegend auf bewährte Konstruktionen zurück, die dann weitergefertigt wurden. Dazu gehörte auch das bereits 1940 vorgestellte Modell DC. In beiden Varianten arbeiteten ein wassergekühlter Vierzylinder-Vergasermotor für Benzin oder Petroleum sowie ein Dreiganggetriebe. Hier ein Row-crop-Schlepper von 1947.

Case VA

1940–1953
PS/kW: 18/13,2
Hubraum: 1940 ccm
Stückzahl: 60 000

Im Hinblick auf die großen Verkaufserfolge, welche die Mitbewerber John Deere und Allis-Chalmers mit leichten Traktoren hatten, entschloss sich Case, das Modell VA zu bauen, und 1940 konnte die Serienfertigung dieses nur 1165 kg schweren Traktors aufgenommen werden.

Sein vierzylindriger Petroleummotor erreichte seine Höchstleistung bei einer Drehzahl von 1425 U/min. Mit dem Vierganggetriebe errreichte das Fahrzeug 13,4 km/h. Hier ein Traktor mit einem Seitenmähwerk und der Standardbereifung der Größe 9-24 hinten.

Case DEX

1940–1952
PS/kW: 36/26,3
Hubraum: 4040 ccm
Stückzahl: 7000

Der Case DEX war eine aus dem Modell D entwickelte Sonderausführung für den Leih- und Pachtvertrag des Jahres 1941. Auch er war mit einem Vierzylinder-Vergaserantriebsaggregat mit Wasserkühlung bestückt. Das Fahrzeug hatte ein Gewicht von 3155 kg und ein Dreiganggetriebe. Optional konnte der Schlepper mit Gummibereifung oder Eisenrädern bezogen werden. Dieses Fahrzeug ist von 1947.

FORD

Nach dem Tod von Henry Ford im Jahre 1947 endete auch die Zusammenarbeit mit Harry Ferguson. Trotzdem nutzte die Ford Motor Company für ihre nachfolgenden Schleppermodelle zahlreiche Patente des Iren. In erster Linie handelte es sich dabei um die von Harry Ferguson seinerzeit entwickelte Dreipunkt-Geräteaufhängung. Leider existierten zu diesem legendären, nur durch Hand-

großen Summe für Patentverletzungen und Geschäftsverluste an Ferguson schließlich beigelegt werden. Ford durfte danach die hydraulische Dreipunktkupplung nunmehr legal weiternutzen. Während Ferguson mit dem kleinen grauen TE 20 seine eigene Version entwickelte, fertigte Ford bereits ab Juli 1947 das Modell 8 N. Beides waren großartige Traktoren, die sich sehr ähnelten. Der neue

in riesigen Stückzahlen gefertigte 8 N war eine Blockkonstruktion und verfügte über einen Vierzylinder-Vergasermotor mit Wasserkühlung, der für Benzin- oder Petroleumbetrieb geeignet war. Ein Vierganggetriebe erlaubte dem Fahrzeug Geschwindigkeiten von 15 km/h, später gab es auch ein Zehnganggetriebe, dessen Abstufungen den Geschwindigkeitsbereich von 1,6 bis 26,2 km/h um-

Ford 8 N

1947–1952
PS/kW: 26/19
Hubraum: 1962 ccm

schlag besiegelten Abkommen keine schriftlichen Unterlagen, sodass die nach dem Tod des Partners aufkommenden Streitigkeiten schon vorprogrammiert waren. Der Rechtsstreit konnte nach Zahlung einer

8 N war aus dem in großen Stückzahlen verkauften Ford-Ferguson 2 N entwickelt worden. Es war der ideale Allzwecktraktor für kleine Betriebe, wo er sich schon bald einer großen Beliebtheit erfreuen konnte. Der

fassten. Das Gewicht des Traktors betrug 1150 kg, die Spurweite war im Hinblick auf Pflegefunktionen verstellbar, und die Hinterräder hatten die Größe 10-28. Hier ein Fahrzeug von 1952.

Viele Neuentwicklungen aus Moline

John Deere D

1923–1953
PS/kW: 40/29,3
Hubraum: 7925 ccm
Stückzahl: 160 000

Der bedeutende Traktorfabrikant John Deere konnte nach 1945 mit einer guten Ausgangsposition in den Nachkriegsmarkt gehen. Neben Traktoren brachte das Unternehmen viele Neuentwicklungen, darunter

die ersten selbstfahrenden Mähdrescher, auf den Markt. Das Traktormodell D – hier ein „gestyltes" Fahrzeug aus dem Jahr 1947 – stammte noch aus den 1920er-Jahren, war aber weiterhin erfolgreich und aktuell, nachdem es Ende der 1930er-Jahre eine neue Motorverkleidung von dem Industriedesigner Henry Dreyfuss erhalten hatte. Es besaß den charakteristischen wassergekühlten Zweizylinder-Viertakt-Vergasermotor dieses Herstellers, der bei 900 U/min seine Höchstleistung abgab. Das Dreiganggetriebe des 2600 kg schweren Traktors erlaubte 8,5 km/h.

John Deere A

1934–1952
PS/kW: 30/22
Hubraum: 5328 ccm
Stückzahl: 328 000

Auch das Modell A stammte noch aus dem Jahr 1934. Es war ein Breitspurfahrzeug mit Doppelrädern vorn, das in erster Linie als Hackfruchtschlepper Verwendung fand und über den bekannten Zweizylinder-Vergasermotor mit Wasserkühlung verfügte. Im Laufe der Zeit wurde die Motorleistung von ursprünglich 18 auf 30 PS gesteigert. Der Traktor wog 1950 kg, hatte zunächst ein Viergang-, später ein Sechsganggetriebe und war bis zu 20,9 km/h schnell. Das Fahrzeug mit 11-38er-Hinterrädern entstand 1947.

Im Jahr 1947 konnte John Deere mit dem neuen Modell M aufwarten, das die bisherigen Typen H, LA und L ersetzte. Es war ein leichter Traktor, der von einem Zweizylinder-Vergasermotor mit 1650 U/min und Wasserkühlung angetrieben wurde und über ein Vierganggetriebe mit Abstufungen zwischen 2,6 und 18 km/h verfügte. In kleinen Stückzahlen wurde auch eine Schmalspurvariante des M – dieses Fahrzeug ist von 1947 – geliefert.

John Deere M

1947–1952
PS/kW: 21/15,4
Hubraum: 1660 ccm
Stückzahl: 70 000

Der MC war der erste bei John Deere entworfene und fabrizierte Raupenschlepper, der technisch auf dem Schleppermodell M basierte.

Der kleine Kettenschlepper besaß das gleiche wassergekühlte Zweizylinder-Vergaserantriebsaggregat und das Vierganggetriebe, das auf-

grund seiner Bauweise allerdings nur Geschwindigkeiten zwischen 1,9 und 9,6 km/h ermöglichte. Hier ein Fahrzeug von 1946.

John Deere MC

1946–1952
PS/kW: 21/15,4
Hubraum: 1660 ccm
Stückzahl: über 60 000

John Deere MT

1949–1952
PS/kW: 21/15,4
Hubraum: 1660 ccm
Stückzahl gesamt: 70 000

Das Modell MT war die Breitspurvariante des M. Dieser leichte Row-crop-Schlepper hatte ein Gewicht von 1250 kg und 9-24er-Hinterradbereifung. Seine Spurweite war im Hinblick auf seinen hauptsächlichen Verwendungszweck, dem Einsatz als Hackfruchtschlepper in Reihenkulturen, stufenlos verstellbar.

John Deere R

1949–1954
PS/kW: 51/37,3
Hubraum: 6844 ccm
Stückzahl: über 60 000

Das Modell R war der erste Dieselschlepper dieses Herstellers. Sein Erscheinen wurde dazu genutzt, erstmals ein neues Design vorzustellen. Es war ein starker Schlepper, der ohne Schwierigkeit einen fünf-scharigen Pflug ziehen konnte und in erster Linie als Ersatz für den in die Jahre gekommenen D gedacht war. Trotz des großen Hubvolumens wurde an der Zweizylinderbauweise mit Wasserkühlung festgehalten. Das Gewicht des Fahrzeugs, in das ein Vierganggetriebe installiert war, das maximal 18,5 km/h erreichte, betrug 3360 kg. Die gewaltigen Hinterräder hatten die Größe 14-34. Hier ein 1953 gebautes Fahrzeug.

Im Jahr 1952 stellte John Deere die Traktorbezeichnungen auf ein numerisches Zehnersystem um. Es umfasste zunächst die Modelle 40, 50, 60 und 70. Der neue 70 ersetzte das G-Modell von 1937, hatte aber im Gegensatz zu diesem etwa 20 % mehr Leistung zu bieten. Mit diesem Modell wurde die Servolenkung eingeführt, und die neue Hydraulik war wesentlich leistungsfähiger als die des Vorgängers. Lieferbar war das Fahrzeug mit Zweizylinder-Dieselmotor. Diesen starken Traktor gab es sowohl als Standardschlepper als auch in einer breitspurigen Row-crop-Ausführung. Das Standardfahrzeug links entstand im Jahr 1952.

Rechts ein gut restauriertes Modell 70 in der Hackfruchtausführung mit vorderen Doppelrädern aus dem Jahr 1955. Die Spurweite des Row-crop-Schleppers konnte stufenlos verstellt werden. 1956 wurde die gesamte Baureihe durch neue Modelle ersetzt.

John Deere 70

1953–1956
PS/kW: 52/38,1
Hubraum: 7410 ccm

Der John Deere 40 ersetzte 1953 das M-Modell dieses Herstellers. Es war das kleinste Fahrzeug dieser neuen Baureihe. Das Fahrzeug war mit der neuen, vom Fahrersitz zu betätigenden, leistungsstarken Hydraulik und einer Motorzapfwelle bestückt. Der neu entwickelte wassergekühlte zweizylindrige Dieselmotor konnte durch seine Brennraumform und die neu gestalteten Einlasskanäle als sparsamer Vielstoffmotor betrieben werden. Hier ein Row-crop-Schlepper von 1953.

John Deere 40

1953–1956
PS/kW: 21/15,4
Hubraum: 1660 ccm

INTERNATIONAL HARVESTER

Globale Produktion

Farmall H

1938–1953
PS/kW: 24/17,6
Hubraum: 2371 ccm
Stückzahl: 390 000

Auch bei International Harvester wurde die Modellpalette nach dem Kriegsende stark erweitert, wobei man allerdings zunächst auf bewährten Typen aufbauen musste. Aus dem Jahr 1938 stammte das Modell H – hier ein Breitspurtraktor von 1946 –, das noch eine Zeit lang mit Erfolg verkauft wurde. Es war ein leichterer Traktor in Rahmenbauweise mit verstellbarer Spurweite, der zu den erfolgreichsten Modellen dieses Herstellers gehörte. Sein Antrieb erfolgte durch einen wassergekühlten Vierzylinder-Vergasermotor. In diesen Traktor mit 1676 kg Gewicht war ein Vierganggetriebe in der Abstufung von 4,2 bis 25,1 km/h eingebaut.

Farmall M

1939–1952
PS/kW: 35/25,6
Hubraum: 4015 ccm

Aus der Vorkriegszeit stammte auch das Farmall-Modell M, das es in einer Standardausführung und in einer Hackfruchtausführung mit doppelten Vorderrädern gab. Links ein Standardschlepper von 1947 mit stufenlos verstellbarer Spurweite. Der M war mit 2000 kg Gewicht ein mittelschwerer Schlepper mit wassergekühltem Vierzylinder-Vergasermotor und Vierganggetriebe. Der in Halbrahmenbauweise ausgeführte Hackfruchtschlepper hatte eine große Bodenfreiheit und eine stufenlos verstellbare Spurweite. 1952 wurde das Basismodell durch den stärkeren Super M mit 45 PS ersetzt.

Der seit **1941** lieferbare Farmall MD war die Dieselvariante des erfolgreichen Modells M und ist hier in einer Row-crop-Ausführung des Baujahrs 1946 zu sehen. Viele der für US-amerikanische Einsatzbedingungen ausgelegten Traktoren wurden in der sparsamen Dieselversion auch nach Europa exportiert. Als BM wurde das Modell seit dem Jahr 1948 auch in England gefertigt.

Farmall MD

1941–1952
PS/kW: 35/25,6
Hubraum: 4015 ccm

1945–1960

Der seit **1939** lieferbare Farmall A war dazu ausersehen, die mittlerweile technisch überholten Modelle F 12 und F 14 zu ersetzen. Es war ein kleiner, einfacher Schlepper speziell für die Zielgruppe der kleinen Farmen in den USA. Entsprechend günstig war mit 575,– US-Dollar auch sein Kaufpreis gestaltet. Die Motorhaube hatte eine nach hinten verjüngte Stromlinienform, unter der ein wassergekühlter Vierzylinder-Vergasermotor seine Arbeit verrichtete. Das installierte Vierganggetriebe war in den Geschwindigkeiten zwischen 3,7 und 15,4 km/h abgestuft. Dieses Modell hatte eine verstellbare Spur, und es war auch mit nach links versetztem Motor und Getriebe erhältlich. Ab 1947 wurde das Fahrzeug mit einer modernen Hydraulik ausgerüstet.

Farmall Super A

1947–1954
PS/kW: 18/13,2
Hubraum: 1763 ccm

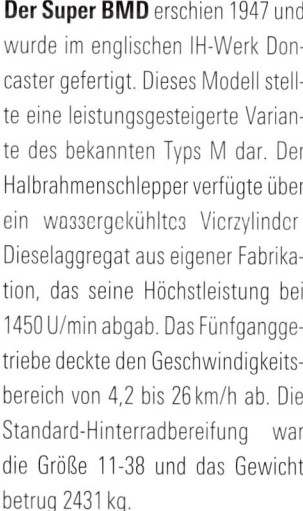

Der Super BMD erschien 1947 und wurde im englischen IH-Werk Doncaster gefertigt. Dieses Modell stellte eine leistungsgesteigerte Variante des bekannten Typs M dar. Der Halbrahmenschlepper verfügte über ein wassergekühltes Vierzylinder Dieselaggregat aus eigener Fabrikation, das seine Höchstleistung bei 1450 U/min abgab. Das Fünfganggetriebe deckte den Geschwindigkeitsbereich von 4,2 bis 26 km/h ab. Die Standard-Hinterradbereifung war die Größe 11-38 und das Gewicht betrug 2431 kg.

Farmall Super BMD

1947–1954
PS/kW: 45/32,9
Hubraum: 4327 ccm

Minneapolis-Moline UTU

1938–1954
PS/kW: 32/23,4
Hubraum: 4415 ccm

Der M-M-Traktor mit der flachsgelben Lackierung, werksintern als „Prairie Gold" bezeichnet, basierte auf dem bekannten Modell U und war dessen Row-crop-Variante. Das Fahrzeug hatte einen Vierzylinder-Vergasermotor mit Wasserkühlung, der mit Petroleum betrieben wurde. Das installierte Sechsganggetriebe deckte den Bereich zwischen 4,3 und 23,8 km/h ab. 2684 kg betrug das Gewicht dieses mit 11-38er-Hinterrädern ausgeführten Hackfruchtschleppers. Neben dem Modell UTU – hier ein Fahrzeug von 1945 – gab es den UTS als Kriegsvariante in Standardausführung sowohl mit Luft- als auch mit Eisenrädern.

Minneapolis-Moline R

1939–1951
PS/kW: 27/19,8
Hubraum: 2574 ccm

Das M-M-Modell R war ein leichterer Traktor, der im Jahr 1939 erstmals vorgestellt wurde. Er hatte einen Vierzylinder-Vergasermotor mit Wasserkühlung für Petroleumbetrieb, der seine Höchstleistung bei 1400 U/min mobilisierte. In ihm arbeitete ein Vierganggetriebe, abgestuft zwischen 4,2 und 21,4 km/h. Die Hinterräder hatten die Größe 10-38, das Gewicht betrug 1552 kg. Interessant ist das seitlich am Motor vorbeigeführte Lenkgestänge. Neben der hier gezeigten Standardvariante gab es verschiedene Row-crop-Ausführungen für Zwischenachs-Geräteanbau.

OLIVER

Die 1929 entstandene Oliver Farm Equipment Corporation entstand aus dem Zusammenschluss verschiedener kleinerer Firmen dieser Branche. 1948 präsentierte das Unternehmen anlässlich eines Firmenjubiläums mit den Modellen 66, 77 und 88 der Kundschaft die Bauserie Fleetline, die sich durch eine neue Motorhaube mit abgerundetem Kühlerschutzgitter optisch auszeichnete. Neben der Standardausführung gab es auch einen Row-crop-Schlepper. Motorisiert war das hier gezeigte Modell 77 durch einen Sechszylinder-Vergasermotor mit Wasserkühlung. Die Zapfwelle war serienmäßig eingebaut, gegen Aufpreis konnte auch eine Hydra-Lectric-Hydraulikanlage erworben werden. Das eingebaute Sechsganggetriebe war für Geschwindigkeiten zwischen 4,2 und 19,6 km/h vorgesehen.

Oliver 77

1948–1955
PS/kW: 35/25,6
Hubraum: 3150 ccm

1945–1960

MASSEY-HARRIS

Traktoren aus
Kanada

Massey-Harris
102 Junior

1946–1949
PS/kW: 27/19,8
Hubraum: 2527 ccm

Das Modell 102 Junior erschien 1946 und war eine technisch optimierte und leistungsmäßig gesteigerte Ausführung des Typs 101 aus dem Jahr 1939. Im Junior arbeiteten ein Vierzylinder-Vergasermotor für Benzin- und Petroleumbetrieb sowie ein Vierganggetriebe. Das Gewicht betrug 1950 kg und die Hinterräder hatten die Größe 11-28.

Massey-Harris

Massey-Harris
22

1941–1952
PS/kW: 18/13,2
Hubraum: 1934 ccm

Anfang der 1940er-Jahre kam der leichte Schlepper des Typs 22 auf den Markt, der in erster Linie für Bestell- und Pflegearbeiten vorgesehen war. Er verfügte über einen Vierzylinder-Vergasermotor mit Wasserkühlung für Benzin und Petroleum, ein Vierganggetriebe für maximal 25,5 km/h und verstellbare Spurweiten. Mit 1303 kg war dieses Fahrzeug seinen Hauptaufgaben entsprechend und trotzdem stark genug, um mit einem Zweischarpflug Tiefpflugarbeiten zu verrichten. Ab 1949 gab es auch die spezielle Breitspurvariante RT. Hier ein mit Riemenscheibe ausgerüstetes Standardfahrzeug von 1948.

Massey-Harris
44 K

1946–1955
PS/kW: 24/24,9
Hubraum: 4222 ccm
Stückzahl: 90 000

1946 stellte Massey-Harris mit dem Modell 44 seinen ersten Nachkriegstraktor vor. Der 44 hatte einen wassergekühlten Vierzylinder-Vergasermotor, 1350 U/min Maximaldrehzahl, ein Sechsganggetriebe und 1865 kg Gewicht. Die Spurweite war stufenlos verstellbar. Zur Wahl standen Hinterreifen der Größen 13-30 oder 13-38. Ab 1948 kam eine Dieselversion hinzu. Hier ein Fahrzeug mit 13-38er-Hinterrädern.

1948 nahm Massey-Harris die Fertigung des neuen Modells 744 PD im englischen Manchester auf. Später wurde die Typenbezeichnung in 744 D geändert. Der 744 D basierte weitgehend auf dem Modell 44 K, er war allerdings stärker und hatte einen Sechszylinder-Perkins-Diesel-

motor mit Wasserkühlung. Ein Fünfganggetriebe mit Rückwärtsgang sorgte für die Fortbewegung des 2350 kg schweren Traktors. Die Geschwindigkeitsabstufungen lagen zwischen 4,1 und 22,8 km/h. Zum Schluss gab es eine 50-PS-Variante mit vierzylindrigem Motor.

Massey-Harris 744 D

1948–1957
PS/kW: 45/32,9
Hubraum: 4730 ccm
Stückzahl: 28 000

Der 820 von Massey-Harris war ein Kleinschlepper mit nach links versetztem Motor und Getriebe, der in erster Linie für Saat- und Pflegearbeiten, aber auch als Alleinschlepper für kleine Bauernhöfe vorgesehen war. Er basierte weitgehend auf dem bekannten Modell 812 Pony, von dem er sich aber durch den luft-

gekühlten Zweizylinder-Zweitakt-Diesel mit Gebläsespülung von Hanomag unterschied, der seine Höchstleistung bei 1800 U/min abgab. Der Kleintraktor wog 1000 kg und ein Fünfganggetriebe mit Rückwärtsgang erlaubte 15 km/h. Hier ein bestens restauriertes Fahrzeug mit Seitenmähwerk von 1957.

Massey-Harris 820

1957–1959
PS/kW: 20/14,6
Hubraum: 1021 ccm

COCKSHUTT

Die Cockshutt Plow Company stellte zunächst Pflüge und andere landwirtschaftliche Geräten her, bevor sich das Unternehmen ab 1946 auch der Konstruktion und Fertigung von Traktoren zuwandte. Bis Cockshutt im Jahr 1962 von der Firma White übernommen wurde und die Traktorenherstellung einstellen musste, konnte der

Hersteller einige bemerkenswerte Fahrzeuge auf den Markt bringen. Das kleinste Modell war der Cockshutt K 20, ein Traktor mit einem wassergekühltem Vierzylinder-Vergasermotor und großer Bodenfreiheit. In dem 1279 kg schweren Schlepper war ein Vierganggetriebe für maximal 21,2 km/h. Dieses Fahrzeug ist von 1953.

Cockshutt K 20

1952–1958
PS/kW: 20/14,6
Hubraum: 2184 ccm

1960–1975

DAS ENDE DES SCHLEPPER-BOOMS

Rationalisierung, Fusionen und Konkurse bis Mitte der 1970er-Jahre

Die bereits zum Ende der 1950er-Jahre erkennbaren Veränderungen in der Schlepperbranche setzten sich verstärkt auch in den folgenden Jahren fort. Im vergangenen Jahrzehnt war die Landwirtschaft dem vorgegebenen Ziel der Vollmechanisierung sehr nahe gekommen, und binnen dieser zehn Jahre hatten deutsche und ausländische Anbieter rund eine halbe Million Schlepper auf dem deutschen Markt verkauft.

> Aus Kostengründen wurden viele Modellreihen mit untereinander austauschbaren Bauteilen konzipiert.

ZAHLREICHE TECHNISCHE FORTSCHRITTE wie die Motorzapfwelle mit Doppelkupplung, genormte Dreipunkthydraulik, die Fernbedienung des Traktors, Regelhydraulik und Achsdruckverstärkung, Getriebe mit immer zahlreicheren Abstufungen bis hin zum Vierradantrieb, Lenkhydraulik und Knicklenkung wurden zur Selbstverständlichkeit. Bei der Getriebetechnik erfolgte der allmähliche Übergang von den klassischen Schubradtriebwerken zu wesentlich leichter zu schaltenden Klauenschaltgetrieben bzw. der noch moderneren Stiftschaltung – alles Entwicklungsstufen, die in die spätere Vollsynchronisation führten. Der Weg der Motorentechnik war von Vorkammer- über Wirbelkammer- zu direkteinspritzenden Dieselmotoren gegangen. Dabei wurde der Trend zu mehrzylindrigen Motoren immer ausgeprägter. Auf Vorgaben des Gesetzgebers ging die Ausrüstung mit Blinkanlagen sowie mit Umsturzbügeln oder Sicherheitsrahmen zurück.

Der Ruf nach mehr PS und damit immer stärkeren Traktoren war nicht geringer geworden. Zu Beginn der 1960er-Jahre hatte sich die durchschnittliche Motorleistung der deutschen Ackerschlepper auf etwa 30 bis 40 PS eingependelt, und die 100-PS-Grenze im Schlepperbau war nicht mehr fern. Hauptverantwortlich für diese Entwicklung waren die immer leistungsfähiger und größer werdenden Anbau- und Zapfwellengeräte, für deren Betrieb zwangsläufig höhere Motorleistungen unerlässlich waren. Um dem zunehmenden Konkurrenzdruck standhalten zu können, waren die Hersteller verstärkt zu kostensparenden Rationalisierungsmaßnahmen gezwungen. Immer häufiger erschienen Traktor- und Motorbaureihen mit untereinander weitestgehend austauschbaren Baukomponenten. Nebenbei führte dieses Verfahren zu einem erheblichen Rückgang der zu bevorratenden Teile auf dem Sektor der Material- und Lagerwirtschaft.

Seit dem Zulassungsrekord des Jahres 1955 war der deutsche Schleppermarkt von einem ständigen Schrumpfungsprozess geprägt. Waren es im Jahr 1960 immerhin noch 88 864 neu zugelassene Traktoren, so sank deren Zahl bis 1970 auf 66 064 Stück. Diese Entwicklung hatte eine weitere Konzentration der Mitbewerber zur Folge. Jetzt waren auch große und namhafte Hersteller davon betroffen. Zu Beginn der 1960er-Jahre mussten MAN und Porsche aufgegeben. Fahr kooperierte mit Deutz unter Einbüßung seiner Schlepperfabrikation. Auch die ganz hervorragenden Traktoren der roten G-Reihe von Güldner konnten sich ebenso wenig am Markt behaupten wie die letzten Hanomag-Traktoren, deren hohe Entwicklungskosten sich nicht amortisierten.

Für beide Hersteller kam Ende der 1960er- bzw. Anfang der 1970er-Jahre das Aus. Andere Fabrikanten versuchten sich in Marktnischen zu halten, wie etwa Schlüter mit seinen gigantischen Großtraktoren oder Holder mit Klein- und Spezialschleppern. Nicht viel anders erging es weltweit den meisten anderen Herstellern der Branche, die oftmals nur durch Fusionen und Zusammenschlüsse weiterexistieren konnten.

In die frei werdenden Felder drängten zahlreiche ausländische Anbieter, die infolge einer rationellen Großserienfertigung kostengünstig produzieren und anbieten konnten.

Die Serienproduktion erhöhte die Wettbewerbsfähigkeit der Traktoren europäischer Hersteller.

DEUTZ

Der unangefochtene Marktführer

Deutz D 30

1960–1963
PS/kW: 28/20,5
Hubraum: 1700 ccm

Die Kölner Firma Deutz, eigentlich Klöckner-Humboldt-Deutz AG, hatte seit Kriegsende die Spitzenposition der deutschen Zulassungsstatistik inne. Die konsequent mit luftgekühlten Motoren bestückten Schlepper hatten sich als solide, robust und wirtschaftlich erwiesen. Nicht nur als Motorenhersteller, sondern auch als Traktorfabrikant hatte Deutz den besten Ruf, und die Modelle kamen bei den Kunden gut an. Nach demSprichwort, dass das Bessere der Feind des Guten sei, begann Deutz ab Mitte der 1950er-Jahre an einem neuen Traktorenprogramm zu arbeiten, dessen erste

Glieder ab 1958 vorgestellt wurden. In den folgenden Jahren wurde diese Baureihe laufend weiter ausgebaut. Auch diese Fahrzeuge verfügten über luftgekühlte Antriebsaggregate. Erstmals wurden die Traktoren nicht mehr nach den in ihnen eingebauten Motoren benannt, sondern

mit einer zweistelligen Ziffer, welche die ungefähre Motorleistung in PS ausdrückte, in Verbindung mit dem vorangestellten „D" bezeichnet. Ein mittelschweres und überaus beliebtes Traktormodell wurde der Typ D 30, der im Jahr 1960 die Nachfolge des D 25.1 S antrat. Nicht nur die Motorleistung war nun um drei PS höher ausgefallen, sondern auch ein neues achtgängiges Deutz-Getriebe gelangte zum Einbau. Der D 30 – hier ein Fahrzeug von 1961 – wog 1260 kg und war auf Wunsch auch mit der Deutz-Transfermatic-Hydraulik mit 1250 kg Hubkraft ausrüstbar.

Deutz D 30 S

1960–1963
PS/kW: 28/20,5
Hubraum: 1700 ccm

Der Deutz D 30 S – hier ein vorzüglich restauriertes Exemplar von 1962 mit Seitenmähwerk und Fritzmeier M 210-Allwetterdach – unterschied sich vom Standard D 30 nur durch die Motorzapfwelle mit Doppelkupplung. Damit war der Schlepper auch zum Ziehen von zapfwellengetriebenen Anhängegeräten geeignet. Um schwere Mähdrescher zu ziehen, war er allerdings nicht leistungsfähig genug.

Zu Beginn der **1960er**-Jahre stand die Fertigung des Deutz D 25 kurz vor der Beendigung. Der D 25 besaß einen luftgekühlten Wirbelkammer-Dieselmotor des Typs F 2 L 712 mit Schwungrad-Radialgebläse, er wog 1325 kg und war mit einem Fünfganggetriebe mit Rückwärtsgang ausgerüstet. Die Getriebezapfwelle war serienmäßig, während eine Hydraulik mit Dreipunkt-Geräteaufhängung gegen Aufpreis erhältlich war. Dieser Traktor entstand Ende 1961.

Deutz D 25

1958–1960
PS/kW: 20/14,6
Hubraum: 1700 ccm

Noch bis 1965 wurde dieser schwere Deutz-Schlepper mit luftgekühltem Vierzylinder-Dieselmotor gefertigt, denn erst dann sollte das verbesserte Modell D 8005 für einen adäquaten Ersatz sorgen. Wie beim Dreizylindermodell bekam auch der Vierzylinder eine der D-Serie angeglichene Haube. Er verfügte über ein Siebenganggetriebe von ZF mit zwei Rückwärtsgängen. Dieses 1964 gebaute Fahrzeug besitzt eine nicht der Serie entsprechende Verdeckkabine und einen hydraulischen Fronthublift mit 1,2 t Hubkraft.

Deutz F 4 L 514/5

1957–1965
PS/kW: 65/47,6
Hubraum: 5322 ccm

Deutz D 40 L

1962–1963
PS/kW: 35/25,6
Hubraum: 2550 ccm

Der D 40 L war eine Variante des D 40 mit reduziertem Gewicht und dem neuen Deutz-Achtganggetriebe. Der D 40 L bot ein ausgezeichnetes Preis-Leistungs-Verhältnis und wurde zum meistverkauften Schlepper seiner Klasse. Sein Gewicht betrug 1450 kg, der D 40 wog 1750 kg! Auch hier konnte die Deutz-Transfermatic-Hydraulik eingebaut werden. Dieses Fahrzeug mit Sicherheitumsturzbügel ist von 1963.

Deutz D 5505

1965–1966
PS/kW: 52/38,1
Hubraum: 3400 ccm

1965 hatte Deutz das Schlepperprogramm erneut überarbeitet und stellte damit als Nachfolgerin der bisherigen Modellreihe die D 05-Serie vor. Diese Fahrzeuge basierten auf den bewährten und erfolgreichen Vorgängertypen und den neuen, durch Ausrüstung mit Axial-Kühlluftgebläsen wesentlich ruhiger laufenden 812er-Motoren. Der schwere D 5505 mit Vierzylinder-Diesel F 4 L 812 S verfügte zusätzlich über ein Massenausgleichsgetriebe.

Der **D 8005** von Deutz war der Nachfolger des über zwölf Jahre gebauten Modells F 4 L 514. Im Gegensatz zu diesem verfügte der 3720 kg schwere Traktor über einen Sechszylinder-Diesel mit Luftkühlung, das Achtganggetriebe ZF A 230 mit vier Rückwärtsgängen und eine einteilige Motorhaube. Reichhaltige Zubehör- und Sonderausrüstungen konnten auf Wunsch erworben werden. Links ein D 8005 NFS von 1966. Der D 8005 war ein zu seiner Zeit überaus zugstarker Schlepper, der sich leistungsmäßig unter den Konkurrenten in der Spitzengruppe befand. Das Zubehör reichte von der Hydraulik mit genormter Dreipunkt-Geräteaufhängung bis zum Frontlader. Rechts ein 1966 gebautes Fahrzeug mit Allwetterverdeck.

Deutz D 8005

1965–1966
PS/kW: 80/58,6
Hubraum: 5100 ccm

Die Allradvariante D 8005 A war der erste vierradgetriebene Serientraktor von Deutz. Das Gewicht dieses Boliden stieg dabei auf 4320 kg. Ausgerüstet mit Seilwinde war der D 8005 A das ideale Fahrzeug für den Forsteinsatz und zum Holzrücken auch unter ungünstigen Geländeverhältnissen, beim Feldeinsatz vor schwersten Pflügen, vor schweren zapfwellengetriebenen Anhängegeräten, insbesondere Mähdreschern.

Deutz D 8005 A

1965–1966
PS/kW: 80/58,6
Hubraum: 5100 ccm

Deutz D 3006

1968–1979
PS/kW: 30/22
Hubraum: 1884 ccm

Trotz guter Verkaufserfolge der 05er-Schlepperreihe ruhte sich der deutsche Marktführer Deutz nicht aus. Im Jahr 1968 wurde ein neues Traktorprogramm, die 06er-Baureihe, vorgestellt. Äußerlich waren die Modelle an der eckigen Karosserie zu erkennen, im Inneren waren es die neuen Direkteinspritz-Dieselmotoren der FL 912-Motorbaureihe. Die bereits verwendeten neuen Getriebe gelangten nun auf breiter Front zum Einsatz. Der D 3006, ein mittelschwerer Traktor mit Zweizylindermotor war Nachfolger des D 3005. Hier ein Fahrzeug von 1970.

Deutz D 4006

1968–1981
PS/kW: 35/25,6
Hubraum: 2826 ccm

Der im gleichen Jahr erhältliche D 4006 wurde wie schon sein Vorgänger D 4005 mit dem neuen Deutz-TW-35-Getriebe bestückt. In ihn gelangte das neue dreizylindrige Direkteinspritz-Dieselaggregat F 3 L 912 mit Luftkühlung zum Einbau. Dieses Fahrzeug wog 1895 kg, verfügte über eine serienmäßige Regel-hydraulik und war mit umfangreichem Sonderzubehör lieferbar. Eine Getriebeausführung ermöglichte die Betätigung der Zapfwelle unabhängig von der Kupplung mittels eines Handhebels bei in Fahrt befindlichem Traktor. Dieser D 4006 mit Fritzmeier-Verdeck und Mähwerk ist von 1974.

Deutz D 5006

1968–1974
PS/kW: 48/35,1
Hubraum: 2826 ccm

Der D 5006 kombinierte den drehzahlgesteigerten Dreizylindermotor F 3 L 912 mit dem neuen Deutz TW 50.1-Getriebe, das über acht Vorwärts- und vier Rückwärtsgänge verfügte. Das Gewicht des mit einer wassergeschützten Bremsanlage versehenen Traktors betrug 1995 kg. Das Fahrzeug hier ist von 1968.

Das 62-PS-Modell D 6006 gab es in der hinterradangetriebenen Standardausführung oder mit Vierradantrieb. Es war das zunächst größte Fahrzeug der 06er-Reihe, das mit dem luftgekühlten Vierzylinder-Direkt-

einspritz-Diesel F 4 L 912 sowie einem neungängigen Deutz-Getriebe TW 55.2 mit drei Rückwärtsgeschwindigkeiten bestückt war und 2850 kg wog. Hier ein Fahrzeug mit Fritzmeier-M 214-Allwetterdach von 1970.

Deutz D 6006 A

1968–1972
PS/kW: 62/45,4
Hubraum: 3768 ccm

Ab 1974 ergänzte der weitgehend auf dem D 4006 basierende D 4506 das Verkaufsprogramm dieses Herstellers. Im gleichen Jahr wurde die hellgrüne Lackierung bei den Deutz-Traktoren eingeführt, und ab 1978 wurden die Felgen in Silber statt in Rot ausgeführt. Den 1920 kg schweren D 4506 gab es auch in einer Schmalspurausführung. Die serienmäßige Regelhydraulik von Deutz/Bosch besaß eine Hubkraft von 1560 kg. Hier ein Fahrzeug von 1978 mit Mähwerk und Schutzrahmen.

Deutz D 4506

1974–1981
PS/kW: 40/29,3
Hubraum: 2826 ccm

Der D 5206 ersetzte im Jahr 1974 den Vorgänger D 5006. Gleichzeitig hatte der Dreizylindermotor des neuen Modells eine drehzahlbedingt höhere Motorleistung erhalten. In ihm arbeitete ein achtgängiges oder das mit der Kriechganggruppe ausgestattete zwölfgängige Schaltgetriebe mit jeweils vier Rückwärtsgängen. Neben der Hinterradausführung gab es auch eine Allradvariante. Dieses Fahrzeug ist von 1976.

Deutz D 5206

1974–1981
PS/kW: 51/37,3
Hubraum: 2826 ccm

Deutz D 6806

1974–1981
PS/kW: 68/49,8
Hubraum: 3768 ccm

Der ab 1974 erhältliche Deutz-Traktor D 6806 war der Nachfolger des D 6006. Ansonsten blieb das bewährte Fahrzeug weitgehend unverändert. Dieser zugstarke Traktor mit dem luftgekühlten viergängigen Direkteinspritz-Dieselmotor F 4 L 912 gab es auch in einer Allradvariante und ab 1976 sogar mit einer besonderen geräuschisolierten Fahrerkabine. Mit Hinterradantrieb betrug sein Gewicht 2760 kg, in der Vierradausführung 3180 kg. Hier ein offenes Fahrzeug von 1974.

Deutz D 7206

1974–1981
PS/kW: 72/52,7
Hubraum: 3768 ccm

Das Modell D 7206 gehörte ebenfalls zu dem im Jahr 1974 überarbeiteten Typenprogramm. Es war ein leistungsstarker Traktor, dessen Vierzylinder-Direkteinspritz-Diesel durch Drehzahlsteigerung nochmals angehoben worden war. Auch in diesem Fall gab es eine Allradvariante. Das Deutz-Getriebe hatte zwölf Vorwärts- und vier Rückwärtsgänge; ab 1978 wurde ein ganggleiches Triebwerk verwendet, das die Synchronisation auch bei Allradantrieb ermöglichte. Hier ein 1978 gebautes Fahrzeug mit Allwetterverdeck.

EICHER

Eicher EM 100 Leopard

1960–1966
PS/kW: 15/11
Hubraum: 981 ccm
Stückzahl: 5371

Ende 1958 stellte Eicher die beiden ersten Typen einer neuen Schleppergeneration, die „Raubtierreihe" vor. Nach Tiger und Panther folgten bald weitere Modelle, wie z. B. der Klein-schlepper Leopard. Er besaß einen Einzylinder-Dieselmotor mit Luftküh-lung aus der EDK-Motorbaureihe, hatte ein Leergewicht von 1064 kg und sechs Vorwärts- und zwei Rück-wärtsgänge. Im Jahr 1962 wurde der Leopard äußerlich den übrigen Raubtiermodellen dieses Herstellers angeglichen. Hier ein Fahrzeug aus dem Jahr 1965.

Eicher EM 295 Panther

1958–1968
PS/kW: 19–22/13,9–16,1
Hubraum: 1700 ccm
Stückzahl: 10 139

Der EM 295 gehörte zu den beiden bereits 1958 vorgestellten Schlep-perraubtieren von Eicher. Zunächst hatte der Zweizylindermotor 19, ab 1962 22 PS. In diesem Jahr wurde das bisher verwendete ZF-Sechs-ganggetriebe gegen eine neue, ver-stärkte Ausführung dieses Herstel-lers mit gleicher Gangzahl ausge-tauscht. Ungewöhnlich für Eicher war die konstruktive Ausbildung die-ses Traktors als Tragschlepper mit der Möglichkeit des Zwischenachs-anbaus. In der Ausführung ab 1962 wog der Panther 1400 kg.

Eicher EM 200
Tiger

1958–1968
PS/kW: 25–28/18,3–20,5
Hubraum: 1963 ccm
Stückzahl: 15 292

Neben dem Panther war der Tiger das zweite Ende 1958 vorgestellte Fahrzeug der neuen „Raubtierserie". Dabei war dieser das mit Abstand technisch innovativere Fahrzeug. Neu war ein Achtgang-ZF-Getriebe mit Stiftschaltung anstelle der bis dahin gebräuchlichen Schieberäder. Der Zweizylinder-Dieselmotor EDK 2

mit Luftkühlung leistete zunächst 25, ab 1962 28 PS. Analog dazu stieg das Gewicht von 1460 auf 1600 kg. Die Hubkraft der Bosch-Hydraulik stieg von 850 auf 1000 kg. Es war ein sehr erfolgreicher Schlepper in der wichtigen mittelschweren Leistungsklasse. Das links gezeigte Fahrzeug wurde 1964 gebaut. Dazu gehörten neben der serienmäßigen Getriebezapfwelle eine Motorzapfwelle mit Doppelkupplung, Dreipunkt-Regel-

hydraulik mit 1000 bzw. ab 1962 dann 1100 kg Hubkraft, Riemenscheibe, Allwetterverdeck, Seilwinde, Belastungsgewichte sowie eine schnelle Getriebevariante für maximal 28 km/h. Oben ein EM 200 von 1962, der mit einem hydraulischen Frontlader bestückt ist.

Eicher EM 300
Königstiger

1959–1962
PS/kW: 35/25,6
Hubraum: 2844 ccm
Stückzahl: 19 422 (bis 1968)

Das ab 1959 lieferbare Modell Königstiger war das damalige Spitzenmodell dieser Baureihe. Sein Motor, ein luftgekühlter Dreizylinder-Eicher-Diesel EDK 3, brachte seine Maximalleistung bei 2000 U/min. Daneben war ein Getriebe von ZF mit acht Vorwärts- und vier Rückwärtsgängen für 20 km/h Höchstgeschwindigkeit vorhanden. 1962 wurde der Königstiger überarbeitet. Hier ein 1961 gebautes Fahrzeug mit Seitenmähwerk.

Eicher ED 310 Mammut

1964–1968
PS/kW: 50/36.6
Hubraum: 3927 ccm
Stückzahl: 636

Die Leistungsspitze dieses Herstellers war aber mit dem Königstiger noch nicht erreicht. Ein stärkeres Kaliber war der ED 310 Mammut mit luftgekühltem Dreizylinder-Dieselmotor. Sein ZF A 216-Getriebe hatte acht Vorwärts- und vier Rückwärtsgänge. Die Lenkachse besaß eine Doppelfederung und das Gewicht betrug 2245 kg. Oben ein restauriertes Fahrzeug von 1960, rechts eines von 1960 mit Fritzmeier-Allwetterverdeck. Der Mammut musste mit einem luftgekühlten Dreizylindermotor aus der ED-Serie der 1950er-Jahre bestückt werden. In der neuen EDK-Baureihe gab es noch keinen Vierzylindermotor dieser Leistung. Es entstand daher eine Motorvariante auf der Basis des alten ED 3-Motors mit geringerer Bohrung.

1960–1975

Einen mit Dreizylindermotor ausgeführten Tiger gab es ab 1963 unter der Typenbezeichnung Tiger II. Damit konnte die Lücke zwischen dem 28-PS-Tiger und dem 38 PS starken Königstiger geschlossen werden. Er besaß das ZF-Achtganggetriebe des Tigers in Verbindung mit dem aus dem Zweizylindermotor des Panthers entwickelten Dreizylinders. Das Gewicht betrug 1690 kg.

Eicher EM 235 Tiger II

1963–1968
PS/kW: 32/23,4
Hubraum: 2550 ccm
Stückzahl: 6310

Eicher EA 400
Königstiger
Allrad

1963–1968
PS/kW: 40/29,3
Hubraum: 2944 ccm
Stückzahl: 1050

1963 erschien unter Verwendung eines Allradgetriebes die Vierradgetriebe-Ausführung EA 400 des Eicher Königstigers. Der luftgekühlte Dreizylinder-Dieselmotor in diesem starken Schlepper leistete von vornherein 40 PS. Bei einem Gewicht von 2150 kg erreichte der mit einem Achtganggetriebe mit vier Rückwärtsgängen bestückte Schlepper 20 km/h, in der Schnellgangausführung 28,1 km/h. Dieser EA 400 ist von 1964.

Eicher EM 500
Mammut I

1964–1968
PS/kW: 50/36,6
Hubraum: 3927 ccm
Stückzahl: 692

Im Jahr 1964 ersetzte das neue Modell EM 500 Mammut I die bis dahin produzierten Mammut-Modelle, in die der moderne Vierzylinder-EDK-Dieselmotor, der jetzt zur Verfügung stand, installiert wurde. Daneben arbeitete das üblicherweise von diesem Hersteller verwendete ZF-Getriebe mit acht Vorwärts- und vier Rückwärtsgängen. Dieses Fahrzeug entstand in seinem letzten Fertigungsjahr.

Eicher EA 600
Mammut II
Allrad

1963–1969
PS/kW: 60–62/43,9–45,4
Hubraum: 3927 ccm
Stückzahl: 643

Der Allradschlepper Mammut II war das stärkste Eicher-Modell dieser Baureihe und gehörte damit zu den leistungsfähigsten Traktoren dieser Epoche in Deutschland. Sein Motor war der neue Vierzylinder-EDK-4-Dieselmotor, der zunächst 60, ab 1967 62 PS abgab. Es war ein sehr starker Schlepper für schwierige Böden, für Hanglagen, Moore, nasse Wiesen, für Forsteinsätze und für Einsatzverhältnisse, wo ein Höchstmaß an Kraft erforderlich war. Die Zusatzausrüstung reichte daher auch von der Druckluftbremsanlage bis zur Seilwinde zum Holzrücken im Wald. Hier ein Exemplar, das 1967 die Werkstore verließ.

Neben Standardschleppern und Geräteträgern waren die hervorragend konstruierten Schmalspurschlepper eine weitere Spezialität von Eicher. Die Entwicklung begann im Jahr 1960 mit dem Modell Puma. Der größte Verkaufserfolg wurde zweifelsohne von dem ab 1965 produzierten Modell Puma I erzielt. Es verfügte über einen Zweizylinder-Dieselmotor mit Luftkühlung und ein Sechsganggetriebe von ZF. Sein Gewicht betrug 1200 kg.

Eicher ES 202 Puma I

1965–1970
PS/kW: 30/22
Hubraum: 1963 ccm
Stückzahl: 3680

Das stärkste Fahrzeug der neuen 3000er-Reihe von Eicher war der allradgetriebene Typ Wotan II, ein Kraftprotz mit anfangs 95, ab 1973 100 PS. Dieses Getriebe verfügte auch über einen Schnellgang mit 28,5 km/h Höchstgeschwindigkeit. Die Leistungsstärke des Wotan II zeigte sich auch in der Hydraulik, die eine Hubkraft bis zu 3200 kg besaß. Das Gewicht betrug 4200 kg. Hier ein 1969 gefertigtes Fahrzeug.

Eicher 3014 Wotan II Allrad

1968–1976
PS/kW: 95–100/69,6–73,2
Hubraum: 5890 ccm
Stückzahl: 2697

Im Frühjahr 1968 begann Eicher, das gesamte Programm der Standardtraktoren umzugestalten. Obwohl auf viele bewährte Baukomponenten zurückgegriffen werden konnte, gab es eine Reihe von wichtigen Neuerungen und Detailverbesserungen, wozu beispielsweise auch die einzelradgefederte Vorderachse gehörten. Eines dieser Modelle war der Königstiger I, ein solider Dreizylinderschlepper mit Achtganggetriebe, das wahlweise auch mit Schnellgang erhältlich war. Hier ein Fahrzeug von 1970.

Eicher 3007 Königstiger I

1968–1971
PS/kW: 45/32,9
Hubraum: 2945 ccm
Stückzahl: 2697

Das letzte Fahrzeug der Europa-Reihe

Fahr D 177 S

1960–1962
PS/kW: 34/24,9
Hubraum: 1767 ccm

Fahr

Um dem Wettbewerbsdruck auf dem Schleppermarkt entgegenzutreten, entschied sich die Maschinenfabrik Fahr zu einer Zusammenarbeit mit den Aschaffenburger Güldner-Motoren-Werken. Zur Kosteneinsparung und um Synergieeffekte zu erzielen, wurde die Fertigung der Modelle der Fahr-Güldner-Europa-Reihe auf beide Firmen verteilt. Sie verwendeten gleiche Baukomponenten, sodass fast der einzige Unterschied der Reihe in Form und Lackierung der Motorhaube bestand. Diese Baureihe umfasste vier Typen mit 15, 20, 25 und 34 PS Motorleistung. Das stärkste Modell, der Typ 177, war bereits 1958 vorgestellt

worden. Es war das einzige Fahrzeug, in das kein Güldner-Motor, sondern das bewährte Daimler-Benz-Aggregat OM 636 installiert wurde. Dieser wassergekühlte Vierzylinder-Viertakt-Diesel hatte sich

bereits tausendfach im Unimog bewährt. Es war ein Traktor in lang gestreckter Bauweise mit tiefer Schwerpunktlage. Der D 177 hatte das Gruppenschaltgetriebe A 208 der Zahnradfabrik Passau mit insgesamt zwölf Vorwärtsgängen. Zur Grundausrüstung zählten Getriebezapfwelle, Differenzialsperre und Einzelrad-Lenkbremsen. Zur Sonderausrüstung zählten u. a. eine gefederte Vorderachse, Belastungsgewichte, Seilwinde, Vorderradkotflügel, Frontlader, Riemenscheibe,

Mähwerk und Allwetterverdeck. Ab 1960 gab es den D 177 S, der sich vom D 177 durch die Schnellübersetzung im Getriebe für maximal 28,3 km/h unterschied. Unten ein restauriertes Fahrzeug mit Seitenmähwerk aus dem Jahr 1961. Im Jahr 1960 lag Fahr mit der Europa-Reihe gut im Geschäft. Die Nachfrage war so groß, dass Lieferzeiten auftraten. Andererseits hatte die Umstellung auf diese Typenreihe mehr Geld verschlungen, als sich in kurzer Zeit mit den neuen Schleppern wieder erwirtschaften ließ. So musste sich das Familienunternehmen nach einem starken Partner umsehen, den man 1962 in der Klöckner-Humboldt-Deutz AG (KHD) gefunden zu haben glaubte. Aufgrund einer Programmabsprache, nach der KHD die Traktoren, Fahr hingegen nur noch Erntemaschinen zu fertigen hatte, beendete Fahr die erfolgreiche Zusammenarbeit mit Güldner. Das bedeutete das Ende des Traktorenbaus bei Fahr, und 1962 liefen die letzten Einheiten – wie der D 177 S (Mitte) – vom Band.

FENDT

Ab 1958 kam bei Fendt die neue, sogenannte „ff"-Modellreihe auf den Markt, deren Modelle nicht mehr den traditionsreichen aber nicht mehr zeitgemäßen Namen „Dieselross" trugen. Es waren formschöne, leistungsstarke Schlepper. Das Modell Fix war das kleinste und wurde alternativ mit wasser-

oder luftgekühltem Zweizylinder-MWM-Direkteinspritz-Dieselmotor geliefert. Das 1365 kg schwere Fahrzeug mit der Fendt-Dreipunkt-Hydraulik hatte ein Steuergerät zur bequemen Handhabung der Blockhydraulik. Dieser 1963 gebaute Traktor im Bild besitzt ein Allwetterverdeck mit Fronteinstieg.

Fix, Farmer und Favorit, die neue „ff"-Schlepperreihe

Fendt Fix 2

1958–1963
PS/kW: 19/13,9
Hubraum: 1400 ccm
Stückzahl: 9730

Fendt Farmer 2

1960–1970
PS/kW: 34/24,9
Hubraum: 2010 ccm
Stückzahl: 23 405

1960–1975

Das ab 1958 erhältliche Modell Farmer 1 von Fendt mit 25 PS wurde 1960 durch den neuen leistungsstärkeren Farmer 2 abgelöst. Auch Fendt folgte damit dem allgemeinen Trend. Der Traktor hatte einen wassergekühlten Dreizylinder-MWM-Diesel mit Direkteinspritzung, ein Achtganggetriebe mit vier Rückwärtsgängen und 1800 kg Gewicht. Dieser 1968 gebaute Farmer 2 S besitzt bereits die eckige Motorhaube.

Fendt
Farmer 3 S

1966–1972
PS/kW: 45/32,9
Hubraum: 2976 ccm
Stückzahl: 14 156

Mit dem Farmer 3 S rundete Fendt 1966 sein Mittelklasse-Programm nach oben ab. Der Farmer 3 S hatte einen Vierzylinder-Viertakt-MWM-Diesel mit Wasserkühlung und Direkteinspritzung. Das neue vollsynchronisierte Fendt-Gruppenschaltgetriebe verfügte über insgesamt 13 Vorwärts- und vier Rückwärtsgänge,

und die zwischen Motor und Verteilergetriebe eingebaute, unter der Bezeichnung „Turbomatik" bekannt gewordene ölhydraulische Kupplung sorgte für ruckfreies Anfahren unter Last. Ab 1967/68 erfolgte die Auslieferung mit der neuen, eckigen Motorhaube; das Fahrzeug oben ist von 1967. Das Modell Farmer 3 S

hatte ein Gewicht von 2420 kg und auf Wunsch eine Motorzapfwelle. Diesen Schlepper gab es auch in einer Allradversion, wobei der Standard-Schlepper mit Hinterrad seinerzeit für 17 660,– DM, der Allradtraktor für 22 720,– DM zu haben war. Ab 1968 wurde die Motorleistung auf 48 PS angehoben.

Fendt
Favorit 2

1959–1963
PS/kW: 46/33,7
Hubraum: 3120 ccm
Stückzahl: 1009

Der Favorit 2 ergänzte 1959 den 40-PS-Schlepper Favorit 1. Mit dem um sechs PS stärkeren Favorit war Fendt erstmals mit einem Großtraktor präsent. In ihn gelangte ein Dreizylinder-Diesel mit Direkteinspritzung und Wasserkühlung zum Einbau. Das 2500 kg schwere Fahrzeug verfügte über ein Halbsynchrongetriebe mit zehn Vorwärts- und zwei Rückwärtsgängen, der Schnellgang ließ maximal 30 km/h zu.

Im Zuge der 1964 erfolgten erneuten Überarbeitung des Programms wurde der 52-PS-Großschlepper Favorit 3 präsentiert. Der Favorit 3 erhielt als erster Fendt-Schlepper einen Vierzylinder-Dieselmotor. Das neue Halbsynchrongetriebe wurde auf 16 Vorwärts- und vier Rückwärtsgänge aufgestockt, womit die Arbeitsgeschwindigkeiten von 0,25 bis 30 km/h abgedeckt wurden. Ab 1966 leistete der Favorit 3 55 PS. Hier ein Fahrzeug von 1964.

Fendt Favorit 3

1964–1967
PS/kW: 52/38,1
Hubraum: 2076 ccm
Stückzahl: 3914

Im Laufe der 1960er-Jahre waren die Favorit-Großschlepper ständigen Leistungssteigerungen unterworfen. So war man, als das Modell 610 S vorgestellt wurde, bereits bei 95 PS Motorleistung angelangt. Das seinerzeitige Spitzenmodell des Herstellers verfügte über einen Sechszylinder-MWM-Diesel mit Direkteinspritzung. Es konnte mit einer umfangreichen Zusatzausrüstung bestückt werden. Das Synchrongetriebe hatte nun 16 Vorwärts- und acht Rückwärtsgänge. Für den Allradschlepper – hier ein Fahrzeug von 1972 – musste man für die Grundausstattung 41 105,– DM auf den Tisch legen.

Fendt Favorit 610 S

1970–1972
PS/kW: 95/69,5
Hubraum: 5100 ccm

Die roten Schlepper der G-Reihe

Güldner G 30

1963–1969
PS/kW: 30/22
Hubraum: 2360 ccm
Stückzahl: 8810

Die Beendigung der Kooperation mit Fahr war ein harter Schlag für die Firma Güldner. Zum Glück hatte man zu diesem Zeitpunkt gerade die neue Motorenbaureihe L 79 zur Serienreife gebracht. Es waren luftgekühlte kurzhubige Motoren, die nach dem Baukastensystem konstruiert waren. Zum Jahresende 1962 wurden die ersten Mitglieder der neu gestalteten G-Schlepperreihe vorgestellt. 1963 wurde die Reihe um den Schlepper G 30 ergänzt, der ein Dreizylinder-Diesel und ein zwölfgängiges Gruppenschaltgetriebe erhielt, das es auch in einer schnellen Variante gab. Hier ein G 30 von 1964 mit Frontlader und Hublift.

Güldner G 40

1963–1969
PS/kW: 38/27,8
Hubraum: 2360 ccm
Stückzahl: 7613

Ebenfalls von 1963 stammt der G 40 von Güldner, der über das mit dem Modell G 30 bis auf die höhere Drehzahl identische Dreizylinder-Antriebsaggregat mit Luftkühlung verfügte. Der G 40, den es auch mit Vierradantrieb gab, war eine leistungsfähige Maschine für den mittleren bis großen Bauernhof. Das eingebaute ZP-Getriebe entsprach hinsichtlich Gangzahl und Abstufung ebenfalls dem des G 30. Die Höchstgeschwindigkeit lag bei 29,8 km/h. Dieser G 40 ist von 1964.

Allradschlepper von Güldner waren genau das Richtige für ungünstige Einsatzbedingungen wie feuchtes Gelände, im Berg- und Hügelland und überall dort, wo eine große Zugkraft benötigt wurde. Für den G 40 A – hier ein Fahrzeug mit

Schnellgang und Frontladerschwinge – gab es zahlreiche Zusatzausrüstungen, z. B. Motorzapfwelle, Druckluftbremsanlage, Zwillingssteuergerät mit Raddruckverstärker, Seilwinde und Güldener-Bosch-Hydraulik.

Güldner G 40 A

1963–1969
PS/kW: 38/27,8
Hubraum: 2360 ccm
Stückzahl: 1147

Das Modell G 50 von Güldner wurde erstmals 1963 vorgestellt. Dieser starke Traktor war mit der vierzylindrigen Variante aus der L 79-Motorbaureihe von Güldner bestückt. Eingebaut war das ZP A 216 A-Getriebe mit zwölf Vorwärtsgängen zwischen 1,20 und 20 km/h bzw. von 1,70 bis 29,6 km/h in der schnellen Triebwerkvariante. 3495 kg brachte dieses Fahrzeug auf die Waage. Hier ein 1964 gebautes Fahrzeug.

Güldner G 50 S

1963–1969
PS/kW: 50/36,6
Hubraum: 3140 ccm
Stückzahl: 1845

Den Güldner G 45 gab es ab 1965. Er diente der weiteren vorteilhaften Abstufung des bisherigen Verkaufsangebots. Das Fahrzeug verfügte über einen Vierzylinder-Diesel, der seine Leistung bei 2200 U/min zur Verfügung stellte. Das Gewicht betrug 2095 kg, und das in fast allen Modellen der G-Reihe verwandte zwölfgängige Gruppenschaltgetriebe – ein „S" in der Typenbezeichnung weist darauf hin – ermöglichte im Schnellgang 28 km/h. Dieses Fahrzeug ist von 1967.

Güldner G 45 S

1965–1969
PS/kW: 45/32,9
Hubraum: 3140 ccm
Stückzahl: 3226

Güldner G 75

1965–1969
PS/kW: 70/51,2
Hubraum: 4712 ccm
Stückzahl: 149

Der schwere Güldner G 75 – hier ein hinterradgetriebenes Fahrzeug mit Allwetterverdeck aus dem Jahr 1968 – wurde schon allein aufgrund seines eingeschränkten Verwendungsgebietes, denn nur in ausgesprochenen Großbetrieben konnte er wirtschaftlich eingesetzt werden, nur in kleinen Stückzahlen verkauft. Obwohl die Güldner-Schlepper anerkannt gute Qualitätserzeugnisse darstellten, war ihr Abverkauf bereits ab Mitte der 1960er-Jahre rückläufig. Mit abnehmenden Verkaufszahlen kam man bei Güldner bald an den Punkt, wo es nicht mehr möglich war, kostendeckend zu produzieren. Und im Jahr 1969 musste Güldner nach mehr als 100 000 gefertigten Einheiten den Schlepperbau einstellen.

Güldner G 75 A

1965–1969
PS/kW: 75/54,9
Hubraum: 7412 ccm
Stückzahl: 201

Ab 1965 erschien das Spitzenmodell der Güldner G-Modellreihe. Der starke Sechszylinder-Diesel 6 L 79 leistete zunächst 65, ab 1967 70 und die Allradausführung G 75 A zuletzt sogar 75 PS. Ein stark belastbares Getriebe, das Modell T 318 II von ZP mit insgesamt 17 Gängen und vier zusätzlichen Kriechgeschwindigkeiten nebst zwei Rückwärtsgängen, war in diesen Kraftprotz eingebaut. Besonders der Allradschlepper mit zuschaltbarer Vorderachse war eine Maschine für jede Gelegenheit. Sehr beliebt waren diese Fahrzeuge auch in der Wald- und Forstwirtschaft zum Holzrücken. Dieses Fahrzeug entstand 1968.

Das ab 1967 lieferbare Güldner-Modell G 35 sollte die Lücke zwischen dem G 30 und G 40 füllen. Der Traktor verfügte ebenfalls über das dreizylindrige Dieselantriebsaggregat mit Luftkühlung, wog 1885 kg, und auch das ZP-Getriebe A 208/III entsprach exakt den beiden übrigen Modellen. Auch den G 35 gab es in einer Allradvariante. Hier ein gut restauriertes Fahrzeug mit Allwetterverdeck aus dem Jahr 1967.

Güldner G 35

1967–1969
PS/kW: 45/32,9
Hubraum: 3140 ccm
Stückzahl: 2802

1968 erschien mit dem G 60 ein weiteres Fahrzeug aus dieser Baureihe auf der Bildfläche. Der G 60 – mit dem gedrosselten Sechszylinder-Diesel 6 L 79 und dem Zwölfganggetriebe ZP A 216 II – war ein starker Mähdruschschlepper, den es in der Standard-Hinterradausführung und in einer Allradvariante gab. Hier ein Fahrzeug mit Schnellgang und Sonderbereifung in der Größe 18.4-34 für die Hinterräder.

Güldner G 60 S

1968–1969
PS/kW: 45/32,9
Hubraum: 3140 ccm
Stückzahl: 261

HELA

Nur noch regionale Bedeutung

Hela D 415 L

1960–1963
PS/kW: 18/13,2
Hubraum: 1250 ccm
Stückzahl: 15

Die Aulendorfer Hermann Lanz-Werke, ein solides mittelständisches Familienunternehmen, hatten in der Zulassungsstatistik des Jahres 1955 mit 2348 neu zugelassenen Traktoren immerhin noch einen 13. Platz belegen können. Und das gegen immer stärkere Konkurrenz, die ihre Schlepper in Großserien fertigte und in allen Leistungsklassen präsent war. Um mithalten zu können, war Hermann Lanz daher ebenfalls gezwungen, ein breit gefächertes Angebot für alle Betriebsgrößen und

Einsatzbereiche bereitzuhalten. So umfasste das Typenprogramm in der zweiten Hälfte der 1950er-Jahre Fahrzeuge im Leistungsbereich zwischen 12 und 40 PS, womit mehr als 90 % der Kundenwünsche befriedigt werden konnten. Das Fertigungsprogramm entsprach von seinem Umfang her dem, was auch die großen Mitbewerber zu bieten hatten. Ende

der 1950er-Jahre wurde das mit seinem Händlernetz überwiegend auf den Raum Baden-Württembergs fixierte Unternehmen ebenfalls von dem Auslaufen des Schlepper-Booms getroffen. Die rückläufigen Verkaufszahlen waren weder mit technisch hochwertigen Ausstattungsdetails noch mit dem zu Beginn der 1960er-Jahre durchgeführten Modellwechsel auf nunmehr fünf Typen zwischen 15 und 38 PS zu beheben. Ein wichtiges Standbein für Hela war immer noch das 15-PS-Tragschleppermodell D 415, das sich – mit dem wassergekühlten Einzylinder-Hela-AE-Motor bestückt – zwischen 1959 und 1965 in der Fertigung befand. Daneben wurde auch mit einer gleich starken, luftgekühlten Bauvariante experimentiert, die aber nur in kleinen Stückzahlen gebaut wurde. Beide Kleinschlepper verfügten über ein ebenfalls bei Hela gefertigtes Sechsganggetriebe in einem Geschwindigkeitsbereich von 1,5 bis 19,5 km/h. Bei einem Gewicht von 1130 kg konnte der Schlepper mit 10 t eine recht beachtliche Anhängelast im ersten Gang bewegen. Hier eines der seltenen luftgekühlten Exemplare von 1962.

Neben den aus eigener Fertigung stammenden Motoren setzte Hela auch weiterhin auf die seit Jahren bewährten Antriebsaggregate der Mannheimer Motoren-Werke. So war das ab 1959 gebaute Modell D 218 mit dem wassergekühlten Zweizylinder-MWM-Dieselmotor KD 211 Z ausgerüstet. Dieser Traktor wog 1390 kg. Von diesem Schleppermodell konnte der Kunde auch eine luftgekühlte Variante erwerben. Hier ein wassergekühltes Fahrzeug von 1961.

Hela D 218

1959–1963
PS/kW: 18/13,2
Hubraum: 1250 ccm
Stückzahl: 1000

Die Fahrzeuge des neuen Bauprogramms vermittelten mit dem abgerundeten Styling der Motorhauben in Verbindung mit dem markanten Kühlerschutzgitter einen zeitlos schönen Gesamteindruck. Auch technisch konnten sich die Hela-Traktoren nach wie vor sehen lassen. Ein Schlepper der oberen Mittelklasse war das mit dem wassergekühlten zweizylindrigen Hela-AZ-Dieselmotor bestückte Modell D 230. Hier ein Schlepper von 1964.

Hela D 230

1959–1967
PS/kW: 30/22
Hubraum: 2164 ccm
Stückzahl: 200

Seit 1959 befand sich mit dem Modell D 38 ein leistungsstarker Hela-Schlepper im Verkaufsprogramm, der mit dem ersten Dreizylindermotor aus eigener Fertigung bestückt war. In das Modell D 434, aus dem wiederum der D 534 entstand, in-

stallierte man allerdings einen wassergekühlten MWM-Diesel mit drei Zylindern. Der D 534 hatte ein Zehngang-Gruppenschaltgetriebe mit zwei Rückwärtsgängen. Ab 1968 wurde die Motorleistung von 35 auf 40 PS gesteigert.

Hela D 534

1967–1969
PS/kW: 35–40/25,6–29,3
Hubraum: 3140 ccm
Stückzahl: 210

Hela D 548

1967–1975
PS/kW: 48/35,1
Hubraum: 3246 ccm
Stückzahl: 440

Der 1967 vorgestellte D 548 gehörte zu den letzten Fahrzeugen mit eigenkonstruierten Motoren. In dem 2250 kg schweren Fahrzeug arbeitete der wassergekühlte Hela-Dreizylinder-Diesel des Typs AD, der sich – wie auch die übrigen Motoren von Hela – als sehr zuverlässig und robust erwies. Auf Dauer ließen die rückläufigen Verkaufszahlen den Luxus eines eigenen Motorenbaus nicht mehr zu. Hier ein schönes Fahrzeug aus dem Jahr 1968.

Hela D 532

1969–1976
PS/kW: 30/22
Hubraum: 2233 ccm
Stückzahl: 140

Zu den im Jahr 1969 angebotenen Traktoren zählte auch das Modell D 532 – ein zugstarker Schlepper der Mittelklasse mit wassergekühltem Dreizylinder-MWM-Direkteinspritzdiesel D 208-3. Das Getriebe war mit Gruppenschaltung ausgebildet, besaß acht Vorwärts- und zwei Rückwärtsgänge und stammte aus eigener Fertigung. Zum Ende dieses Jahrzehnts bestand das Hela-Verkaufsprogramm immer noch aus insgesamt 14 unterschiedlichen Fahrzeugen im Leistungsbereich von 16 bis 45 PS.

HANOMAG

Die letzten
Innovationen
eines großen
Herstellers

Hanomag
R 460

1960–1964
PS/kW: 60/43,9
Hubraum: 5702 ccm

Die Hanomag-Werke, die ab 1958 infolge einer Beteiligung des Essener Montankonzerns „Rheinstahl" unter Rheinstahl-Hanomag firmierten, konnten 1960 ihr 125-jähriges Bestehen feiern. Äußerlich fand die neue Zugehörigkeit in Form eines Markensignets mit eingearbeitetem Rheinstahlbogen ihren Ausdruck. Im November des gleichen Jahres lief der 200 000. Schlepper vom Fabrikationsband. Doch das traditionsreiche Unternehmen hatte vor allem durch die glücklose Ära mit den ventillosen Zweitakt-Dieselmotoren viel Federn lassen müssen. In der Zulassungsstatistik war man vom ersten Platz im Jahr 1955 auf Platz sechs fünf

Jahre später tief gefallen. Angesichts dieser bedrohlichen Entwicklung hatte die Unternehmensleitung bereits in der zweiten Hälfte der 1950er-Jahre die Aktivierung der bewährten Viertaktmodelle betrieben. Bei den großen Radschleppern hingegen war alles beim Alten geblieben, und seit 1960 befand sich das leistungsgesteigerte Modell R 460 in der Produktion. Es hatte ein Fünfgang-, auf Wunsch aber auch ein Zehnganggetriebe, das es auch in einer schnellen Straßenvariante gab. Links ein mit Druckluftbremsanlage und Dach ausgerüstetes Fahrzeug von 1962. Von den ebenso erfolgreichen Vorgängern unterschied

sich der R 460 neben der erhöhten Motorleistung durch das stark verbesserte Klauenschaltgetriebe. Der Gesamtentwurf hingegen ging noch auf den berühmten R 40 und seinen zu Beginn der 1930er-Jahre entwickelten Vierzylinder-Dieselmotor, der mittlerweile als Typ D 57 seine Fortsetzung gefunden hatte, zurück. Die Konstruktion war derart erfolgreich, dass selbst nach 30 Jahren noch keine Veranlassung bestand, sie aus dem Verkehr zu ziehen. Der R 460 – unten ein Fahrzeug von 1963 – war überall dort zu finden, wo schwere Zugaufgaben zuverlässig bewältigt werden mussten, und zum Teil bis in die 1980er-Jahre im Einsatz.

Hanomag R 455 ATK

1960–1964
PS/kW: 60/34,9
Hubraum: 5702 ccm

Das 1952 angebotene ATK-Modell, eine Sonderausführung dieses Radschleppers, war mit einer zwischen Motor und Kupplung angeordneten Voith-Strömungskupplung ausgerüstet. Sie ermöglichte das Bewegen selbst bis zu 80 t Anhängelast. Hier ein Schlepper von 1962.

Hanomag Robust 800

1964–1969
PS/kW: 75/54,9
Hubraum: 6786 ccm

Mit dem Robust 800 erschien 1964 der letzte schwere Radschlepper, der konstruktiv noch von dem vor 25 Jahren in Erscheinung getretenen R 40 abgeleitet war. Mit dem wassergekühlten Vierzylinder-Motor D 941 R hatte er allerdings ein leistungsstarkes Antriebselement erhalten. Dieses basierte aber, obwohl nun mit fünf Kurbelwellenlagern ausgerüstet und mit wesentlich größerem Hubraum, ebenfalls auf dem Motor D 57 und damit im Grunde auf dem noch älteren D 52 aus den 1930er-Jahren. Oben rechts ein Fahrzeug von 1966 mit Schnellgang und 18-34er-Sonderbereifung hinten. Der Robust 800 mit einem Gewicht von 3420 kg hatte ein zweistufiges Gruppenschaltgetriebe erhalten, das es in einer Normalausführung und in einer schnellen Straßenvariante gab. Insgesamt standen in beiden Ausführungen zehn Vorwärts- und zwei Rückwärtsgänge zur Verfügung. Oben links ein 1966 gebauter mit Druckluftbremsanlage bestückter Robust 800. Der gewaltige Robust 800 – unten ein 1965 gebautes Fahrzeug mit festem Fahrerhaus – verkörperte gewissermaßen den letzten klassischen schweren Radschlepper von Hanomag. Diese Form hatte sich zu Beginn der 1960er-Jahre schon überlebt, doch erstaunlicherweise konnte das Modell sich noch fünf Jahre lang am Markt halten.

Das seit 1959 in der Serienfabrikation befindliche Modell R 217 S bildete den Abschluss der 1951 mit dem Modell R 16 eingeleiteten erfolgreichen Zweizylinderbaureihe. Gegenüber seinem Vorgänger, dem R 217 E, unterschied es sich nur unwesentlich. Es verfügte über eine Hanomag-Hydraulik mit 585 kg Hubkraft und Zapfwelle. Dieses Fahrzeug ist von 1961.

Hanomag R 217 S

1959–1962
PS/kW: 19/13,9
Hubraum: 1400 ccm

1960–1975

Der **R 442/50** war das letzte Glied eines 1955 erstmals vorgestellten Hanomag-Modells mit zuschaltbarem Roots-Gebläse, das durch Erhöhung der Einspritzmenge und ohne Drehzahlsteigerung eine Leistungserhöhung herbeiführte, sodass der Motor bei Bedarf auf die Maximalleistung umgestellt werden konnte. Diese betrug dann 50 anstatt 42 PS. Diese Fahrzeuge waren im Allgemeinen mit Motorzapfwelle und Doppelkupplung ausgerüstet.

Hanomag R 442/50 Robust

1960–1962
PS/kW: 42–50/30,7–36,6
Hubraum: 2799 ccm

Der **R 442 Brillant** – ein weiterer Hanomag-Namensschlepper – war aus dem 35-PS-Modell R 435 entstanden. Er verfügte gegenüber jenem über einen stärkeren, höherdrehenden Motor, einen leistungsmäßig optimierten Kraftheber und

weitere Detailverbesserungen. Neu war ebenfalls die Lenkradschaltung des auf Wunsch zehngängig erhältlichen Getriebes, das auch in einer schnellen Ausführung erworben werden konnte. Dieser Brillant ist von 1961.

Hanomag R 442 Brillant

1960–1962
PS/kW: 42/30,7
Hubraum: 2799 ccm

Hanomag R 332 Granit

1961–1962
PS/kW: 32/23,4
Hubraum: 2099 ccm

Der ab März 1961 in Serie gebaute R 332 Granit war ein weiterer Hanomag-Schlepper mit Namen. Bei ihm handelte es sich um eine Weiterentwicklung des R 324 S mit stärkerem Motor und Kraftheber, größerem Kraftstofftank und ZF-Gemmer-Lenkung. Er war serienmäßig mit einem Fünfganggetriebe ausgerüstet. Dieses bis zu 2190 kg schwere Fahrzeug vertrat leistungsmäßig die obere Mittelklasse.

Hanomag Perfekt 300

1962–1964
PS/kW: 25/18,3
Hubraum: 1400 ccm

Ab Oktober 1962 wurden die bisher von Vorkammer-Dieselmotoren angetriebenen Hanomag-Traktoren auf Wirbelkammer-Diesel umgestellt. Der Einstieg in das Verkaufsprogramm wurde von dem Modell Perfekt 300 vollzogen. Er verfügte über einen Zweizylinder-Diesel mit Wasserkühlung und ein Sechsganggetriebe. Hier ein 1963 gebautes Fahrzeug mit Mähwerk und Frontlader.

Hanomag Perfekt 300

1964–1968
PS/kW: 25–27/18,3–19,8
Hubraum: 1797 ccm

Ab Oktober 1964 wurden die Hanomag-Traktoren mit einer neuen Form der Motorhaube ausgestattet. Diese Änderung nahm man zum Anlass, auch das Armaturenbrett und die Sitzposition des Fahrers zu verbessern. Der Perfekt 300 besaß weiterhin den vierzylindrigen Borgward-Dieselmotor D 301. Ab 1967 betrug die Motorleistung 27 anstatt 25 PS.

Der Brillant 600, mit einem Vierzylinder-Wirbelkammermotor ausgerüstet, konnte leistungsmäßig sowohl den R 442 als auch den R 442/50 mit Gebläseaufladung ersetzen. Der 2585 kg schwere, mit dem Hanomag-Zehnganggetriebe bestückte Traktor wurde ein überaus zuverlässiges Arbeitstier, vor allem mit Motorzapfwelle als Mähdruschschlepper, aber auch für den Allzweckeinsatz. Es ist daher nicht verwunderlich, dass viele Bauern auf seine Dienste – selbst Jahrzehnte nach der Fertigungseinstellung – nicht verzichten konnten. Rechts ein Fahrzeug aus dem ersten Jahr seiner Fertigung. Der Traktor – links ein belgisches Exportfahrzeug mit Fronthydraulik aus dem Jahr 1966 – war ein bullig und kompakt wirkendes Kraftpaket. Er verfügte über eine Teleskopvorderachse, eine Hanomag-Hydraulik mit 1650 kg Hubkraft und weiteres umfangreiches Zubehör. In der Schnellgangausführung erreichte er 24,5 km/h.

Hanomag
Brillant 600

1962–1967
PS/kW: 50/36,3
Hubraum: 2799 ccm

1960–1975

Aus der Konkursmasse der liquidierten Bremer Borgward-Werke hatte Hanomag die Unterlagen eines in der Entwicklung befindlichen, ursprünglich als Pkw-Motor gedachten Wirbelkammer-Diesels erworben und ihn zur Serienreife gebracht. Mit diesem Motor war das 1963 vorgestellte Hanomag-Tragschlepper-Modell Perfekt 400 bestückt. Hier ein Exportfahrzeug für Belgien von 1964.

Hanomag
Perfekt 400

1963–1964
PS/kW: 32/23,4
Hubraum: 1797 ccm

Hanomag Perfekt 400

1964–1968
PS/kW: 32/23,4
Hubraum: 1797 ccm

Der Perfekt 400 hatte ein Gewicht von 1770 kg, und sein zweistufiges Gruppen-schaltgetriebe erlaubte Ge-schwindigkeiten zwischen 1,75 und 20 km/h – in der schnellen Ausführung waren es 26 km/h. Das machte ihn nicht nur als Allzweck-

schlepper für mittelgroße Bauernhöfe, sondern auch für Pflegearbeiten geeig-net. Die Bodenfreiheit be-trug mindestens 400 mm – bei höherer Bereifung auch mehr –, wie bei diesem 1965 gebauten Fahrzeug mit Allwetterverdeck.

Hanomag Perfekt 400 E

1967–1968
PS/kW: 34/24,9
Hubraum: 1797 ccm

Das Modell Perfekt 400 E unter-schied sich vom „normalen" Perfekt 400 nicht nur durch die höhere Mo-torleistung, mit denen der Borg-wardmotor aufwarten konnte, son-dern vor allem durch das vom Gra-nit 500 übernommene Hanomag-Leichtschaltgetriebe mit neun Vor-wärts- und drei Rückwärtsgängen, den verstärkten Krafheber sowie zwei Zapfwellendrehzahlbereiche. Hier ein in Belgien zugelassener 1967 gebauter 400 E.

Hanomag Granit 500

1966–1970
PS/kW: 40/29,3
Hubraum: 2356 ccm

Auch der 1966 vorgestellte neue Granit 500 erhielt die eckige Haube der Perfekt-Traktoren, die aber infol-ge des größeren Motors etwas wuchtiger wirkte. Nachdem die Pro-duktion des Dreizylindermotors D 21 CR beendet worden war, erhielt der Granit 500 das leistungsmäßig iden-tische, hubraumstärkere D 131 R bzw. 132 R-Antriebsaggregat. Die-ses Fahrzeug entstand im letzten Fertigungsjahr.

Der Granit 500 war mit einem neu entwickelten, in drei Schaltgruppen gegliederten Leichtschaltgetriebe eigener Konstruktion ausgestattet. Ab 1968 – wie dieses, mit Umsturzbügel ausgerüstete Fahrzeug – wurden das Kühlerschutzgitter und die Seitenbleche den größeren Modellen des Hanomag-Programms angepasst.

Hanomag Granit 500

1966–1970
PS/kW: 40/29,3
Hubraum: 2356 ccm

Hier ein 1967 gebauter und nach Belgien exportierter Schlepper. Diese Fahrzeuge waren an ihrer roten Lackierung mit dunkelgelben Felgen erkennbar. Das Fahrzeug besitzt noch den anfänglich vorhandenen Dreizylinder-D 21-CR-Dieselmotor, der aber schon bald durch den neuen Kurzhubmotor D 131 R ersetzt werden sollte.

Hanomag Granit 500

1966–1967
PS/kW: 40/29,3
Hubraum: 2099 ccm

Als stärkster Hanomag-Dreizylinder fungierte ab Juni 1967 das Modell 500 E, um damit die Leistungslücke zwischen dem 40 PS starken Granit 500 und dem neuen Brillant 600 mit 58 PS zu beseitigen. In diesem Fahrzeug war ein dreistufiges Hanomag-Gruppenschaltgetriebe eingebaut. Der Verkaufspreis des 500 E betrug im Jahr 1968 einschließlich Kraftheber 15 870,– DM. Hier ein Fahrzeug von 1969.

Hanomag Granit 500 E

1967–1970
PS/kW. 48/35,1
Hubraum: 2356 ccm

Hanomag
Brillant 600

1967–1969
PS/kW: 58/42,6
Hubraum: 3142 ccm

Im Herbst 1967 stellten die Hano-mag-Werke eine neue Schleppergeneration vor – es sollte ihre letzte sein. Die Fahrzeuge waren in einer kantigen Trapezbauweise mit tiefem Schwerpunkt gestaltet. Mit dieser Reihe wurde der teilweise verloren gegangene Anschluss an die Konkurrenz wiederhergestellt. Das kleinste Modell dieser grün-blau lackierten Fahrzeuge war der Typ Brillant 600, bei dem die Vierzylinderversion des neuen Motors zum Einsatz kam. Hier ein Fahrzeug mit Allwetterverdeck.

Hanomag
Brillant 700
Allrad

1967–1971
PS/kW: 68–75/49,8–54,9
Hubraum: 4252 ccm

Zeitgleich mit dem Typ 600 wurde der Brillant 700 vorgestellt, der erste mit einem Sechszylindermotor ausgestattete Radschlepper von Hanomag. Anfangs hatte er 68 PS Motorleistung, die 1969 auf 75 PS erhöht worden war, damit das Fahrzeug den veralteten Robust 800 ersetzen konnte. Die Allradversion wog bis zu 3820 kg, und das dreistufige Gruppenschaltgetriebe ermöglichte die Auswahl zwischen zwölf Vorwärts- und drei Rückwärtsgeschwindigkeiten.

Der schwere Robust 900 war der stärkste jemals in Serie gefertigte Hanomag-Schlepper aller Zeiten. Im Unterschied zum schwächeren Brillant 700 hatte sein Motor einen größeren Zylinderdurchmesser. Wie die übrigen Modelle dieser Reihe wurde auch die Leistung des Robust 900 ab Frühjahr 1969 angehoben. Anfangs nur auf Wunsch, ab August 1970 serienmäßig war das vollsynchronisierte Getriebe. Hier ein noch im Einsatz stehender Robust 900 aus dem Jahr 1970.

Hanomag
Robust 900

1967–1971
PS/kW: 85–92/62,2–67,3
Hubraum: 4712 ccm

Die Allradausführung des Robust 900 war zwar leistungsmäßig mit dem Standardschlepper identisch; hinsichtlich Zugkraft und Geländefähigkeit aber lag sie uneingeschränkt an der Spitze. Es war ein aufwändig konstruierter Bolide, der die damaligen Mitbewerber in keiner Weise zu scheuen brauchte. Aufgrund seiner überdurchschnittlichen Kraft wurde der Allradschlepper auch gern für den Forsteinsatz mit Seilwinde verwendet. Die Hydraulik hatte eine Hubkraft von 3000 kg und der Schlepper selbst ein Gewicht von 4030 kg. Da es für den Abtrieb zur Vorderachse verschiedene Übersetzungen gab, waren auch unterschiedliche Bereifungskombinationen möglich. Dieser 900 A mit Fritzmeier FK 6001-Allwetterverdeck ge-

Hanomag
Robust 900

Allrad

1967–1971
PS/kW: 85–92/62,2–67,3
Hubraum: 4712 ccm

hört offenbar zu den letzten, im Frühjahr 1971 gefertigten Exemplaren. Seine Erstzulassung erfolgte im September 1971. Trotz teilweise überragender Technik konnte auch diese letzte Hanomag-Modellreihe – in die viele Hoffnungen und hohe Entwicklungskosten investiert worden waren – die Stagnation des Absatzes nicht aufhalten. 1970 verkaufte man

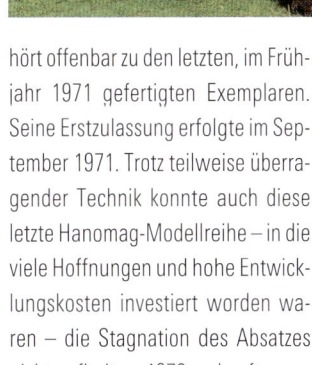

nur noch 3940 Einheiten und der Marktanteil betrug magere 6 %. Die ungünstige Ertragslage ließ nur noch den totalen Rückzug aus dem Schleppergeschäft als Alternative zu. März 1971 verließen die letzten Einheiten die Werkstore, nachdem in fast sechs Jahrzehnten mehr als 250 000 Traktoren gefertigt worden waren.

Ausbau und
Konsolidierung

INTERNATIONAL HARVESTER

INTERNATIONAL HARVESTER

McCormick D 215

1962–1964
PS/kW: 15/11
Hubraum: 1088 ccm
Stückzahl: 2318

International Harvester in Neuss war es gelungen, im Jahr 1960 mit 10 195 neu zugelassenen Schleppern und 11,5 % Marktanteil nach Deutz den zweiten Platz in der deutschen Zulassungsstatistik zu belegen. Dieses innerhalb nur eines Jahrzehnts errungene vorzügliche Ergebnis – 1950 rangierte man noch weit unter Platz 20 und 1955 auf dem neunten Rang – war in erster Linie der klaren und konsequenten Modellpolitik dieses Unternehmens zu verdanken. Bereits 1958, anlässlich des fünfzigsten Neusser Betriebsjubiläums, wurden vier Typen einer neuen Standardschlepperreihe präsentiert. Sechs weitere im Jahr 1962 vorgestellte komplettierten die Baureihe. Das kleinste Fahrzeug, der Dieselschlepper D 215, hatte einen wassergekühlten Zweizylinder-Die-sel und ein Sechsganggetriebe, die erste Gangstufe war als Kriechge-schwindigkeit ausgelegt. Das sowohl als Alleinschlepper für kleine Höfe als auch als Zweit- und Pflege-fahrzeug in größeren Betrieben ein-setzbare Fahrzeug hatte verstellbare Spurweiten und 8-24er-Hinterradbe-reifung. Hier ein gut restaurierter D 215 mit Mähwerk von 1964.

Der **D 322** war ein mittelschwerer Traktor mit einem wassergekühlten Dreizylinder-Wirbelkammer-Diesel und einem Triebwerk mit acht Vorwärts- und zwei Rückwärtsgängen. Neben Zapfwelle und Riemenscheibe gab es weiteres umfangreiches Zubehör gegen Aufpreis. Dazu zählte auch die 1962 erstmals vorgestellte Exact-Regelhydraulik. Das bewährte Lastschaltgetriebe Agriomatic mit Fernbedienung gehörte zum serienmäßigen Lieferumfang. Hier ein 1963 gefertigter Schlepper.

McCormick D 322

1962–1966
PS/kW: 22/16,1
Hubraum: 1631 ccm
Stückzahl: 2926

Der **D 432** war das zweitstärkste Modell der neuen IH-Schlepperreihe. Er hatte einen Vierzylindermotor aus der nach dem Baukastensystem konstruierten Reihe. Dieser 1494 kg schwere Traktor, der für mittlere bis größere Betriebe die richtige Wahl darstellte, verfügte über ein Achtganggetriebe mit Kriechgang und konnte mit dem bekanntlich überaus reichhaltigen Zubehörprogramm auf Wunsch bestückt werden. Das Fahrzeug auf dem mittleren Bild stammt aus seinem ersten Fertigungsjahr. Der D 432 wurde bereits 1965 – links ein schönes Fahrzeug dieses Baujahrs – wegen stagnierender Verkaufszahlen aus dem Programm genommen. Zu dieser Zeit aber hatten fast alle Mitbewerber bereits viel stärkere Fahrzeuge in den Verkaufslisten, sodass es dringend einer Aufstockung der Fahrzeugpalette bedurfte. Rechts nochmals ein gut restauriertes Exemplar mit Fritzmeier-Allwetterverdeck und Seitenumhängen als Spritzschutz für den Fahrerplatz aus dem Jahr 1964. Auch der D 432 besaß eine verstellbare Spurweite bzw. eine ausziehbare Achse zwischen 1250 und 1900 mm. Das Agriomatic-Getriebe gehörte zur serienmäßigen Ausrüstung.

McCormick D 432

1962–1965
PS/kW: 32/23,4
Hubraum: 2175 ccm
Stückzahl: 10712

McCormick D 439

1962–1966
PS/kW: 39/28,6
Hubraum: 2434 ccm
Stückzahl: 17627

Der D 439 war mit 39 PS der stärkste Schlepper des seit 1962 vollständigen IH-Typenprogramms. Auch er verfügte über einen Vierzylinder-Wirbelkammer-Diesel mit Wasserkühlung, der aber im Gegensatz zum kleineren D 432 ein größeres Hubvolumen aufwies. Das Gewicht des

ebenfalls mit einem achtgängigen Getriebe bestückten Fahrzeugs betrug 1570 kg. Links ein noch im Jahr 2001 im Einsatz befindliches Fahrzeug, das mit einem Sicherheitsumsturzbügel nachgerüstet wurde. Der D 439 war zwar ein starker Traktor, konnte aber leistungsmäßig mit den meisten Konkurrenten nicht mehr mithalten. Abhilfe trat erst ab 1966/67 ein, nachdem ein völlig neues Programm auch mit Fahrzeugen großer Motorleistungen die bisherigen Typen ablöste.

McCormick D 514

1963–1965
PS/kW: 53/38,8
Hubraum: 3080 ccm
Stückzahl: 1199

In Ermangelung eines seinerzeit noch nicht vorhandenen schwereren Schleppers bezog das IH-Werk in Neuss seit 1963 ein als International 504 in den USA vertriebenes Traktormodell. Für den deutschen und europäischen Markt wurde es den hier geltenden Vorschriften und Einsatzbedingungen angepasst und unter der Typenbezeichnung D 514 verkauft. Das mit einem Vierzylinder-Diesel bestückte Fahrzeug hatte ein Fünfganggetriebe, das sich mit dem mechanischen Drehmoment-Wandler auf fünf zusätzliche Zwischenstufen erweitern ließ.

Nachdem bereits im Juni 1965 mit den Modellen 523 und 624 die ersten beiden Mitglieder einer völlig neu entwickelten Schleppertypenreihe aus dem IH-Werk Neuss präsentiert worden waren, wurden im darauffolgenden Jahr weitere Typen vorgestellt. Diese äußerlich neu gestylten Fahrzeuge mit ihren kantigen Motorhauben ersetzten die seit 1956

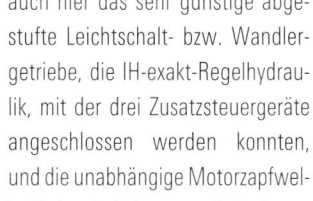

gebauten Schlepper der D-Linie. So auch das Modell 423, das einen modernen Dreizylinder-Direkteinspritz-Dieselmotor mit Wasserkühlung hatte. Serienmäßig war das achtgängige Agriomatic-Leichtschaltgetriebe.

Das Fahrzeug wurde über neun Jahre gebaut und war sehr erfolgreich.

IH 423

1966–1975
PS/kW: 42/30,7
Hubraum: 2356 ccm
Stückzahl: 27 803

1967 ergänzte das Modell 353 eine bestehende Leistungslücke im IH-Verkaufsangebot. Auch in ihm wurde ein dreizylindriger Dieselmotor mit Wasserkühlung und der kraftstoffsparenden Direkteinspritzung verwendet. Teils serienmäßig, teils zur Sonderausrüstung gehörten auch hier das sehr günstige abgestufte Leichtschalt- bzw. Wandlergetriebe, die IH-exakt-Regelhydraulik, mit der drei Zusatzsteuergeräte angeschlossen werden konnten, und die unabhängige Motorzapfwelle. Links ein Fahrzeug mit Dach von 1970. Der mittelschwere IH 353 war ein moderner Blockbauschlepper. Er war technisch gut bestückt, unverwüstlich, sehr robust und überaus wartungsfreundlich. Das 1970 gefertigte Fahrzeug rechts ist mit einem Sicherheitsschutzrahmen gemäß der Unfallverhütungsvorschriften ausgerüstet.

IH 353

1967–1972
PS/kW: 36/26,4
Hubraum: 2356 ccm
Stückzahl: 19 167

IH 624

1965–1972
PS/kW: 61/44
Hubraum: 3375 ccm
Stückzahl: 24 960

Das Modell 624 von International Harvester gab es seit 1965. Es erzielte beachtliche Verkaufserfolge. Angetrieben wurde der starke Schlepper durch einen direkteinspritzenden Vierzylinder-Diesel, der seine Höchstleistung bei 2100 U/min abgab. Zur Wahl stand entweder das IH-Achtgang-Synchrongetriebe oder das IH-Agriomatic-S-Wendegetriebe. Beide Male stand eine Straßengruppe für 30 km/h Höchstgeschwindigkeit zur Verfügung. Dieser gut restaurierte IH 624 von 1969 besitzt ein Fritzmeier-Allwetterverdeck.

IH 824

1971–1974
PS/kW: 80/58,6
Hubraum: 3911 ccm
Stückzahl: 5558

Das Spitzenmodell innerhalb der neuen IH-Schlepperfamilie nahm das seit 1971 lieferbare 80-PS-Modell 824 ein. Dieses schwere Fahrzeug wurde durch einen IH-Vierzylindermotor mit 2300 U/min Nenndrehzahl in der bekannten Bauweise motorisiert. Sein Leergewicht betrug 3145 kg, und für ihn stand die gesamte Breite des umfangreichen Standard- bzw. Sonderausrüstungsprogramms zur Verfügung. Der Typ 824 war auch als Allradschlepper erhältlich. Hier ein 1972 gebautes hinterradgetriebenes Fahrzeug.

Im Jahr 1971 erschien das Modell 453 in den Verkaufslisten. Es war ein kräftiges Fahrzeug der oberen Mittelklasse mit einem dreizylindrigen Direkteinspritz-Diesel. In Anbetracht der höheren Leistung war die Nenndrehzahl im Gegensatz zum Typ 353 auf 2200 U/min erhöht worden. Für den 453 gab es das bekannte Leichtschaltgetriebe und auf Wunsch ein zusätzliches Reduziergetriebe, sodass 16 Vorwärts- und vier Rückwärtsgänge zur Verfügung standen. Damit konnte die Geschwindigkeit auf 0,21 km/h gedrosselt werden. Eine Schnellgang-Getriebeversion erreichte maximal 26,75 km/h.

IH 453

1971–1975
PS/kW: 48/35,1
Hubraum: 2533 ccm
Stückzahl: 12 765

Im Jahr 1975 wurden drei neue IH-Schlepper vorgestellt, die ihre jeweiligen, teilweise noch aus dem Jahr 1966 stammenden Vorgänger ablösten. Die Modelle, die gleichzeitig in Deutschland und Frankreich produziert wurden, waren für die Anforderungen der kleineren und mittleren landwirtschaftlichen Betriebe vorgesehen. Das kleinste Fahrzeug der unter dem Begriff „A-Familie" zusammengefassten Fahrzeuggruppe war das Modell 433 mit Dreizylinder-Dieselmotor D 155 und unterschiedlichen Getriebevarianten. Dieser 1978 gefertigte IH 433 besitzt ein Allwetterdach von Dieteg und ein Seitenmähwerk.

IH 433

1975–1990
PS/kW: 35/25,6
Hubraum: 2536 ccm
Stückzahl: 17 487

JOHN DEERE

Erfolgreicher Nachfolger von Lanz

John Deere-Lanz 100

1962–1965
PS/kW: 18/13,2
Hubraum: 1183 ccm

John Deere

Im Jahr 1956 hatte der amerikanische Landmaschinen-Konzern Deere & Company, Moline, die Aktienmehrheit der Mannheimer Heinrich Lanz AG übernommen. Das Ziel dieser Maßnahme war, einen Einstiegspunkt in den europäischen Markt zu haben. Mit der Vorstellung der ersten John Deere-Traktoren in moderner Vierzylindertechnik aus deutscher Produktion ging 1960 die Epoche des Lanz-Bulldogs unweigerlich zu Ende. Die neuen grün-gelben Fahrzeuge in Halbrahmenbauweise hatten auch nicht mehr das Geringste mit den veralteten Bulldogs gemeinsam. Sie entsprachen den Vorstellungen und Erfordernissen der damaligen Zeit. Mit Rücksicht auf die langjährige Lanz-Tradition wurde der Namenszusatz Lanz in der Typenbezeichnung zunächst noch beibehalten. 1962 erschien mit dem Modell 100 der kleinste Schlepper in der ersten John-Deere-Lanz-Modellreihe. Dieser Bauernschlepper besaß als eines der wenigen Fahrzeuge einen Zweizylinder-Diesel sowie ein Sechsganggetriebe. Er wog 1300 kg und war ab 1964 mit einer Regelhydraulik lieferbar.

John Deere-Lanz 200

1966–1968
PS/kW: 25/18,3
Hubraum: 1350 ccm
Stückzahl: 1240

Im Jahr 1966 löste der Typ 200 das bisherige Modell 100 ab. Es war gleichzeitig der letzte Schlepper aus Mannheim, der noch unter dem Doppelnamen angeboten wurde. Er besaß den aufgebohrten, stärkeren Zweizylindermotor mit Wasserkühlung. Der leichte Bauernschlepper wurde entweder für überwiegenden Grünlandeinsatz mit Mähwerk oder mit Regelhydraulik geliefert.

Der Typ 300 gehörte zusammen mit dem Modell 500 zu den ersten im Jahr 1960 vorgestellten neuen John Deere-Lanz-Dieselschleppern. Beide Fahrzeuge hatten wassergekühlte Vierzylinder-Kurzhub-Dieselmotoren. Die im Baukastensystem entstandenen Motoren unterschieden sich nur durch die Drehzahl. Der Typ 300 besaß ein Zehngang-Gruppenschaltgetriebe, Scheibenbremsen, drei Getriebe- bzw. Motorzapfwellen und war 1770 kg schwer. Ab 1963 gab es ihn mit 30 PS. Hier ein Fahrzeug aus seinem ersten Produktionsjahr.

John Deere-Lanz 300

1960–1964
PS/kW: 28–30/20,5–22
Hubraum: 2367 ccm

Der größere Bruder des Modells 300 war der Typ 500. Beide Motoren waren – bis auf die erhöhte Drehzahl von 2400 U/min beim Typ 500 – völlig identisch. Dieser war gummigelagert und sorgte daher für einen erschütterungsfreien Lauf. Er verfügte über ein Zehn-gang-Allklauengetriebe, eine Getriebezapfwelle sowie eine Motorzapfwelle auf Wunsch. Eine Regelhydraulik mit motorisch angetriebener Zahnradpumpe gehörte zum serienmäßigen Lieferumfang. Der Schlepper wurde ab 1963 mit 38 PS ausgeliefert.

John Deere-Lanz 500

1960–1964
PS/kW: 36–38/26,4–27,8
Hubraum: 2367 ccm

Mit dem 50-PS-Schlepper des Typs 700 wurde 1962 das Angebot nach oben hin ergänzt. Das Modell 700 war mit einem Vierzylinder-Wirbelkammer-Diesel der neuen Motorbaureihe bestückt und für größere landwirtschaftliche Betriebe vorgesehen. Neu waren eine serienmäßig ausziehbare Vorderachse für Spurweiten bis zu zwei Metern und eine hydraulische Lenkung. Dieser Halbrahmenschlepper kostete 1963 in der Grundausstattung 16 165,– DM.

John Deere-Lanz 700

1962–1964
PS/kW: 50/36,6
Hubraum: 2705 ccm

John Deere-Lanz 710

1965–1967
PS/kW: 50/36,6
Hubraum: 3320 ccm

Mit der 1964 vorgestellten 10er-Serie leitete John Deere-Lanz einen weiteren Schritt zur Anpassung seiner Erzeugnisse an die Bedürfnisse des europäischen Marktes ein. Es waren die Modelle 310, 510 und 710, die die bisherigen Typen 300, 500 und 700 ablösten. Die neuen Schlepper hatten eine verhältnismäßig hohe Leistung in ihren Klassen, eine große Bodenfreiheit und einen längeren Radstand erhalten. Die meisten Bestandteile waren baugleich und somit untereinander austauschbar. Auch ein Schnellganggetriebe bis 27 km/h stand neben dem Normalgetriebe auf Wunsch zur Verfügung. Der Typ 710 war das stärkste Fahrzeug dieser Reihe und mit einem Vierzylinder-Diesel ausgerüstet.

John Deere 5020

1964–1970
PS/kW: 151/110,5
Hubraum: 8698 ccm

Ein noch größerer und stärkerer Bolide war der in Deutschland nur in fünf Exemplaren zugelassene Typ 5020 von John Deere, der für deutsche Verhältnisse deutlich überdimensioniert war, hatte ein Gewicht von 6050 kg, einen wassergekühlten Sechszylinder-Diesel mit Direkteinspritzung sowie ein Achtganggetriebe für den Geschwindigkeitsbereich von 2,2 bis 24,8 km/h. Die Hinterräder hatten die Größe 24,5-32. Hier ein Fahrzeug von 1964.

Der **3020** war ein starker Traktor aus den USA, der in Mannheim für den europäischen Markt zusammengebaut wurde. Zusammen mit dem 4020 rundete der robuste Dieseltraktor das Angebot nach oben ab. Er besaß mit seinem verstellbaren, gepolsterten und gefederten Fahrersessel, der vollhydraulischen Lenkung und der leichten Bedienbarkeit einen für deutsche Verhältnisse bisher unbekannten Komfort. Das achtgängige Gruppenschaltgetriebe ermöglichte 32,5 km/h Spitze.

John Deere 3020

1964–1972
PS/kW: 75/54,9
Hubraum: 4430 ccm

Mit Einführung der neuen 20er-Schlepperreihe verschwand der Name Lanz aus dem Firmennamen. Das Modell 920, in dem ein neuer wassergekühlter Dreizylinder-Direkteinspritz-Diesel wirkte, hatte ein Muffenschaltgetriebe mit Differenzialsperre und wies acht Vorwärts- und vier Rückwärtsgänge auf. Eine Motorzapfwelle befand sich jeweils vorn und hinten. Ab 1971 wurde die Motorleistung auf 41 PS erhöht.

John Deere 920

1967–974
PS/kW: 37–41/27,1–30
Hubraum: 2490 ccm

Der **Dieselschlepper 1120** war ein weiteres Mitglied der 20er-Serie von John Deere, das 1967 erstmals auf den Markt kam. Mit dem modernen Dreizylinder-Direkteinspritz-Diesel gehörte er zu den großen Schleppern. Er hatte hydraulische Bremsen und eine wirkungsvolle Regelhydraulik, Motorzapfwellen vorn und hinten und einen Frontlader. Als Zugmaschine für Mähdrescher oder schwere Strohballenpressen sowie für Straßentransporte war er unschlagbar. Ab 1971 stieg seine Motorleistung auf 51 PS. Hier ein 1970 gebautes Fahrzeug.

John Deere 1120 LS

1967–1974
PS/kW: 49–51/35,9–37,3
Hubraum: 2696 ccm
Stückzahl: 12 054

Aussichtsloser Kampf ums Überleben

Kramer Pionier S

1959–1962
PS/kW: 14/10,2
Hubraum: 763 ccm
Stückzahl: 971

Die Maschinenfabrik Gebrüder Kramer GmbH, die noch im Jahr 1955 einen Marktanteil von 5,1 % bei insgesamt 5780 Neuzulassungen zu verzeichnen hatte, belegte 1958 zwar immer noch den achten Platz in der Statistik, war aber bereits auf 4,7 % bzw. 4156 Traktoren zurückgefallen. 1960 war es nur noch der neunte Rang bei 4,3 % Marktanteil und 3842 neu zugelassenen Schleppern. Das mittelständische Unternehmen hatte Schwierigkeiten, sich gegen die großen Konkurrenten am

rückläufigen Ackerschleppermarkt behaupten zu können. Einen Ausgleich konnte nur der sich positiv entwickelnde Bau- und Zugmaschinensektor bieten. Um mithalten zu können, musste ein breit gefächertes Programm aufrechterhalten werden. Für eine wirtschaftliche Produktion aber fehlten die entsprechenden Stückzahlen. 1957 bot Kramer neun verschiede Typen an, das waren zwei mehr als der damalige Marktführer Deutz. Obwohl Kramer von Anfang an Motoren unter-

schiedlicher Hersteller verwendete – überwiegend waren dies Antriebsaggregate von Deutz, Güldner oder MWM –, stammten die Getriebe aus eigener Konstruktion und Fertigung. Das Unternehmen konnte sich dem Zwang zur Rationalisierung nicht entziehen und konzipierte Anfang der 1960er-Jahre ein nach Baugruppen aufgeteiltes Typenprogramm, bei dem sich die einzelnen Modelle im Wesentlichen durch die Stärke der Motoren unterschieden. Während die Getriebe weiterhin aus eigener Produktion stammten, wurden nun überwiegend luftgekühlte Deutz-Motoren verwendet. Der ab Juli 1959 gefertigte Kleinschlepper Pionier S wurde von einem einzylindrigen Deutz F 1 L 612-Dieselmotor angetrieben. Dieses Fahrzeug hatte ein vollkommen neu entwickeltes Getriebe mit fünf Vorwärtsgängen, einem Rückwärtsgang und einem auf Wunsch erhältlichen zusätzlichen Kriechgang erhalten. Es war mit zwei unterschiedlichen Radständen zu haben. Ebenso war die Motorhaube neu; ihre Form sollte für die nächsten acht Jahre das Erkennungszeichen der Kramer-Schlepper werden. Hier einen Pionier S mit kurzem Radstand von 1961.

Seit 1961 gab es den Kleinschlepper KL 150 mit dem Einzylinder-Deutz-Diesel F1 L712. Mitte 1965 wurde dieses Modell mit der neuen Kramer-Kunststoffhaube versehen und gleichzeitig mit dem verbesserte Deutz-Modell F1 L812 ausgerüstet. Verwendet wurde ein in zwei Schaltgruppen unterteiltes Kramer-Getriebe der Baugruppe I. Verstellbare Spurweite, Hydraulik, Getriebe-, auf Wunsch Motorzapfwelle und Riemenscheibe gehörten zu den weiteren Merkmalen dieses kleinen Traktors. Das Fahrzeug rechts besitzt bereits den Deutz-Motor F1 L812. Den KL 150 von Kramer – links ein gut restauriertes Fahrzeug mit Seitenmähwerk von 1967 – gab es in geringer Stückzahl auch als Schmalspurtraktor für Reihenkulturen. Das eingesetzte Kramer-Gruppenschaltgetriebe deckte 2 bis 20 km/h mit den Normalgängen und 0,5 bis 3,5 km/h mit der Kriechgruppe ab, sodass es zehn Vorwärts- und zwei Rückwärtsgeschwindigkeiten gab. Da aber Kleinschlepper kaum noch gefragt waren, blieb der KL 150 ohne Nachfolger.

Kramer KL 150

1961–1967
PS/kW: 14/10,2
Hubraum: 850 ccm
Stückzahl: 1365

Ende 1960 gingen bei Kramer die beiden ersten Typen einer neuen Schlepperbaureihe in Serie, die mit den neu entwickelten Zehnganggetrieben der Baugruppe II von Kramer bestückt waren. Es waren leistungsstarke, im äußeren Erscheinungsbild ziemlich identische Schlepper. Das kleinere Fahrzeug, der KL 300, verfügte bis 1965 über den Zweizylinder-Deutz-Diesel F2 L12, anschließend über den leistungsmäßig identischen F2 L812-Motor. Dieser KL 300 ist von 1963.

Kramer KL 300

1960–1968
PS/kW: 28/20,5
Hubraum: 1700 ccm
Stückzahl: 5003

Kramer
KL 400

1960–1967
PS/kW: 38–40/27,8–29,3
Hubraum: 2550 ccm
Stückzahl: 1446

Das Modell KL 400 erschien zeitgleich mit dem Typ 300 und wurde bis 1964 mit dem F 3 L 712 und bis zum Ende seiner Fertigung mit dem F 3 L 812 von Deutz ausgerüstet. Anfangs betrug die Motorleistung 38 PS; ab März 1964 wurde sie auf 40 PS angehoben. Das Gewicht betrug 1790 kg und die Standard-Hinterradbereifung hatte die Größe 10-28. Hier ein Traktor von 1962.

Kramer
KL 200

1961–1967
PS/kW: 20/14,6
Hubraum: 1700 ccm
Stückzahl: 3402

Der KL 200 von Kramer erhielt ab Juli 1961 anstelle der Stahlblechhaube die neue Durelastik-Kunststoff-Motorhaube. Dieses zunächst mit dem Zweizylinder-Deutz-Diesel F 2 L 712 ausgerüstete Fahrzeug wurde im Laufe seiner Produktionszeit ständig verbessert. So war ab Anfang 1962 das Kriechganggetriebe serienmäßig eingebaut, und kurze Zeit später verwendete man das neue Kramer-Getriebe der Baugruppe I. Ab 1964 wurde der verbesserte Deutz-Motor F 2 L 812 – eingebaut. Hier ein Fahrzeug von 1965.

MAN

Schnelles Ende trotz neuer Modelle

Die Maschinenfabrik Augsburg-Nürnberg AG (MAN hatte den Anschluss an die Spitzenanbieter der Branche auch 1960 nicht erreichen können. Es war zwar gelungen, sich auf den siebten Platz emporzuarbeiten; dies entsprach aber nur einem mageren Marktanteil von 4,7 %. Und dies, obwohl die MAN der wichtigste Anbieter von Allradtraktoren in Deutschland war. Die Gründe hierfür lagen nicht nur an den vergleichsweise höheren Preisen der Traktoren, sondern auch an der unübersichtlichen, wenig konsequenten Modellpolitik. Ende der 1950er-

Jahre war der Konkurrenzdruck durch die zunehmende Marktsättigung so stark angestiegen, dass nichts anderes übrig blieb, als die Fertigungsmethoden zu rationalisieren. Das konnte nur durch Straffung des Verkaufsprogramms geschehen. Immerhin befanden sich im Jahr 1960 noch zwölf unterschiedliche Traktoren in den Verkaufslisten, von

denen man zehn auslaufen ließ. Dazu gehörte auch der seit 1958 produzierte Typ 2 L 3, ein mittelschwerer, in erster Linie als Exportobjekt angebotener Traktor mit Hinterradantrieb. Der 2 L 3 verfügte über einen nach dem M-Verbrennungsverfahren arbeitenden, Kraftstoff sparenden Zweizylinder-Dieselmotor und ein Sechsganggetriebe mit Rückwärtsgang. Sein Gewicht lag bei 1370 kg; die maximale Anhängelast betrug 17 t. Das Fahrzeug – hier ein Exemplar von 1960 – konnte auf Wunsch auch mit einer unabhängigen Zapfwelle ausgerüstet werden.

MAN 2 L 3

1958–1960
PS/kW: 25/18,3
Hubraum: 1850 ccm

MAN 2 K 3

1958–1962
PS/kW: 18/13,2
Hubraum: 1300 ccm

Der ebenfalls für die Exportschiene entstandene leichtere 2 K 3 hingegen wurde weitergefertigt. Auch sein Zweizylinder-Diesel arbeitete nach dem M-Verfahren, und das Sechsganggetriebe besaß eine mit dem 2 L 3 identische Abstufung. Bei einem Gewicht von 1240 kg betrug die größte Anhängelast aufgrund der niedrigeren Motorleistung 15 t. Hier ein Fahrzeug von 1961.

MAN 4 L 2

1960–1961
PS/kW: 25/18,3
Hubraum: 1670 ccm

Der 4 L 2 war ein kleiner und handlicher Allradschlepper mit angetriebener Vorderachse. Zweizylinder-M-Motor und Sechsganggetriebe waren die Ausrüstungsmerkmale dieses 1590 kg schweren Traktors. Die Motor- oder Getriebezapfwelle gehörte zum serienmäßigen Lieferumfang, ein hydraulischer Kraftheber mit Dreipunkt-Aufhängung gehörten zum Sonderzubehör. Der abgebildete Traktor entstand im Jahr 1961.

MAN 4 N 2

1961–1963
PS/kW: 28/20,5
Hubraum: 1670 ccm

Als letzte MAN-Entwicklung dürften der 2 N 1 und 4 N 2 gelten. Der 4 N 2 war die Allradvariante dieses bereits mit Dreipunktkraftheber bestückten Fahrzeugs. Eingebaut waren ein Zweizylinder-M-Diesel und ein Gruppenschaltgetriebe mit acht Vorwärts- und vier Rückwärtsstufen. Hier ein 4 N 2, der noch 1963 gebaut wurde.

Der **2 R 3** von MAN war die Hinterradvariante dieses 45-PS-Traktors. Beide Schlepper waren bis auf den Vierradantrieb identisch. So erhielt der Hinterradschlepper die gleichen, auf hohe Belastung ausgelegten Baukomponenten des Allradschleppers. Er verfügte ebenfalls über acht Vorwärts- und vier Rückwärtsgänge.

MAN 2 R 3

1961–1963
PS/kW: 28/20,5
Hubraum: 1670 ccm

Hier der „normale" MAN 4 R 3 mit Vierradantrieb. Dieses 1962 gebaute Fahrzeug war ein sehr bullig und kraftvoll wirkender Schlepper mit tiefem Schwerpunkt, trotzdem aber noch 400 mm Bodenfreiheit. Gerne wurde dieses robuste Fahrzeug für Forsteinsätze mit einer 4- oder 6-t-Seilwinde zum Holzrücken verwendet. Durch seine Bauweise war er aber auch in Hanglagen überaus kippsicher.

MAN 4 R 3

1961–1963
PS/kW: 45/32,9
Hubraum: 2560 ccm

1961 stellte man die Halbrahmenschlepper 2 R 3/4 R 3 mit Vierzylinder-M-Dieselmotoren vor. In beiden Fällen handelte es sich um sehr kraftvolle Traktoren, denen auch schwerste Arbeiten zugemutet werden konnten. Dies traf besonders auf die Allradausführung zu. Für Einsätze im Moor oder bei schweren und nassen Böden konnten anstelle der Hinterräder Aufsteckraupen und an der Vorderachse Doppelbereifung angebracht werden.

MAN 4 R 3
mit Aufsteckraupe

1961–1963
PS/kW: 55/32,9
Hubraum: 2560 ccm

Das Ende der roten Schlepper vom Bodensee

Porsche Standard 217

1960–1963
PS/kW: 20/14
Hubraum: 1374 ccm

Im Jahr 1960 wurden die sich bisher sehr erfolgreich am Markt behauptenden Porsche-Dieselschlepper technisch überarbeitet. Außerdem kam mit dem Tragschleppermodell Standard T 217 ein weiteres Modell hinzu, bei welchem der Geräteanbau auch zwischen den Achsen möglich war. Es war ein Fahrzeug der mittleren Leistungsklasse, das die Forderungen vieler Landwirte nach einem Zug- und Arbeitsschlepper in einem erfüllen sollte. Ein besonderer Wert wurde auf die vielfältigen Anbaumöglichkeiten der Arbeitsgeräte sowie auf Einmannbedienung gelegt, denn die Abwanderungen von landwirtschaftlichen Arbeitskräften in gewerbliche Berufe mussten durch eine möglichst rationelle Gestaltung der Betriebsabläufe irgendwie aufgefangen werden. Den Besitzern kleinerer Höfe wurde durch den Standard T ein zugstarker Universalschlepper geboten. Er besaß ein Achtganggetriebe mit zwei Rückwärtsgängen sowie eine Dreipunkt-Hydraulikanlage. Dieses Fahrzeug mit Seitenmähwerk wurde 1960 hergestellt.

Porsche Standard Star 219

1960–1963
PS/kW: 30/22
Hubraum: 1750 ccm

Der Standard Star erschien zusammen mit dem Modell Standard T als leistungsstärkere Tragschlepper-Variante. Erstmals gelangte in diesem Fahrzeug das in Gemeinschaft mit Deutz entwickelte Triebwerk T-25 mit acht Vorwärtsgangstufen zum Einbau. Der Standard Star mit einem Gewicht von 1550 kg war als Universaltraktor und Alleinschlepper für den mittelgroßen Betrieb gedacht und konnte mit einer Vielzahl von Arbeits- und Zubehörgeräten bestückt werden.

Porsche Standard Star 238

1962–1963
PS/kW: 26/19
Hubraum: 1750 ccm

1962 brachte die Porsche-Diesel-Motorenbau GmbH in Friedrichshafen als neues Fahrzeug den Dieselschlepper Standard Star Typ 238 auf den Markt. Er bestand aus bewährten Baukomponenten unter Verwendung des neuen Achtgang-T-25-Getriebes. Dieser leistungsmäßig reduzierte Schlepper besaß neben der Regelhydraulik alle Ausrüstungsteile eines neuzeitlichen Arbeitsgeräts für mittelgroße Höfe. Als starker Zweitschlepper war er für Saat- und Pflegearbeiten in größeren Betrieben ebenso geeignet. Der restaurierte Schlepper links ist von 1963. Der neue Standard Star war ein starker Tragschlepper der Mittelklasse mit vielfältigen Verwendungsmöglichkeiten und Zubehör. Er besaß eine Pendelvorderachse für starke Belastung und eine verstellbare Spur. Der Kraftheber von Deutz/Porsche hatte eine Hubkraft von 925 kg; der auf Wunsch angebaute Frontlader konnte immerhin 400 kg heben. Zum Sonderzubehör gehörte auch – wie an dem Fahrzeug rechts von 1962 – ein Fritzmeier-Allwetterverdeck.

Porsche Super B 309

1960–1963
PS/kW: 38–40/27,8–29,3
Hubraum: 2625 ccm

Der Super B war als Mehrzweckmaschine weniger für Ackerarbeiten, sondern in erster Linie für den Baubereich gedacht. Entsprechend war auch die Ausrüstung, die aus Front- und Heckhydraulik zum Anbau von verschiedenen Frontlader-Arbeitsgeräten sowie eines Hydraulik-Baggers bestand. Es konnten unterschiedliche Greifer sowie Graben- oder Tieflöffel, z. B. für Drainagearbeiten, angebaut werden. Der Dreizylinder-Diesel leistete anfangs 38, ab 1962 40 PS.

Porsche Master 419

1960–1963
PS/kW: 50/36,6
Hubraum: 3289 ccm

Mit 50 PS Leistung war der Master das Spitzenmodell von Porsche. Der kraftvolle Schlepper der mittleren Oberklasse verfügte über einen luftgekühlten Vierzylinder-Diesel mit Radialgebläse, der seine Maximalleistung bei 2100 U/min erzeugte. Das Zahnradwechselgetriebe hatte acht Vorwärts- und vier Rückwärtsgänge. Eine auf Wunsch erhältliche ölhydraulische Kupplung sorgte für weiches, ruckfreies Anfahren auch unter schwerer Belastung. Die Motorzapfwelle ermöglichte das Ziehen von Mähdreschern und anderen schweren Maschinen. Dieser Master besitzt eine Riemenscheibe vorn. Porsche wurde vom Ende des Schlepperbooms voll erfasst und konnte bei sinkenden Verkäufen nicht mehr wirtschaftlich produzieren. 1963 musste der Schlepperbau – nach nur acht Jahren – beendet werden.

Porsche Super Export 329

1962–1963
PS/kW: 35/25,6
Hubraum: 2625 ccm

Der Super Export von Porsche war ein als Tragschlepper ausgebildeter Traktor. Er gehörte mit 1825 kg Gewicht zur oberen Mittelklasse. Auch er wurde mit dem T 25-Triebwerk bestückt. Aufgrund seiner Leistung war er mit Motorzapfwelle und Doppelkupplung auch zum Ziehen von zapfwellengetriebenen Anhängegeräten vorgesehen. Der Antrieb erfolgte über einen luftgekühlten Dreizylinder-Dieselmotor. Die moderne Hydraulikanlage besaß ein zentrales Steuergerät mit Raddruckverstärker.

SCHLÜTER

In den 1950er-Jahren führte der Freisinger Motoren- und Schlepperhersteller Anton Schlüter stets ein breit gefächertes Angebot, das den Leistungsbereich von 15 bis 55 PS abdeckte, obwohl der Marktanteil dieses Unternehmens kontinuierlich von 3,4 % im Jahr 1950 auf 2,2 % 1955 und schließlich nur noch auf 1,3 % fünf Jahre später gesunken war. Das neue, aus acht Modellen bestehende Fertigungsprogramm mit geänderten Typenbezeichnungen, das Ende der 1950er-Jahre präsentiert wurde, enthielt auch den Kleinschlepper SL 15. In diesem 1200 kg schweren Fahrzeug arbeitete ein wassergekühlter Einzylinder-

Schlüter-Diesel und ein Schaltgetriebe mit sechs Vorwärtsgängen und einem Rückwärtsgang. Die erste Gangstufe war als Kriechgeschwindigkeit ausgelegt. Hier ein Schlepper aus dem Jahr 1960.

Bärenstarke Großschlepper

Schlüter SL 15

1959–1962
PS/kW: 15/11
Hubraum: 1256 ccm
Stückzahl: 310

Schlüter S 45

1959–1961
PS/kW: 45/32,9
Hubraum: 4830 ccm
Stückzahl: 343

Zum 1959 erschienenen Typenprogramm gehörte auch das Schlüter-Modell S 45. Das war ein zugstarker Schlepper mit einem wassergekühlten hubraumstarken Dreizylinder-Schlüter-Diesel und Sechsganggetriebe mit Rückwärtsgang bis maximal 20 km/h. Auf Wunsch konnte ein Super-Kriechgang für 0,9 km/h anstelle der ersten Gangstufe installiert werden. Kraftheber, Frontlader, Seilwinde, Motorzapfwelle, Riemenscheibe, Verdeck und vieles mehr gab es zusätzlich.

Schlüter S 50

1961–1963
PS/kW: 50/36,6
Hubraum: 4830 ccm
Stückzahl: 447

Im Jahr 1961 wurde das Modell S 45 durch den stärkeren S 50 ersetzt. Dieses unter der internen technischen Bezeichnung SF 503 eingeordnete Fahrzeug verfügte über ein neuartiges Klauenschaltgetriebe mit acht Vorwärts- und vier Rückwärtsgängen, das es auf Wunsch auch in einer Schnellgangausführung bis 30 km/h gab. Die Vorderachse war einzelradgefedert. Mit seinem Gewicht von 2700 kg konnte dieser Schlepper ohne Schwierigkeiten seine starke motorische Kraft auf den Boden bringen.

Schlüter S 450 Allrad

1962–1966
PS/kW: 42/30,7
Hubraum: 3245 ccm
Stückzahl: 2503

Ab 1960 erkannte man bei Schlüter, dass bei geringer werdenden Absatzzahlen mit einem breit gefächerten Fertigungsprogramm gegen die in Großserie produzierenden Mitbewerber kein Blumentopf mehr zu gewinnen war. Spezialisierung tat not und man entschied sich für den Bereich der leistungsstarken Traktoren. Der bei den Landwirten immer stärker werdende Wunsch nach mehr Motorleistung schien dieser Entscheidung recht zu geben. 1964 erschienen mit der S-Reihe neue, überarbeitete Traktoren in Halbrahmenbauweise. Die Bauart hatte den Vorteil, dass der Schlepper bei einem Motorenwechsel auf allen vier Rädern stehen bleiben konnte. Die stärkeren Modelle waren mit Hinterrad- und Allradantrieb erhältlich.

„Kraft soviel Sie brauchen; bärenstark und zuverlässig" – so lauteten die Slogans für die erstmals mit „Super" bezeichneten Schlepper des 1966er-Verkaufsprogramms. Es umfasste zunächst sechs Typen mit Motorleistungen von 38 bis 130 PS. Den

Super 650 gab es als Hinterrad- oder als Allradschlepper. Er hatte einen Sechszylinder-Dieselmotor aus eigener Fertigung. Diese starken Maschinen waren mit acht Vorwärts- und vier Rückwärtsgängen ausgestattet.

Schlüter Super 650 V Allrad

1966–1971
PS/kW: 65/47,6
Hubraum: 5892 ccm
Stückzahl: 661
(alle Ausführungen)

Noch stärker präsentierte sich der Super 750 V. Mit seinen 75 PS war aber auch er noch nicht das Nonplusultra dieses Programms, das bis zum Super 1500 V mit 130 PS reichte. Der Super 750 V – hier ein Allradschlepper Baujahr 1965 – brachte 4030 kg auf die Waage und verfügte über ein vollsynchronisiertes Zwölfganggetriebe mit sechs Rückwärtsgängen.

Schlüter Super 750 V Allrad

1966–1971
PS/kW: 75/54,9
Hubraum: 6492 ccm
Stückzahl: 490
(alle Ausführungen)

Der Super 1500 war ein gewaltiges Kraftpaket, das bei der Konkurrenz seinesgleichen suchte. Den mit einem wassergekühlten Schlüter-Achtzylinder-Viertakt-Dieselmotor bestückten Schlepper gab es nur mit Allradantrieb. Der Traktor besaß eine Regelhydraulik und sein Kraftheber hatte 3000 kg Hubkraft an der Ackerschiene. Vorhanden war ein synchronisiertes Schaltgetriebe mit zwölf Vorwärts- und sechs Rückwärtsgängen mit lastschaltbarer Zwischengruppe. Zum Sonderzubehör gehörte der bequeme und gut abgefederte „Farmer-Clubsessel".

Schlüter Super 1500 VL Spezial Allrad

1966
PS/kW: 130/95,2
Hubraum: 9504 ccm
Stückzahl: 2

Schlüter Super 1250 V Allrad

1968–1973
PS/kW: 115/384,2
Hubraum: 7128 ccm
Stückzahl: 640

Etwas kleiner präsentierte sich der Super 1250 V, hier ein Fahrzeug von 1971 mit der Vollsicht-Fahrerkabine mit breiten Türen und bequemem Einstieg von der Seite. Antrieb war ein Sechszylinder-Schlüter-Diesel mit dem lenkradgeschalteten Zwölfgang-Synchrongetriebe. Eine lastschaltbare Zwischengruppe war gegen Aufpreis erhältlich. Serienmäßig vorhanden war eine hydraulische Lenkhilfe. Das Gewicht der Allradausführung betrug 4640 kg.

Schlüter Super 850 V Allrad

1968–1971
PS/kW: 85/62,2
Hubraum: 6618 ccm
Stückzahl: 250
(alle Ausführungen)

Schlüter

Ein weiteres Allrad-Modell von Schlüter war der Super 850 V von 1970. Beim erstmals seit 1968 lieferbaren 850 V handelte es sich um eine leistungsstärkere Variante des Super 750. Der Traktor wurde von einem Sechszylindermotor angetrieben und das lenkradgeschaltete Synchrongetriebe verfügte über zwölf Vorwärts- und sechs Rückwärtsgänge. Zusätzlich standen insgesamt acht Kriech- oder Superkriechgänge ab 0,27 km/h sowie ein schnelles Getriebe bis 27 km/h gegen Aufpreis zur Verfügung. Der Allradschlepper wog 4130 kg. Dieses Fahrzeug ist mit der Schlüter-Vollsichtkabine ausgerüstet.

SCHLEPPERWERK NORDHAUSEN

Leistungsstärke
für Großflächen

RS 14/36
Famulus 36

1960–1964
PS/kW: 36/26,4
Hubraum: 3280 ccm
Stückzahl: 15 672

1960-1975

Bereits im Jahre 1952 auf der II. Parteikonferenz hatte die SED das Ziel verkündet, landwirtschaftliche Produktionsgenossenschaften zu bilden, die überwiegend aus großen, zusammenhängenden Anbauflächen bestehen sollten. Dieses bis 1960 weitestgehend realisierte Vorhaben erforderte auch für diesen Zweck geeignete Traktoren. Zunächst stand nur der RS 01/40 Pio-

entwicklung der DDR, das 30-PS-Modell RS 04/30, war als Ersatz für den misslungenen Aktivist gedacht und konnte, da einer niedrigeren Leistungsklasse angehörend, diesen Forderungen noch weniger nachkommen. Aus ihm entstand schließlich ab Mitte 1956 das Modell RS 14/30 Famulus, der zunächst 30, später 33 PS hervorbrachte. Zu Beginn der 1960er-Jahre wurden leis-

gebot für diesen Zweck war nicht gerade reichhaltig, vielmehr stand lediglich der Zweizylinder-Wirbelkammer-Diesel des Famulus 30 zur Verfügung. Durch Aufbohrung der Zylinder und Erhöhung der Drehzahlen erzielte man zunächst 36 PS. Das Modell Famulus 36 erreichte die größten produzierten Stückzahlen aller Schlepper dieser Traktorenfamilie. Es war ein blockkonstruierter

nier zur Verfügung. Selbst diese starke Maschine war mitunter dem Dauereinsatz im Schichtbetrieb nicht gewachsen. Trotzdem konnte auf den Pionier auf lange Zeit nicht verzichtet werden, denn es war das leistungsstärkste Traktormodell, das der Landwirtschaft in der DDR zur Verfügung stand. Die erste Schlepperneu-

tungsstärkere Traktoren auch in der DDR verlangt. Dies nicht nur wegen der immer größer werdenden Flächen, die es zu bearbeiten galt, sondern auch aufgrund des verstärkten Einsatzes von zapfwellengetriebenen Geräten. Nicht zuletzt galt es, den in die Jahre gekommenen Pionier abzulösen. Das motorische An-

Traktor, den es mit Wasser- und Luftkühlung gab. Das Getriebe war in zwei Schaltgruppen unterteilt und verfügte über jeweils fünf Vorwärts- und zwei Rückwärtsgänge. Es war im Übrigen ein sehr solider und zuverlässiger Schlepper. Links ein Fahrzeug mit Verdeck von 1963.

RS 14/40
Famulus 40

1964–1965
PS/kW: 40/29,3
Hubraum: 3280 ccm
Stückzahl: 1000

Da kein geeigneter Schleppermotor größerer Leistung zur Verfügung stand, lag die Versuchung nahe, durch eine erneute Drehzahlsteigerung mehr Leistung aus dem Famulus-Motor herauszuholen. Dabei gelang es den Technikern, 46 PS bei 2000 U/min aus diesem Motor herauszukitzeln. Da das Antriebsaggregat bei dieser Leistungsabgabe aber überfordert war, wurde eine Rückstufung auf 1800 U/min bei dem ab 1964 gefertigten, detailverbesserten Famulus 40 vorgenommen.

RS 14/40
Famulus 46

1960–1963
PS/kW: 46/33,7
Hubraum: 3280 ccm
Stückzahl: 3820

Die 46-PS-Variante Famulus 46, die 1960 entstand, konnte aber trotz ihrer beachtlichen Motorleistung nicht an die Zugkraft des legendären Pionier heranreichen. Obwohl der Motor thermisch überfordert war, wurde bis 1963 eine noch recht erhebliche Stückzahl gebaut. Die Rücknahme auf verträglichere 1800 U/min und 40 PS wurde teilweise bei Motorüberholungen vorgenommen.

MÜNCH

In geringer Zahl gab es auch in der ehemaligen DDR private Hersteller, die in kleinen Stückzahlen Traktoren fertigten. Dazu gehörte die Firma Münch in Grumbach bei Freital, die auf der Basis des schon sehr früh eingestellten RS 03/30 Aktivist eine Art Folgefertigung aufziehen konnte. Bestückt war dieses Fahrzeug mit dem Zweizylinder-V-Motor des Typs 16 V 2 des früheren Aktivist, dem er auch sonst weitgehend entsprach. Hier ein Fahrzeug von 1965.

Radtraktor Münch

1957–1968
PS/kW: 30/22
Hubraum: 3325 ccm
Stückzahl: 150

TRAKTORENWERK SCHÖNEBECK

Erst der neue ZT 300 (ZT stand für Zugtraktor) brachte eine Entlastung für die Landwirtschaft der DDR. Mit diesem Modell stand erstmals ein leistungsstarkes Fahrzeug in den LPG-Betrieben zur Verfügung. Der ZT 300, dessen Motorleistung ab 1978 auf 100 PS gesteigert wurde, besaß einen Vierzylinder-Viertakt-Direkteinspritz-Diesel mit Mittenkugelverbrennung sowie ein in drei Schaltgruppen aufgeteiltes Getriebe mit neun Vorwärtsgängen, das bis 30 km/h ermöglichte. Das Gewicht des Traktors betrug 4950 kg. Dieses Fahrzeug entstand im Jahr 1970.

ZT 300 D Fortschritt

1967–1983
PS/kW: 90–100/65,9–73,2
Hubraum: 6560 ccm
Stückzahl: 72 382

Das Ende der kleinen dänischen Firma

Bukh 302
1959–1967
PS/kW: 35/25,6
Hubraum: 2250 ccm

BUKH

Ende der 1950er-Jahre zeichnete sich einerseits eine deutliche Marktsättigung im Bereich der landwirtschaftlichen Traktoren ab, andererseits mussten die Hersteller auf einem kleiner werdenden Markt härter denn je um Anteile kämpfen. Zahlreiche kleinere Hersteller mussten die Produktion aufgrund nachlassender Nachfrage einstellen. Diese Entwicklung war nicht nur in Deutschland, sondern bei fast allen europäischen Branchenmitgliedern festzustellen. Gleichwohl wurde versucht, im europäischen oder internationalen Verbund die Überlebens-

chancen zu verbessern. Allgemein war überall der Wunsch nach immer leistungsstärkeren Traktoren festzustellen. Damit verbunden war auch die Verschiebung der Leistungsklassen. Gehörte zu Beginn der 1950er-Jahre ein 40-PS-Schlepper bereits eindeutig zu den Großtraktoren, so rangierte er zehn Jahre später nur noch im Rahmen der mittleren PS-Klasse. Daneben ging, neben immer besser abgestuften Triebwerken mit mehr Gängen und vielen anderen technischen Hilfsmitteln, der Hang zu mehrzylindrigen und damit laufruhigeren Motoren. Kleinere Hersteller

mussten entweder aufgeben oder sie konnten sich vereinzelt noch in einer Marktnische behaupten. Diese Trends sollten sich in der Zukunft noch verstärken. Zu dieser Gruppe zählte auch die kleine dänische Firma Bukh aus Kalundborg, die bis in die 1970er-Jahre den Traktorenbau, teilweise auch mit Exportaufträgen, aufrechterhalten konnte. Das hier abgebildete Modell 302 verfügte über einen großvolumigen Zweizylinder-Dieselmotor mit Wasserkühlung aus eigener Herstellung und ein Achtganggetriebe. Das Gewicht betrug 1700 kg.

DAVID BROWN

Das ab 1958 gebaute Traktormodell von David Brown gehörte zu den zugstarken Schleppern der unteren Mittelklasse. Der Antrieb erfolgte durch einen Vierzylinder-Direkteinspritz-Dieselmotor mit Wasserkühlung, das Getriebe hatte sechs Vorwärts- und zwei Rückwärtsgänge. Das Gewicht des Traktors betrug 1700 kg. Hier ein Fahrzeug von 1962.

Ausgereifte Technik in neuem Design

David Brown 705

1958–1965
PS/kW: 28/20,5
Hubraum: 2210 ccm

Im Jahr 1960 erschien das Modell 850 von David Brown, das von einem wassergekühlten direkteinspritzenden Vierzylinder-Dieselmotor angetrieben wurde, der seine Maximalleistung bei 2000 U/min zur Verfügung stellte. Das bis zu einer Geschwindigkeit von 22 km/h reichende Sechsganggetriebe war mit Zwischengruppen ausgerüstet. Der Traktor wog 1680 kg und hatte 10-28er-Standard-Hinterräder. Hier ein gut restauriertes Fahrzeug mit Muschelkotflügeln.

David Brown 850

1960–1965
PS/kW: 35/25,6
Hubraum: 2523 ccm

Dieser starke Schlepper aus dem Jahr 1967 war in Halbrahmenbauweise konstruiert und mit einem wassergekühlten Vierzylinder-David-Brown-Dieselmotor mit direkter Kraftstoffeinspritzung ausgerüstet.

Er zählte zur sogenannten „weißen Reihe" und hatte eine modifizierte Motorhaubenform erhalten. Das Getriebe mit seinen zwölf Vorwärtsgängen bewegte den 2280 kg schweren Traktor mit 1,8 bis 26,5 km/h.

David Brown 996

1965–1972
PS/kW: 65/47,6
Hubraum: 3600 ccm

1960–1975

Vom Dexta zum Super Major

Ford County Super 6

1964
PS/kW: 120/87,8
Hubraum: 6580 ccm

Fordson Dexta

1958–1965
PS/kW: 31/22,7
Hubraum: 2360 ccm

County und Roadless waren wohl die bekanntesten Umrüster von Ford-Traktoren auf Vierradantrieb. Der Ford County mit seinen vier gleich großen Rädern war die vierradgetriebene Variante des Modells Super Major. In den 1960er-Jahren gab es eine große Anzahl unterschiedlich ausgeführter Ford-County-Typen, die entweder mit Vier- oder Sechszylindermotoren bestückt waren. Sie kamen überall dort zum Einsatz, wo außergewöhnlich hohe Zugkräfte erforderlich waren. Als Ford begann, allradgetriebene Trak-toren mit hohen Motorleistungen herzustellen, wurde der Bau der County-Modelle eingestellt. Dieser Super 6 aus dem Jahr 1964 wog 5800 kg und verfügte über einen Sechszylinder-Ford-Dieselmotor mit Wasserkühlung sowie ein Getriebe mit 16 Vorwärtsgängen.

Der Fordson Dexta erschien im Jahr 1958 als eine verkleinerte Variante innerhalb der Major-Baureihe, damit Ford auch für kleinere Bauernhöfe und Farmen einen Traktor anbieten konnte. Der Antrieb erfolgte durch einen wassergekühlten direkteinspritzenden Dreizylinder-Perkins-Diesel, der seine Höchstleistung bei 2000 U/min erzeugte. Das Getriebe hatte sechs Vorwärts- und zwei Rückwärtsgangstufen, die im Bereich von 2 bis 24,9 km/h abgestuft waren. Mit einem Gewicht von nur 1341 kg war der Dexta in Anbetracht seiner Leistung sehr kompakt und wendig.

Der **Super Major** trat erstmals 1958 an die Öffentlichkeit und erwies sich schon bald als beliebter Traktor. Es war eine sehr moderne Konstruktion, die mit einer nach dem international genormten Dreipunktsystem arbeitenden Regelhydraulik, Zapfwelle, Riemenscheibe und Fronthydraulik auf Wunsch bestückt werden konnte. Hier ein Fahrzeug aus dem Jahr 1962.

Fordson
Super Major

1958–1964
PS/kW: 52/38
Hubraum: 3610 ccm

Die recht seltene vierradgetriebene Variante des Super Major wurde unter der Typenbezeichnung 51 X geführt. Es war ein Fahrzeug mit vier gleich großen Antriebsrädern. Der Antrieb erfolgte durch einen Vierzylinder-Dieselmotor von Ford. Das Getriebe wies acht Vorwärts- und zwei Rückwärtsgänge auf. Dieses restaurierte Fahrzeug ist von 1960.

Fordson
Super Major
51 X

1959–1964
PS/kW: 52/38
Hubraum: 3610 ccm

Der allradgetriebene Super Major war ein kraftvoller Schlepper mit angetriebener Vorderachse, wassergekühltem Vierzylinder-Ford-Dieselmotor und einem in zwei Schaltgruppen aufgeteiltem Sechsganggetriebe. Dieser Blockbauschlepper war auf schweren Böden und überall dort, wo ein hinterradgetriebener Traktor nicht mehr weiterkam, in seinem Element. Dieses gut restaurierte Fahrzeug ist von 1962.

Fordson Super
Major Allrad

1959–1964
PS/kW: 54/39,5
Hubraum: 3610 ccm

Fordson Super Dexta

1960–1965
PS/kW: 45/32,9
Hubraum: 2868 ccm

Der Fordson Super Dexta war ein Allradtraktor und wurde 1960 vorgestellt. Er hatte einen wassergekühlten Ford-Dreizylinder-Dieselmotor mit Direkteinspritzung. Das Achtganggetriebe mit zwei Rückwärtsgängen ermöglichte Geschwindigkeiten von 2,2 bis 28 km/h. Dexta und Super Dexta waren die letzten Ford-Traktoren, die unter dem Namen Fordson angeboten wurden.

Ford Dexta 2000

1964–1972
PS/kW: 36/26,4
Hubraum: 2491 ccm

Im Jahr 1964 wurde das modifizierte Modell Dexta 2000 vorgestellt. Die rundliche Haube war einer eckigen gewichen. Im Gegensatz zu seinem Vorgänger gelangte nun ein Dreizylinder-Ford-Diesel mit Direkteinspritzung und Wasserkühlung zum Einbau. Hier stand ein Getriebe mit sechs Vorwärtsgängen zur Verfügung, die im Bereich von 2,6 bis 28,6 km/h abgestuft waren. Das Gewicht war auf 1676 kg gestiegen.

MASSEY-FERGUSON

Der MF 25 war ein Traktor der unteren Mittelklasse, der ab 1961 erstmals in den von Massey-Ferguson erworbenen französischen Fabrikationsanlagen in Beauvais montiert wurde. Dieses Fahrzeug war mit dem wassergekühlten Vierzylinder-Perkins-Wirbelkammer-Dieselmotor 4.107 ausgerüstet. Weiterhin stand ein Getriebe mit acht Vorwärts- und zwei Rückwärtsgängen zur Verfügung. Bereits zwei Jahre zuvor war es zum Zusammenschluss mit der Perkins-Gruppe, dem weltgrößten Hersteller von Dieselmotoren, gekommen. Hier ein 1961 gefertigtes Fahrzeug mit Sicherheits-Umsturzbügel. Die nun anstelle der früher verwendeten Standard-Dieselmotoren eingebauten Dieselmotoren von Perkins waren sehr hochwertig und wurden in der Folgezeit in fast allen Schleppern dieses Herstellers verwendet. Der mit 10-28er-Hinterreifen bestückte MF 25 wog 1180 kg und war im Geschwindigkeitsbereich von 0,8 bis 17 km/h abgestuft.

Massey-Ferguson MF 25

1961–1963
PS/kW: 27/19,8
Hubraum: 1753 ccm

1960–1975

Der MF 30 von Massey-Ferguson war das äußerlich völlig neu gestaltete Nachfolgemodell des MF 25. Verwendet wurde der geringfügig in der Leistung angehobene Motor seines Vorgängers. Das Achtganggetriebe mit zwei Rückwärtsgängen erhielt eine geänderte Abstufung, die nunmehr von 1,8 bis 26,8 km/h reichte und den MF 30 auch auf der Straße beweglicher machte.

Massey-Ferguson MF 30

1964–1972
PS/kW: 30/122
Hubraum: 1753 ccm

Massey-Ferguson MF 35

1956–1964
PS/kW: 35/25,6
Hubraum: 2489 ccm
Stückzahl: 388 382

Der MF 35 war ein direkter Nachfolger des berühmten grauen „Fergie 20", allerdings mit höherer Motorleistung und neu gestalteter Motorhaube. Er wurde in sehr großen Stückzahlen in Coventry gefertigt. Anfangs gelangte ein Vierzylinder-Standard-Diesel mit kugelförmigem Brennraum, ab 1959 nach erfolgter

Fusion mit der Perkins-Gruppe ein Dreizylinder-Diesel dieses Herstellers zum Einbau. Rechts ein Fahrzeug mit Frontlader. Bereits ab 1956 gab es das Modell MF 35, das über den Dreizylinder-Perkins-Dieselmotor AG 3.152 mit Wasserkühlung verfügte. Der Traktor besaß ein Sechsganggetriebe mit zwei Rückwärtsgeschwindigkeiten, die zwischen 2,1 und 22,5 km/h abgestuft waren, und wog 1455 kg. Links ein gut restauriertes Fahrzeug mit Allwetterverdeck aus dem Jahr 1961.

Massey-Ferguson MF 42

1959–1963
PS/kW: 42/30,7
Hubraum: 2500 ccm

Ein weiteres Modell von Massey-Ferguson war der Typ MF 42, der ebenfalls von einem wassergekühlten Perkins-Dieselmotor mit drei Zylindern angetrieben wurde, der seine Höchstleistung bei 2250 U/min mobilisierte. In dem 1650 kg schweren Schlepper arbeitete ein Sechsganggetriebe mit zwei Rückwärtsgängen und deckte Geschwindigkeiten von 1,8 bis 26,8 km/h ab.

Der seit 1958 lieferbare MF 65 wurde zunächst in Coventry, ab 1960 zusätzlich für den Festlandsmarkt im Werk Beauvais/Frankreich gebaut. Auch in ihm gelangte ein Perkins-Dieselmotor mit Wasserkühlung zum Einsatz, das Vierzylindermodell AD 4-203. Darüber hinaus war wahlweise ein Getriebe mit sechs Vorwärts- und zwei Rückwärtsgängen oder eine zwölfgängige Variante mit vier Rückwärtsstufen erhältlich. Hier ein Fahrzeug von 1961. Der MF 65 wog 2075 kg und konnte mit Geschwindigkeiten von 2,1 km/h bis 23,21 km/h gefahren werden. Serienmäßig verfügte er über eine Differenzialsperre, Motorzapfwelle sowie über eine Dreipunkthydraulik, an die auch ein Frontlader der Baugröße II angebaut werden konnte. Es war ein sehr leistungsstarker und beliebter Schlepper mit serienmäßigen 11-32-Hinterrädern.

Massey-Ferguson MF 65

1958–1965
PS/kW: 55/40,3
Hubraum: 3335 ccm
Stückzahl: 114 024

Der MF 133 gehörte zur sogenannten „100er-Reihe", die ab 1965 gebaut wurde. Der Traktor wurde ausschließlich im französischen Werk gefertigt. Der mit wassergekühltem Dreizylinder-Wirbelkammer-Perkins-Diesel A 3.144 ausgerüstete Traktor verfügte über das bereits 1962 bei Massey-Ferguson eingeführte lastschaltbare Multipower-Getriebe mit acht Vorwärts- und zwei Rückwärtsgängen. Der MF 133 wog 1440 kg. Hier ein restauriertes Fahrzeug von 1965.

Massey-Ferguson MF 133

1965–1971
PS/kW: 35/25,6
Hubraum: 2365 ccm

Massey-Ferguson MF 135

1965–1971
PS/kW: 35/25,6
Hubraum: 2489 ccm
Stückzahl: 162 100

Der MF 135 war das Nachfolgemodell des erfolgreichen Typs 35 und mit dem wassergekühlten Dreizylinder-Perkins-Diesel AG 3.152 ausgerüstet. Der größte Teil der mit Vergasermotoren für den amerikanischen Markt gefertigten Fahrzeuge hatten hingegen den Continental Z 134-Motor mit vier Zylindern und 2195 ccm Hubraum. Der 135 hatte zwölf Vorwärtsgänge zwischen 2,4 und 35 km/h und wog 1526 kg. Hier ein Fahrzeug mit Allwetterverdeck.

Massey-Ferguson MF 185

1971–1980
PS/kW: 68/49,8
Hubraum: 4062 ccm
Stückzahl: 40 096

Der MF 185 wurde ab 1971 gefertigt und war mit dem wassergekühlten Vierzylinder-Perkins-Dieselmotor A 4.248 ausgerüstet. In dem 2425 kg schweren Traktor war ein Achtganggetriebe mit zwei Rückwärtsstufen für Geschwindigkeiten zwischen 2,2 und 25 km/h. Die Hinterräder hatten die Größe 13,6-38.

NUFFIELD

Seit 1948 stellte die Firma Nuffield den Halbrahmenschlepper Universal 4 in der ehemaligen Autofabrik Wolseley in Birmingham her. Die starken und robusten Fahrzeuge wurden zunächst von einem seitengesteuerten, von der Firma Morris Commercial stammenden Vierzylinder-Vergasermotor des Typs ETA mit 42 PS Leistung angetrieben, der mit Benzin gestartet werden musste und anschließend auf Kerosin umgestellt wurde. Später war auch eine Dieselvariante erhältlich. Hierfür verwendete man anfangs den Perkins-Diesel P 4, später einen 45-PS-Vierzylinder-Diesel der British Motor Corporation. Im Jahr 1960 kam das verbesserte Modell Universal 4/60 auf den Markt, welches einen leistungsgesteigerten 60-PS-Vierzylinder-Diesel von BMC mit Wasserkühlung und größerem Hubraum erhalten hatte, der über eine maximale Drehzahl von 2000 U/min verfügte. Besaß der Universal 4 noch ein in den Geschwindigkeiten 3,6, 5,8, 8,2, 12,0 und 27,8 km/h grob abgestuftes Fünfganggetriebe mit Rückwärtsgang, so hatte das Getriebe des 4/60 nunmehr fünf Vorwärtsgänge zwischen 0,7 und 22,5 km/h, einen Rückwärtsgang sowie fünf zusätzliche Kriechgeschwindigkeiten. Das Gewicht betrug 2062 kg. Hier ein Universal 4/60 von 1962.

Der Nuffield Universal 4 wurde fast 13 Jahre lang gefertigt. Dieses restaurierte Fahrzeug aus dem letzten Produktionsjahr ist mit einem Fahrerhaus sehr eigenwilliger Bauart ausgerüstet. Angetrieben wird dieser Halbrahmenschlepper von dem Vierzylinder-Viertakt-BMC-Dieselmotor mit Wasserkühlung. Das Gewicht betrug 2064 kg. 1969 wurde das Unternehmen von der British Leyland Motor Corporation übernommen, sodass aus den Nuffield- nun Leyland-Traktoren wurden.

Fusion mit British Leyland

Nuffield Universal 4/60

1960–1964
PS/kW: 60/43,9
Hubraum: 3770 ccm

Nuffield Universal 4

1948–1961
PS/kW: 45/32,9
Hubraum: 3400 ccm

Kooperation mit verschiedenen Herstellern

Renault V 71

1958–1965
PS/kW: 30/22
Hubraum: 2365 ccm

Der französische Traktorenhersteller Renault mit Sitz in Billancourt bot zum Ende der 1950er-Jahre Maschinen wahlweise mit wasser- und mit luftgekühlten Dieselmotoren an. Neben den ab 1958 aus Deutschland importierten luftgekühlten MWM-Motoren wurden wassergekühlte Wirbelkammer-Dieselmotoren von Perkins verwendet. Neben eigengefertigten Motoren, die seit Mitte der 1960er-Jahre in immer stärkeren Maße zum Einbau in Renault-Traktoren gelangten, wurden in geringem Umfang auch Peugeot-Antriebsaggregate verwendet. Das Modell V 71 war ein mittelstarker Schlepper von kompakter Halbrahmenbauweise, der über den wassergekühlten Dreizylinder-Perkins-Diesel P 3.144 verfügte und mit einem Getriebe mit zwölf Vorwärts- und drei Rückwärtsgängen im Bereich von 0,6 bis 20,9 km/h arbeitete. Aufgrund dieser Abstufung war der V 71 auch für Saat- und Pflegearbeiten sehr geeignet. Der Traktor wog 1485 kg. Dieses mit Muschelkotflügeln ausgerüstete Fahrzeug ist von 1962.

Geringfügig stärker war das Renault-Modell N 71, in welches ebenfalls ein Dreizylinder-Perkins-Diesel, in diesem Fall vom Typ 3.152, eingebaut war. Es war ein Direkteinspritz-Diesel mit Wasserkühlung, der seine Höchstleistung bei 2150 U/min erreichte. Der 1615 kg schwere Traktor verfügte über ein zehngängiges, im Bereich von 0,9 bis 23,9 km/h abgestuftes Getriebe mit zwei Rückwärtsgängen. Dieses 1962 gefertigte Fahrzeug ist mit Frontballastgewichten versehen worden.

Renault N 71

1962–1966
PS/kW: 35/25,6
Hubraum: 2502 ccm

Renault N 72

1960–1966
PS/kW: 24/17,6
Hubraum: 1810 ccm

Der Renault N 72 war ein blockkonstruierter Traktor der mittleren Leistungsklasse und mit einem luftgekühltem Zweizylinder-MWM-Viertakt-Dieselmotor AKD 112 Z ausgerüstet. Das Zehnganggetriebe mit zwei Rückwärtsgeschwindigkeiten erlaubte 0,8 bis 21,3 km/h. Die ersten vier Gänge waren Kriechgeschwindigkeiten. Das Gewicht betrug 1580 kg und neben der Zapfwelle war eine genormte Dreipunkthydraulik vorhanden. Hier ein 1964 gefertigtes Exemplar.

Renault
Super 5 D

1962–1966
PS/kW: 34/24,9
Hubraum: 2263 ccm

Der Super 5 D von Renault – hier ein recht seltener Schmalspurtraktor für den Einsatz in Reihen- oder Sonderkulturen wie im Obst- und Weinanbau – war ein Halbrahmenschlepper, der mit einem wassergekühlten Dreizylinder-Renault-Dieselmotor ausgerüstet war. Auch in diesem Fahrzeug stand ein Zehngang-Schaltgetriebe für 21,3 km/h Höchstgeschwindigkeit zur Verfügung; das Gewicht dieses Schleppers betrug 1585 kg.

Renault
Super 3

1963–1966
PS/kW: 26/19
Hubraum: 1810 ccm

Das Modell Super 3 unterschied sich vom etwa gleich starken N 72 durch das Antriebsaggregat aus eigener Konstruktion und Fertigung: ein luftgekühlter Motor, der eine Höchstdrehzahl von 2000 U/min aufwies. Das Zehnganggetriebe ermöglichte eine Höchstgeschwindigkeit von 22,2 km/h. Auch hier waren die ersten Gänge als Kriechgeschwindigkeiten ausgelegt.

1963 wurde eine Zusammenarbeit mit dem deutschen Mannesmann-Konzern begonnen, nachdem die Mannesmann-Tochter Porsche-Diesel-Motorenbau die Schlepperfertigung eingestellt hatte. Zur geregelten Ersatzteilversorgung wurde die Porsche-Diesel-Renault-Schlepper-Vertriebsgesellschaft gegründet. Hier ein aus dieser Periode stammender Super 3 D Baujahr 1964.

Renault Super 3 D

1963–1966
PS/kW: 26/19
Hubraum: 1810 ccm

Hier ein im Jahr 1999 noch im täglichen Gebrauch befindlicher Renault Super 2 D in Schmalspurausführung aus dem Jahr 1964. Dieses Traktormodell trieb ein Vierzylinder-Peugeot XDP 4-88-Dieselmotor an. Auch in diesem Fahrzeug wurde das bewährte Zehnganggetriebe mit zwei Rückwärtsgängen verwendet. Der Super 2 D wog 1460 kg.

Renault Super 2 D

1963–1966
PS/kW: 26/19
Hubraum: 1946 ccm

Dieses Modell gehörte zu jenen Traktoren, die ab 1970 durch die Zusammenarbeit mit der italienischen Firma Carraro, dem seinerzeit drittgrößten Schlepperproduzenten dieses Landes, unter dem Renault-Markenzeichen vertrieben wurden. Damit gelang es Renault, auch in die Sparte der vierradgetriebenen Traktoren vorzustoßen. Dieses 1974 gebaute Fahrzeug ist mit einer Frontseilwinde ausgerüstet.

Renault
Schmalspurtraktor Allrad

1970–1977
PS/kW: 32/23,4
Hubraum: 1905 ccm

FIAT

Der größte italienische Traktoren-hersteller

Fiat 211 R

1956–1963
PS/kW: 18–20/13,2–14,6
Hubraum: 1135 ccm
Stückzahl: über 80 000

Zu Beginn der 1950er-Jahre erlebte das Unternehmen, das auf dem landwirtschaftlichen Sektor ursprünglich auf Raupenschlepper spezialisiert war, einen rasanten Aufschwung. Bereits seit Ende 1956 befanden sich die Typen der 200er-Serie auf dem Markt. Dazu gehörte auch der Tragschlepper in der Standardausführung 211 R. Daneben gab es u. a. eine Schmalspurausführung unter der Bezeichnung 231 R und als 241 R mit Vierradantrieb. Als Antriebseinheit diente ein wassergekühlter Zweizylinder-Dieselmotor der Motorbaureihe 614, der eine Höchstdrehzahl von 2200 U/min aufwies. Der kleine Traktor verfügte über eine Zapfwelle, Dreipunkthydraulik und ein Sechsganggetriebe mit zwei Rückwärtsgängen im Bereich von 1,9 bis 20,3 km/h. Mit nur 820 kg Gewicht und seiner Portalvorderachse mit großer Bodenfreiheit eignete sich der 211 R hervorragend als Pflegeschlepper oder als Allein- und Universalschlepper für kleine Bauernhöfe. Der Geräteanbau war seitlich, hinten und zwischen den Achsen möglich, sodass bei der Feldarbeit oftmals mehrere Arbeitsgänge miteinander verknüpft werden konnten. Daneben gab es die Variante 211 Rb mit dem in der Drehzahl reduzierten Vierzylinder-Vergasermotor des französischen Pkw Simca Aronde mit 20 PS, 1221 ccm Hubraum und 2300 U/min. Hier ein restaurierter Kleinschlepper 211 R mit 20-PS-Motor aus seinem letzten Fertigungsjahr.

Das **Verkaufsprogramm** von Fiat wurde 1958 um die 300er-Reihe erweitert. Die Fahrzeuge hatten wassergekühlte Fiat-Vierzylinder-Vorkammer-Dieselmotoren der Baureihe 605. Der 30-PS-Motor des 312 R besaß eine Höchstdrehzahl von 2200 U/min. Das Sechsganggetriebe war innerhalb des Geschwindigkeitsbereichs von 2,1 bis 21,3 km/h aufgeteilt. Serienmäßig verfügte dieser Traktor über 1460 kg Gewicht.

Fiat 312 R

1958–1963
PS/kW: 30/22
Hubraum: 1901 ccm

Zeitgleich mit der 300er-Serie erschien mit den 400er-Traktoren auch eine stärkere Reihe auf dem Markt. In diese Fahrzeuge wurden Vierzylinder-Vorkammer-Dieselmotoren der Reihe 615 mit einem größeren Hubvolumen installiert. Ungewöhnlich stark war auch die aus zwei geschalteten 12-Volt-Anlagen bestehende 24-Volt-Licht- und Anlassanlage. Auch in diesem Fall wurde das bewährte Sechsganggetriebe verwendet, das eine Höchstgeschwindigkeit von 22 km/h zuließ. Von der 400er-Serie gab es verschiedene Varianten, wozu u. a. wiederum ein Schmalspur- und ein Allradschlepper gehörten.

Fiat 411 R

1958–1963
PS/kW: 35/25,6
Hubraum: 2270 ccm

Fiat 215

1963–1968
PS/kW: 23/16,8
Hubraum: 1135 ccm

Der seit 1963 von Fiat angebotene Kleinschlepper des Typs 215 löste das Vormodell 211 R ab. Es war ein für den Zwischenachsanbau als Tragschlepper in Halbrahmenbauweise konzipiertes Fahrzeug. Der erste Gang des Sechsganggetriebes war als Kriechgeschwindigkeit ausgelegt. Dieser Traktor besitzt eine Sonderlackierung und ist von 1967.

Fiat 215

Montagna
1963–1968
PS/kW: 23/16,8
Hubraum: 1135 ccm

Der Fiat 215 Montagna, ein Halbrahmenschlepper, war ein in kleiner Serie gefertigter Traktor mit Knicklenkung und vier gleich großen Rädern. Der Motor entsprach dem Standardschlepper Fiat 215. Dieses Fahrzeug wurde überall dort eingesetzt, wo eine besonders hohe Wendigkeit und Geländefähigkeit verlangt wurden. Dieser Knicklenker ist von 1967.

Fiat 215

Hi-Crop
1968
PS/kW: 23/16,8
Hubraum: 1135 ccm

Im Jahr 1963 erschien der leistungsstärkere Typ 215 erstmals in den Fiat-Verkaufslisten. Die Standardausführung dieses von einem wassergekühlten Zweizylinder-Fiat-Dieselmotor angetriebenen Kleinschleppers hatte ein Gewicht von 970 kg und ein Sechsganggetriebe. Hier ein abgewandelter, extrem hochbeiniger Spezialschlepper aus dem Jahr 1968, der zum Spritzen und Bearbeiten von Maisplantagen in Übersee eingesetzt wurde.

Mit dem ab 1963 lieferbaren Modell 315 stand ein leistungsstärkeres Nachfolgemodell des Fiat 311 zur Verfügung. Unter der dunkelgelben Motorhaube dieses mittelschweren Schleppers arbeitete ein Vierzylinder-Fiat-Dieselmotor mit Wasserkühlung. Das Gruppenschaltgetriebe wies sechs Vorwärtsgänge und zwei Rückwärtsgänge auf. Auf Wunsch waren drei zusätzliche Kriechgänge von 0,8 bis 2,0 km/h erhältlich. Der Traktor wog 1520 kg und besaß serienmäßig eine Dreipunkthydraulik. Im Bild ein 1966 gebautes Fahrzeug.

Fiat 315

1963–1968
PS/kW: 33/24,2
Hubraum: 1901 ccm

Der zur 15er-Serie zählende Fiat-Schlepper 715 war das leistungsmäßige Spitzenmodell dieser Reihe. Der mit einem wassergekühlten direkteinspritzenden Vierzylinder-Fiat-Dieselmotor bestückte Traktor war ein sehr kompaktes Kraftpaket. Sein Gewicht betrug 2880 kg. Das bis zu einer Geschwindigkeit von 24,8 km/h ausgelegte Getriebe verfügte mit den vorhandenen Zwischenstufen über insgesamt 14 Vorwärts- und vier Rückwärtsgänge.

Fiat 715

1963–1968
PS/kW: 75/54,9
Hubraum: 4940 ccm

Fiat 300

1972–1978
PS/kW: 28/120,5
Hubraum: 1730 ccm

Im Jahr 1972 gelangten gleichzeitig sechs neue Fiat-Traktormodelle in die Verkaufskataloge, wozu als kleinstes Fahrzeug der Fiat 300 gehörte. Dieses Fahrzeug wurde von einem wassergekühlten Zweizylinder-Fiat-Dieselmotor angetrieben. Um die ihm hauptsächlich als Pflegeschlepper zugedachte Aufgabe erfüllen zu können, konnte das Sechsganggetriebe mit sechs zusätzlichen Kriechgängen ausgerüstet werden.

Fiat 540 Special

1973–1978
PS/kW: 54/139,5
Hubraum: 2592 ccm

Der Fiat 540 Spezial war mit 54 PS Motorleistung ein starker Traktor, der 1973 erstmals am Markt vorgestellt wurde. Der wassergekühlte Dreizylinder-Dieselmotor von Fiat arbeitete mit Direkteinspritzung und das Getriebe wies acht Vorwärtsgänge und vier Rückwärtsfahrstufen auf. Damit eignete sich dieses 1850 kg schwere Fahrzeug nicht nur für schwere Zugarbeiten, sondern auch als Pflegeschlepper.

LANDINI

Der italienische Traktorenhersteller Landini hatte bis weit in die 1950er-Jahre an dem bewährten, aber inzwischen veralteten Einzylinder-Zweitaktverfahren festgehalten. Noch 1955 war mit dem Modell 55 L der leistungsstärkste Glühkopf-Bulldog auf den Markt gekommen. Obwohl die Glühkopfmodelle mit manchen Detailverbesserungen aufwarten konnten, gingen Mitte der 1950er-Jahre die Verkäufe stark zurück. Nur über neuzeitliche Modelle schien der Fortbestand des Unternehmens möglich. Das Problem bestand darin, möglichst rasch geeignete Dieselmotoren zu bekom-

men. Verhandlungen mit der britischen Perkins-Gruppe führten bald zu Ergebnissen, und bereits ab 1957 konnten die ersten beiden neuen Dieselschlepper vorgestellt werden. Die erforderlichen Perkins-Dieselmotoren konnten seither in Italien in Lizenz gebaut werden. Zu den neuen Dieseltraktoren gehörte auch der 50-

PS-Schlepper R 50. Dieses starke Fahrzeug hatte einen wassergekühlten Vierzylinder-Perkins-Dieselmotor A 4.192, der seine Maximalleistung bei 1800 U/min zur Verfügung stellen konnte und einen kugelförmigen Brennraum besaß. Das Schaltgetriebe des 2350 kg schweren Schleppers hatte sechs Vorwärts- und zwei Rückwärtsgänge im Bereich von 2,3 bis 25 km/h. Der Traktor hatte serienmäßig eine Dreipunkthydraulik und war vorwiegend für größere Betriebe und zum Betrieb schwerer zapfwellengetriebener Anhängemaschinen vorgesehen. Dieser Schlepper ist von 1960.

Abwendung vom Glühkopfmotor

Landini R 50
1957–1963
PS/kW: 50/36,6
Hubraum: 3154 ccm

Der Landini R 4000, ein mittelschwerer Schlepper, gehörte zu den Modellen, die ab 1960 das Typenprogramm abrundeten. Der Dreizylinder-Perkins-Dieselmotor A 3.152 mit Wasserkühlung und Direkteinspritzung erbrachte bei 2200 U/min seine Maximalleistung. In diesem 1700 kg schweren Traktor sorgte ein Achtganggetriebe mit zwei Rückwärtsfahrstufen für Geschwindigkeiten von 1,3 bis 24,7 km/h. Hier ein 1962 gebautes Fahrzeug.

Landini R 4000
1960–1965
PS/kW: 40/29,3
Hubraum: 2500 ccm

Spezialist für Allradtraktoren

SAME
Centauro 60

1966–1975
PS/kW: 60/43,9
Hubraum: 3620 ccm

Die Firma SAME (Società Anonima Motori Endothermic) wurde Ende der 1930er-Jahre gegründet. Nach bescheidenen Anfängen im Jahr 1948 baute dieser Hersteller ab 1951 überwiegend luftgekühlte, im Baukastensystem gefertigte Traktormodelle mit Ein- bis Vierzylinder-Dieselmotoren. Gleichzeitig ging man dazu über, alle Modelle auch in einer Allradvariante anzubieten. Eine wichtige Neuerung bedeutete das Jahr 1959 für das Unternehmen, als man eine neu entwickelte hydraulische Tiefeneinstellung erstmals in einen SAME-Traktor einbauen konnte. 1966 erschien die Centauro-Traktorreihe, die mit Hinterrad- oder Allradantrieb angeboten wurde und einen maßgeblichen Anteil am Markterfolg dieses Herstellers hatte. Der Centauro 60 – hier ein 1970 gebautes Allradfahrzeug mit Sicherheits-Umsturzrahmen – verfügte über einen luftgekühlten Vierzylinder-Dieselmotor eigener Herstellung sowie über ein ebenfalls aus eigener Fertigung stammendes Achtganggetriebe mit vier Rückwärtsgängen, die den Bereich von 0,2 bis 27,1 km/h abdeckten. Der Allradschlepper hatte ein Gewicht von 2570 kg und Vorderräder der Größe 10-24, während die Hinterachse mit 11-36er-Rädern bestückt war.

Wegen steigendem Kapitalbedarf für Entwicklungsarbeiten wurde die Firma SAME 1969 in eine Aktiengesellschaft umgewandelt. In der Vergangenheit lag der Hersteller durch seine konsequente Hinwendung zum alternativ erhältlichen Allradantrieb gut im Rennen. Den wachsenden Konkurrenzdruck bekam aber auch SAME zu spüren. Durch die 1972 erfolgte Übernahme des italienischen Kon-

kurrenten Lamborghini und 1977 des Schweizer Fabrikanten Hürlimann gestärkt, konnte man zukünftig eine

gewichtigere Rolle auf dem europäischen Traktorenmarkt einnehmen. Das Modell Saturno 80 verfügte über einen Vierzylinder-SAME-Diesel mit Luftkühlung und ein aus der eigenen Fertigung stammendes Achtganggetriebe mit sechs zusätzlichen Kriechgeschwindigkeiten.

Die Allradausführung wog 2810 kg; der Hinterradschlepper – wie hier mit einem 1972 gebauten Fahrzeug gezeigt – 2560 kg.

SAME
Saturno 80

1970–1978
PS/kW: 80/58,6
Hubraum: 4156 ccm

Der SAME Atlanta zählte leistungsmäßig zur Mittelklasse. Er war mit einem Vierzylinder-V-Dieselmotor mit Direkteinspritzung und Luftkühlung ausgerüstet, der seine maximale Drehzahl bei 2000 U/min entwickelte. Sechs Vorwärtsgänge und drei zusätzliche Kriechgeschwindigkeiten zwischen 0,7 und 25,5 km/h standen in dem aus eigener Herstellung stammenden Triebwerk zur Verfügung.

SAME
Atlanta 45

1969–1975
PS/kW: 42/30,7
Hubraum: 3400 ccm

Österreichs bedeutendster Traktorenhersteller

Steyr 84

1956–1964
PS/kW: 18/13,2
Hubraum: 1330 ccm
Stückzahl: 19 796

Die österreichischen Steyr-Traktorenwerke konnten in den 1950er-Jahren ein Programm solider und ausgereifter Schlepper in nahezu allen wichtigen Leistungsklassen anbieten. Neben von den Standardtraktoren abgeleiteten Schmalspurschleppern bestand das Angebot zum Ende dieses Jahrzehnts aus vier Grundmodellen mit Motorleistungen zwischen 18 und 60 PS. Das kleinste Fahrzeug war der aus dem Einzylinder-Modell Steyr 80 abgeleitete Typ 84. In diesem robusten und sehr zuverlässigen Kleinschlepper arbeitete der einzylindrige Steyr-Dieselmotor WD 113 a mit Wasserkühlung sowie wahlweise ein Vier- oder Fünfganggetriebe. Der auch im Export sehr erfolgreiche Traktor hatte ein Gewicht von 1250 kg sowie serienmäßig eine Zapfwelle und eine Steyr-Dreipunkt-Hydraulik. Dieser Traktor verließ 1961 die Werkstore.

Steyr N 180 a

1959–1963
PS/kW: 30/22
Hubraum: 2661 ccm
Stückzahl: 3715

Der Steyr N 180 a hatte seinen Ursprung bereits in dem 1947 erstmals ausgelieferten Typ 180. Im Zuge der Weiterentwicklung dieses Traktortyps stieg zunächst die Motorleistung auf 30 PS. Die Version N 180 a war gegenüber früheren Fahrzeugen deutlich niedriger und verfügte damit über einen tieferen Schwerpunkt. Die Maschine war ein wassergekühlter Zweizylinder-Steyr-Diesel WD 213, der seine größte Leistung bei 1600 U/min erreichte. Die Vorderachse besaß doppelte Querblattfedern. Hier ein 1961 gebautes Fahrzeug.

Steyr

Das ab 1960 angebotene Mittelklasse-Modell 188 verfügte über den wassergekühlten Zweizylinder-Viertakt-Dieselmotor WD 209 sowie ein Triebwerk mit acht Vorwärts- und sechs Rückwärtsgängen. Erstmals bei einem Steyr-Schlepper war die Hydraulik serienmäßig erhältlich. Der Steyr 188 mit 1390 kg Gewicht hatte eine sehr ansprechende Wespentaillenbauform.

Steyr 188

1960–1966
PS/kW: 28/20,5
Hubraum: 1991 ccm
Stückzahl: 23 223

Das Steyr-Modell 288 war ein leistungsstarker Traktor, der von dem wassergekühlten Vierzylinder-Steyr-Dieselmotor WD 406 angetrieben wurde. Er hatte ein Gewicht von 1930 kg. Serienmäßig war dieser Schlepper mit einem 8/8-Wendegetriebe (auf Wunsch auch in der Ausführung 12/8) mit Regelhydraulik sowie Getriebe-, Motor- und Wegzapfwelle ausgestattet. Das Fahrzeug war mit dem sogenannten „Reitsitz" vor der Hinterachse versehen. Hier ein 1963 gebautes Fahrzeug.

Steyr 288

1962–1966
PS/kW: 45/32,9
Hubraum: 2660 ccm
Stückzahl: 6253

Steyr 190 s

1965–1968
PS/kW: 36/26,4
Hubraum: 2661 ccm
Stückzahl: 377

Ab 1965 wurde der190 s produziert, die Schmalspurvariante des Mittelklasse-Traktors Steyr 190. Er verfügte wie dieser über den Dreizylinder-Steyr-Diesel WD 306/a mit Wasserkühlung, wahlweise über ein 8/6 oder 12/6-Getriebe und serienmäßig über drei unterschiedliche Zapfwellen und die mit einem Bosch-Steuergerät ausgerüstete Steyr-Regelhydraulik. Sein Gewicht betrug 1550 kg und die Spurweite war mehrfach verstellbar. Dieses Fahrzeug ist von 1966.

Steyr 290

1966
PS/kW: 50/36,6
Hubraum: 3017 ccm
Stückzahl: 2265

Der Steyr 290 war seinerzeit das stärkste von diesem Hersteller angebotene Modell. Bis auf den stärkeren Motor bestand eine große Ähnlichkeit mit dem Typ 288. Der Antrieb erfolgte durch den Vierzylinder-Steyr-Dieselmotor WD 406 a mit Wasserkühlung; das Getriebe hatte wahlweise jeweils acht oder zwölf Vorwärts- und Rückwärtsgänge. Das Gewicht betrug 1970 kg.

Steyr 430 n

1967–1970
PS/kW: 32/23,4
Hubraum: 1991 ccm

Zwischen 1966 und 1976 fertigte Steyr die 30er-Modellreihe. Das Steyr-Modell 430 n war ein sogenannter „Bergtraktor" mit niedrigem Schwerpunkt, dadurch allerdings auch mit geringerer Bodenfreiheit und kleineren Hinterrädern als in der Standardvariante. Sein Antrieb erfolgte durch das wassergekühlte Zweizylinder-Steyr-Dieselaggregat WD 210. Das Steyr-Getriebe verfügte entweder über acht oder 16 Vorwärts- und sechs oder 12 Rückwärtsgänge. Hier ein Fahrzeug von 1970.

BOLINDER-MUNKTELL/VOLVO

Die beiden seit 1950 unter der Bezeichnung BM-Volvo zusammengeschlossenen schwedischen Hersteller konnten in den 1950er-Jahren mit leistungsstarken Traktoren aufwarten, die mit direkteinspritzenden Volvo-Dieselmotoren mit bis zu sechs Zylindern ausgerüstet waren. Zu den erfolgreichsten schwedischen Traktoren zählte der BM 350 bzw. das identische Volvo-Modell T 350. Es waren zugkräftige Schlepper, die in den ausgedehnten Waldungen der nordischen Länder auch im Forsteinsatz verwendet wurden. Angetrieben wurden diese Traktoren von dem wassergekühlten Dreizylinder-Viertakt-Diesel 1113 TR. In die-

sen 2870 kg schweren Traktoren war ein zehngängiges Gruppenschaltgetriebe mit zwei Rückwärtsgängen installiert, das den Geschwindigkeitsbereich von 2,6 bis 28 km/h abdecken konnte.

Kraftpakete aus dem hohen Norden

BM 350/Volvo T 350 Boxer

1958–1967
PS/kW: 56/41
Hubraum: 3780 ccm
Stückzahl: 28 400

Dieser schwere Schlepper gehörte seinerzeit zu den stärksten Kraftpaketen auf dem europäischen Markt. Unter seiner Haube arbeitete ein wassergekühlter Vierzylinder-Dieselmotor von Volvo. Das ebenfalls aus eigener Konstruktion und Fertigung stammende Getriebe hatte fünf Vorwärtsgänge und einen Rückwärtsgang. Mit 3360 kg Gewicht konnte der Schlepper in Verbindung mit seiner Motorleistung gewaltige Zugkräfte mobilisieren. Hier ein Fahrzeug von 1961.

Volvo 470 Bison

1959–1966
PS/kW: 75/54,9
Hubraum: 5040 ccm

BM/Volvo T 800

1966–1972
PS/kW: 95/69,5
Hubraum: 5130 ccm

Der seit 1966 gebaute Schlepper hatte einen wassergekühlten Sechszylinder-Volvo-Dieselmotor mit direkter Kraftstoffeinspritzung. Ferner stand ein Achtganggetriebe mit zwei Rückwärtsgängen im Geschwindigkeitsbereich von 2,5 bis 30 km/h zur Verfügung. Das Gewicht betrug 4000 kg.

BM/Volvo 600

1967–1972
PS/kW: 64/46,9
Hubraum: 3780 ccm

Ein zugstarker Schlepper war auch das Modell 600 von BM/Volvo, hier aus dem Jahr 1969. Angetrieben von einem Dreizylinder-Volvo-Direkteinspritz-Diesel, der seine maximale Drehzahl bei 1950 U/min erreichte. Das Zehnganggetriebe war im Geschwindigkeitsbereich von 2,8 bis 30 km/h abgestuft. Der 2800 kg schwere Traktor hatte 12-38er-Hinterreifen.

Volvo T 814

1969–1979
PS/kW: 136/99,6
Hubraum: 5480 ccm
Stückzahl: 1650

Der Volvo T 814 war als schwerer vierradgetriebener Forstschlepper auf die ausgedehnten Waldbestände Skandinaviens zugeschnitten. Hier kamen solche leistungsstarken Maschinen bei der Baumrodung für die Papierindustrie zum Einsatz. Das mit einem wassergekühlten Direkteinspritz-Sechszylinder-Dieselmotor bestückte Fahrzeug verfügte über acht Vorwärts- und zwei Rückwärtsgänge bis maximal 28,4 km/h. Mit seinem niedrigen Schwerpunkt und glatten Unterboden konnte er sich fast überall bewegen, ohne Gefahr zu laufen, hängen zu bleiben. Sein Gewicht betrug 6940 kg. Dieses Fahrzeug ist von 1975.

Der BM/Volvo-Schlepper T 430 – hier mit geschlossenem Fahrerhaus von 1972 – war ein kompakter Traktor mit wassergekühltem Dreizylinder-Dieselmotor. Das Getriebe besaß 16 Vorwärtsgänge und vier Rückwärtsschaltstufen im Bereich von 2,0 bis 27,1 km/h. Bei 2400 kg Eigengewicht betrug das zulässige Gesamtgewicht des Traktors 4120 kg. Die Hinterradbereifung hatte die Größe 12.4-32.

BM/Volvo T 430 Buster

1972–1979
PS/kW. 46/33,7
Hubraum: 2500 ccm

Bucher D 2000

1958–1971
PS/kW: 28/20,5
Hubraum: 2356 ccm

Die Maschinenfabrik Bucher in Niederweningen begann erst im Jahre 1954 mit dem Traktorenbau und konnte mit drei unterschiedlich motorisierten Schleppern der mittleren Klasse aufwarten und sich schließlich in die Riege der fünf größten Schweizer Hersteller einreihen. 1958 brachte man das Modell D 2000 auf den Markt, ein Fahrzeug mit einem luftgekühlten Zweizylinder-MWM-Dieselmotor sowie einem Vorschaltgetriebe für zwölf Vorwärts- und zwei Rückwärtsgänge. Dieser Traktor verfügte über eine Zapfwelle und Dreipunkthydraulik.

Darüber hinaus war die sogenannte „MC-Hydraulik mit Contraschlupf" eingebaut, eine Einrichtung, mit der

ein großer Teil des Gerätegewichts auf die Hinterachse verlagert werden konnte.

Bucher D 4000

1959–1971
PS/kW: 38/27,8
Hubraum: 2715 ccm

Der D 4000, der mit einem luftgekühlten Dreizylinder-MWM-Dieselmotor ausgerüstet war, wurde erstmals 1959 vorgestellt. Das Fahrzeug besaß zehn Vorwärts- und zwei Rückwärtsgänge und wurde, ähnlich wie schon die früheren Typen, ein großer Erfolg. Hier ein tadellos restauriertes Fahrzeug mit angebautem Frontzugmaul aus dem Jahr 1963. Durch die Aufhebung der Einfuhrbeschränkungen in die Schweiz wurde der Markt für in Großserie gefertigte, preisgünstigere Importtraktoren geöffnet, worauf der Absatz nicht nur der qualitativ hochwertigen Bucher-Traktoren stark zurückging. Auch Bucher konnte die viel zu hohen Stückkosten weder weitergeben noch auffangen und stellte zu Beginn der 1970er-Jahre die Traktorenfertigung ein.

BÜHRER

**Bührer
Spezial UM 4/5**

1954–1962
PS/kW: 25/18,3
Hubraum: 1770 ccm
Stückzahl: 1550

Der UM 4/5 zählte zur U-Baureihe Spezial dieses Herstellers. Er wurde als Universal- und Kleintraktor für kleine und mittelgroße Betriebe, aber auch als Zweitschlepper für Großbetriebe angeboten. Angetrieben von dem wassergekühlten Vierzylinder-Dieselmotor OM 636 des Unimog von Daimler-Benz, konnte das Fahrzeug mit dem Fünfganggetriebe UM 4/5 bis maximal 20 km/h erreichen. Eine Normzapfwelle gab es serienmäßig, Hydraulik mit Dreipunkt-Aufhängung, Mähwerk und Verdeck gegen Aufpreis.

Das Modell UM 4/10 unterschied sich von Typ 4/5 durch die vorhandenen zehn Vorwärtsgänge, die in Form von fünf zusätzlichen Zwischengangstufen durch das Bührer-Triplex-Reduktionsgetriebe erreicht wurden. Bei diesem Triebwerk stand auch ein zweiter Rückwärtsgang zur Verfügung. Der Standardtraktor verfügte über eine 12-Volt-Licht- und Anlassanlage sowie über 9-24er-Hinterräder.

**Bührer
Spezial UM 4/10**

1954 1962
PS/kW: 25/10,3
Hubraum: 1770 ccm
Stückzahl: 1550

Bührer
Standard MS 12

1960–1963
PS/kW: 38/27,8
Hubraum: 2260 ccm
Stückzahl: 1480

Der Standard-Traktor MS 12 war ein zugstarkes Mittelklassemodell, mit wassergekühltem Vierzylinder-Viertakt-Dieselmotor von Leyland. Der Schlepper mit der neuen, straffen Formgestaltung besaß das Büh-rer-Triplex-Getriebe mit zehn Vorwärts- und zwei Rückwärtsgängen. Zusätzlich konnte eine Kriechganggruppe ab 0,2 km/h Geschwindigkeit eingebaut werden. Der MS 12 hatte eine starre Vorderachse, Getriebe-zapfwelle und Differenzialsperre serienmäßig. Auf Wunsch konnte man Riemenscheibe, Dreipunkthydraulik, Wegzapfwelle für Triebachsanhänger, gefederte Vorderachse und Verdeck erwerben.

Bührer FFD 6

1960–1969
PS/kW: 86/63
Hubraum: 5420 ccm
Stückzahl: 73

Die Firma Bührer war auch als erfolgreicher Hersteller von Industrietraktoren, die in erster Linie für schnelle Transportaufgaben auf der Straße herangezogen wurden, bekannt. Als Zugmaschinen zogen sie alle Art von Anhängern im Wechselbetrieb oder beför-

derten Schwertransporte. Diese Fahrzeuge besaßen geschlossene Fahrerhäuser. Das Modell FFD 6 war das stückzahlmäßig am häufigsten vertretene Modell. Es verfügte über einen wassergekühlten Sechszylinder-Ford-Dieselmotor und ein Zehnganggetriebe.

Das ab 1965 erstmals erhältliche Modell OF 18 gehörte zu jenen Traktoren, die mit dem im Vorjahr zur Serienreife entwickelten neuen Tractospeed-Getriebe bestückt waren. Diese bahnbrechende Getriebekonstruktion erleichterte das Schalten und Einlegen der Gänge ganz wesentlich, denn nun war

eine Synchronisierung vorhanden, die das Doppelkuppeln und Zwischengasgeben überflüssig machte. Der OF 18 war ein technisch ausgereifter und starker Vielzwecktraktor insbesondere für mittelgroße Landwirtschaftsbetriebe. Er wurde von einem wassergekühlten Vierzylinder-Ford-Dieselmotor angetrieben und besaß 15 Vorwärts- und drei Rückwärtsgänge.

Bührer Standard OF 18

1965–1969
PS/kW: 54/39,5
Hubraum: 3612 ccm
Stückzahl: 624

Sehr leistungsfähig waren die ab 1968 gefertigten Traktoren der G-Baureihe. Das größte Modell, der Super Six, war mit dem wassergekühlten Sechszylinder-Direkteinspritz-Dieselmotor OM 352 von Daimler-Benz ausgerüstet. Es war das in drei Schaltgruppen unterteilte 15-gängige Tractospeed-Leichtschaltgetriebe installiert, für Geschwindigkeiten von 0,9 bis 20 km/h. Die Hinterachse war mit einem Planetenantrieb von ZF ausgerüstet. Dieser Traktor war auch mit einer Turbokupplung mit Freilaufsperre erhältlich. Es war ein schwerer Schlepper – hier ein restauriertes Fahrzeug von 1971 – für die Land- und Forstwirtschaft sowie für gewerbliche Einsätze. Trotz vielfältiger Maßnahmen wurde die Herstellung von Bührer-Traktoren bei zunehmend härterer Konkurrenz verlustreicher und führte 1978 zu deren Einstellung.

Bührer GM 29 Super Six

1968–1975
PS/kW: 100/73,2
Hubraum: 5670 cm
Stückzahl: 51

Hürlimann
D 90

1958–1966
PS/kW: 45/32,9
Hubraum: 2646 ccm

Die Firma Hürlimann aus Wil war ein weiterer renommierter Schweizer Qualitätshersteller von Traktoren, der sich bemühte, dem Druck durch preisgünstigere Mitbewerber entgegenzuwirken. Mit einer neuen, aus drei Traktormodellen mit unterschiedlich abgestuften Triebwerken bestehenden Schleppergeneration, die mit Aggre-

gaten der ab 1957 neu entwickelten Motorreihe DS 70 bestückt wurden,

gelang es, technisch hochwertige Fahrzeuge vorzustellen. Dazu zählte auch das mit wassergekühltem Vierzylinder-Dieselmotor DS 70 ausgerüstete Modell D 90, ein Fahrzeug mit Motorzapfwelle, Doppelkupplung und Zehnganggetriebe. Hier ein gut restaurierter Schlepper mit Windschutzscheibe und Dach von 1963.

Hürlimann
D 70 SSP

1958–1966
PS/kW: 45/32,9
Hubraum: 2646 ccm

Ein weiteres Mitglied dieser neuen Traktorbaureihe war das Modell D 70 SSP, das hinsichtlich seiner Motorausrüstung dem D 90 ent-

sprach, sich aber durch das Getriebe unterschied. Äußerlich waren die drei Typen D 65, D 70 und D 90 kaum voneinander zu unterscheiden. Der

D 70 verfügte über ein Siebenganggetriebe mit Rückwärtsgang, das im Geschwindigkeitsbereich von 0,95 bis 20 km/h abgestuft war.

Hürlimann

Auch als Fabrikant von soliden Allradtraktoren trat die Firma Hürlimann ab 1965 hervor. Das Modell D 130 A war ein solcher Traktor mit angetriebener Vorderachse, der 3300 kg auf die Waage brachte. Weiterhin kam ein synchronisiertes Triebwerk mit zwölf Vorwärts- und sechs Rückwärtsgängen sowie ein wassergekühlter Vierzylinder-Dieselmotor eigener Konstruktion und Fertigung zur Verwendung.

Seit 1969 wurde der aus dem D 90 entstandene Typ D 95 angeboten, ausgerüstet mit dem wassergekühlten Vierzylinder-D 95-Dieselmotor mit direkter Kraftstoffeinspritzung des Fabrikats Hürlimann. In dem 2030 kg schweren Ackerschlepper stand ein im Bereich von 1,87 bis 27 km/h abgestuftes Zehnganggetriebe mit zwei Rückwärtsgängen zur Verfügung. Dieses Modell gab es auch in einer vierradangetriebenen Ausführung. Hier ein Standardschlepper D 95 L mit Seitenmähwerk von 1973. Aufgrund rückläufiger Verkaufszahlen kam es in den späten 1970er-Jahren zu Kooperationen mit SAME und Lamborghini.

Hürlimann D 95 L

1969–1975
PS/kW: 45/32,9
Hubraum: 2948 ccm

Weltweite Vermarktung

John Deere 4020

1965–1972
PS/kW: 100/73,2
Hubraum: 6637 ccm

Die 20er-Reihe von John Deere wurde im Jahr 1965 aus der Taufe gehoben. Das Modell 4020 war ein leistungsstarker Großtraktor, der in den Vereinigten Staaten in der Ausführung als Row-crop-Schlepper für die Plantagenarbeit sehr verbreitet war. Im europäischen Raum war allerdings die Version des Standardschleppers weitaus häufiger anzutreffen. Der Typ 4020 verfügte, ganz gleich in welcher Ausführung, über einen wassergekühlten Sechszylinder-Dieselmotor mit Direkteinspritzung und über ein Gruppenschaltgetriebe mit acht Vorwärts- und zwei Rückwärtsgängen. Neu war bei dieser Reihe die Power-Schaltung. Die Vorteile dieser modernen Schaltung kamen vor allem bei schweren Ackerarbeiten voll zur Geltung, die das Stehenbleiben beim Herunter- oder Heraufschalten in einen anderen Gang überflüssig machte. Links ein Fahrzeug mit Umsturzbügel von 1967. Der in Halbrahmenbauweise entworfene Typ 4020 hatte ein Leergewicht von 3830 kg und verfügte vorne und hinten über eine Motorzapfwelle. Dieser bis zu 32,2 km/h schnelle Schlepper – hier ein Fahrzeug von 1965 – war das leistungsmäßige Spitzenmodell dieser Reihe.

John Deere 1030 VU

1973–1979
PS/kW: 51/37,3
Hubraum: 2700 ccm

Dieser Schmalspurschlepper von John Deere entstand speziell für Arbeiten in Reihen- und Sonderkulturen. Ausgerüstet war das Fahrzeug mit einem Dreizylinder-Viertakt-Dieselmotor mit Wasserkühlung, einem Muffenschaltgetriebe, mit acht Vorwärts- und vier Rückwärtsgängen, inklusive Kriechgeschwindigkeiten. Das Fahrzeug hatte einen kurzen Radstand, eine Heckzapfwelle und ein Gewicht von 1845 kg.

UTB

Die aus einem früheren Rüstungsbetrieb in Brasov, dem ehemaligen
Kronstadt entstandene Firma Uzina
Tractorul Brasov (UTB) begann 1946
mit der Herstellung von Ackerschleppern sowohl für die einheimi-
sche Landwirtschaft als auch für Devisen bringende Exportgeschäfte. In
der Folgezeit entstanden einfache,
gleichzeitig aber auch robuste und
solide Traktoren, die sich aufgrund
ihres günstigen Verkaufspreises
manche Vorteile auf fremden Märk-
ten errangen. Ende der 1960er-Jah-
re führten Westkontakte des rumä-
nischen Unternehmens zu einem Li-

zenzvertrag mit Fiat. Das Modell 530
verfügte über einen wassergekühlten Dieselmotor mit drei Zylindern,

2531 kg Gewicht und ein Achtganggetriebe für den Bereich von 2,2 bis
22,3 km/h.

Der UTB 650 war die größte in den
1960er-Jahren von diesem Hersteller angebotene Maschine. In ihr

wirkte ein wassergekühlter Vierzy-
linder-UTB-Dieselmotor mit Direkteinspritzung mit einer Maximaldreh-

zahl von 1800 U/min. Darüber hinaus
stand ein zehngängiges Schaltgetriebe mit zwei Rückwärtsgängen im
Bereich von 2,6 bis 16,9 km/h zur
Verfügung. Die Reifen der Hinterräder hatten das Maß 12-38 und das
Gewicht betrug 3350 kg. Dieser starke Traktor bot – wie alle Modelle
dieses Herstellers – ein sehr ausgewogenes Preis-Leistungs-Verhältnis.
Wegen dieser Eigenschaften und
seiner reichhaltigen Ausstattung
wurde dem 650 im Jahr 1965 auf einer landwirtschaftlichen Messe in
der DDR eine Goldmedaille verlie-
hen.

Größter rumänischer Traktoren-hersteller

UTB
Universal 530

1963–1970
PS/kW: 55/40,3
Hubraum: 2574 ccm

UTB
Universal 650

1963–1972
PS/kW: 65/47,6
Hubraum: 4760 ccm

UTB
Universal 600

1964–1972
PS/kW: 60/43,9
Hubraum: 3120 ccm

Der UTB 600 war ein zugstarker Traktor mit Getriebe- und Motorzapfwelle, genormter Dreipunkthydraulik und hydraulischer Lenkhilfe. Der mit einem wassergekühlten Vierzylinder-Fiat-Dieselmotor bestückte Traktor erzeugte seine Maximalleistung bei 2400 U/min und hatte ein gut abgestuftes Zwölfganggetriebe mit drei Rückwärtsgängen aus eigener Herstellung im Geschwindigkeitsbereich von 1,2 bis 25,1 km/h. Das Gewicht dieses Ackerschleppers betrug 2735 kg.

ZETOR

Gute und
preiswerte
Schlepper
aus Brunn

Zetor 2011

1964–1968
PS/kW: 25/18,3
Hubraum: 1560 ccm

Die Zetor-Traktorenwerke aus dem in Tschechien gelegenen Brno (Brünn) standen schon seit jeher im Ruf, qualitativ hochwertige Ackerschlepper zu einem außerordentlich akzeptablen Preis herzustellen. Zu Beginn der 1960er-Jahre wurde eine mit Zwei-, Drei- und Vierzylindermotoren bestückte Traktorbaureihe vorgestellt, deren Mitglieder über viele untereinander austauschbare Baukomponenten verfügten. In technischer Hinsicht verkörperten diese Traktoren verglichen mit westlichen Produkten – einen durchschnittlichen bis guten Standard. Das kleinste Fahrzeug der Reihe war das Modell 2011, das von einem wassergekühlten Zweizylinder-Dieselmotor mit Direkteinspritzung und 2000 U/min angetrieben wurde. Das Triebwerk verfügte über zehn Vorwärtsgänge im Bereich von 1,1 bis 23,5 km/h. Mit nur 1300 kg Gewicht war dieses Fahrzeug ein wendiger und kompakter Universalschlepper für kleine Höfe.

Der 1960 erstmals vorgestellte Zetor 50 Super war der erste Zetor-Schlepper mit einem Vierzylinder-Dieselmotor. Dieser wassergekühlte Motor hatte eine Höchstdrehzahl von 1500 U/min und ein Gewicht von 3120 kg. In diesem Modell war ein Achtganggetriebe mit zwei Rückwärtsgängen eingebaut. Dieses hubraumstarke Fahrzeug konnte sich lange Zeit durch gute Nachfrage im Verkaufsprogramm halten. Hier ein tadellos restauriertes Fahrzeug aus dem Jahr 1967.

Zetor 50 Super

1960–1968
PS/kW: 50/36,6
Hubraum: 4160 ccm

Anfang der 1970er-Jahre ging Zetor dazu über, auch vierradgetriebene Traktoren herzustellen. Eines der ersten Modelle war der Allrad-traktor 5748, der mit einem wassergekühlten, nach dem Direkteinspritzverfahren arbeitenden Vierzylinder-Zetor-Dieselmotor mit 2200 U/min Höchstdrehzahl bestückt war. Das Getriebe deckte den Bereich von 1,1 bis 24,4 km/h ab. Das Gewicht dieses Allradschleppers betrug 2900 kg.

Zetor 5748

Allrad

1971–1984
PS/kW: 63/46,1
Hubraum: 3456 ccm

Von Minsk
in die ganze
Welt

Belarus
MTS 5 MC

1958–1966
PS/kW: 45/32,9
Hubraum: 4750 ccm

Die seit Kriegsende im weißrussischen Minsk in mittlerweile mehr als 2,5 Millionen Exemplaren produzierten Traktoren zeichneten sich schon seit jeher durch eine zwar einfache und technisch wenig anspruchsvolle, dafür aber ausgewiesene Robustheit und Solidität aus. Diese Modelle waren das Richtige für Regionen, in denen keine optimalen Reparatur- und Wartungsbedingungen herrsch-

ten, andererseits aber besondere Ansprüche an Geländefähigkeit und Zugkraft gestellt wurden. Doch auch in der früheren DDR gab es kaum eine Traktorstation oder LPG, auf der keine Belarus-Traktoren anzutreffen waren. Aus dieser Fertigungsperiode stammt auch Typ MTS 5, der mit einer Fahrerkabine ausgerüstet ist (links). Der großvolumige Vierzylinder-Diesel mit Wasserkühlung er-

brachte mit 1500 U/min seine Maximaldrehzahl. Das Getriebe verfügte über zehn Vorwärts- und zwei Rückwärtsgänge. Obwohl der überwiegende Teil der Belarus-Traktoren mit einem festen Fahrerhaus ausgeliefert wurde, gab es in geringerer Stückzahl auch offene Fahrzeuge. Hier ein solcher, im Jahr 1963 gebauter und bestens restaurierter Ackerschlepper.

Belarus 640

1958–1966
PS/kW: 65/47,6
Hubraum: 4750 ccm

Der Belarus 640 – hier ein 1960 gebautes Fahrzeug mit Frontgewichten und geschlossenem Fahrerhaus – war ein leistungsstarker Traktor sowohl für die Feldarbeit als auch für schnelle Straßentransporte. Das hier gezeigte Exemplar ist mit einem Schnellganggetriebe ausgerüstet, das eine Höchstgeschwindigkeit von 55 km/h ermöglicht. Der Antrieb erfolgte durch ein Vierzylinder-Dieselaggregat mit Wasserkühlung.

Im Jahr 1970 ergänzte das Modell Belarus 800 die Angebotspalette nach oben. Dieser starke Schlepper hatte einen durch Drehzahlerhöhung stärkeren Motor, welcher auf dem Vierzylinderaggregat basierte.

Die Formgebung war eckiger geworden, die Scheinwerfer standen nicht mehr frei, sondern befanden sich nun in der Front integriert unterhalb des Kühlerschutzgitters. Mithilfe des im Fahrzeug installierten Neungang-getriebes konnte der 2800 kg schwere Schlepper im Geschwindigkeitsbereich von 1,3 bis 25 km/h bewegt werden. Hier ein 1970 gebautes Fahrzeug mit geschlossenem Fahrerhaus und 12-38er-Hinterrädern.

Belarus 800

1970–1982
PS/kW: 50/36,6
Hubraum: 4750 ccm

Der Belarus 804 war die Allradvariante des Hinterradschleppers. Motor und Getriebe entsprachen dem Hinterradmodell. Die Vorderräder hatten die Größe 8.00-20, während die Hinterräder mit der Reifengröße 15-30 bestückt waren. Auch das Gewicht lag mit 3000 kg über dem der Hinterradausführung.

Belarus 804

1970–1982
PS/kW: 50/36,6
Hubraum: 4750 ccm

1975–heute

DIE ENTWICK-LUNG ZUM MODERNEN TRAKTOR

Hightech, Elektronik und Motorleistung bestimmen das Bild

Das Marktgeschehen in der Schlepperbranche der letzten Jahrzehnte wurde durch rückläufige Zulassungszahlen bestimmt. Dabei handelte es sich weitgehend um Ersatzbeschaffungen und nicht um Neukunden. Wurden im Jahr 1975 noch 64 171 Traktoren gekauft, so waren es fünf Jahre später nur noch 45 477 Exemplare. Seit 1990 haben sich die jährlichen Zulassungen auf rund 30 000 Einheiten eingependelt. Bis heute verschärfte sich der Konkurrenzkampf in der deutschen Landwirtschaft und die Exporte ins Ausland.

Moderne, technisch hochentwickelte Traktoren haben kaum noch Gemeinsamkeiten mit frühen Schleppermodellen.

DIE MODERNEN FAHRZEUGE MIT NEUZEITLIchen, vielfach mit Abgas-Turboladern ausgestatteten Motoren haben mit den alten Traktoren kaum noch etwas gemeinsam. Früher war es die einfache und übersichtliche Konstruktion, bei der der Bauer mit vier oder fünf Vorwärtsgängen, einem Rückwärtsgang und vielleicht noch einer Kriechgeschwindigkeit zufrieden war. Heute sind es üppig ausgestattete Hightechmaschinen, die mit 40 und mehr unter Last schaltbaren Vorwärtsgängen – seit einiger Zeit gibt es sogar stufenlose Vario-Getriebe – bestückt sind. Die Durchschnittsleistung der Traktoren in Deutschland liegt zwischen 90 und 100 PS, wobei es durchaus üblich geworden ist, dass in Großbetrieben eingesetzte Maschinen mit bis zu 300 PS und mehr aufwarten können. Allradantrieb bildet nun nicht mehr die Ausnahme, sondern den Regelfall. Die Duo-Zapfwelle am Heck sowie Frontzapfwelle und -hydraulik für den Betrieb von Frontanbaugeräten gehören zur Standardausrüstung. Gleichwohl vollzog sich eine stetige Verbesserung in der Übertragung der Motorleistung an die Arbeitsgeräte.

Innovative Technik

Besonders deutlichen Veränderungen war der früher stets als konstruktives Stiefkind angesehene Platz des Schlepperfahrers unterworfen. Bestand dieser noch in den 1950er-Jahren meist aus Lenkrad, einer überaus kargen Instrumentierung und einer einfachen Schwingsitzmulde aus Stahlblech, bieten die heute vollklimatisierten, geräuschisolierten und hydropneumatisch gefederten Kabinen einen unvergleichlich höheren Komfort. Die heutige Fahrerkabine ist geräumig, hat Rundumsicht sowie eine benutzerfreundliche Anordnung der Bedienungs- und Kontrollelemente. Luftgefederte, ergonomisch geformte, höhen- und längsverstellbare Komfortsitze mit Bandscheiben- und Nackenstützen sowie Armlehnen entsprechen viel mehr einem Clubsessel als dem Arbeitsplatz eines Schlepperfahrers. Die Ausrüstungsmerkmale und Eigenschaften der Traktoren verstecken sich hinter Begriffen wie PowrQuad, Power Shuttle, Quad Range, Electro Shift, Terra Glide oder Variotronic. Elektronik, Computertechnik, Satellitennavigation und eine übergroße Informationsfülle haben auch in der Schleppertechnik längst die Herrschaft übernommen.

Zunehmende Globalisierung

Aufgrund der in den Industriestaaten stagnierenden Nachfrage, aber auch im Hinblick auf die immense Investitionen erfordernden Entwicklungskosten neuzeitlicher Technik, die selbst von Großunternehmen allein kaum noch aufgebracht werden können, schließen sich die meisten der wenigen noch existierenden Mitbewerber in unterschiedlichen Gruppierungen weltweit zusammen. Derzeit sind noch fünf global kooperierende und agierende Konzerne dieser Branche übrig.

Zur optimalen Nutzung ihrer Ressourcen bildeten viele Hersteller internationale Konzerne.

Vom Intrac zum Agrotron

Intrac 2002
1972–1974
PS/kW: 51/37,3
Hubraum: 2826 ccm

1967 präsentierte Deutz mit der D 06-Serie ein vollständig neues Typenprogramm, dessen erste Exemplare mit dem Beginn des Jahres 1968 zur Auslieferung gelangten. Diese ständig erweiterte und modifizierte Traktorreihe sollte bis zum Jahr 1981 Bestand haben. Zum Einbau gelangten Antriebsaggregate der neuen luftgekühlten Motorenbaureihe FL 912. Es waren Direkteinspritzer mit größerem Hubraum in Ausführungen von zwei bis sechs Zylindern, deren Leistungen anfänglich zwischen 24 und 85 PS lagen. Das auffälligste äußere Merkmal gegenüber der früheren 05er-Reihe waren die kantigen, nach vorn zu öffnenden Motorhauben, in deren Front die Scheinwerfer integriert waren. Bei den Triebwerken gelangten die neuen Deutz-TW-Getriebe zum Einbau. Die 1980 vorgestellten Traktoren der D 07er-Baureihe basierten im Wesentlichen auf der Form und dem letzten technischen Entwicklungsstand der 06er-Reihe. Dabei hatten die Motorhauben einige Änderungen erfahren. Es gelang mit den 07er-Traktoren die Verkaufserfolge bis zu den 1984 vorgestellten DX 3-Modellen fortzusetzen. Großes Aufsehen erregte das auf der DLG-Ausstellung des Jahres 1972 erstmals dem Publikum präsentierte Intrac-System von Deutz. Ihm lag der Gedanke zugrunde, dass sich die Leistung eines Traktors wesentlich stei-

gern ließ, wenn man mehrere Arbeitsgänge miteinander verknüpfte und gleichzeitig Stand- und Leerlaufzeiten auf ein Minimum reduzierte. Zu diesem Zweck erhielt der mit einer serienmäßigen, über der Vorderachse angeordneten Kabine mit Schiebetüren am Heck eine kleine Pritsche über der Hinterachse, auf der beispielsweise Saatgut oder Düngemittel mitgeführt werden konnte. Der Intrac erhielt zur Erweiterung seiner Einsatzmöglichkeiten Frontkraftheber und Frontzapfwelle. Dadurch konnten gleichzeitig Arbeitsgeräte im Front- und Heckanbau kombiniert werden. Mithilfe eines neuen Schnellkuppelverfahrens war das Ankuppeln von Geräten möglich, ohne dass der Landwirt dafür die Kabine verlassen musste. Um das neue System möglichst kostengünstig realisieren zu können, entnahm man wesentliche Baukomponenten, wie Motor und Triebwerk, dem D 5006-Standardschlepper. Hier ein restaurierter Intrac 2002 aus der ersten Bauserie von 1974. Der Antrieb dieses 2680 kg schweren Fahrzeugs erfolgte durch das luftgekühlte Dreizylinder-Deutz-Dieselaggregat F3 L 912. Das Deutz-Triebwerk TW 50.3 wies zwölf Vorwärts- und drei Rückwärtsgänge auf.

Der D 8006, ab 1972 angeboten, war das Nachfolgemodell des seit 1970 unter dem gleichen Namen gefertigten Vormodells und mit optimierter Deutz-Bosch-Hydraulikanlage. In dem starken, hier in der Allradausführung des Baujahrs 1975 gezeigten Traktor mit Spezialkabine arbeitete der luftgekühlte Sechszylinder-Deutz-Dieselmotor F6 L 912 mit direkter Kraftstoffeinspritzung sowie ein ZF-Getriebe mit 16 Vorwärts- und sieben Rückwärtsgängen. Die Hydraulikanlage besaß eine Hubkraft von 3600 kg.

Deutz D 8006 A

1972–1978
PS/kW: 80/58,6
Hubraum: 5652 ccm

Nachfolger der D 07er-Typen waren 1978 die ersten DX-Traktoren. Diese boten im Hinblick auf Technik und Komfort gegenüber den im Prinzip noch auf den alten 06er-Typen aufbauenden, sozusagen als Zwischenlösungen geltenden Vorgängerfahrzeugen wesentliche Verbesserungen. Dazu zählte auch die nun verwendete neue Motorbaureihe FL 913, bei der Leistungssteigerungen zu verzeichnen waren. Neu war ebenfalls das Deutz-TW-Getriebe, das beim Modell DX 120 je nach Ausstattung entweder 15 oder 20 Vorwärtsgänge und fünf Rückwärtsgänge aufwies. Der als hinterradgetriebener Standardschlepper oder auch mit Vierradantrieb erhältliche DX 120 war mit dem Sechszylinder-

DX 120

1980–1983
PS/kW: 110/80,5
Hubraum: 6128 ccm

Viertakt-Saugdiesel des Typs F 6 L 913 von Deutz ausgerüstet. Die hier gezeigte allradgetriebene Ausführung wog 4885 kg. Der Traktor ist mit Frontballastgewichten und Zusatzgewichten ausgerüstet.

DX 3.30 Star Cab

1985–1990
PS/kW: 54/39,5
Hubraum: 2827 ccm

Das Modell DX 3.30 StarCab war ein Traktor der leichteren Leistungsklasse, dessen Komfortkabine StarCab einen deutlich gesenkten Geräuschpegel aufzuwies. Das Fahrzeug wog mit dem luftgekühlten Dreizylinder-Saugdiesel F 3 L 912 in der im Bild gezeigten Allradversion 3290 kg. Das Deutz-Getriebe war mit 16 oder 24 Vorwärts- und acht Rückwärtsgängen lieferbar.

AgroPrima 4.56

1991–1999
PS/kW: 90/65,9
Hubraum: 4085 ccm

Im Jahr 1989 wurden die ersten Schritte eingeleitet, um das Deutz-Traktorenprogramm komplett zu erneuern. Zu den neuen Modellen gehörten auch die ab 1991 unter der Bezeichnung „AgroPrima" angebotenen zukünftigen Standardtraktoren über 70 PS Motorleistung. Das seit 1991 gebaute Modell 4.56 stellte eine leistungsmäßig gesteigerte Ausführung des bereits zwei Jahre zuvor erhältlichen Typs 4.51 dar. Der AgroPrima 4.56 verfügte über den Vierzylinder-Diesel BF 4 L 913 mit Luftkühlung.

Für die Zielgruppe der Obst- und Weinbauern bot man ab 1987 den DX 3.50 F an. Mit dem luftgekühlten Dieselantriebsaggregat F3 L913 erreichte er 2500 U/min. Das gut abgestufte Deutz TW-550-Getriebe besaß entweder acht oder 24 Vorwärts- und wahlweise vier oder 12 Rückwärtsstufen. Den DX 3.50 F

gab es wahlweise mit Hinterrad- oder mit Allradantrieb, wobei die letztgenannte Variante ein Gewicht von 2350 kg zu verzeichnen hatte. Dieses Modell und der geringfügig stärkere Typ DX 3.70 F waren die letzten Schmalspurtraktoren, die in Köln gefertigt wurden.

DX 3.50 F

1987–1995
PS/kW: 60/43,9
Hubraum: 3060 ccm

AgroXtra 6.17

1991–2000
PS/kW: 113/82,7
Hubraum: 6128 ccm

Im Jahr 1990 wurde der erste Schräghaubenschlepper der Baureihe AgroXtra vorgestellt. Das verbesserte die Sicht des Schlepperfahrers nach vorn erheblich. Diese Bauweise wurde zum Vorbild für viele andere Hersteller. Das stärkste Fahrzeug dieser Modellreihe war der Typ 6.17, der über den Sechszylinder-Direkteinspritz-Diesel F6 L913 mit Luftkühlung sowie ein Triebwerk mit entweder 20 oder 24 Vorwärts- und fünf oder sechs Rückwärtsgängen verfügte. Die zeitgemäße Hydraulik bewältigte 6500 kg und das ausschließlich mit Allradantrieb lieferbare Fahrzeug brachte 4700 kg auf die Waage.

AgroCompact 80 F

seit 1997
PS/kW: 80/58,6
Hubraum: 3768 ccm

Mit dem 1995 erfolgten Verkauf der Landtechniksparte an die italienische SAME-Gruppe 1995 endete gleichzeitig auch die nahezu 70-jährige Traktorenfertigung in den Kölner Werksanlagen. Sie wird seit dem Herbst 1996 in dem ehemaligen Mähdrescherwerk von Deutz-Fahr in Lauingen an der Donau fortgeführt. Zu den unter der Rubrik Spezialtraktoren angebotenen neuen Schmalspurschleppern gehört die vier Mitglieder umfassende Agrocompact-

Reihe, deren Leistungsbreite sich zwischen 60 und 88 PS bewegt. Die Agrocompact-Traktoren gibt es in der Variante F zum Einsatz im Obst-

anbau und V im Weinbau. Vorhanden sind jeweils Zapfwellen und Hydraulikanlagen vorne und hinten, mit denen alle erdenklichen Gerätekombinationen betrieben werden können. Bei den Getrieben kann zwischen einer Synchro-Split-Version und einer Powershift-Variante gewählt werden. Dabei stehen bei ersterer Ausführung 20, beim Lastschalt-Powershift-Getriebe sogar 45 Vorwärtsgänge zur Verfügung. Hier das Allradmodell 80 F.

Agrotron 165 MK 3

seit 2000
PS/kW: 160/117,1
Hubraum: 7646 ccm

Im Jahr 1997 wurden die ersten Mitglieder der aus der Zusammenarbeit mit der SAME-Gruppe entstandenen, in Lauingen gefertigten Agrotron-Traktoren vorgestellt. Es

sind Großtraktoren, bei denen die Anforderungen der Kunden aus der Großflächenbewirtschaftung im Vordergrund standen. Sie verfügen über modernste Motorentechnik sowie-

über viele innovative elektronische Baukomponenten wie der Electronic Motor Control (ECM) oder das elektronisch gesteuerte Powershift-Getriebe (EPS).

Auf der gleichen Basis wie das Modell 165 bewegt sich auch der stärkere Agrotron 200, der gleichfalls über eine Komfortkabine mit nahezu vollkommener Rundumsicht und eingebauter Klimaanlage verfügt und ebenso komfortabel ist wie ein Pkw. Das Gewicht dieses Großtraktors beträgt 7500 kg, installiert ist ein Sechszylinder-Diesel.

Agrotron 200 MK 3

seit 2000
PS/kW: 200/146,4
Hubraum: 7146 ccm

Die aus drei Mitgliedern bestehende Agrotron TTV-Reihe zeichnet sich durch eine stufenlose Getriebetechnologie aus. Mithilfe der vorhandenen Standardkomponenten Planetengetriebe, Hydrostat-Einheit und Wendegetriebe wird ein hoher Wirkungsgrad erreicht. Damit ist ein stufenloses Fahren von 0 bis 50 km/h – vorwärts wie rückwärts – möglich.

Agrotron TTV 1160

seit 2000
PS/kW: 2150/109.8
Hubraum: 7146 ccm

Der Agrotron 230 ist leistungsmäßig nach dem Typ 260 das derzeit zweitstärkste Fahrzeug dieser neuen Traktorbaureihe von Deutz-Fahr. Die Sechszylinder-Deutz-Motoren verfügen über ein Hochdruck-Einspritzsystem und Ladeluftkühlung. Die Kabine ist mit einer Ökoklimaanlage und einer niveauregulierenden Kabinenfederung ausgestattet. Erwähnenswert ist auch die Turbokupplung, die ein sanftes, ruckfreies Anfahren des 8910 kg schweren Großschleppers ermöglicht.

Agrotron 230 MK 3

seit 2000
PS/kW: 230/168,4
Hubraum: 7146 ccm

Ein erfolgreicher Hersteller gerät ins Abseits.

Eicher 3105

1978–1982
PS/kW: 105/76,9
Hubraum: 5890 ccm
Stückzahl: 55

In den 1960er-Jahren brachte die Raubtier-Traktoren-Reihe der Firma Eicher großen Erfolg, der ab 1968 mit von einem Designerbüro neu gestalteten Schleppermodellen der Serie 3000 in geringerem Umfang fortgesetzt werden konnte. Unter anderem weil der Getriebelieferant ZF die Fertigung der eingesetzten Getriebe aufgegeben hatte, kam es zu einer Kooperation mit Massey-Ferguson und zur Umwandlung des Unternehmens in eine GmbH. Seit 1974 wurden überwiegend Perkins-Dieselmotoren und – bis auf die Sechszylinder-Modelle – M+F-Getriebe in die Eicher-Traktoren eingebaut. 1978 stellte Eicher völlig überarbeitete Drei- und Vierzylindertraktoren in ei-

nem auffällig kantigen Design vor. So das Modell 3105 mit der internen Bezeichnung 3021, das mit dem luftgekühltem Sechszylinder-Eicher-Diesel EDK 6-4 angetrieben wurde.

Der starke Traktor hatte 16 Vorwärts- sowie sieben Rückwärtsgänge und ein Gewicht von 4780 kg. Hier ein Fahrzeug von 1978 mit Eicher-Kabine.

Eicher 3108 Wotan Turbo Allrad

1985–1990
PS/kW: 108/79,1
Hubraum: 5890 ccm

Im Jahr 1985 entstand durch Einbau eines aufgeladenen Motors das Modell Turbo Allrad aus dem seit 1982 in kleinen Stückzahlen gefertigten Allradtyp 3108. Dieser Traktor besaß den EDL 6-4 Eicher-Motor mit Turboaufladung und Luftkühlung, der über eine Höchstdrehzahl von 2300 U/min verfügte. Dem bis 40 km/h schnellen Schlepper standen 20 Vorwärts- und neun Rückwärtsgänge zur Verfügung.

Auf einer Agrarmesse
1989 hielt Eicher mit dem Modell Königstiger 2070 eine Überraschung bereit. Es war das auf das Eicher-Design angepasste SAME-Modell Explorer, das von einem luftgekühlten Dreizylinder-

Eicher-Dieselmotor mit Turboaufladung angetrieben wurde. Leider wurde der Serienbau dieses durchaus realisierbaren kleinen Allradtraktors nicht aufgenommen.

Eicher Königstiger 2070 Allrad

1989
PS/kW: 70/51,2
Hubraum: 2945 ccm
Stückzahl: 1

Der seit 1990 in geringer Stückzahl gefertigte Typ 2100 Allrad von Eicher entsprach – bis auf die blaue Lackierung – weitgehend dem Hürlimann H-4105 Elite aus dem SAME-Verkaufsprogramm. In ihm arbeitete ebenfalls ein wassergekühlter SLH-Diesel mit Turboaufladung und ein Getriebe dieses Herstellers. Die Höchstgeschwindigkeit dieses 3480 kg schweren Allradschleppers betrug 40 km/h.

Eicher 2100 Allrad

1990–1991
PS/kW: 103/75,4
Hubraum: 4000 ccm

Seit den frühen 1960er -Jahren hatte Eicher in dem Segment der Schmalspurschlepper eine tragfähige Marktnische gefunden, die sich zu einem wichtigen Standbein entwickelte und die Turbulenzen der 1960er Jahre besser zu überstehen half. Seit 1991 wurde der Typ 780 AS als der stärkste jemals von Eicher angebo-

tene Schmalspurschlepper in Serie produziert. Dieses Fahrzeug besaß einen luftgekühlten Vierzylinder-Eicher-Dieselmotor, ein Getriebe mit je zwölf Vor- und Rückwärtsgängen, Vierradbremsen und war 39 km/h schnell. Die Eicher-Bosch-Hydraulik des 2825 kg schweren Traktors verfügte über 2160 kg Hubkraft.

Eicher 780 AS

1991–1998
PS/kW: 80/58,6
Hubraum: 3927 ccm

Der Marktführer in Deutschland

Fendt Favorit 610 LS

1976–1984
PS/kW: 95/69,5
Hubraum: 5652 ccm
Stückzahl: 3.077

Die marktorientierte Produktentwicklung bei Fendt wurde zur Basis für den kontinuierlichen Aufwärtstrend. Sehr erfolgreich waren die Geräteträger, bei denen das Unternehmen in Deutschland die führende Rolle spielte. 1976 stieg man mit der Favorit-Reihe in den Bereich der Großtraktoren mit Motorleistungen bis 150 PS ein. 1985 erreichte Fendt mit 18,4 % Marktanteil den ersten Platz in der deutschen Zulassungsstatistik. Diesen Platz brauchte man bisher nicht mehr abzugeben. Fendt hatte nicht nur in Deutschland, sondern in ganz Europa und schließlich in der ganzen Welt eindrucksvolle Verkaufserfolge aufzuweisen. Das Modell 610 LS aus der Favorit-Reihe wog 4940 kg und verfügte über einen direkteinspritzenden Sechszylinder-Deutz-Dieselmotor mit Wasserkühlung. Das Vollsynchron-Feinstufengetriebe besaß zwölf Vorwärts- und fünf Rückwärtsgänge. Die hinten angeordnete Motorzapfwelle war serienmäßig. Hier ein Fahrzeug von 1977.

Fendt F 250 GT

1970–1977
PS/kW: 45/32,9
Hubraum: 3120 ccm
Stückzahl: 4237

Mit dem F 250 GT brachte Fendt 1970 ein neues Geräteträgermodell auf den Markt, das vor allem durch seinen als luftgekühlten Dreizylinder-Viertakt-Diesel ausgebildeten Unterflurmotor aus dem Rahmen fiel. Durch diese Motoranordnung machte sich das Antriebsaggregat für den Fahrer nicht mehr störend bemerkbar. 13 Vorwärts- und vier Rückwärtsgänge sowie ein Schnellgang bis 30 km/h standen zur Verfügung. Vorn und hinten befand sich eine lastschaltbare Motorzapfwelle.

Die Fendt-Traktoren der 200er-Reihe waren für unterschiedlichste Aufgaben- und Spezialgebiete geeignet. Das mit einem luftgekühlten direkteinspritzenden Dreizylinder-Viertakt-Diesel motorisierte Modell 260 S hatte ein Overdrive-Vollsynchron-Feinstufengetriebe, das über 21 Vorwärts- und sechs Rückwärtsgänge verfügte und 40 km/h ermöglichte. Dieses Modell gab es ebenfalls in einer Allradvariante mit 2770 kg Gewicht.

Fendt Farmer 260 S

1987–1997
PS/kW: 60/43,9
Hubraum: 3064 ccm

Ab 1985 startete Fendt eine erfolgreiche Geräteträger-Baureihe mit Allradantrieb. Mit dem Modell F 395 GTA wurde 1989 die eine hervorragende Rundumsicht bietende Maschine als 115-PS-Geräteträger auf den Markt gebracht. Ein vollsynchronisiertes Triebwerk mit 21 Vorwärts- und sechs Rückwärtsgängen sorgte für eine Höchstgeschwindigkeit von 40 km/h. Die Spur dieses 5060 kg schweren Geräteträgers ließ sich siebenfach verstellen.

Fendt F 395 GTA

seit 1989
PS/kW: 115/84,8
Hubraum: 6129 ccm

Mit der 300er-Reihe begann bei Fendt ein aus zunächst vier Modellen bestehendes Bauprogramm in der gehobenen Mittelklasse mit kraftstoffsparenden Vierzylinder-Dieselmotoren mit Wasserkühlung und Direkteinspritzung sowie ein Synchrongetriebe mit 14 Vorwärts- und vier Rückwärtsgängen, dessen Gangzahl ab 1987 auf 21 Vorwärts- und sechs Rückwärtsgeschwindigkeiten erhöht wurde. Ebenso stieg die Motorleistung von 62 auf 70 PS.

Fendt 305 LS

1980–1993
PS/kW: 62–70/45,4–51,2
Hubraum: 3768–4154 ccm
Stückzahl: 7447 (ab 1984)

Fendt Farmer 308 LS

1980–1996
PS/kW: 78–86/57,1–63
Hubraum: 4154 ccm
Stückzahl: 14 262

Das Modell 308 LS konnte sich, laufend dem neuesten technischen Standard angepasst, 16 Jahre lang in den Verkaufslisten erfolgreich behaupten. Der Traktor hatte einen wassergekühlten Vierzylinder-Dieselmotor mit direkter Kraftstoffeinspritzung und anfangs 15, später 21 Vorwärtsgänge für 40 km/h Höchstgeschwindigkeit. Während der Hinterradschlepper auf 3665 kg kam, wog das Allradfahrzeug 3870 kg. Seit 1991 setzte ein Turbolader die in den Abgasen befindlichen Energien frei und brachte den Motor anfangs auf 82, später sogar auf 86 PS.

Fendt Farmer 304 LS

1982–1996
PS/kW: 58–70/42,5–51,2
Hubraum: 3116 ccm

Der wassergekühlte Dreizylinder-Schlepper Farmer 304 LS stand bald über 14 Jahre in den Verkaufslisten des schwäbischen Herstellers. Zu Beginn gelangte ein Getriebe mit 15 Vorwärts- und vier Rückwärtsgängen, ab 1987 ein solches mit 21 Vorwärts- und sechs Rückwärtsstufen zum Einbau. Ab 1991 wurde durch Turboaufladung die Motorleistung auf 70 PS erhöht. Den Schlepper gab es mit und ohne Allradantrieb.

Fendt Farmer 307 LS

1985–1993
PS/kW: 70–75/51,2–54,9
Hubraum: 3117 ccm
Stückzahl: 4667

Der Fendt Farmer 307 LS hatte einen wassergekühlten Dreizylinder-Dieselmotor mit Direkteinspritzung und Abgas-Turboaufladung sowie ein synchronisiertes Getriebe mit 21 Vorwärts- und sechs Rückwärtsgängen. Das Fahrzeug besaß eine hydrostatische Lenkung und eine lastschaltbare Zapfwelle mit drei Geschwindigkeiten. Alternativ gab es auch hier Hinterrad- oder Allradantrieb. Ab 1991 standen eine neue Elektronik und ein neu gestalteter Fahrerplatz zur Verfügung.

Der 260 P war die schmalspurige Version des Standardtraktors 260 S, den es mit Hinterrad- oder Allradantrieb gab. Motor und Getriebe waren mit dem 260 S identisch. Die Variante P zeichnete sich als Plantagentraktor durch kompakte Bauweise, niedrige Höhe, Wendigkeit und herausragende Zapfwellenleistung aus. Serienmäßig waren Selbstsperrdifferenzial und Vierradbremsen bei der Allradausführung.

Fendt Farmer 260 P

1988–1992
PS/kW: 60/43,9
Hubraum: 3064 ccm
Stückzahl: 461

Im Jahr 1993 wurde mit dem Farmer 312 das Spitzenmodell dieser Reihe vorgestellt. Der Allradtraktor wurde durch einen wassergekühlten Sechszylinder-Viertakt-Dieselmotor mit Abgas-Turbolader angetrieben, der seine Höchstleistung bei 2400 U/min abgeben konnte. Das EHS-Wendegetriebe verfügte über je 21 Vor- und Rückwärtsgänge. Das Gewicht betrug 5200 kg, die Höchstgeschwindigkeit 40 km/h. Die patentierte Vorderachsfederung passte sich automatisch den unterschiedlichen Vorderachsbelastungen an.

Fendt Farmer 312

1993–2000
PS/kW: 125/91,5
Hubraum: 6234 ccm

Fendt Farmer 309

1993–2000
PS/kW: 125/91,5
Hubraum: 4156 ccm

Mit dem Modell 309 von 1993 präsentierte Fendt einen weiteren Schlepper in der wichtigen mittleren Leistungsklasse, der in den Folgejahren ständig verbessert und mit der neuen, hydropneumatischen Vorderachsfederung ausgerüstet wurde. Der Vierzylinder-Viertakt-Dieselmotor

mit Wasserkühlung, Abgas-Turbolader, Ladeluftkühler und Direkteinspritzung gab 2300 U/min her. Das Fahrzeug war ein sparsamer Universal- und Transportschlepper mit 21-gängigem EHS-Wendegetriebe, verstellbarer Lenksäule und lastschaltbarer Zapfwelle.

Fendt Favorit 514 C

1993–1999
PS/kW: 140/102,5
Hubraum: 6234 ccm

Die im Herbst 1993 vorgestellte 500 C-Reihe bestand aus allradgetriebenen Kompakttraktoren im Leistungsbereich von 95 bis 140 PS. Das mit niveaureguliertem Vorderachsfederung ausgerüstete Modell 514 C war das stärkste Fahrzeug. Neu war das von Fendt konstruierte Turboshift-Wendegetriebe, das

modernste Turbokupplungstechnik mit den Vorteilen eines Lastschaltgetriebes vereinte. Dieses umfasste jeweils 24 Vor- und Rückwärtsstufen sowie 20 zusätzliche Kriechgänge für Vor- und Rückwärtsfahrt. Die Höchstgeschwindigkeit betrug wahlweise 40 oder 50 km/h.

Fendt Favorit 824

1993–2000
PS/kW: 230/168,4
Hubraum: 6870 ccm

Mit der Reihe 800 markierte Fendt den Einstieg in die Klasse der schweren Großtraktoren. Die vier lieferbaren Typen präsentierten den Leistungsbereich zwischen 170 und 230 PS. Es waren die weltersten Großtraktoren mit Turboshift, hydropneumatischer Kabinen- und Vorderachs-

federung und erreichten 50 km/h. Das Turboshiftgetriebe von Fendt ermöglichte 44 Vorwärtsgänge und über das Wendegetriebe 44 Rückwärtsgänge. Eingebaut war ein wassergekühlter Sechszylinder-Turbodiesel mit Ladeluftkühlung.

Mit der Vario-Reihe stellte Fendt den ersten Großschlepper der Welt mit einem unter Last stufenlos verstellbaren Vario-Getriebe vor. Besaßen die Vario-Modelle anfangs noch das kantige Traktorenprofil, so erhielten die ab 1998 gefertigten Fahrzeuge das neue Fendt-Design mit schwungvoller, runder Linienführung. Der Vario 714 erhielt einen wassergekühlten Sechszylinder-Viertakt-Vierventil-Dieselmotor mit Turbolader von Deutz; das Gewicht beträgt 5750 kg.

Auch die Großtraktoren der Favorit 900er-Serie erhielten ab Sommer 2000 das neue, rundlichere Fendt-Design. Im Favorit 926 Vario stehen ein Sechszylinder-Deutz-Diesel mit Turbolader und Ladeluftkühlung und das stufenlose Vario-Getriebe zur Verfügung. Die am Heck angeordnete Zapfwelle ist lastschaltbar und besitzt die beiden Drehzahlbereiche 750 und 1000 U/min. Zu den Neuerungen im Motor gehört die elektronische Motorregelung EMR und die Möglichkeit, zusätzlich zum normalen Hand- und Fußgashebel auch per Knopfdruck programmierte Motordrehzahlen ansteuern zu können. Neu ist außerdem das Elektronik-Power Paket für die Steuerung von Anbaugeräten, in dem Variotronic, Joystick und LBS-Standard zusammengefasst sind. Der Kraftstofftank wurde auf 530 Liter vergrößert und das Gewicht stieg auf 8800 kg. Hier ein 926 Vario in der bis zum Sommer 2000 gebauten Ausführung.

Fendt Favorit 926 Vario

seit 1996
PS/kW: 270/197,7
Hubraum: 6870 ccm

1975–heute

Fendt Favorit
711 Vario

seit 1999
PS/kW: 115/84,2
Hubraum: 5700 ccm

Seit 1999 gibt es die neue Baureihe Favorit 700 Vario von Fendt, die die modernsten Schlepper der Welt repräsentieren. Im 711 Vario arbeitet ein Sechszylinder-Viertakt-Vierventil-Diesel mit Turboaufladung und Wasserkühlung von Deutz. Erstmals wurde ein Gussstahlrahmen als tragendes Element für die gesamte Fahrwerkstechnologie verwendet.

Fendt Farmer
410 Vario

seit 1999
PS/kW: 99/73,2
Hubraum: 3800 ccm

Seit Ende 1999 bietet Fendt die stufenlose Vario-Technologie auch in seinen Mittelklasse-Traktoren an. Die drei Modelle der Farmer-Reihe verfügen über 86 bis 110 PS und sind mit dem wassergekühlten Vierzylinder-Vierventil-Turbodiesel von Deutz motorisiert. Der 410 Vario wiegt 5210 kg und besitzt Allradantrieb. Der mit Frontlader bestückte Traktor dieser Abbildung verließ im Jahr 2001 die Fertigungsbänder.

Fendt Favorit
930 Vario TM 5

seit 2002
PS/kW: 300/219,6
Hubraum: 6870 ccm

Der 930 Vario TM 5 ist das derzeitige Spitzenmodell von Fendt. Das Fahrzeug erreicht mit dem stufenlose Vario-Getriebe mit Differenzialsperren 50 km/h Höchstgeschwindigkeit und hat den bekannten Sechszylinder-Turbodieselmotor von Deutz mit Ladeluftkühlung. Bei seinem Anblick drängt sich der Vergleich zu den Dieselross-Vorfahren geradezu auf.

CASE/INTERNATIONAL HARVESTER

Die International Harvester Company konnte sich durch marktgerechte Traktormodelle auf dem deutschen Markt bekanntlich von Platz neun im Jahr 1955 auf den zweiten Platz in der Zulassungsstatistik des Jahres 1960 vorarbeiten. Beim 75-jährigen Bestehen von IH in Neuss konnte auf die Fertigung von über 650 000 Traktoren zurückgeblickt werden. Noch im gleichen Jahr wurde die Landmaschinensparte von IH in das Case-Traktorenprogramm integriert und eine weltweit aufeinander abgestimmte Modellpalette aus Case- und David Brown-Traktoren weltweit unter dem Namen Case angeboten. In dem seit Mai 1986 unter dem Namen J. I. Case GmbH bezeichneten Unternehmen kamen die Mittelklassetraktoren aus Frankreich und vereinzelt aus England, die Großschlepper aus den USA. Auf der DLG-Ausstellung 1970 konnte das Neusser IH-Werk mehrere Großschlepper vorstellen, wozu auch das Modell 946 zählte. Dieses Fahrzeug wurde von einem IH-Sechszylinder-Direkteinspritz-Dieselmotor angetrieben, der mit Wasserkühlung arbeitete. Das bis auf den ersten und zweiten Gang vollsynchronisierte Schaltgetriebe verfügte über eine Acker-, Straßen- und Kriechgruppe mit insgesamt 16 Vorwärts- und sieben Rückwärtsgangstufen. Ein hydraulischer Kraftheber und eine Motorzapfwelle waren serienmäßig vorhanden.

Ein weltbekannter Hersteller fusioniert.

IH 946

1971–1977
PS/kW: 92/67,3
Hubraum: 5073 ccm
Stückzahl: 4188

International Hydro 100

1972–1978
PS/kW: 135/98,8
Hubraum: 7145 ccm

Der in Chicago gefertigte Hydro 100 war ein für den amerikanischen Markt konzipierter Traktor. Das Besondere an diesem 5200 kg schweren Schlepper war das neue hydrostatische Getriebe, das Abstufungen zwischen 0,5 und 29 km/h ermöglichte. Der Hydro 100 hatte einen Sechszylinder-Dieselmotor mit einer Höchstdrehzahl von 2400 U/min.

IH 1046

1971–1978
PS/kW: 105/76,9
Hubraum: 5867 ccm
Stückzahl: 3634

Zu den für den europäischen Kontinent vorgesehenen Traktoren zählte das Modell 1046, ein Fahrzeug mit dem kraftvollen IH-D-358-Direkteinspritz-Dieselmotor mit Wasserkühlung und Zwölfganggetriebe mit fünf Rückwärtsgängen. Motorzapfwelle, Planetengetriebe in der Hinterachse, hydraulischer Kraftheber und hydrostatische Lenkung waren serienmäßig. Ab 1974 wurde die Motorleistung auf 105 PS erhöht. Hier ein 1975 gefertigter Schlepper.

IH 644

1972–1976
PS/kW: 60/43,9
Hubraum: 3382 ccm
Stückzahl: 4270

Das Modell 644 gehörte zu der sogenannten IH-Schlepperreihe mit Alugrill. Das Styling entsprach im Prinzip den bereits im Vorjahr herausgebrachten stärkeren Modellen dieses Herstellers. Unter der Haube des IH 644 arbeitete ein Vierzylinder-Diesel mit Wasserkühlung, der als Direkteinspritzer ausgebildet war, sowie ein Achtgang-Wandelgetriebe im Bereich von 0,7 bis 24,4 km/h.

Case/IH

Das **IH-Modell 433,** ein Plantagenschlepper in schmaler und niedriger Bauweise, besaß gegenüber den Standardtraktoren eine abgerundete Motorhaube aus glasfaserverstärktem Kunststoff und war speziell für Hopfenanbau, Weinberge und Obstplantagen vorgesehen. Angetrieben wurde er durch einen wassergekühlten Dreizylinder-Direkteinspritz-Diesel und es stand ein Leichtschaltgetriebe mit acht- bzw. 16 Vorwärts- und zwei oder vier Rückwärtsgängen zur Verfügung. Motorzapfwelle und Regelhydraulik gehörten zur werksmäßigen Ausstattung.

IH 433
1974
PS/kW: 40/29,3
Hubraum: 2536 ccm
Stückzahl: 22

Zu den ab 1984 vorgestellten Traktoren von Case International gehörte als kleinstes Modell der Typ 433, ein Fahrzeug mit wassergekühltem Dreizylinder-Direkteinspritz-Dieselmotor mit 2050 U/min Maximaldrehzahl und teilsynchronisiertem 8- oder 16-Ganggetriebe mit vier oder acht Rückwärtsgängen. Dieses kompakte und wendige, mit einer Hydraullkanlage und Motorzapfwelle ausgerüstete Fahrzeug zählte in Anbetracht der ständig steigenden Motorleistungen bei Traktoren mittlerweile zu den Kleinschleppern. Bereits 1986 wurde seine Leistung im modifizierten Modell 440 auf 40 PS angehoben.

Case IH 433
1984–1986
PS/kW: 35/25,6
Hubraum: 2536 ccm
Stückzahl: 17 487

Case IH 533

1984–1986
PS/kW: 45/32,9
Hubraum: 2536 ccm

Nicht wesentlich größer in seinen Ausmaßen war das folgende Modell 533, das es als Variante 533 A – wie hier zu sehen – auch mit Vierradantrieb gab. Im 533 arbeitete der in seiner Drehzahl auf 2200 U/min gesteigerte Dreizylinder-Direkteinspritz-Dieselmotor des Typs D 155 mit Wasserkühlung, der auch im Typ 433 Verwendung fand. Getriebe, Motorzapfwelle und Hydraulik waren ebenfalls mit dem Typ 433 identisch. Ein Superkriechganggetriebe für Pflegearbeiten mit 25 oder 30 km/h Höchstgeschwindigkeit war auf Wunsch erhältlich.

Case IH 633

1984–1986
PS/kW: 52/38,1
Hubraum: 2934 ccm

Der Dreizylinderschlepper 633 von Case IH war das nächststärkere Modell in der Hierarchie der neuen Schlepperfamilie dieses Anbieters. Er verfügte über einen hubraumstärkeren direkteinspritzenden Dieselmotor mit 2180 U/min Maximaldrehzahl und das bereits von den kleineren Modellen her bekannte IH-Synchrongetriebe, bei dem alle Gänge mit Doppelkupplung ausgerüstet waren. Die hier gezeigte Allradausführung verfügte über eine Planetenlenkgetriebeachse mit Doppelkreuzgelenken. Der Allradantrieb war während der Fahrt unter Last über einen Kippschalter am Armaturenbrett zu- und abschaltbar. Das Gewicht mit Silent 85-Kabine betrug 2780 kg. Allrad- und Hinterradausführung waren in vielen unterschiedlichen Bereifungskombinationen erhältlich. Es war ein handlicher, gleichzeitig aber auch leistungsstarker Traktor besonders für Klein- und Mittelbetriebe.

Im Modell 733 kam erstmals der Vierzylinder-Viertakt-Dieselmotor IH D 206 mit direkter Kraftstoffeinspritzung und Wasserkühlung zur Verwendung. Bis auf die motorische Ausstattung und der damit verbundenen höheren Leistung entsprach dieses Modell weitgehend den übrigen Mitgliedern dieser Traktorenreihe von Case IH. Hier ein allradgetriebener 733 mit dem serienmäßigen, von der Berufsgenossenschaft bei Traktoren ohne Kabine vorgeschriebenen Sicherheitsschutzrahmen. Das Fahrzeug wog in diesem Zustand 2580 kg.

Case IH 733

1984–1986
PS/kW: 60/43,9
Hubraum: 3382 ccm

Als Ergänzung des Verkaufsprogramms stellte Case IH ab 1986 eine Serie neuer Mittelklasseschlepper zwischen 67 und 105 PS vor. Das kleinste Fahrzeug hierunter war der Typ 840, mit wassergekühltem Vierzylinder-Direkteinspritz-Diesel D 239 mit 2300 U/min. Den Typ 840 gab es auch als Allradschlepper, wie er hier mit einer Normalkabine zu sehen ist. Das synchronisierte Getriebe entsprach mit acht bzw. 16 Gangstufen der bereits beschriebenen Ausführung.

Case IH 840

1986–1990
PS/kW: 67/49
Hubraum: 3911 ccm

Der ab 1984 lieferbare Case IH-Schlepper 743 XL, ein kompaktes Fahrzeug der unteren Mittelklasse, musste bereits zwei Jahre später dem ähnlichen, mit der neuen Mittelklassereihe vorgestellten Modell 840 weichen. In Motor- und Getriebebau unterschied er sich nicht von seinem Nachfolger. Hier ein Allradfahrzeug mit Silent-Kabine.

Case IH 743 XL

1984–1986
PS/kW: 67/49
Hubraum: 3911 ccm

Case IH 745 XL

1984–1986
PS/kW: 72/52,7
Hubraum: 3911 ccm

Der gegenüber dem Typ 743 nur geringfügig stärkere 745 XL wurde schon ab 1986 durch das weitgehend identische Modell 940 ersetzt. In diesem Schlepper wirkte der D 239-Direkteinspritzmotor des Modells 743. Das vollständig synchronisierte Getriebe wies acht bzw. 16 Gangstufen auf. Hier ist die 3890 kg schwere Allradausführung zu sehen.

Case IH 856 XL

1984–1986
PS/kW: 85/62,2
Hubraum: 3911 ccm

Das Modell 856 XL spielte für mittelgroße Betriebe eine wichtige Rolle. Gegenüber dem 844 war eine etwas höhere Motorleistung vorhanden. Identisch waren Getriebe, Motorzapfwelle, Regelhydraulik sowie die wahlweise Höchstgeschwindigkeit von 30 bzw. 40 km/h. Dieses Modell gab es nur mit Vierradantrieb.

Case IH 844 XL Plus

1986–1994
PS/kW: 80/58,6
Hubraum: 4389 ccm

Ein solider und wendiger Mittelklasseschlepper war das aus der XL-Plus-Serie stammende Modell 844 XL Plus mit einem wassergekühlten Vierzylinder-Direkteinspritz-Diesel 268, der bei 2300 U/min seine Maximalleistung zur Verfügung stellte. Für Pflegearbeiten war die

Spurweite – wie bei allen Modellen der leichten und mittleren Klasse – mehrfach verstellbar. Das synchronisierte Getriebe war in Schaltgruppen aufgeteilt, zu denen es als Sonderausrüstung Superkriechgänge gab. Der gezeigte Standardschlepper mit Normalkabine wog 3660 kg.

Im Jahr 1986 erschienen auf dem europäischen Markt in den USA entwickelte Großtraktoren, zu denen als stärkstes Fahrzeug das Modell 1455 XL zählte. Es war ein Allradtraktor mit 6420 kg Gewicht, der mit einem leistungsstarken Sechszylinder-Direkteinspritz-Diesel mit Turboaufladung und Wasserkühlung bestückt war. Das Getriebe hatte über 20 Vorwärts- und neun Rückwärtsgänge. Eine Regelhydraulik, Motorzapfwelle, Planetenlenktriebachse mit automatischem Selbstsperrdifferenzial,

Case IH 1455 XL

1986–1991
PS/kW: 145/106,1
Hubraum: 6586 ccm

40 km/h Höchstgeschwindigkeit und vieles mehr gehörten zum Standard dieser zugstarken Maschine. Hier ein Fahrzeug mit Breitreifen.

Das Modell 5140 konnte mit einem 90-PS-Vierzylinder-Dieselmotor mit Abgasturbolader und Ladeluftkühlung oder mit einem Sechszylinder-Saugdiesel, der 100 PS, mit Aufladung 110 PS leistete, bezogen werden. Der Maxxum hatte eine zweitürige, geräuschgedämpfte Kabine mit ausgezeichneter Rundumsicht. Das lastschaltbare Wendegetriebe verfügte über 16 Vorwärts- und über 12 Rückwärtsgänge und gestattete den Wechsel von vorwärts auf rückwärts ohne Kupplungsbetätigung.

Case IH 5140 Maxxum

1990–1997
PS/kW: 90–110/65,9–80,5
Hubraum: 3900–5900 ccm

Case IH 2140

1986–1997
PS/kW: 65/47,6
Hubraum: 4000 ccm

Mit der 2100er-Serie präsentierte Case IH eine Reihe von Weinberg- und Plantagenschleppern, die den in diesen Bereichen gestellten Anforderungen gerecht wurden. Diese Traktoren gab es in vier Modellen. Der Typ 2140 – hier die Allradausführung – war das zweit-

stärkste Fahrzeug dieser Reihe und verfügte über ein Vierzylinder-Antriebsaggregat. Das synchronisierte Wendegetriebe konnte mit jeweils zwölf Gangstufen vorwärts wie rückwärts aufwarten.

Case IH 7120 Magnum

1991-1997
PS/kW: 80/58,6
Hubraum: 4389 ccm

Im Jahr 1991 kamen erstmals die in den USA neu entwickelten Großtraktoren unter der Bezeichnung Magnum auf den europäischen Markt. Dabei handelte es sich um vier Modelle zwischen 155 PS und 246 PS, die über neu konstruierte wassergekühlte Sechszylinder-Turbodieselmotoren mit Direkteinspritzung, unter Volllast schaltbare Powershift-Getriebe mit 23 Vorwärts- und sechs Rückwärtsgängen sowie druck- und volumengeregelte Hydrauliksysteme verfügten. Mit dem Selbstsperrdifferenzial konnten hügelige oder nasse, tiefgründige Böden problemlos befahren werden. Das hydraulische Dreipunktgestänge verfügte über ein elektronisches Regelsystem, bei dem ein Diagnosesystem die Anlage überwachte und mögliche Fehler bei der Bedienung anzeigte.

Das Modell 7130 war mit 213 PS das zweitstärkste Fahrzeug der neuen Magnum-Serie. Auch in ihm arbeitete ein neuer direkteinspritzender Turbodieselmotor mit Wasserkühlung. Ein elektronisches Anzeigesystem gab Auskunft über Fahrgeschwindigkeit,

Drehzahlen, bearbeitete Fläche, Radschlupf und vieles mehr. Mit dem elektronischen Regelsystem konnte das Anheben und Absenken der Arbeitsgeräte per Kippschalter auf die vorher eingestellte Arbeitstiefe erfolgen.

Case IH 7130 Magnum

1991–1997
PS/kW: 213/155,9
Hubraum: 8300 ccm

Die aus drei Typen bestehende JXC Maxxima-Schlepperbaureihe ist als allradgetriebene Kompaktschlepperfamilie im unteren Leistungsbereich zwischen 59 und 76 PS angesiedelt. Neben ihren kompakten Abmessungen vereinen sie gleichzeitig eine

große Wendigkeit, geringes Gewicht, hohe Leistung und ein enorm vielfältiges Einsatzspektrum. Der JX 1070 C besitzt einen Dreizylinder-Turbodiesel und serienmäßig ein 16/16-Wendeschaltgetriebe mit zusätzlichen Optionsvarianten.

Case IH JX 1070 C

PS/kW: 72/53
Hubraum: 2930 ccm

Die JX-Traktoren stellen eine neue Reihe von Universaltraktoren dar. Diese fünf Kompaktschlepper umfassen die Leistungsbreite von 57 bis 98 PS. Ihr Antrieb erfolgt durch drei- oder vierzylindrige direkteinspritzende Saug- oder Turbodieselmotoren – der letztere arbeitet in dem hier gezeigten JX 95 – mit einem 12/12-Wendesynchrongetriebe mit Shuttle Command, das für den Einsatz in Sonderkulturen auf Wunsch als 20/12-Gang-Kriechgetriebe zur Verfügung steht.

Case IH JX 95

PS/kW: 98/72
Hubraum: 3900 ccm

Case IH JX 85

PS/kW: 86/63
Hubraum: 3900 ccm

Geringfügig schwächer ausgelegt ist das Allradschlepper-Modell JX 85, das über einen Vierzylinder-Saug-Dieselmotor mit Wasserkühlung verfügt. Auch dieses Fahrzeug ist äußerst wendig und leicht in Handhabung und Bedienung. Auf Wunsch ist eine auf 40 km/h erhöhte Übersetzung lieferbar, die speziell für schnelle Straßentransporte geeignet ist. Die Hochleistungs-Hydraulik mit maximaler Hubkraft von 3565 kg erlaubt es, auch schwere Geräte zu bewegen. Daneben stehen leistungsstarke Zapfwellen mit mehreren Drehzahlbereichen mit wahlweise Power- oder Sparprogramm zur Verfügung.

Case IH MXU 135

PS/kW: 136/106
Hubraum: 6728 ccm

Die MXU-Maxxum-Serie umfasst fünf allradgetriebene Traktoren in der mittleren Leistungsklasse zwischen 101 und 136 PS, wobei der Typ MXU 135 das stärkste Fahrzeug unter ihnen ist. Der MXU 135 verfügt über einen großvolumigen, sehr laufruhigen Sechszylinder-Turbodieselmotor mit Intercooler, elektronischer Einspritzung und kurzzeitiger PowerBoost-Leistungssteigerung.

Case IH MXU 125

PS/kW: 125/92
Hubraum: 6728 ccm

Der Typ MXU 125 ist das zweitstärkste Fahrzeug dieser erfolgreichen Schlepperreihe. Auch dieses Modell besitzt alle Merkmale, die diese Serie kennzeichnet. Dazu gehört die leistungsstarke Hydraulik mit mechanischer oder hydraulischer Hubwerksregelung, die mit elektronisch geregelten Zusatzsteuergeräten bestückt ist. Die mit verschiedenen Geschwindigkeitsbereichen ausgestattete Zapfwelle besitzt eine Sanftanlauf-Steuerung. Auch die optimal abgefederte Komfortkabine soll bei dieser Aufzählung erwähnt werden.

Die sechs in dieser Modellreihe zusammengefassten Hochleistungstraktoren sind starke und wirtschaftliche Maschinen, die den Leistungsbereich von 124 bis 194 PS abdecken. Ihr Antrieb erfolgt einheitlich durch wassergekühlte Sechszylinder-Turbodieselmotoren mit elektronischer Einspritzung. Das zusätzlich in den Modellen 175 und 190 zur Verfügung stehende Leistungsmanagement liefert bis zu 35 PS Mehrleistung für den Zapfwellenbetrieb oder für schwere Transportarbeiten.

Case IH MXM 190

PS/kW: 194/142
Hubraum: 7500 ccm

Die CVX-Allradtraktoren, fünf unterschiedlich dimensionierte Fahrzeuge zwischen 137 und 192 PS, repräsentierten im Schlepperbereich die obere Mittelklasse. Diese Fahrzeuge sind für 50 km/h Höchstgeschwindigkeit ausgelegt und verfügen über eine stufenlose Getriebetechnik. Das Modell CVX 1170 mit seinem Sechszylinder-Turbodiesel-Motor steht leistungsmäßig innerhalb der Reihe an zweiter Stelle.

Case IH CVX 1170

PS/kW: 192/141
Hubraum: 6600 ccm

Case IH
MX 285

PS/kW: 315/232
Hubraum: 8300 ccm

Die MX-Magnum-Baureihe besteht aus drei verschiedenen Großschlepper-Modellen zwischen 250 und 315 PS. Diese Fahrzeuge sind nicht nur robust, zuverlässig und von hervorragender Qualität, sondern sie bieten auch erstklassigen Fahr- und Bedienungskomfort. Die elektronischen Sechszylinder-Turbodieselmotoren mit Wasserkühlung sind für große Flächenleistungen ausgelegt und hohen Belastungen gewachsen.

Case IH
STX 325

PS/kW: 125/92
Hubraum: 6728 ccm

Die Großtraktoren der STX Steiger-Modellreihe sind ausgesprochene, speziell für die Großflächenbearbeitung entwickelte Giganten, die sowohl als allradgetriebene Radschlepper als auch mit einem doppelten Raupenfahrwerk (in den Modellen Quadtrac) erhältlich sind. Sie verfügen über die patentierte, mit einem zweiten Drehpunkt am vorderen Rahmen ausgerüstete Knicklenkung nach dem AccuSteer-System. Ihre Leistungsbreite erstreckt sich von 325 bis 450 PS. Hier ein Radtraktor mit 325 PS und Doppelbereifung.

Case IH
JX 80 U

PS/kW: 325/238
Hubraum: 15 000 ccm

Leicht im Gewicht und stark in der Leistung – das sind die Grundprinzipien, auf denen die vier Mitglieder der JXU Maxxima-Schlepperreihe basieren. Es sind Kompakttraktoren zwischen 68 und 97 PS. Ihr Antrieb erfolgt entweder durch vierzylindrige Saug- oder Turbodieselmotoren mit einer serienmäßig erhältlichen 24/24-zweifach Powershift/Powershuttle-Getriebetechnik. Der zuschaltbare Allradantrieb erfolgt elektrohydraulisch. Das Modell JX 80 U verfügt über einen Saugmotor.

Die **mit Vier-** und Sechszylin-der-Hochleistungsmotoren mit In-tercooler und Common Rail-Techno-logie zwischen 101 und 136 PS bestückten fünf unterschiedlichen Mitglieder der neuzeitlichen MXU Maxxum-Modellreihe bieten Power für jeden Einsatz. Eine große auf jeden Einsatzzweck abgestimmte Auswahl an Varianten des zweifach lastschaltbaren Wendegetriebes steht zur Verfügung.

Case IH MXU 115

PS/kW: 116/85
Hubraum: 6728 ccm

Case IH STX 375 Quadtrac

PS/kW: 375/280
Hubraum: 15 000 ccm

Der STX 375 Quadtrac, ein mit vier unabhängig angeordneten und pendelnden Traktionslaufwerken ausgerüsteter Raupen-Knicklenkerschlepper, garantiert höchste Zugkraft bei minimalem Bodendruck. Den Antrieb dieses Kraftpakets besorgt ein neu entwickelter Sechszylinder-Turbomotor mit Vierventiltechnik von Cummins und geringem Treibstoffverbrauch. Das Powershift-Getriebe besitzt 16 Vorwärts- und 2 Rückwärtsgänge bei 35 km/h Höchstgeschwindigkeit. Die Kabine lässt keine Ausstattungswünsche offen.

Erfolg im Zeichen des springenden Hirsches

John Deere 1020

1967–1974
PS/kW: 44/29,3
Hubraum: 2490 ccm

Nach der Übernahme der Mannheimer Heinrich Lanz AG und Einstellung der Bulldogfertigung traten neuzeitliche Dieseltraktoren an die Stelle der veralteten Lanz-Technik. Das John Deere-Dieselschlepper-Programm wurde konsequent ausgebaut. Langsam gelang es, das Interesse der Öffentlichkeit zu finden, wobei das Stammwerk in den USA in mancher Weise Hilfestellung geben konnte. So kamen die beiden stärksten Traktoren der 1967 vorgestellten 20er-Traktorenreihe aus den USA, während die übrigen vier Modelle in Mannheim gefertigt wurden. Die Fahrzeuge der 20er-Reihe waren die ersten Traktoren, auf deren Motorhauben der Name Lanz nicht mehr erschien. Ein speziell für den deutschen Markt sehr wichtiges Modell war der Dieselschlepper des Typs 1020, der mit einem wassergekühlten Dreizylinder-Viertakt-Dieselmotor mit Direkteinspritzung und einem Muffenschaltgetriebe mit acht Vorwärts- und vier Rückwärtsgängen bestückt war. Der Traktor gehörte mit zu den wichtigsten Fahrzeugen seiner Klasse und war vor allem für mittlere und größere bäuerliche Betriebe konzipiert. Dieser Schlepper besaß eine Mischregelung für automatische Tiefenregulierung bei stark wechselnden Bodenverhältnissen und einen hohen Fahrkomfort mit einer seinerzeit vorbildlichen Arbeitsplatzgestaltung für den Schlepperfahrer. Das Gewicht betrug bis zu 2720 kg und mit 25 km/h erreichte der 1020 seine Höchstgeschwindigkeit.

Das Flaggschiff der seit 1979 in Deutschland angebotenen 40er-Reihe war der Typ 4440, der bereits zwei Jahre zuvor in den USA für den europäischen Markt gefertigt worden war. Das Mannheimer Werk des Deere-Konzerns befasste sich in erster Linie mit leichteren Traktoren bis 100 PS Leistung. Die größeren Fahrzeuge wurden aus den USA bezogen. Der 4440 besaß Allradantrieb, verfügte über einen Sechszylinder-Turbodiesel mit Direkteinspritzung und Wasserkühlung sowie ein Lastschaltgetriebe mit 16 Vorwärts- und sechs Rückwärtsgängen. Er erreichte 30 km/h Höchstgeschwindigkeit und wog 6470 kg.

John Deere 4440

1977–1985
PS/kW: 155/113,5
Hubraum: 7640 ccm

Der Typ 2250 von John Deere, seit 1986 lieferbar, war das kleinste Modell innerhalb der neuen 50er-Reihe, das mit einem Vierzylinder-Dieselmotor ausgerüstet war. Das Getriebe konnte wahlweise mit acht, 12 oder 16 Vorwärtsgängen sowie alternativ mit vier oder acht Rückwärtsgängen bestückt werden. Die Höchstgeschwindigkeit des 3210 kg schweren Traktors lag – je nach Getriebeübersetzung – zwischen 30 und 40 km/h.

John Deere 2250

1986–1994
PS/kW: 62/45,4
Hubraum: 3920 ccm

Der John Deere-Typ 2650 zog ganz im Gegensatz zu den bisher genannten Modellen seine zusätzliche Leistung aus dem mit Abgas-Turboaufladung versehenen wassergekühlten Direkteinspritz-Diesel. Auch dieses Modell war auf Wunsch als Allradschlepper erhältlich. Das differenzialgesperrte Getriebe entsprach den Modellen 2250 und 2450; das Gewicht stieg auf 3360 kg.

John Deere 2650

1986–1994
PS/kW: 78/57,1
Hubraum: 3920 ccm

John Deere
2450

1986–1992
PS/kW: 70/51,2
Hubraum: 3920 ccm

Das geringfügig stärkere Modell 2450 erschien zeitgleich mit dem Typ 2250 auf dem Markt. Hinsichtlich seines Preis-Leistungs-Verhältnisses war es ein idealer Schlepper besonders für mittlere Betriebsgrößen, zumal es ihn auf Wunsch auch – wie hier abgebildet – mit zuschaltbarem Allradantrieb gab. In Bezug auf Motor und Triebwerk entsprach dieses Modell – bis auf seine höhere Motorleistung – dem Typ 2250.

John Deere
1950

1988–1994
PS/kW: 65/47,6
Hubraum: 2490 ccm

John Deere

Um den veränderten Gegebenheiten in der Landwirtschaft Rechnung zu tragen, wurden 1986 die ersten Mitglieder der neuen 50er-Reihe von John Deere vorgestellt. Es waren Schlepper, bei denen eine weitere Senkung des Kraftstoffverbrauchs im Vordergrund stand. Zu den Verbesserungen zählten die neuen Leichtlauftriebwerke, verbesserte und stärkere Kraftheber, eine neue Lastschaltstufe mit Anschleppfunktion und die Erhöhung der Höchstgeschwindigkeit auf 40 km/h. 1988 kam der Universaltraktor 1950 auf den Markt, ein Fahrzeug mit Dreizylinder-Turbodieselmotor mit direkter Kraftstoffeinspritzung, das vor allem für kleinere und mittelgroße Höfe konzipiert war. Das Synchrongetriebe wies acht Vorwärts- und vier Rückwärtsgänge auf und das Gewicht betrug 2689 kg.

Mit 86 PS Leistung war der 2850 von John Deere der größte Vierzylinder-Traktor der 50er-Reihe. Erreicht wurde diese Leistung durch Einbau eines Abgasturboladers. Neben einer offenen Variante gab es wahlweise eine geschlossene Kabine oder SG 2-Kabine, die auch in ergonomischer Hinsicht die beste Lösung für den Fahrer darstellte. Hier ein Traktor mit Rundumsichtkabine.

John Deere 2850

1986–1994
PS/kW: 86/63
Hubraum: 3920 ccm

Mit dem Typ 3050 wurde innerhalb der 50er-Reihe bei John Deere der Einstieg in die Sechszylinder-Traktoren vollzogen. Der wassergekühlte Direkteinspritz-Dieselmotor erzeugte seine Leistung ohne Aufladung und das Getriebe entsprach mit acht, 12 oder 16 Vorwärtsgängen der bereits beschriebenen Ausführung. Auf Wunsch war wieder Allradantrieb erhältlich, dann wog das Fahrzeug 4475 kg.

John Deere 3050

1986–1993
PS/kW: 92/67,3
Hubraum: 5883 ccm

Die 1992 vorgestellte Reihe 6000 löste nach und nach die Schlepper der 50er-Reihe ab. Es war eine völlig neu konzipierte Baureihe mit Ganzstahlrahmen, der höheren Hubkräften als die bisher übliche Blockkonstruktion gewachsen war. Ebenso erschloss diese Bauweise neue Möglichkeiten zur Nachrüstung verschiedener, unterschiedlichen Einsatzverhältnissen angepasster Triebwerksvarianten. Den mit Sechszylinder-Turbodieselmotor ausgerüsteten Typ 6800 gab es seit 1994. Das 16- bzw. 20-gängige Power-Quad-Wendegetriebe war mit Differenzialsperre ausgestattet. Der Antrieb erfolgte auf die Hinterräder, der auf die Vorderachse war während der Fahrt zuschaltbar. Der 4990 kg schwere Schlepper kostete 1997 in der Grundausführung 113 950,– DM.

John Deere 6800

1994–1997
PS/kW: 120/87,8
Hubraum: 6786 ccm

John Deere
6110

seit 1997
PS/kW: 80/58,6
Hubraum: 4530 ccm

Ende 1997 kam John Deere mit den Fahrzeugen der 6010er-Reihe auf dem Markt. Die Mitglieder dieser neuen Reihe deckten damit den Leistungsbereich von 80 bis 140 PS nahezu lückenlos ab. Das Modell 6110 war mit einem Vierzylinder-Turbodiesel mit Direkteinspritzung und Wasserkühlung ausgerüstet. Das lastschaltbare Wendegetriebe verfügte über jeweils 16 oder 24 Gangstufen vor- und rückwärts, die zusätzlich durch 12 Kriechgeschwindigkeiten im Vor- und Rückwärtsbereich ergänzt werden konnten.

John Deere
6310

Seit 1997
PS/kW: 100/73,2
Hubraum: 4530 ccm

Das Modell 6310 ist ein moderner und zeitgemäßer Schlepper in der 100-PS-Leistungsklasse. Auch in ihm wirkte der allerdings stärkere Vierzylinder-Turbo-Diesel des 6110. Das PowrQuad-Getriebe des 6110 erfuhr durch die weiterentwickelte Variante PowrQuad Plus eine optimierte Entwicklungsstufe.

Neben den klassischen Kabinenmodellen gibt es die Traktoren der Reihe 5015 auch mit neuem, offenem Fahrerstand. Noch vor 30 Jahren war es umgekehrt und eine geschlossene Kabine gehörte zur Sonderausrüstung! Heute ist die offene Bauweise eher die Ausnahme und wird vorzugsweise dort eingesetzt, wo relativ gute und konstante Witterungsverhältnisse vorherrschen.

John Deere 5515

PS/kW: 80/59
Hubraum: 4000 ccm

Das John Deere-Modell des Typs 5515 High Crop ist ein Hochrad-Schlepper mit Hinterradantrieb mit 780 mm Bodenfreiheit, der sich für Kulturen eignet, die eine besonders große Bodenfreiheit erfordern. Er ist mit einem leichtgängigen 12/12-Gang-Wendegetriebe oder einem elektrohydraulischen 24/24-Lastschaltgetriebe mit Kriechgang erhältlich. Der drehmomentstarke Vierzylinder-PowerTech-Diesel mit Turbolader besitzt große Kraftreserven. Das Fahrzeug ist auch mit Allradantrieb erhältlich.

John Deere 5515 High Crop

PS/kW: 80/59
Hubraum: 4525 ccm

Die Traktoren der aus vier Fahrzeugen zwischen 55 und 80 PS bestehenden Serie 5015 sind leichte Schlepper in der Kompaktklasse. Ihr Antrieb besteht aus drei- oder vierzylindrigen als Saug- oder Turbodiesel ausgebildeten PowerTech-Motoren.

Für diese Traktoren stehen vier unterschiedliche vollsynchronisierte Getriebe zur Wahl – vom 12/12-SynchroPlus-Wendegetriebe bis zum 24/12-Power-Reversierer mit zweifacher Lastschaltung und 0,5 bis 40 km/h Geschwindigkeitsbereich.

John Deere 5315

PS/kW: 65/48
Hubraum: 2900 ccm

John Deere
5215 V

PS/kW: 55/41
Hubraum: 2940 ccm

Traktoren mit der Typenbezeichnung „F" sind für den Obstbau, solche mit einem „V" für den Weinbau vorgesehen. Beide Varianten sind konstruktiv auf diese Bereiche zugeschnittene Fahrzeuge. Vor allem die maximal 1150 mm breiten V-Modelle sind wendige und trotz geringer Größe zugstarke Kraftpakete mit bewährten John Deere PowerTech-Turbomotoren. Der 5215 hat drei Zylinder und serienmäßig ein 12/12-Wendegetriebe.

John Deere
5615 F

PS/kW: 88/65
Hubraum: 4525 ccm

Das für den Obstanbau konzipierte Modell 5615 F ist das leistungsstärkste Fahrzeug innerhalb dieser Baureihe. Hier ein Allradtraktor in offener Bauweise mit Überrollbügel. Unter der Haube dieses Schleppers arbeitet ein Vierzylinder-Turbodiesel mit Wasserkühlung. Abweichend von der Standardausrüstung mit 12/12-Gängen sind auf Wunsch 24/12- oder 24/24-Gang Getriebe bis zu 40 km/h Maximalgeschwindigkeit erhältlich. Trotz seiner Leistung ist der 5615 F nur 1330 mm breit. Das rechte Bild zeigt das Modell 5615 F mit der Panoramasicht-Komfortkabine. Der Arbeitsplatz des Schlepperfahrers ist in vorbildlicher Weise ergonomisch und funktional gestaltet. Dies betrifft die optimale Anordnung der Bedienungselemente mit dem in der Höhe verstellbaren Lenkrad, den auf Wunsch erhältlichen luftgefederten Polstersitz sowie die Geräuschdämmung der Kabine. Auch erleichtert ein niedriger Getriebetunnel das Ein- und Aussteigen.

John Deere 5820

PS/kW: 91/67
Hubraum: 4530 ccm

Die drei Traktoren der Reihe 5020 sind leichte Kompaktschlepper. Diese Fahrzeuge sind als Allround- und Universalschlepper besonders bei kleinen landwirtschaftlichen Be-trieben beliebt, wo sie meist als Alleinschlepper und Schlüsselmaschine fungieren. Der sehr wirtschaftlich arbeitende Vierzylinder-PowerTech-Motor ist schwingungsentkoppelt auf einem kräftig ausgebildeten Rahmen gelagert. Es stehen vier unterschiedliche Getriebevarianten bis maximal 40 km/h Geschwindigkeit zur Auswahl.

Alle drei Schlepper dieser Klasse sind mit dem load sensing Hydrauliksystem ausgerüstet, wobei diese Anlage auf den Frontladereinsatz abgestimmt ist. Zum anderen ist eine umfangreiche Zapfwellenausstattung vorhanden. Ab Werk steht ein vollständig integriertes Fronthubwerk, auf Wunsch auch mit Frontzapfwelle, zur Verfügung. Der Heckkraftheber verfügt über eine EHR mit Zugkraft-, Misch- und Lageregelung und ist auch extremen Belastungen gewachsen. Die Programmierung des installierten HMS II-Vorgewendemanagements sorgt dafür, dass sich wiederholende Arbeitsabläufe gespeichert werden können.

John Deere 5720

PS/kW: 83/61
Hubraum: 4530 ccm

John Deere
6420

PS/kW: 120/88
Hubraum: 4530 ccm

Zur optimalen und auf den jeweiligen Einsatzzweck abgestimmten Ausrüstung der 6020-Traktorreihe stehen drei unterschiedlich ausgebildete Getriebevarianten zur Auswahl. Es handelt sich jeweils um elektronisch gesteuerte 24/24-Wendegetriebe PowrQuad Plus, Auto Quad Plus und das besonders kraftstoffsparende Ecoshift-Getriebe, von denen eine Übersetzung auch für 50 km/h Höchstgeschwindigkeit ausgelegt ist.

John Deere
6420 S

PS/kW: 125/92
Hubraum: 4530 ccm

Die Reihe 6020 besteht aus fünf Fahrzeugen im mittleren Leistungsbereich zwischen 85 und 125 PS. Serienmäßig ist ein CAN-Bus-System vorhanden, mit dessen Hilfe die Informationen aller elektronischen Komponenten sicher und zuverlässig gesteuert und koordiniert werden. Alle Fahrzeuge werden von neu entwickelten PowerTech-Motoren mit elektronischer Einspritzung, Ladeluftkühlung, Vierventiltechnik und Common Rail angetrieben. Das Modell 6420 S ist das stärkste Fahrzeug dieser Serie.

John Deere
6620 SE

PS/kW: 132/97
Hubraum: 6788 ccm

Die aus sieben Fahrzeugen bestehende Baureihe 6020 deckt den Leistungsbereich von 75 bis 125 PS ab. Es sind ausgereifte Rahmenkonstruktionen mit vier- oder sechszylindrigen Turbomotoren aus der Power-Tech-Reihe. Es gibt die Getriebevarianten 16/16 PowerReversier oder PowrQuad 16/16 oder 24/24 mit zusätzlichen 12/12-Kriechgängen.

Drei kraftvolle Modelle zwischen 182 und 215 PS bilden die Serie 7020. Davon ist der Typ 7920 das stärkste Fahrzeug. In diesen allrad-

getriebenen Modellen arbeiten Sechszylinder-PowerTech-Reihenmotoren mit kraftstoffsparender, leistungserhöhender Common Rail-Einspritzung, Vierventiltechnik und Turbolader mit Luft-zu-Luft-Ladeluftkühlung. Sowohl die stufenlose Getriebetechnik mit Geschwindigkeiten bis zu 50 km/h als auch die sehr komfortabel ausgestattete CommandView-Kabine lassen keine Wünsche offen.

John Deere 7920

PS/kW: 215/158
Hubraum: 8100 ccm

Das mit 197 PS geringfügig schwächere Modell 7820 verfügt über einen von den technischen Merkmalen identischen, allerdings hubraumschwächeren Sechszylindermotor. Hervorzuheben ist bei allen Fahrzeugen der sehr komfortable „Active Seat", der mehr noch als ein herkömmlicher luftgefederter Fahrersitz Stöße und Schläge durch Controllersteuerung abfängt. Daneben ist das Lenkrad in Höhe und Neigung verstellbar.

John Deere 7820

PS/kW: 197/145
Hubraum: 6800

Die Baureihe 8020 besteht aus fünf unterschiedlich motorisierten Großschleppern zwischen 230 und 335 PS. Es sind die stärksten derzeit am Markt befindlichen John Deere-Schlepper. Das hier in der Raupenversion abgebildete leistungsmäßige Spitzenmodell 8520 T besitzt einen Sechszylinder-Power-Tech-Turbomotor mit einer Hochdruck-Common Rail-Einspritzanlage.

John Deere 8520 T

PS/kW: 335/246
Hubraum: 8180 ccm

John Deere 8520

PS/kW: 335/246
Hubraum: 8180 ccm

Rechts ist die Radversion dieses gewaltigen Großschleppers zu sehen. Diese riesigen Traktoren haben die gefederte Einzelradaufhängung ILS. Die Heckhydraulik besitzt mit 11 t eine außerordentlich hohe Hubleistung auch für schwerste Anbaugeräte. Mit dem Frontkraftheber

können sage und schreibe 5,2 t angehoben werden! In der Command-View-Komfortkabine sind in der Command-ARM-Steuerung alle wichtigen Bedienelemente in der rechten Armlehne ergonomisch zusammengefasst. Die Hinterreifen besitzen einen Durchmesser von bis zu 2050 mm. Eine Schlupfregelung bietet im Zusammenspiel mit einem Radsensor die Möglichkeit, den Radschlupf bei feuchten Einsatzbedingungen zu reduzieren.

John Deere 8120

PS/kW: 230/169
Hubraum: 8180 ccm

Das Modell 8120 ist der „kleinste" Großschlepper dieser Bauserie. Auch er besitzt die gleichen Baumerkmale wie seine größeren Brüder, so den gewaltigen Kraftstofftank mit 606 l Inhalt. Damit gehört das lästige Nachtanken während einer Tagesschicht der Vergangenheit an. Mit 9000 kg Gewicht ist er nur geringfügig leichter als das Spitzenfahrzeug dieser Reihe. Das Fahrzeug verfügt über eine elektrohydraulisch betätigte Zapfwelle mit mehreren Drehzahlbereichen.

NEW HOLLAND

Die Firma New Holland trat erstmals im Jahr 1993 in der deutschen Zulassungsstatistik auf. Es war ein zur Fiat-Gruppe gehörendes Unternehmen ohne rechtliche Selbstständigkeit, welches die Vertriebstätigkeiten von Fiat und Ford-New Holland übernommen hatte. Bis 1997 wurde die Lackierung der Traktoren in den bisherigen Traditionsfarben beider Hersteller aufrechterhalten, seither sind die New Holland-Schlepper durch ein dunkles Blau – die ehemalige Ford-Farbe – gekennzeichnet. 1997 konnte New Holland mit neuen Traktormodellen aufwarten, wozu auch der Typ TN 65 D gehört. Er zählt zu der aus drei leichten Fahrzeugen bestehenden Reihe zwischen 50 und 72 PS Motorleistung. Der auch als Allradschlepper erhältliche 65 D verfügt über einen besonders abgasarmen Dreizylinder-Dieselmotor und ein in verschiedenen Varianten lieferbares Getriebe.

Ein Tochter-unternehmen der Fiat-Gruppe

New Holland TN 65 D

seit 1997
PS/kW: 65/47,6
Hubraum: 2913 ccm

1999 stellte New Holland die aus vier Mitgliedern bestehende TL-Schlepperserie vor, die zwischen 65 und 95 PS Leistung angesiedelt war. Das größte Fahrzeug, der TL 100, ist ein kräftiger Schlepper der Mittelklasse, der einen Vierzylinder-Turbodieselmotor besitzt. Das 24-gängige Wendegetriebe verfügt über die Varianten Shuttle Command, Split Command sowie Dual Command mit Power Shuttle.

New Holland TL 100

seit 1999
PS/kW: 95/69,5
Hubraum: 3908 ccm

New Holland
TM 165

seit 1999
PS/kW: 160/117,1
Hubraum: 7500 ccm

Mit der TM-Traktorenreihe war New Holland seit 1999 mit fünf neuen Schleppern in der Klasse zwischen 105 und 160 PS vertreten. Im Mittelpunkt dieser Fahrzeuge steht der technisch optimierte Powerstar-Dieselmotor, der sich durch ein höheres Drehmoment auszeichnet. Neben einer als Terra Glide bezeichneten Vorderachsfederung gelangte ein lastabhängig schaltbares Power Command-Getriebe mit 18 Gangstufen zum Einbau. In das Spitzenmodell TM 165 ist ein Sechszylinder-Turbodiesel installiert.

New Holland
TS 100

seit 1999
PS/kW: 99/72,5
Hubraum: 4987 ccm

Mit der TL-Serie stellte New Holland die TS-Traktoren vor: Vier entweder mit Saugdieseln oder Turbomotoren bestückte Fahrzeuge zwischen 90 und 110 PS Leistung und einheitlichem Hubraum. Der TS 100 hat einen Vierzylinder-Turbodiesel und kann entweder mit einem Electro-Shift-Wendegetriebe mit jeweils 16 Gängen oder mit dem Dual Command-Getriebe mit je 24 Gangstufen ausgerüstet werden. Das Gewicht beträgt 4470 kg.

Die TCE-Reihe besteht aus drei Typen, die 37, 43 sowie 49 PS leisten. Es sind kleine, trotzdem aber überaus leistungsstarke Kompakttraktoren mit einer

einheitlichen Breite von 1225 mm, die sie für den Bereich der Sonderkulturen interessant machen. Daneben finden sie Verwendung vor allem in Garten- und Landschaftsbaubetrieben, Kommunen und Baumschulen. Das stärkste Modell, der oben gezeigte TCE 50 in Kabinenausführung, verfügt über einen Vierzylinder-Yanmar-Saugdiesel sowie ein

12/12-Wendegetriebe. Auf Wunsch ist auch ein 16/16-Getriebe erhältlich. Die formschönen Traktoren dieser Reihe sind ungemein wendig und haben Allradantrieb und einen großem Lenkeinschlag. Sie sind auf Wunsch auch in offener Bauweise mit Sicherheitsbügel lieferbar. Die Zapfwelle verfügt über drei Drehzahlbereiche und die Heckhydraulik hebt bis zu 1200 kg. Die Fahrzeuge sind sehr wirtschaftlich und für nahezu jeden ihrer Baugröße entsprechenden Einsatzzweck geeig-

net. Das Gewicht beträgt für Plattform- und Kabinemodelle einheitlich 1470 kg.

New Holland TCE 50

PS/kW: 49/36
Hubraum: 2189 ccm

Die drei Taktoren dieser Typenreihe sind als Großschlepper im oberen Leistungsbereich angesiedelt. Ihre

Mitglieder verfügen über Motorleistungen von 231, 258 und 283 PS. Der Antrieb dieser Kraftprotze erfolgt

durch Sechszylinder-Turbodieselmotoren mit Ladeluftkühlung; die Getriebe basieren auf unter Volllast schaltbarer elektronischer Wendeschaltung mit 18 Vorwärtsgängen und automatischen Schaltfunktionen für Acker und Straße. Eine kraftvolle Hydraulik mit bis zu 10203 kg Hubkraft am Heck für das stärkste Modell TG 285 steht ebenfalls zur Verfügung. Die abgefederte Komfortkabine ist mit einem neu entwickelten Luftfedersitz mit Sensor ausgerüstet, der Vibrationen und Stöße vollständig absorbiert.

New Holland TG 285

PS/kW: 283/208
Hubraum: 8300 ccm

New Holland
TN 70 DA

PS/kW: 72/53
Hubraum: 2930 ccm

Diese allradgetriebene Kompakt-Baureihe besteht aus sechs Traktoren zwischen 59 und 76 PS Motorleistung. Die Fahrzeuge werden entweder von dreizylindrigen Iveco-Saug- oder Turbodieselmotoren mit elektronischer Direkteinspritzung angetrieben. Bei den bis 40 km/h ausgelegten Getrieben besteht die Wahl zwischen einer Shuttle-, Split- oder Dual Command-Ausführung mit bis zu 44/16 Gangstufen. Die leistungsstarke Heckhydraulik kann problemlos bis zu 2670 kg anheben.

New Holland
TN 70 SA

PS/kW: 72/53
Hubraum: 2930 ccm

Trotz ihrer geringen Abmessungen handelt es sich bei den Traktoren dieser Baureihe um robuste Arbeitsmaschinen mit vielfältigen Ausstattungsvarianten. Die Fahrzeuge sind mit einem unübertroffenen Einschlagwinkel von 76 Grad überaus wendig. Serienmäßig vorhanden ist eine automatische Allradschaltung, die bei größeren Neigungen oder Radschlupf an der Hinterachse ihre Tätigkeit aufnimmt.

New Holland
TM 190

PS/kW: 194/142
Hubraum: 7480 ccm

Die sechs Modelle der TM-Reihe decken den Leistungsbereich von 124 bis 194 PS ab. Diese kraftvollen Traktoren werden von volumenstarken PowerStar Sechszylinder-Turbodieselmotoren mit Ladeluftkühlung angetrieben. Das für 40 km/h ausgelegte DualCommand-Getriebe besitzt 24/12 Gänge; als optional lieferbares Kriechganggetriebe verfügt es sogar über 48/24 Geschwindigkeiten. Mit Motor-Management-System ist das Antriebsaggregat in der Lage, eine Spitzenleistung von 240 PS zur Verfügung zu stellen.

Das Modell TM 175 ist mit 177 PS das zweitstärkste Fahrzeug dieser Klasse. Mit Motor-Management-System sind sogar 223 Spitzenleistung herauszuholen. Das hydraulische Heckhubwerk entwickelt eine maximale Hubkraft von 8647 kg und die Zapfwelle arbeitet in drei Drehzahlbereichen. Die Kabine besitzt ComfortRide-Kabinenfederung, und die Terraglide oder SuperSteer-Vorderachse trägt entscheidend dazu bei, dass Erschütterungen minimiert werden.

New Holland TM 175

PS/kW: 177/130
Hubraum: 7480 ccm

1975–heute

Zwischen 100 und 136 PS Leistung haben die fünf mittelschweren Schlepper der TS-A-Serie. In diesen Schleppern arbeiten Vier- oder Sechszylinder-Turbodieselmotoren mit Ladeluftkühlung, die von CNH Engine Corporation entwickelt wurden. Es stehen mehrere Getriebevarianten zur Auswahl. Das Dual Command-Getriebe-Wendegetriebe mit Kriechgängen hat 48/48 Stufen. Das Electro Command-Getriebe lässt in der Rapide-Ausführung eine Geschwindigkeit von 50 km/h zu.

New Holland TS 135 A

PS/kW: 136/100
Hubraum: 6728 ccm

Challenger MT 745

PS/kW: 255/190
Hubraum: 8800 ccm

Die Gummi-Raupenschlepper von Agco in Duluth teilen sich in zwei Baureihen. Die Serie MT 700 besteht aus vier Fahrzeugen mit Leistungen von 235 bis 306 PS. In der Reihe MT 800 gibt es vier Fahrzeuge mit 330 bis 482 PS. Der MT 745 verfügt über den Sechszylinder-Turbomotor Caterpillar C 9 mit 24 Ventilen und ein elektrohydraulisch gesteuertes Caterpillar-16/4-Volllastschaltgetriebe für maximal 40 km/h.

Challenger MT 755

PS/kW: 294/216
Hubraum: 8800 ccm

Bereits in der dritten Generation arbeiten die Challenger-Gummiraupenschlepper mit der Mobil-Trac-Technologie. Die Maschinen sind mit einer innovativen Netzwerk Intellitronics (Tractor Management Center) ausgestattet, welche die innerhalb des Fahrzeugs vorhandenen unterschiedlichen Systemkompononton otouort, koordiniort und otändig überprüft. Es steuert außerdem das Power Management Center, das den Fahrer entlastet.

Agco

Der MT 865 ist das stärkste Fahrzeug der MT 800-Reihe. Der Sechszylinder-Turbomotor stellt eine Nennleistung von 482 PS zur Verfügung; die erreichbare Maximalleistung von 552 PS hingegen dürfte damit zur absoluten Weltspitzengruppe gehören. Dementsprechend groß ist mit 18 144 kg auch das Leergewicht dieses Giganten. Das im Modell MT 865 installierte C 16-Antriebsaggregat von Caterpillar ist derzeit der Motor mit dem größten Hubvolumen auf dem Landmaschinenmarkt.

Challenger
MT 865
PS/kW: 482/355
Hubraum: 15 800 ccm

Das Modell MT 765 ist das größte Fahrzeug innerhalb der MT 700-Baureihe. Das Getriebe kann auf Wunsch mit 30 Vorwärts- und acht Rückwärtsgängen ebenso wie mit zusätzlichen Kriechgeschwindigkeiten ab 0,6 km/h ausgerüstet werden. Das gefederte Raupenfahrwerk besitzt Differenziallenkung und verschiedene Laufbandbreiten und -typen. Die Zusatzausstattung beinhaltet beispielsweise Klimaautomatik, Auto-Guide-Navigation, Satelliten-Navigation, Nightbreaker und HID-Beleuchtung.

Challenger
MT 765
PS/kW: 306/224
Hubraum: 8800 ccm

Giganten aus Deutschland

Schlüter Profi Trac 3000 TVL

1975–1977
PS/kW: 280–300/205–219,6
Hubraum: 11 045 ccm
Stückzahl: 13

Schlüter Profi Trac 5000 TVL

1978
PS/kW: 500/366
Hubraum: 29 911 ccm
Stückzahl: 1

Obwohl sich die Aktivitäten des Freisinger Traktorherstellers Schlüter immer stärker den oberen Leistungsklassen zuwandten, entfielen Ende der 1960er-Jahre immer noch rund 40 % der neu zugelassenen Schlepper auf Fahrzeuge zwischen 35 und 55 PS. Daher dürfte die Entscheidung zur Produktionseinstellung Anfang der 1970er-Jahre der Unternehmensleitung nicht leicht gefallen sein. Zu diesem Zeitpunkt hatte der Getriebelieferant ZF die Kraftübertragungen für Schlepper dieser Leistungsklassen aus dem Programm

genommen. Schlüter beschloss, sein Engagement in der schweren Klasse zu verstärken. Eine aufsehenerregende Neuheit war der 1973 vorgestellte Profi Trac 3000 TVL, ein Koloss mit 280 PS Motorleistung, der damit

mehr als doppelt so stark wie die Spitzenmodelle der meisten Konkurrenten war. In Ermangelung eines geeigneten eigenen Antriebsaggregats musste Schlüter erstmals auf einen Sechszylinder-Turbodiesel von MAN zurückgreifen. Das in zwei Schaltgruppen unterteilte ZF-Getriebe konnte wahlweise mit acht oder 16 Vorwärtsgängen und zwei oder vier Rückwärtsgängen bezogen werden. Neu waren die hydraulisch kippbare Kabine und die Allradlenkung.

Im Jahre 1977 konnte ein überarbeiteter MAN-Dieselmotor mit einer Leistung von 320 PS in den Profi Trac eingebaut werden. Aufgrund seines größeren Hubvolumens wurde das Fahrzeug nun unter der Typenbezeichnung Profi Trac 3500 TVL eingeordnet, von dem bis 1981 ganze vier Einheiten verkauft werden konnten. In lediglich einem Exemplar wurde 1978 ein noch stärkeres Fahrzeug gebaut. Es handelte sich um den Profi Trac 5000 TVL, ein Gigant mit einem wasserge-

kühlten MAN-12-Zylinder-V-Direkteinspritz-Diesel. Bei diesem gewaltigen doppelbereiften Fahrzeug bestand eine weitgehende konstruktive Anlehnung an den 3500 TVL.

Auch hier war die Kabine hydraulisch kippbar ausgeführt. Bau und Entwicklung erfolgte auf Anregung der Jugoslawischen Regierung, die ein Interesse für dieses Monstrum signalisiert hatte. Infolge der politischen Ereignisse zerschlugen sich diese und alle anderen Geschäfte mit ausgesprochenen Großtraktoren. Der 5000 TVL verfügte über acht Vorwärtsgänge und einen Rückwärtsgang bis maximal 29,8 km/h und brachte 18 000 kg Leergewicht auf die Waage.

MASSEY FERGUSON

In seinem Ursprung ein kanadisches Unternehmen, gehört MF heute zum Agco-Konzern, der 1996 auch Fendt übernahm und heute einer der größten Landmaschinenhersteller ist. Das Massey-Ferguson-Modell MF 2210 gehört zu den Schleppern der vielseitigen Kompaktbaureihe MF 2200. Es sind Traktoren, die leistungsmäßig zwischen 54 und 78 PS angesiedelt sind und sich insbesondere durch ihre leichte Bauweise auszeichnen. Ihre Einsatzbereiche erstrecken sich auf alle kommunalen und landwirtschaftlichen Arbeiten mit dem Schwerpunkt der Reihen- und Sonderkulturen.

MF 2210
PS/kW: 54/40
Hubraum: 2700 ccm

Die MF-Reihe 3300 umfasst insgesamt 19 unterschiedliche Varianten von Spezialtraktoren, die vor allem für Einsätze im Obst- und Weinbau sowie für alle Sonderkulturarten geeignet sind. Der MF 3300 V ist mit einer Breite von nur 1000 mm für besonders geringe Pflanzabstände vorgesehen. Die Traktoren dieser Reihe besitzen eine elektrohydraulische Allrad- und Differenzialsperrenschaltung. Lieferbar sind diese Fahrzeuge mit Hinterrad- oder Allradantrieb.

MF 3315 V
PS/kW: 55/40
Hubraum: 2700 ccm

MF 3325 V

PS/kW: 65/47
Hubraum: 2700 ccm

Das Modell MF 3325 V ist ein leichter und überaus wendiger Kompakttraktor mit lediglich 1000 mm Fahrzeugbreite, der für Sonderkulturen wie beim Wein- und Obstanbau geradezu maßgeschneidert ist. Das selbstverständlich vollsynchronisierte Wendeschaltgetriebe ist werksseitig mit 18 Vorwärts- und acht Rückwärtsgängen ausgerüstet, das auf Kundenwunsch bis auf jeweils

45 Gänge mit Kriechgängen aufgestockt werden kann. Hier ein Allradschlepper mit Kabine.

MF 4365

PS/kW: 114/84
Hubraum: 4000 ccm

Die Allrad-Traktoren der Baureihe MF 4300 mit Leistungsbereichen zwischen 68 und 120 PS sind leichte und wendige Allround-Fahrzeuge niedriger Höhe mit Freisicht-Motorhaube, die gute Sicht auf Frontanbaugeräte oder Frontlader bietet. Die Perkins-Motoren arbeiten nach dem neuen Fastram-Verbrennungssystem, mit dem eine verbesserte Kraftstoffausnutzung und vor allem eine Schadstoffreduzierung nach Euro-Norm erreicht wird. Hier das zweitstärkste Modell 4365, dessen Motor über vier Zylinder und einen WasteGate-Turbolader verfügt.

MF 4355

PS/kW: 102/75
Hubraum: 4000 ccm

Die Reihe 4300 ist mit allen Errungenschaften neuzeitlicher Motor- und Getriebetechnik ausgestattet. Die Fahrzeuge haben ein Power-Shuttle-Wendegetriebe mit 24 Stufen in jeder Fahrtrichtung und erreichen 40 km/h. Dieser Schlepper bietet eine große Auswahl von auf spezielle Einsatzbereiche abgestimmte Varianten. Hier ein MF 4355 mit hydraulischem Frontkraftheber. Dabei erlauben ComfortControl und elektronische Fahrkupplung ein präzises und sicheres Rangieren.

Ein **MF 4360** mit vorderen Belastungsgewichten bei der Feldarbeit. Die Traktoren dieser Reihe sind vor allem für mittlere Betriebe wie geschaffen, denn sie haben ein ausgewogenes Preis-Leistungs-Verhältnis. Die auch mit Klimaanlage erhältliche Komfortkabine bietet vollendete Rundumsicht durch strebenlose Front- und Türscheiben. Ebenso zeitgemäß ist die klare und übersichtliche Instrumentierung bei einem verstellbaren Lenkrad.

MF 4360

PS/kW: 101/74
Hubraum: 6000 ccm

Eine weitere Gruppe von allradgetriebenen Universalschleppern wird mit der MF Reihe 5400 präsentiert. Diese Fahrzeuge sind in sechs Varianten zwischen 75 und 120 PS Motorleistung vertreten. In diesen Alleskönnern arbeitet eine bewährte Technik mit einfacher Bedienung, verbunden mit wirtschaftlichem Unterhalt, hohem Fahrkomfort und großer Flexibilität und Anpassungsfähigkeit an alle Einsatzbereiche. Links sehen wir mit dem Typ 5465 das Spitzenmodell dieser Baureihe, in dem ein Sechszylinder-Perkins-Turbodiesel mit elektronischer Einspritzung und Ladeluftkühlung arbeitet. Die Schlepper der MF-Typenreihe 5400 werden von direkteinspritzenden Perkins-Dieselmotoren bewegt, die besonders schadstoffarm sind und die Euro-Norm erfüllen. Für angemessene Traktion sorgt ein wahlweise mit Kriechgängen erhältliches 16/16- oder 24/24-Vollsynchron-Wendegetriebe mit mechanischer oder lastschaltbarer Schaltung.

MF 5465

PS/kW: 120/90
Hubraum: 6000 ccm

MF 5435

PS/kW: 83/61
Hubraum: 4400 ccm

Hier ein MF 5435 mit Frontlader. Auf Wunsch sind die ersten vier Modelle dieser Serie mit einer nach vorn tief heruntergezogenen Freisicht-Motorhaube lieferbar. Diese Bauweise ist für den Einsatz mit Frontlader von Vorteil. Der Frontkraftheber besitzt 2,5 t Hubkraft, während mit dem am Heck befindlichen Kraftheber mit elektronischer Kraftheber-Regelung bis zu 6 t angehoben werden können.

MF 6495

PS/kW: 194/143
Hubraum: 6600 ccm

Die allradgetriebene Schlepperreihe MF 6400 besteht aus sechs verschiedenen Modellen, die sich innerhalb des Leistungsbereichs von 94 bis 194 PS bewegen und mit zwei unterschiedlichen Motoren ausgerüstet ist. Das Modell 6495 ist das stärkste Fahrzeug dieser Reihe. Unter der Haube wirkt ein schadstoffarmer Sechszylinder-Turbodiesel mit Wasserkühlung und elektronischer Direkteinspritzung.

MF 6485

PS/kW: 163/120
Hubraum: 6600 ccm

Eine Nummer kleiner ist das MF-Modell 6485. Durch das bewährte DynashiftPLUS Eco-Vollsynchron-Wendegetriebe mit PowerControl-Bedienung für Last- und Wendeschaltung stehen dem Fahrer in diesem Allradschlepper jeweils 32 Vor- und Rückwärtsschaltstufen bei einer Höchstgeschwindigkeit von 40 km/h zur Verfügung.

Im Gegensatz zu den drei stärksten Typen dieser Modellreihe sind die schwächer motorisierten Fahrzeuge mit sechszylindrigen Perkins-Turbodieselmotoren mit elektronischer Einspritzpumpe ausgerüstet. In den übrigen Ausstattungsmerkmalen sind kaum Unterschiede feststellbar. Auch hier gelangt das Dynashift-Plus-Wendegetriebe mit seinen vielen Gangmöglichkeiten zum Einbau.

MF 6465

PS/kW: 128/94
Hubraum: 6000 ccm

Der Allradschlepper MF 6455 gehört mit dem wassergekühlten Vierzylinder-Perkins-Turbodieselmotor zu den mittelschweren Traktoren. Das 32-gängige Wendegetriebe mit vierstufiger Lastschaltung erlaubt eine Maximalgeschwindigkeit von 40 km/h. Die Kabine besitzt eine auf Wunsch erhältliche und dem höchsten Komfort entsprechende zweistufige pneumatische Federung mit einem sehr niedrigen Geräuschpegel.

MF 6455

PS/kW: 101/74
Hubraum: 4400 ccm

Die sechs Traktoren der MF-Reihe 7400 haben im Gegensatz zur leistungsmäßig identischen 6400er-Modellreihe eine höhere Geschwindigkeit von 50 km/h. In Verbindung mit ihrem stufenlos in zwei Fahrbereichen operierenden Dyna-VT-Getriebe macht das die Traktoren im Straßeneinsatz noch besser verwendbar.

MF 7480

PS/kW: 153/114
Hubraum: 6000 ccm

MF 7490

PS/kW: 179/132
Hubraum: 6600 ccm

Der 7490, das zweitstärkste Fahrzeug dieser Schlepperfamilie, ist mit dem Sechszylinder-SISU-Turbodiesel ausgerüstet. Der Traktor hat ein elektronisches Motor-Getriebemanagement für optimale Kombination von Leistung und Wirkungsgrad. Wahlmöglichkeiten zwischen mehreren Fahrstrategien ermöglichen eine ausgezeichnete Flexibilität für alle Arbeits- und Einsatzbereiche. Die EHR 4C-Regelhydraulik ist mit vielen technischen Raffinessen wie Zugkraft-, Lage- und Mischregelung, aktive Schwingungsdämpfung, Hubhöhenbegrenzung, Funktionskontrolle und Schlupfregelung über Datatronic versehen.

MF 8250 Xtra

PS/kW: 214/157
Hubraum: 7400 ccm

Die Großtraktoren der 8200er-Reihe – hier das Modell MF 8250 Xtra im Einsatz vor einer sowohl über die Front- als auch die Heckzapfwelle angetriebenen vollautomatischen Sämaschinenkombination – besitzen von einem Getrieberechner geregelte und überwachte Zapfwellen, die über mehrere Geschwindigkeitsbereiche verfügen und bei Überlastung oder einer Blockierung sofort selbstständig abschalten.

„Packt zu, wo andere einpacken!"

Unter diesem Motto präsentiert Massey Ferguson seine aus sieben Fahrzeugen bestehende leistungsstärkste Schlepperfamilie MF 8200 Xtra. Es sind Großschlepper, die über Motorleistungen von 154 bis 288 PS verfügen. Diese Traktoren werden von sechszylindrigen und großvolumigen, nach dem Fastram-Verbrennungssystem arbeitenden Perkins- bzw. SISU-Hochleistungs-Turbodieselmotoren angetrieben.

MF 8270 Xtra

PS/kW: 261/192
Hubraum: 8400 ccm

Das Modell 8280 liegt größen- und leistungsmäßig an der Spitze der MF 8200 Xtra-Traktorenreihe. Diese wuchtige und starke Maschine hat eine elektronische Kraftheber-Regelung für hohen Komfort, die bis zu 10 200 kg Hubkraft entwickelt. Die mit Planeten-Endantrieben ausgerüstete Hinterachse bei den Modellen 8270 und 8280 ist stärksten Belastungen gewachsen. Ausgestattet ist der 9250 kg schwere 8280 Xtra mit der EHR-Regelhydraulik.

MF 8280 Xtra

PS/kW: 288/212
Hubraum: 8400 ccm

Klein, handlich und trotzdem als vollwertige und starke allradgetriebene Kompaktschlepper anzusehen sind die Traktoren der MF-Reihe 2400. Diese gibt es in drei Ausführungen von 33 bis 47 PS. Ihr Antrieb erfolgt durch wassergekühlte Vierzylinder-Turbodieselmotoren von Mitsubishi und das vollsynchronisierte 12/12-Wendegetriebe erlaubt eine Höchstgeschwindigkeit von 30 km/h. Eine Zapfwelle mit Wegezapfwelle und mehreren Drehzahlbereichen, Hydraulik und Differenzialsperre gehören zum serienmäßigen Standard dieser Traktoren.

MF 2415

PS/kW: 47/34
Hubraum: 1785 ccm

MCCORMICK

McCormick F 85

PS/kW: 92/68
Hubraum: 4400 ccm

Mit der Übernahme wesentlicher Anteile an IH von Case verschwand der Markenname McCormick. 2000 übernahm Landini von Case das Traktorenwerk in Doncaster und die Rechte an dem Markennamen. Die F-Reihe von McCormick ist eine Schlepperserie von sieben unterschiedlich motorisierten Allradtraktoren. Sie sind mit Drei- und Vierzylindermoto-

ren zwischen 54 PS beim F 60 und 98,5 PS beim F 105 abgestuft. Ihr Antrieb erfolgt durch Perkins-Dieselmotoren mit Direkteinspritzung. Zapfwelle, Hydraulik und viele weitere neuzeitliche Ausrüstungskomponenten sind in diesen kompakten Kraftpaketen vorhanden. Hier ein F 85 mit Überrollbügel.

McCormick CX 105

PS/kW: 102/75
Hubraum: 4000 ccm

Für mittlere landwirtschaftliche Betriebe vorgesehen sind die Traktoren der XtraShift-Baureihe. Diese aus vier Fahrzeugen im Leistungsbereich von 73 bis 102 PS bestehende Reihe zeichnet sich durch eine große Vielseitigkeit aus. Der Antrieb erfolgt

durch teilweise mit Abgasregelung ausgestattete Vierzylinder-Turbodieselmotoren. Hier der mit dem Standardfahrerhaus und Frontgewichten ausgerüstete CX 105. In allen Traktoren dieser Reihe ermöglicht ein neues Dreigang Powershift/Power-

shuttle-Getriebe dem Fahrer ein müheloses Schalten durch jeweils 24 Vorwärts- und Rückwärtsgänge, wobei auf Wunsch auch die Option auf 36 Gänge und auf 40 km/h Höchstgeschwindigkeit besteht.

Die GX-Reihe ist eine aus unterschiedlichen Traktoren bestehende Modellfamilie. Es handelt sich um Kompakt-Allradschlepper, die mit Drei- oder Vierzylinder-Yanmar-Saugmotoren mit Wasserkühlung bestückt sind. Sie besitzen ein vollsynchronisiertes 12/12-Wendegetriebe, das auf Wunsch in einer 16/16-Gang-Variante mit zusätzlichen Kriechgängen erhältlich ist. Das hauptsächliche Betätigungsfeld dieser Kleintraktoren liegt vor allem im Bereich der Pflege von Grünanlagen. Selbstverständlich können die Traktoren aber auch auf dem Acker verwendet werden. Hier der GX 45 mit Vierzylindermotor.

McCormick GX 45

PS/kW: 44/32
Hubraum: 1995 ccm

Der GX 45 H, hier mit einem Frontlader ausgerüstet, ist als leichter Kompakt-Allradschlepper für nahezu alle einschlägigen Arbeiten auf kleinen Höfen, aber auch als Zweitschlepper in größeren Betrieben einsetzbar. Er ist klein, wendig und trotzdem sehr leistungsstark, wobei der Frontkraftheber über eine Hubkraft von 400 kg verfügt. Durch das hydrostatische Getriebe ist dieses Fahrzeug ideal für großflächige Landschafts- und Rasenpflege.

McCormick GX 45 H

PS/kW: 44/32
Hubraum: 1995 ccm

McCormick
MTX 185

PS/kW: 197/145
Hubraum: 6750 ccm

Die Allradtraktoren der Reihe MTX sind starke Schlepper, mit Leistungen von 118 PS bis zu 204 PS. Im MTX 185 ist der neue wassergekühlten Sechszylinder-BetaPower-Turbomotor mit 24 Ventilen und einer Common Rail-Kraftstoffeinspritzung. Ein Powershift/Powershuttle-Wendegetriebe mit bis zu 32/24-Gängen, Hydraulik und Zapfwelle sind weitere Merkmale dieser Baureihe.

McCormick
ZTX 280

PS/kW: 280/209
Hubraum: 8300 ccm

Die Traktoren der ZTX-Allradschlepperreihe sind Kraftprotze mit 230, 260 und 280 PS Motorleistung. Sie haben wassergekühlte Sechszylinder-Turbodieselmotoren von Cummins mit 24 Ventilen, Abgasregelung, Ladeluftkühlung und elektronischer Quantum System-Steuerung, die die Motorleistung an Belastungs- und Klimaänderungen anpasst. In Standardausrüstung wiegt der ZTX 280 10 500 kg.

McCormick
MC 115

PS/kW: 115/85
Hubraum: 4000 ccm

Die aus fünf Fahrzeugen bestehende MC-Schlepperreihe deckt den mittleren Leistungsbereich von 84 bis 132 PS ab. Diese Fahrzeuge sind ungeheuer vielseitig und eine wirtschaftliche Lösung für den mittelgroßen bäuerlichen Betrieb, da sie hinsichtlich Leistung, Geschwindigkeit und Wendigkeit eine optimale Kombination darstellen. In ihnen arbeiten vierzylindrige Turbodieselmotoren mit Wasserkühlung und ein gut abgestimmtes 4-Stufen-Powershift-Getriebe mit Nasskupplung und Powershuttle.

Die mittelschwere MC 100-Traktorreihe ist mit ihren fünf Fahrzeugen in dieser sehr gefragten Leistungsklasse sehr gut vertreten. Ihre mit Ladeluftkühler und abgasgeregelten Turboladern ausgerüsteten Vierzylinder-Dieselmotoren mit elektronisch gesteuerter Bosch-Einspritzpumpe liefern hervorragende Motorleistungen und ein hohes Drehmoment besonders bei niedrigen Motordrehzahlen. Die weit nach hinten aufklappbare einteilige Motorhaube erleichtert die Zugänglichkeit für Wartungsarbeiten.

McCormick
MC 110

PS/kW: 102/75
Hubraum: 4000 ccm

Die Traktoren der VF-Reihe gibt es mit sechs unterschiedlichen Leistungen zwischen 54 und 93 PS. Die VF-Serie wird in 57 verschiedenen Varianten angeboten. Trotz ihrer geringen Größe sind alle Traktoren leistungsstark genug, um entsprechend schwere Geräte betreiben zu können. Den Antrieb des Typs F 90 XL besorgt ein Vierzylinder Perkins-Turbodiesel mit elektronischer Direkteinspritzung.

McCormick
F 90 XL

PS/kW: 91/67
Hubraum: 3995 ccm

McCormick
MC 135 Power 6

PS/kW: 132/97
Hubraum: 6000 ccm

Die beiden neu eingeführten Allradschlepper MC 120 und MC 135 Power 6 ergänzen diese beliebte Schlepperreihe und erfüllen die Forderungen nach Sechszylinder-Traktoren mit geringem Gewicht und hoher Leistung. Die großvolumigen Motoren mit elektronischer Steuerung entsprechen dem neusten Entwicklungsstand. Hier das mit Frontgewichten bestückte Spitzenmodell MC 135 Power 6.

McCormick
MTX 125

PS/kW: 118/86
Hubraum: 6700 ccm

Der MTX 125 ist ein neues Fahrzeug dieser erfolgreichen Schlepperreihe. Es hat einen leistungsstarken Motor mit Aufladung. Mit dem Vierstufen-Powershiftgetriebe mit Gruppenschaltung kann der Fahrer unter Volllast ohne anzuhalten innerhalb von vier Gangstufen schalten.

McCormick

JCB

Die von JCB aus Rochester gebaute Fastrac-Modellreihe wird derzeit mit sechs Modellen mit Motorleistungen zwischen 115 und 220 PS angeboten. Der Antrieb erfolgt durch Sechszylinder-Turbodieselmotoren. Alle Fahrzeuge sind in Rahmenbauweise gehalten. Es stehen insgesamt 54 Vorwärts- und 18 Rückwärtsgänge in dem unter Volllast schaltbaren Getriebe zur Verfügung. Die Höchstgeschwindigkeit dieser Trac-Allradschlepper beträgt 65 oder 80 km/h.

JCB 3220
PS/kW: 220/164
Hubraum: 5883 ccm

Das Modell 2140 von JCB ist das kleinste Fahrzeug dieser Serie. Es wird von dem Cummins-Turbodiesel QSB 30 angetrieben. Dieser Trac-Allradschlepper hat ein Leergewicht von 6600 kg, er erreicht eine Höchstgeschwindigkeit von 50 km/h. Die installierte Zapfwelle besitzt zwei Drehzahlbereiche. Neben einer leistungsstarken Hydraulik gehören die hintere Niveauregulierung des Chassis zu den besonderen Merkmalen dieser Konstruktion.

JCB 2140
PS/kW: 155/116
Hubraum: 5883 ccm

Die starken Cummins-Motoren der Fastrac-Reihe zeichnen sich durch hervorragende Leistungsabgabe und hohes Drehmoment aus. Die abgefederte Fahrerkabine ist gut isoliert und besitzt einen äußerst niedrigen Geräuschpegel. Im wahlweise lieferbaren Plus-Paket sind zusätzliche Merkmale enthalten.

JCB 3190
PS/kW: 193/144
Hubraum: 5883 ccm

1975–heute

Register der Modelle

Dieses Verzeichnis aller im Buch vorgestellten Traktoren ist alphabetisch nach Herstellern geordnet. Unter den Herstellernamen stehen zuerst die mit Ziffern, dann die mit Buchstaben gekennzeichneten Modelle. In Zweifelsfällen und bei Schleppern, deren Bezeichnung den Namen des Herstellers nicht enthält, wird auf den jeweiligen Haupteintrag verwiesen.

Traktorenregister